本格スキルが
自然と身に付く

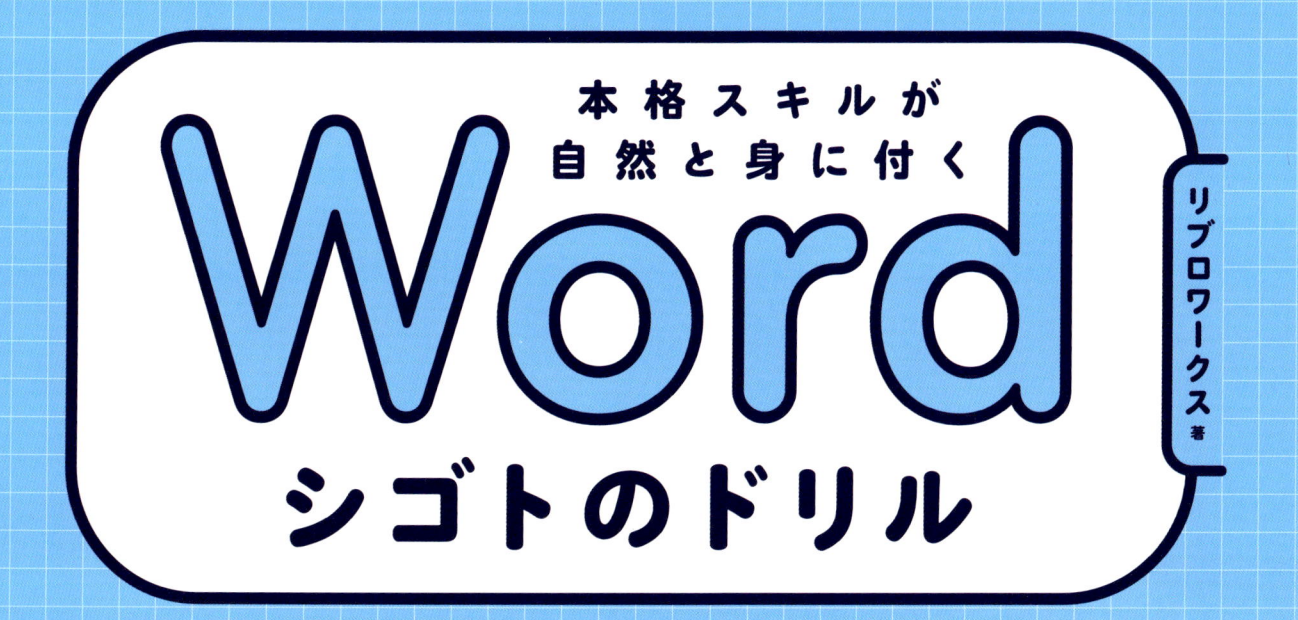

Word シゴトのドリル

リブロワークス 著

技術評論社

本書の使い方

本書には39問のドリルがあります。すべてのドリルの1ページ目が問題ページ、続く3ページが解説ページという構成をしています。まずは、問題ページを読んで実際に問題を解いてみましょう。そのあと解説ページで正しい操作を確認してください。わからなかったり、少し難しいと感じたりした場合は、解説ページを確認しながら練習するのもよいでしょう。

練習ファイル

このドリルで利用する練習ファイルの名前です。

タイトル

このドリルで学べることのまとめです。本書では必ず初めから練習する必要はないので、目次でタイトルを確認し、必要なドリルから取り組みましょう。

Let's Try!

このドリルの問題です。Stepの見出しは問題文となっていて、問題を解いたあとの画面とあわせて表示されています。問題文と画面を確認して、問題を解きましょう。基本的に1つのドリルにStep（問題）は3～4程度あります。

Hint

問題を解くためのヒントです。

問題ページ

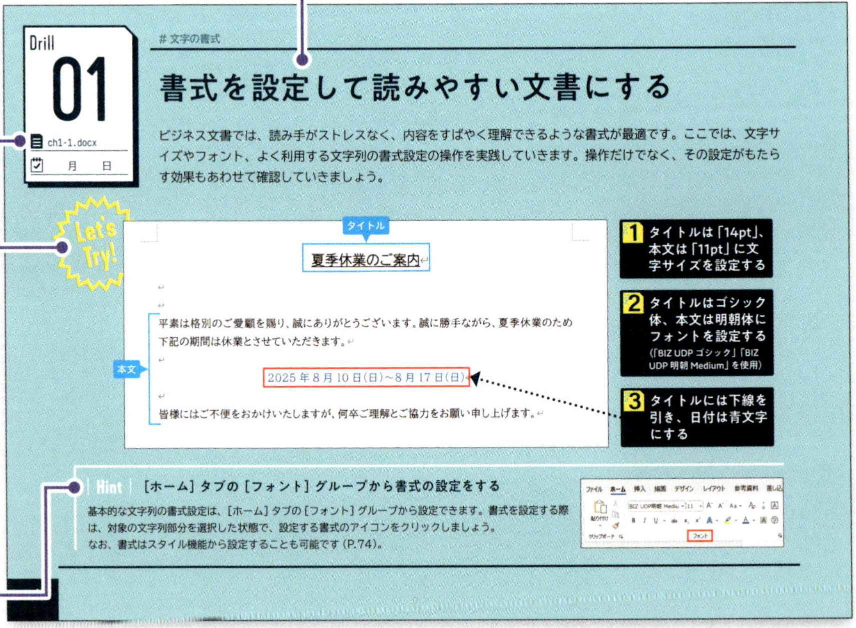

Drill 01

ch1-1.docx

月　日

文字の書式

書式を設定して読みやすい文書にする

ビジネス文書では、読み手がストレスなく、内容をすばやく理解できるような書式が最適です。ここでは、文字サイズやフォント、よく利用する文字列の書式設定の操作を実践していきます。操作だけでなく、その設定がもたらす効果もあわせて確認していきましょう。

Let's Try!

タイトル

夏季休業のご案内

本文

平素は格別のご愛顧を賜り、誠にありがとうございます。誠に勝手ながら、夏季休業のため下記の期間は休業とさせていただきます。

2025年8月10日(日)～8月17日(日)

皆様にはご不便をおかけいたしますが、何卒ご理解とご協力をお願い申し上げます。

1 タイトルは「14pt」、本文は「11pt」に文字サイズを設定する

2 タイトルはゴシック体、本文は明朝体にフォントを設定する（「BIZ UDP ゴシック」「BIZ UDP 明朝 Medium」を使用）

3 タイトルには下線を引き、日付は青文字にする

Hint ［ホーム］タブの［フォント］グループから書式の設定をする

基本的な文字列の書式設定は、［ホーム］タブの［フォント］グループから設定できます。書式を設定する際は、対象の文字列部分を選択した状態で、設定する書式のアイコンをクリックしましょう。
なお、書式はスタイル機能から設定することも可能です（P.74）。

解説ページ

解説

解説の見出しは問題ページのStepと対応しています。下の文章は、簡単にそのStepでの操作や知識についてまとめています。

操作説明

操作画面とその手順です。手順を1つずつ解説しているので、問題を解いたあとに確認しましょう。

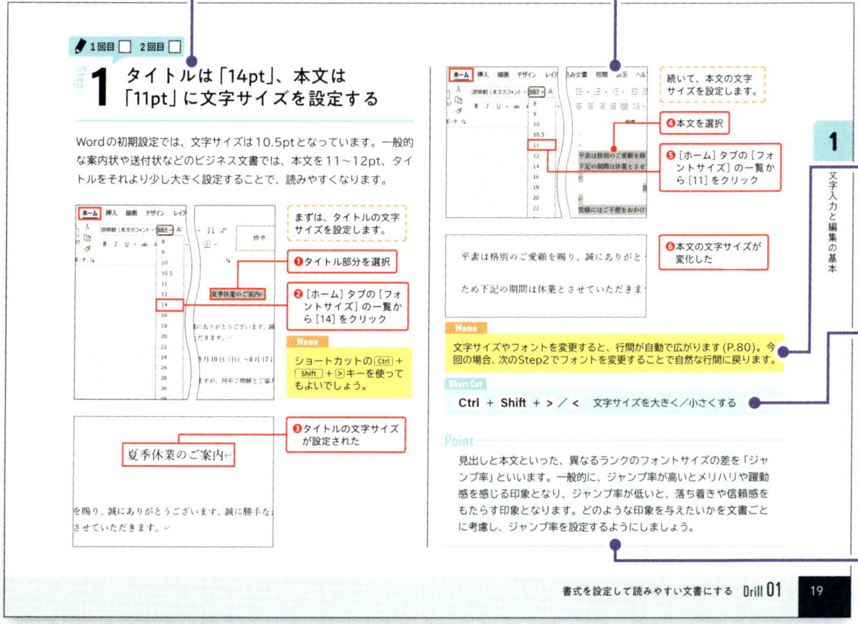

1回目 □ 2回目 □

Step 1 タイトルは「14pt」、本文は「11pt」に文字サイズを設定する

Wordの初期設定では、文字サイズは10.5ptとなっています。一般的な案内状や送付状などのビジネス文書では、本文を11～12pt、タイトルをそれより少し大きく設定することで、読みやすくなります。

まずは、タイトルの文字サイズを設定します。

❶タイトル部分を選択

❷［ホーム］タブの［フォントサイズ］の一覧から［14］をクリック

Memo

ショートカットの Ctrl + Shift + > キーを使ってもよいでしょう。

❸タイトルの文字サイズが設定された

夏季休業のご案内

続いて、本文の文字サイズを設定します。

❹本文を選択

❺［ホーム］タブの［フォントサイズ］の一覧から［11］をクリック

❻本文の文字サイズが変化した

平素は格別のご愛顧を賜り、誠にありがと

ため下記の期間は休業とさせていただきま

Memo

文字サイズやフォントを変更すると、行間が自動で広がります (P.80)。今回の場合、次のStep2でフォントを変更することで自然な行間に戻ります。

Short Cut

Ctrl ＋ Shift ＋ > ／ < 文字サイズを大きく／小さくする

Point

見出しと本文といった、異なるランクのフォントサイズの差を「ジャンプ率」といいます。一般的に、ジャンプ率が高いとメリハリや躍動感を感じる印象となり、ジャンプ率が低いと、落ち着きや信頼感をもたらす印象となります。どのような印象を与えたいかを文書ごとに考慮し、ジャンプ率を設定するようにしましょう。

1 文字入力と編集の基本

書式を設定して読みやすい文書にする Drill 01 19

Memo

操作の補足説明です。あわせて覚えておきたい操作や知識を説明しています。

Short Cut

そのページの操作と対応するショートカットを説明しています。ショートカットをマスターすると操作は格段に速くなります。あわせて確認しておきましょう。

Point

そのページの操作に関する、重要な知識や別の操作方法について解説しています。

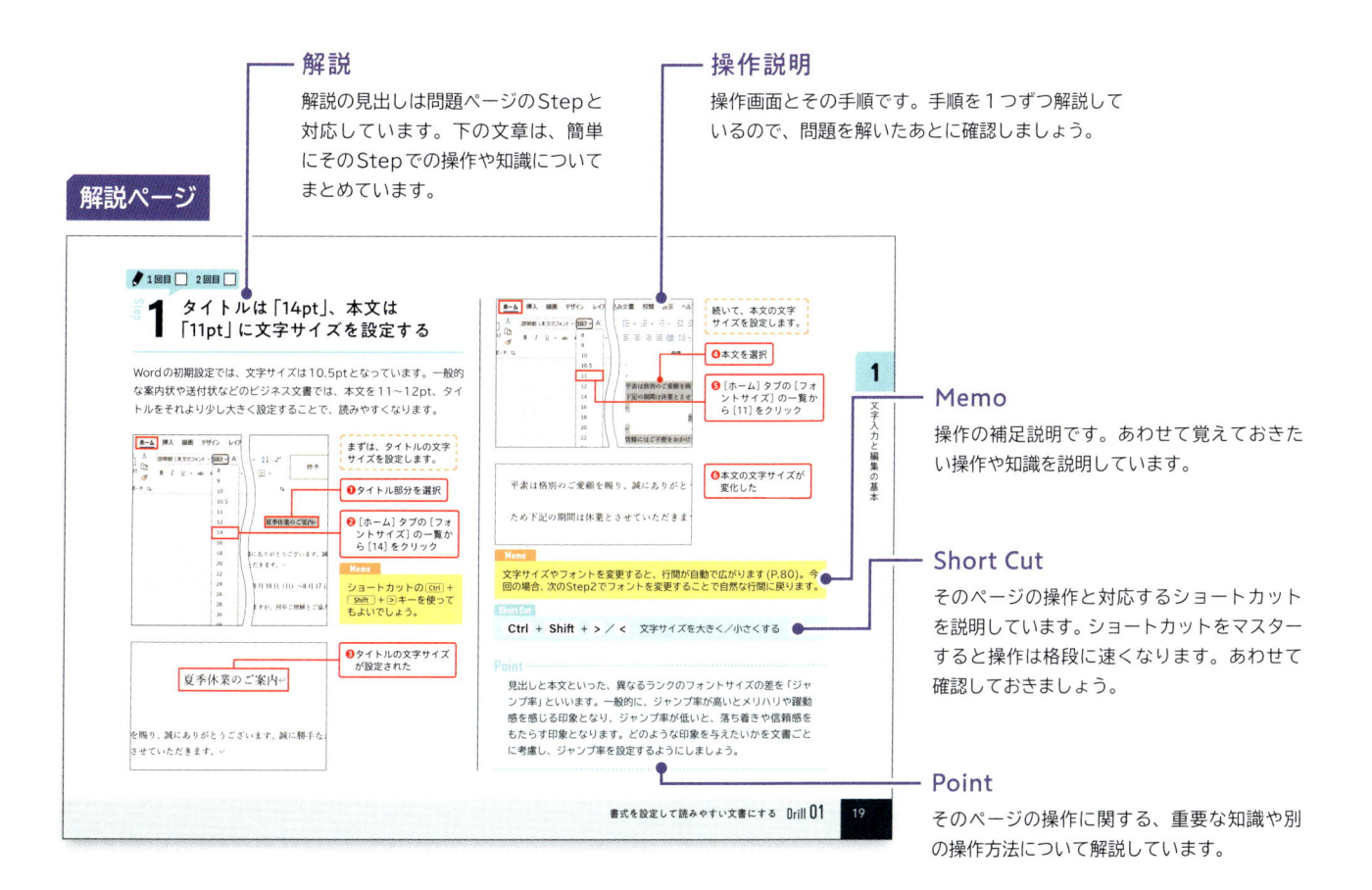

練習ファイルの使い方

本書で利用する練習ファイルは、下記のURLのサポートページからダウンロードできます。ダウンロードしたファイルを指定の場所に展開して、ファイルを利用しましょう。

■ ダウンロード用リンク

https://gihyo.jp/book/2025/978-4-297-14806-5/support/

まずは、Webブラウザーのアドレス欄に上記のURLを入力して、練習ファイルをダウンロードしましょう。

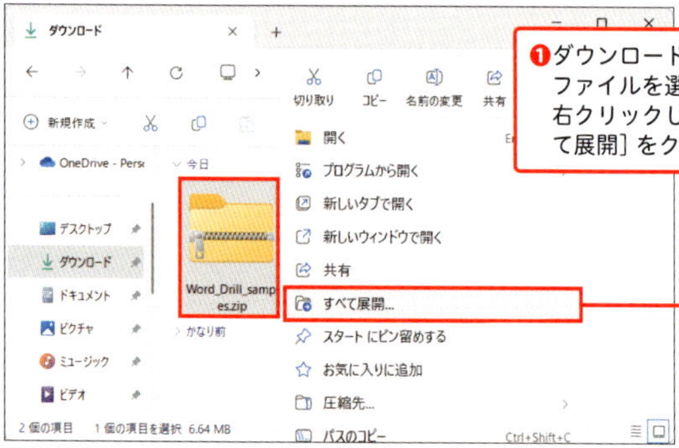

❶ダウンロードされたファイルを選択して右クリックし、［すべて展開］をクリック

Memo

インターネットからダウンロードしたファイルは、初期設定ではパソコンの「ダウンロード」フォルダに保存されます。ファイルは圧縮された状態なので、以降の手順で「展開」しましょう。

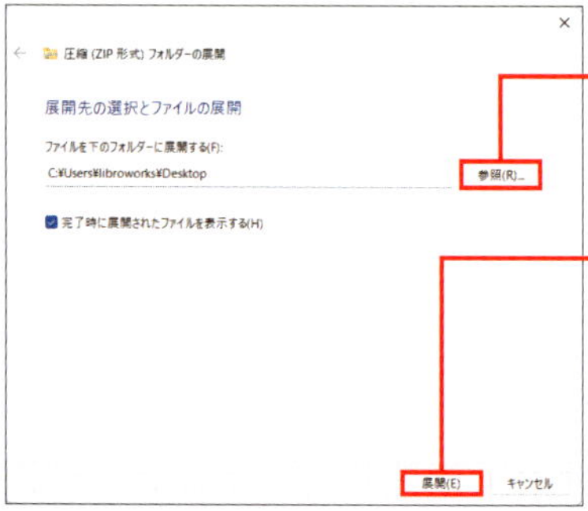

❷［参照］をクリックし、展開先に「デスクトップ」など好きな場所を選択

❸［展開］をクリックすると、ファイルが展開されるので、ダブルクリックして開く

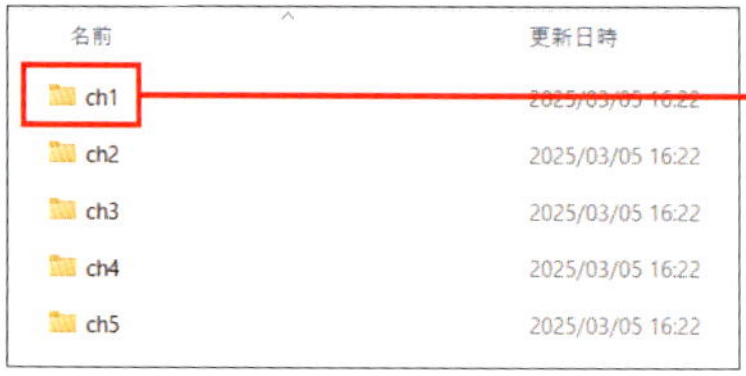

❹章ごとにフォルダ分けされているので、「ch1」をダブルクリック

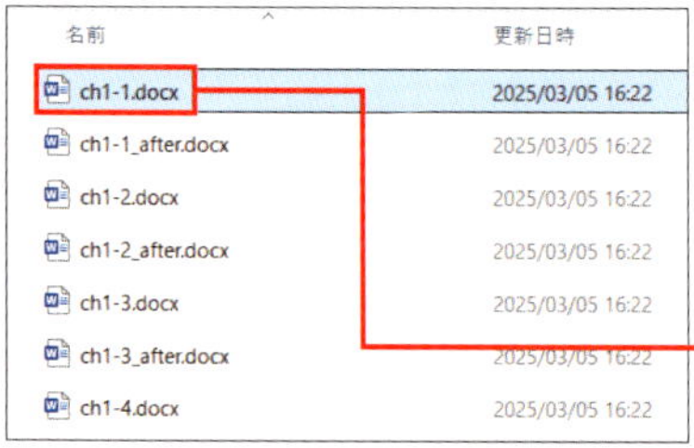

本書では、練習用ファイルを「ch○-□.docx」とし、解答が入力された確認用ファイルを「ch○-□_after.docx」としています。

❺「ch1-1.docx」をダブルクリック

インターネットからファイルをダウンロードした際に、そのファイルが安全かどうか確認するメッセージが表示される場合があります。練習ファイルは安全なので、編集を有効にしましょう。

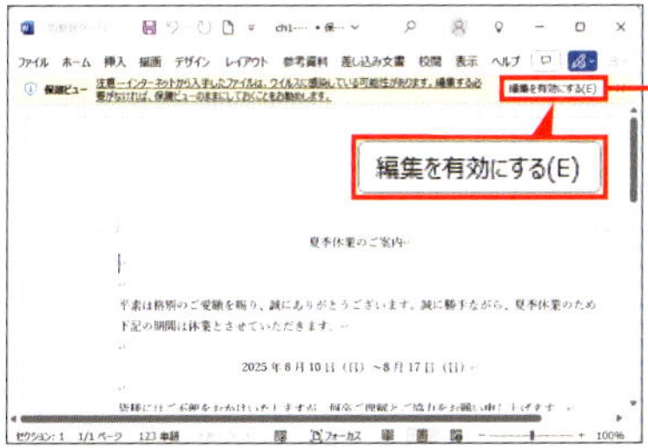

❻ファイルが開き、保護ビューが表示されるので、[編集を有効にする]をクリック

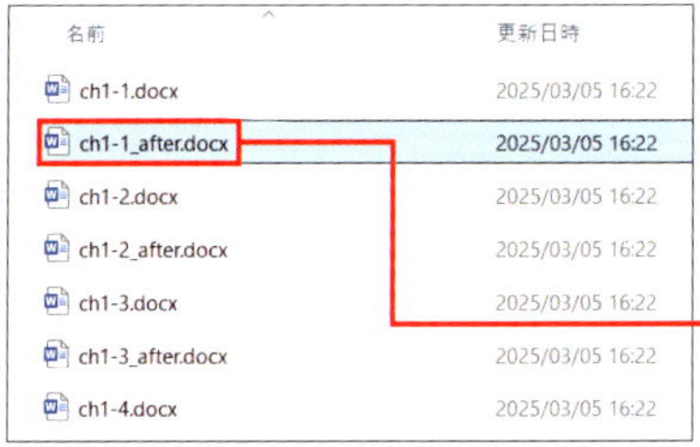

❼問題ページで問題を確認し、練習ファイルを実際に操作して問題を解く。解説ページを確認してもよい。

❽必要があれば、「ch1-1_after.docx」を開き、操作が正しく行えているか確認する

Point

ドリルの問題が、パソコンごとのWord環境の設定や、差し込み印刷など別のファイルを参照している場合、インターネットからダウンロードする「after」ファイルにはその設定が反映されていない場合もあります。

ご注意

本書に記載された内容は、情報の提供のみを目的としています。したがって、本書を用いた運用は、必ずお客様自身の責任と判断によって行ってください。これらの情報の運用の結果について、技術評論社および著者はいかなる責任も負いません。

■ソフトウェアに関する記述は、特に断りのない限り、2025年3月現在での最新バージョンをもとにしています。ソフトウェアはバージョンアップされる場合があり、本書での説明とは機能内容や画面図などが異なってしまうこともあり得ます。あらかじめご了承ください。

■本書は、Windows 11およびMicrosoft 365版のWordの画面で解説を行っています。これ以外のバージョンでは、画面や操作手順が異なる場合があります。

以上の注意事項をご承諾いただいた上で、本書をご利用願います。これらの注意事項をお読みいただかずに、お問い合わせいただいても、技術評論社は対応しかねます。あらかじめご承知おきください。

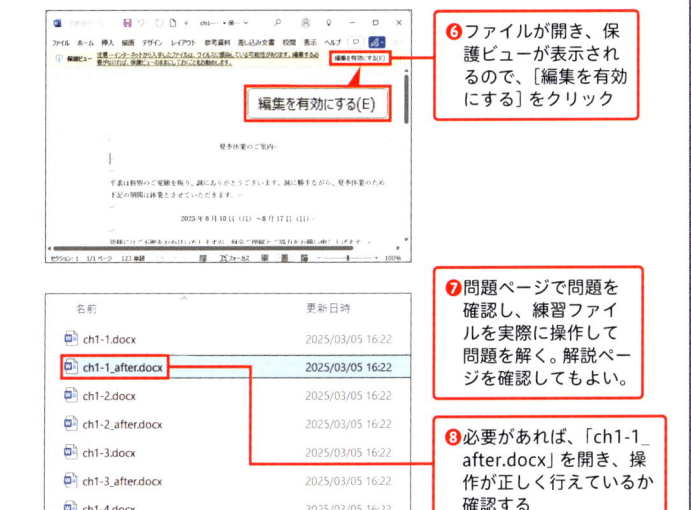

Contents

3章 押さえておきたい! ページデザインの便利ワザ

4章 表・テキストボックス・画像・図の活用テクニック

5章 実務で役立つ！ 編集アシスト＆印刷テクニック

Step 1 Wordの画面構成を確認する

まずは、Wordの画面構成を確認しましょう。下の画像は、Wordの新しいファイルを開いたときの画面です。ここでは、はじめに覚えておきたい各部の名称とその機能を右ページの表にまとめています。なお、Wordウィンドウの大きさやパソコン画面の解像度、お使いのWordのバージョンやプランなどによって、表示される内容が少し異なることもありますが、機能自体は変わりません。

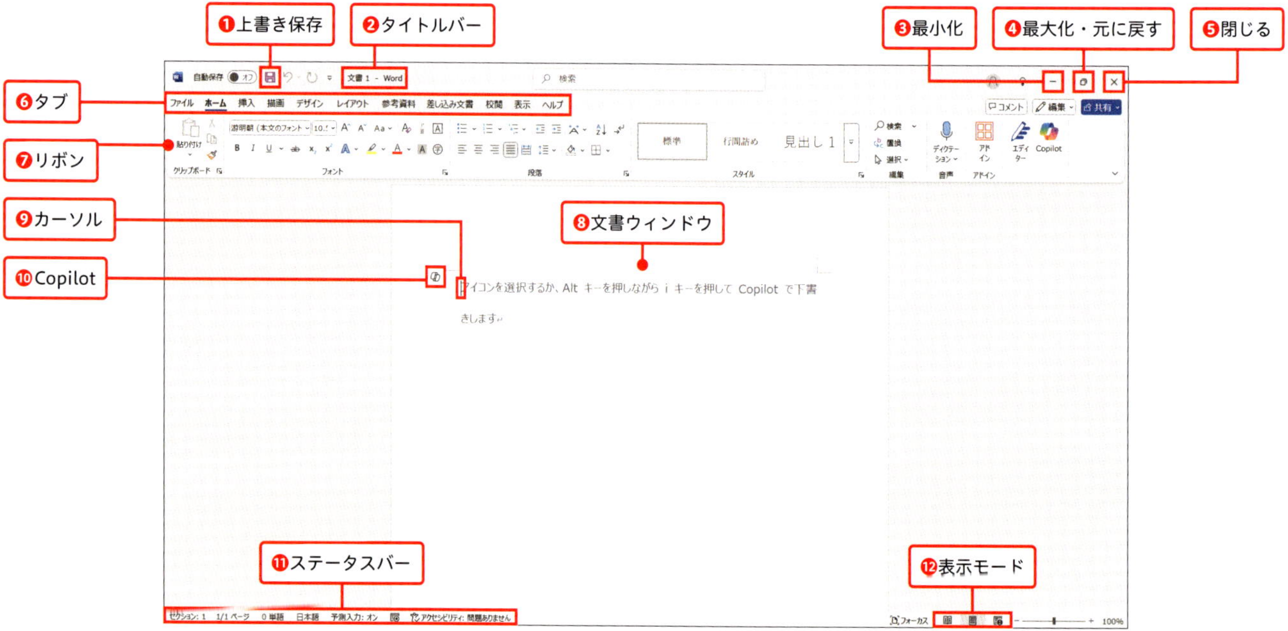

名称ごとの機能

Word画面の名称ごとの役割は下の表のとおりです。一度にすべてを覚えてなくとも、これからのドリルで実際に使うときに、このページを参照してもよいでしょう。

名称	機能
❶上書き保存	Wordファイルが上書き保存されます
❷タイトルバー	ファイルのタイトルが表示されます。新しいファイルは、「文書1.docx」と自動で名前が付けられます
❸最小化	ウィンドウが最小化されます。タスクバーのWordアイコンをクリックすると再度ウィンドウが表示されます
❹最大化・元に戻す	[最大化]をクリックすると、ウィンドウがパソコンの画面全体の大きさに広がって表示されます。最大化をしたあとはアイコンの表示が[元に戻す]に変化し、クリックすると、元のウィンドウサイズに戻ります
❺閉じる	Wordを終了してウィンドウを閉じます
❻タブ	タブをクリックするとリボンの表示項目が変化します。タブごとにまとまった操作が分類されています
❼リボン	さまなざまな機能のボタンが表示されます。たとえば[ホーム]タブのリボンでは、フォントや段落などの設定が、[挿入]タブでは、図やグラフの挿入などの設定が表示されます
❽文書ウィンドウ	文字を入力したり、図を挿入したり、文書を作成する編集領域です
❾カーソル	文字を入力したり、機能を利用したりする位置を示しています
❿Copilot	Office商品の種類やプランによって表示されます。文書ウィンドウからCopilotを非表示にする場合は、[ファイル]タブ→[その他]→[オプション]をクリックし、表示された[Wordのオプション]画面の[Copilot]→[Copilotを有効にする]のチェックをオフにします
⓫ステータスバー	ページ数や単語数など文書の作成状態を表します
⓬表示モード	表示モードの切り替え。左から[閲覧モード][印刷レイアウト][Webレイアウト]

Step 2 Wordを起動する

まずは、Wordを起動し、新しいファイルを開く手順を確認しておきます。Wordを開くとはじめに表示される画面をスタート画面といい、ここからファイル全体に関するさまざまな操作を行えます。

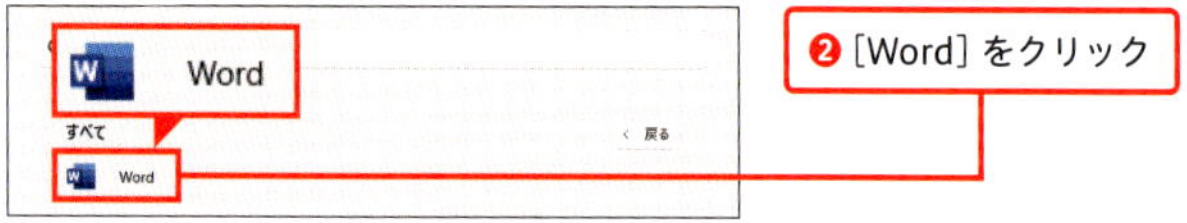

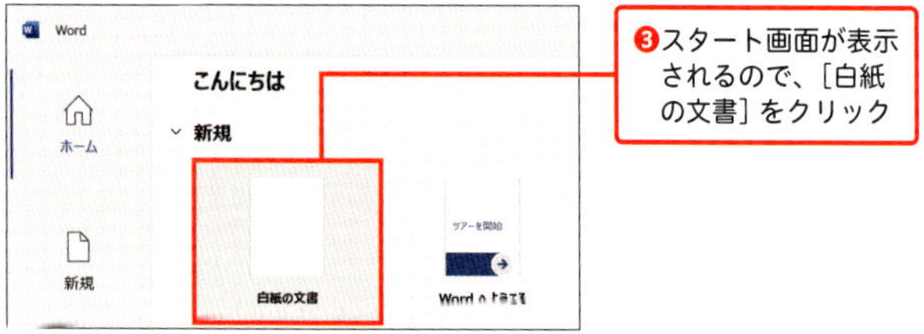

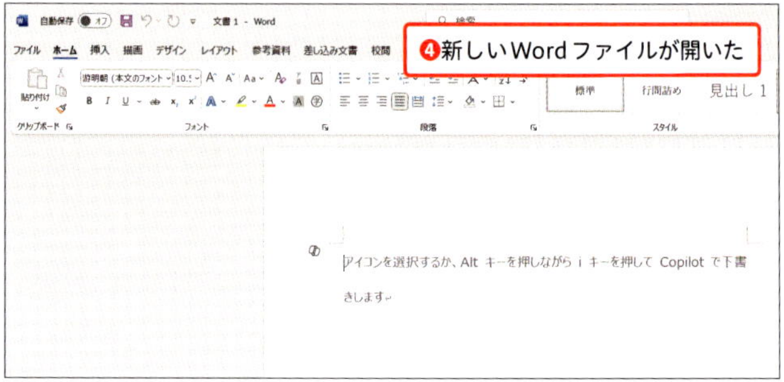

Point

新規文書ではなく、既存のファイルを開く方法も確認しておきましょう。手順❸の画面の［白紙の文書］の下には、［最近使ったアイテム］などのファイルが表示されています。ここに目当てのファイルが表示されている場合は、ファイル名をクリックしてファイルを開けます。表示されない場合は、下記の手順でファイルを指定しましょう。

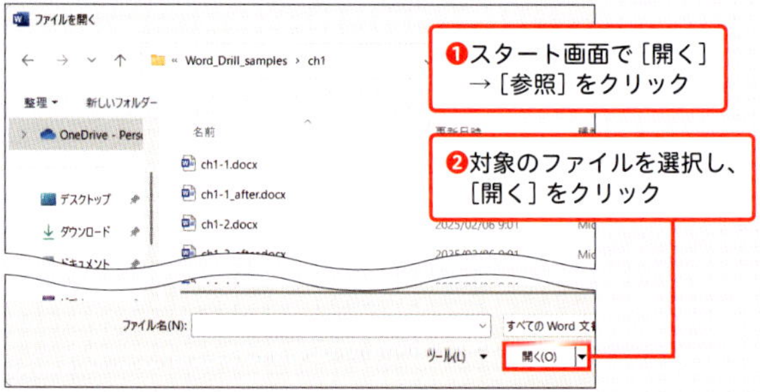

Step 3 文字を入力する

続いて、文字の入力操作について確認します。文書ウィンドウ内の指定の位置にカーソルを置き、文字を入力していきましょう。入力しおわったら、Enter キーで入力を確定させせます。

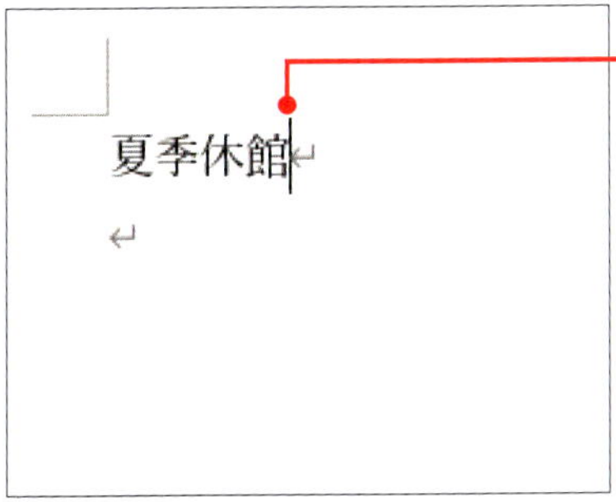

❶「夏季休館」のうしろにカーソルを置く

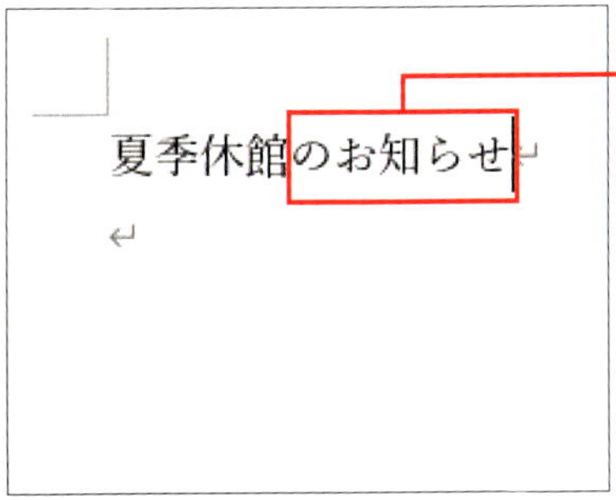

❷「のお知らせ」と入力し、Enter キーを押して入力を確定

続いて、改段落（改行）してから文字を入力しましょう（P.112）。

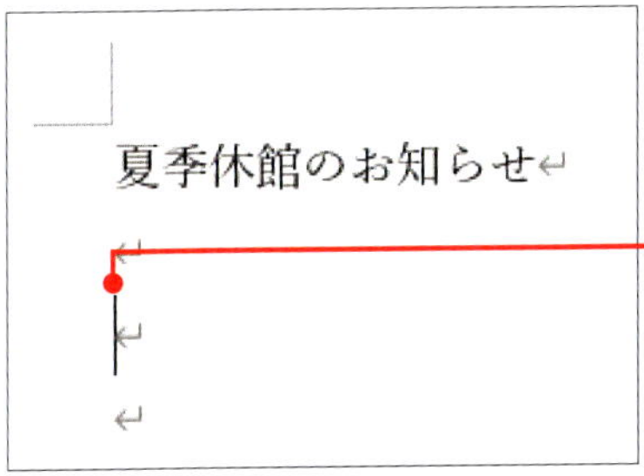

❸ Enter キーを押して2行下にカーソルを移動

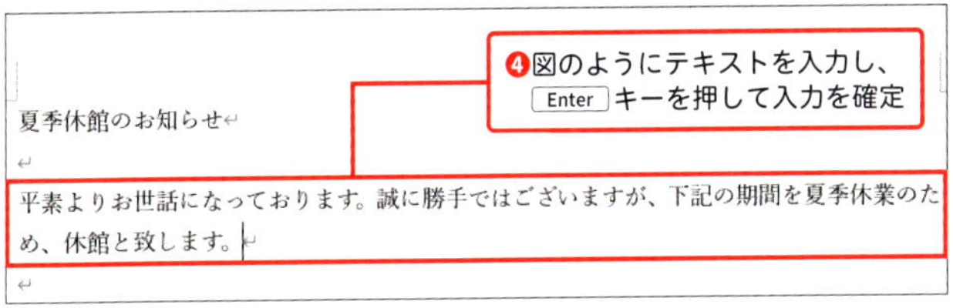

❹図のようにテキストを入力し、Enter キーを押して入力を確定

Point

文字を入力している最中に、予測候補一覧が表示されます。↑↓、または Tab キーで移動して、指定のものを選択し Enter キーを押して確定します。

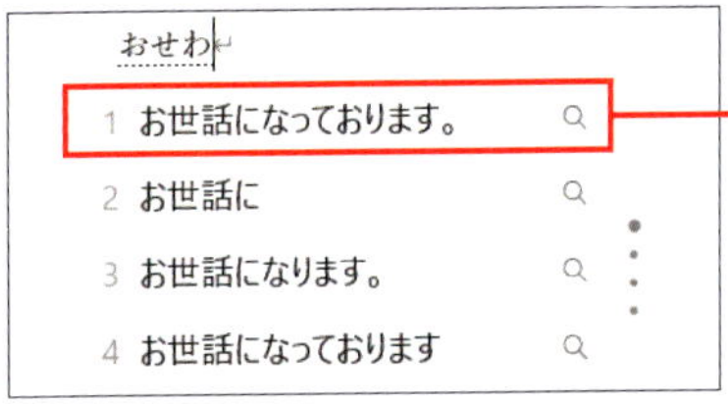

選択

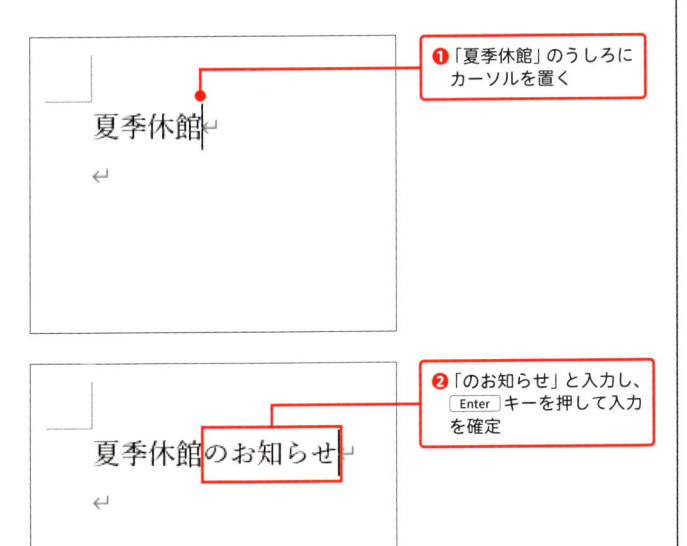

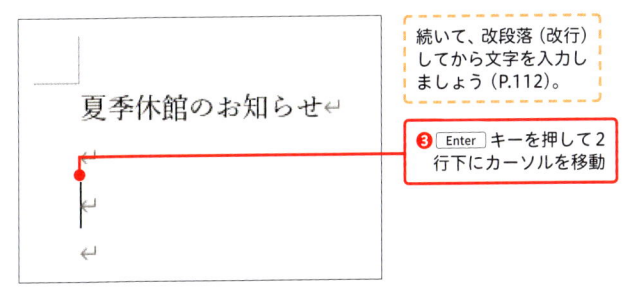

Step

4 文字書式と段落書式を設定する

文字と段落にそれぞれ書式を設定していきましょう。文字の場合は、対象の範囲を選択して書式を設定します。段落の場合は、段落内のどこかにカーソルを合わせた状態であれば書式を設定できます。

文字書式を設定する場合

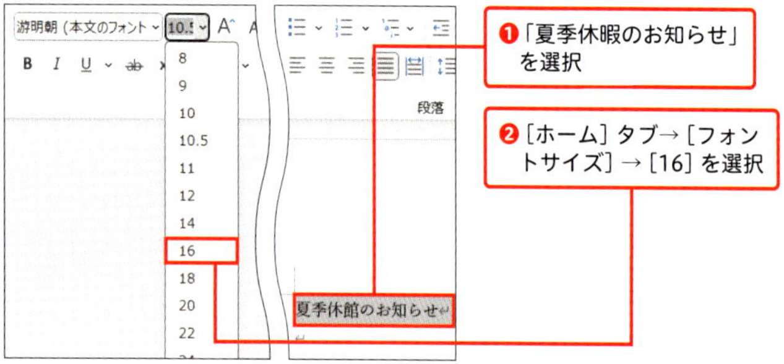

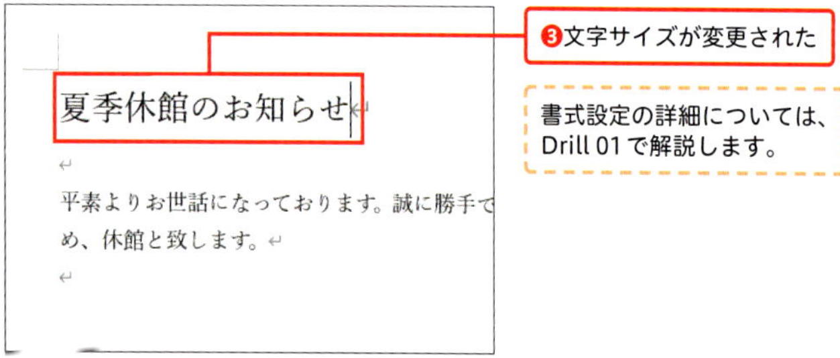

書式設定の詳細については、Drill 01で解説します。

段落書式を設定する場合

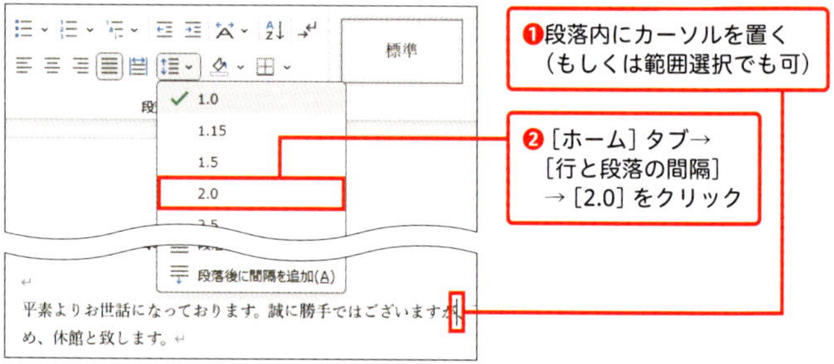

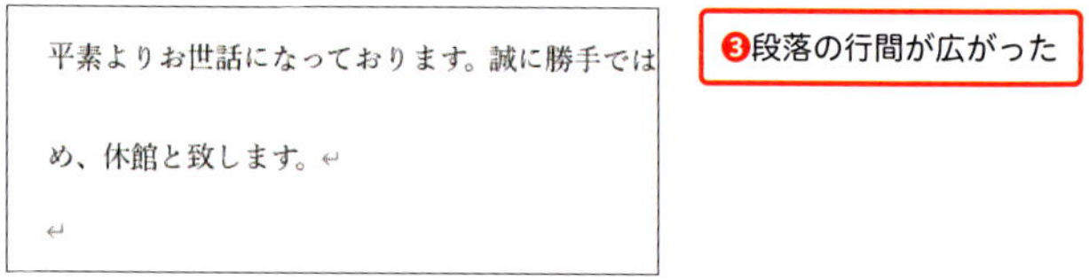

Point

一般的な文書での「段落」とは、内容などによって分割した区切りのことです。ただし、Wordでの段落とは、改行から次の改行までの1つのまとまりを指しています。

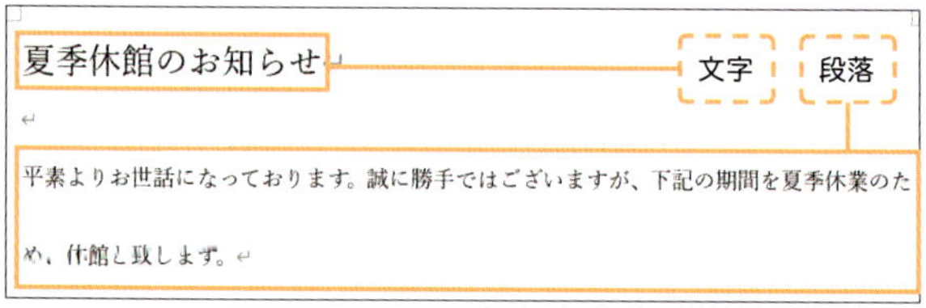

Step 5 Wordファイルを保存する

Wordファイルを作成した後は、必ず保存をしましょう。ここでは、新規ファイルの「名前を付けて保存」と、作成済みファイルの「上書き保存」の手順について解説します。

新規ファイルを保存する場合

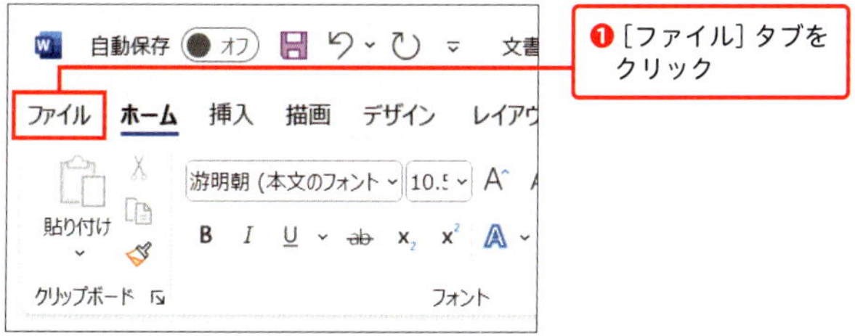
❶［ファイル］タブをクリック

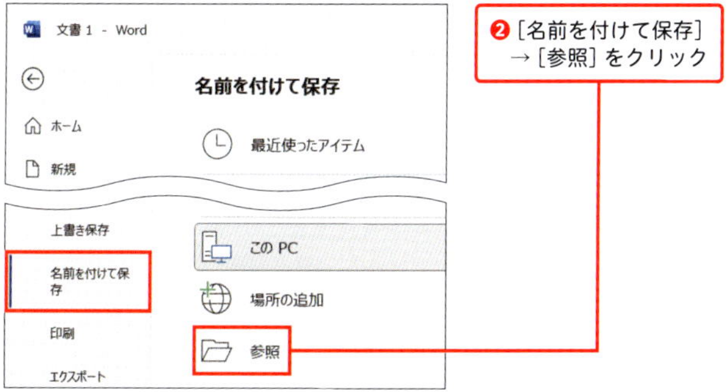
❷［名前を付けて保存］→［参照］をクリック

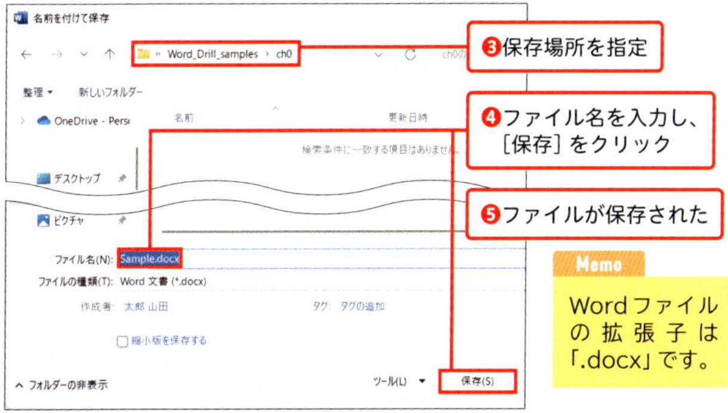
❸保存場所を指定
❹ファイル名を入力し、［保存］をクリック
❺ファイルが保存された

Memo

Wordファイルの拡張子は「.docx」です。

作成済みファイルを上書き保存する場合

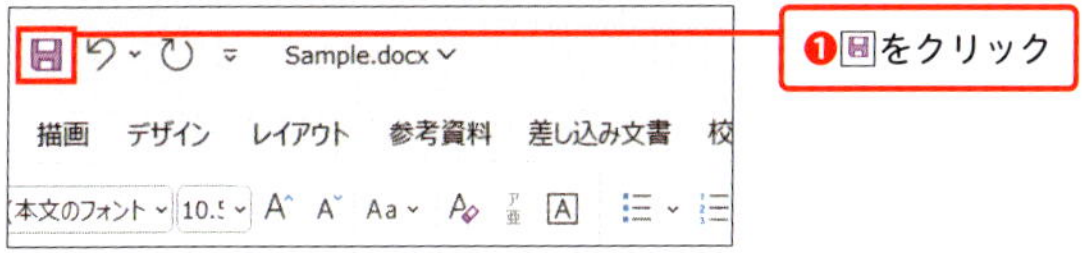
❶🖫をクリック

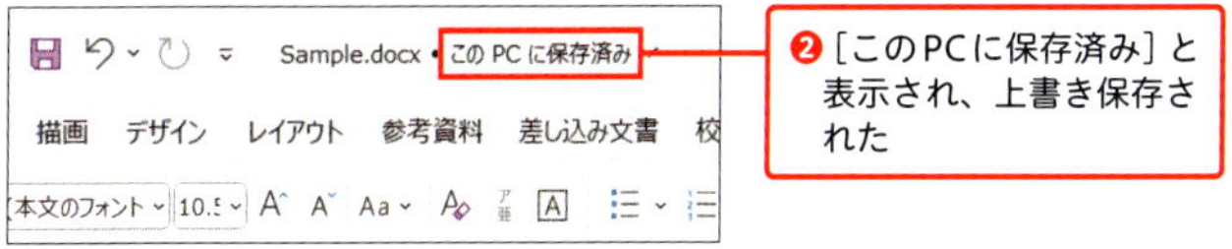
❷［このPCに保存済み］と表示され、上書き保存された

Memo

文書を編集中は、こまめに上書き保存する癖をつけるようにしましょう。

Short Cut

F12　［名前を付けて保存］ダイアログを表示する

Ctrl ＋ S　ファイルを上書き保存する

Drill
01

ch1-1.docx

月　日

書式を設定して読みやすい文書にする

ビジネス文書では、読み手がストレスなく、内容をすばやく理解できるような書式が最適です。ここでは、文字サイズやフォント、よく利用する文字列の書式設定の操作を実践していきます。操作だけでなく、その設定がもたらす効果もあわせて確認していきましょう。

Let's Try!

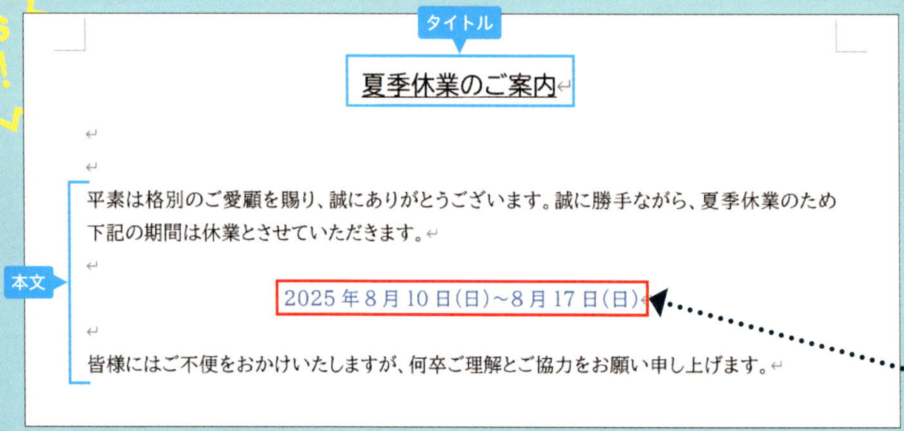
タイトル
夏季休業のご案内
本文
平素は格別のご愛顧を賜り、誠にありがとうございます。誠に勝手ながら、夏季休業のため
下記の期間は休業とさせていただきます。
2025 年 8 月 10 日(日)～8 月 17 日(日)
皆様にはご不便をおかけいたしますが、何卒ご理解とご協力をお願い申し上げます。

Step 1 タイトルは「14pt」、本文は「11pt」に文字サイズを設定する

Step 2 タイトルはゴシック体、本文は明朝体にフォントを設定する
(「BIZ UDP ゴシック」「BIZ UDP 明朝 Medium」を使用)

Step 3 タイトルには下線を引き、日付は青文字にする

Hint ［ホーム］タブの［フォント］グループから書式の設定をする

基本的な文字列の書式設定は、［ホーム］タブの［フォント］グループから設定できます。書式を設定する際は、対象の文字列部分を選択した状態で、設定する書式のアイコンをクリックしましょう。
なお、書式はスタイル機能から設定することも可能です（P.74）。

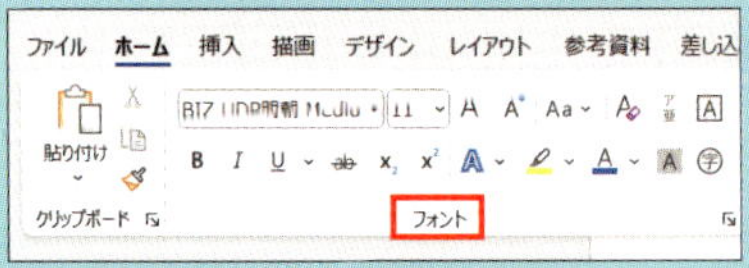
ファイル
ホーム
挿入
描画
デザイン
レイアウト
参考資料
差し込
貼り付け
クリップボード
フォント

1回目 □　2回目 □

Step 1 タイトルは「14pt」、本文は「11pt」に文字サイズを設定する

Wordの初期設定では、文字サイズは10.5ptとなっています。一般的な案内状や送付状などのビジネス文書では、本文を11～12pt、タイトルをそれより少し大きく設定することで、読みやすくなります。

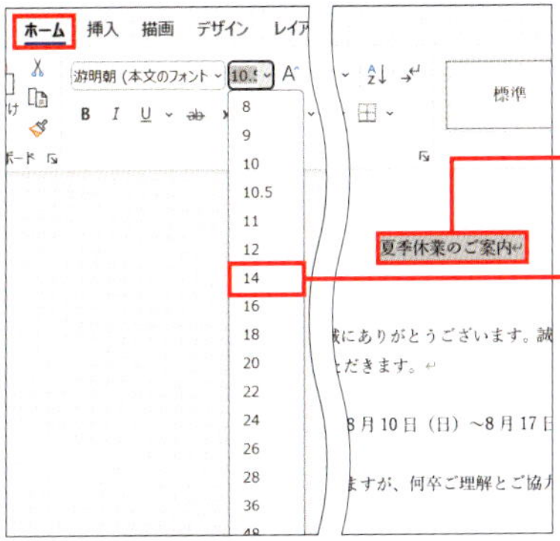

まずは、タイトルの文字サイズを設定します。

❶タイトル部分を選択

❷［ホーム］タブの［フォントサイズ］の一覧から［14］をクリック

Memo

ショートカットの Ctrl ＋ Shift ＋ > キーを使ってもよいでしょう。

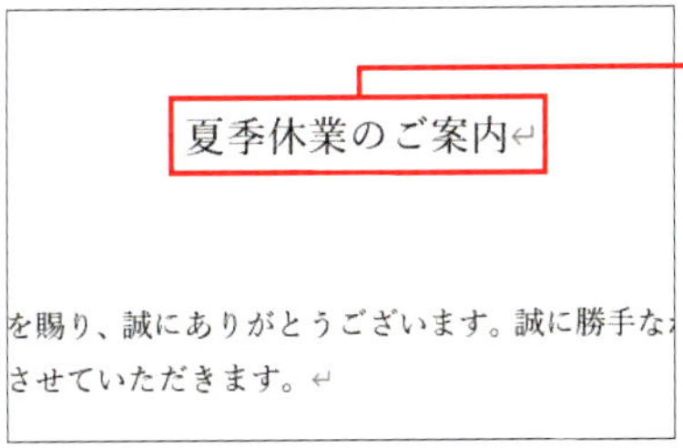

❸タイトルの文字サイズが設定された

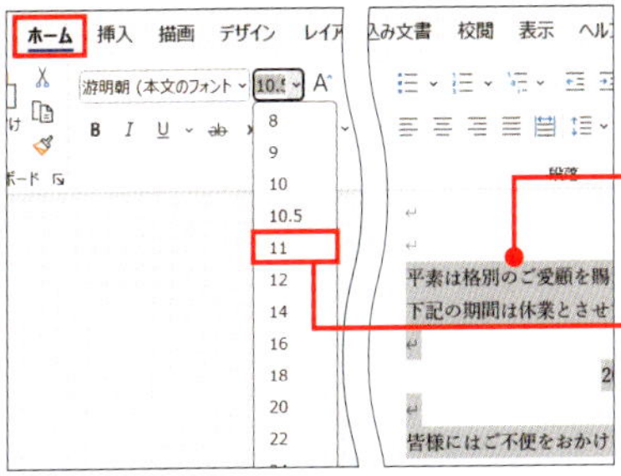

続いて、本文の文字サイズを設定します。

❹本文を選択

❺［ホーム］タブの［フォントサイズ］の一覧から［11］をクリック

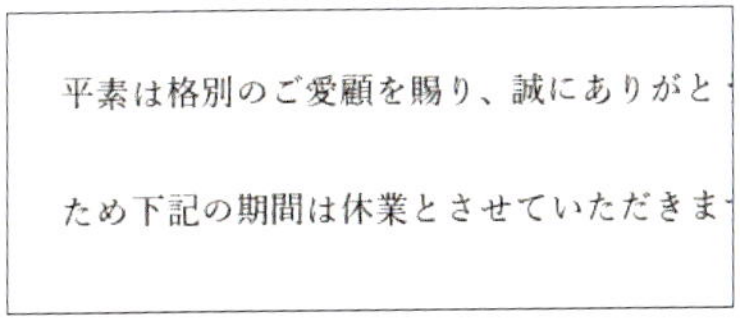

❻本文の文字サイズが変化した

Memo

文字サイズやフォントを変更すると、行間が自動で広がります(P.80)。今回の場合、次のStep2でフォントを変更することで自然な行間に戻ります。

Short Cut

Ctrl ＋ Shift ＋ > ／ <　文字サイズを大きく／小さくする

Point

見出しと本文といった、異なるランクのフォントサイズの差を「ジャンプ率」といいます。一般的に、ジャンプ率が高いとメリハリや躍動感を感じる印象となり、ジャンプ率が低いと、落ち着きや信頼感をもたらす印象となります。どのような印象を与えたいかを文書ごとに考慮し、ジャンプ率を設定するようにしましょう。

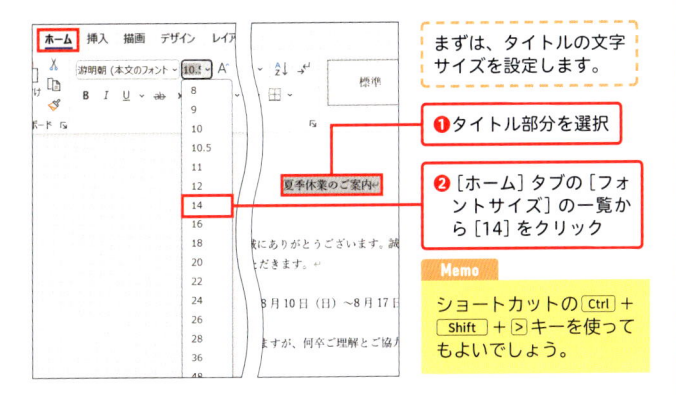

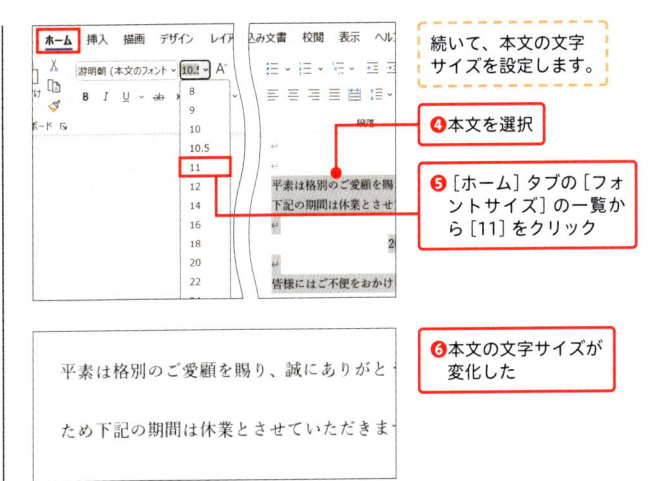

1回目 □ 2回目 □

Step 2 タイトルはゴシック体、本文は明朝体にフォントを設定する

文書にメリハリをつけるには、フォントの使い分けが効果的です。ビジネス文書でよく見られる設定としては、タイトルなどの強調したい箇所をゴシック体に、それ以外を明朝体にするものです。

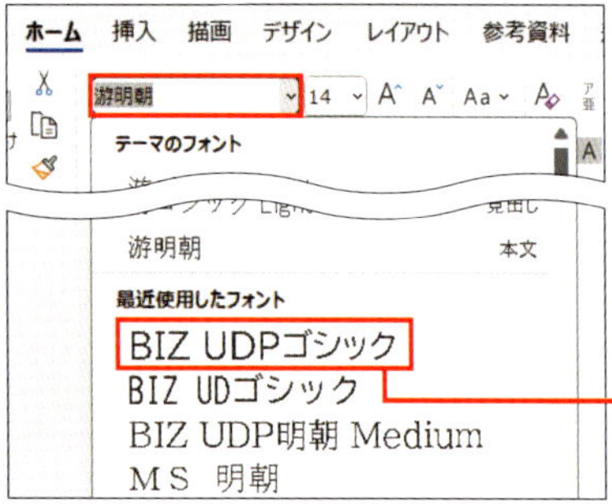

ここでは、タイトルに「BIZ UDPゴシック」、本文に「BIZ UDP明朝 Medium」を設定します。まずはタイトル部分を設定します。

❶タイトル部分を選択

❷［ホーム］タブの［フォント］の一覧から［BIZ UDPゴシック］を選択

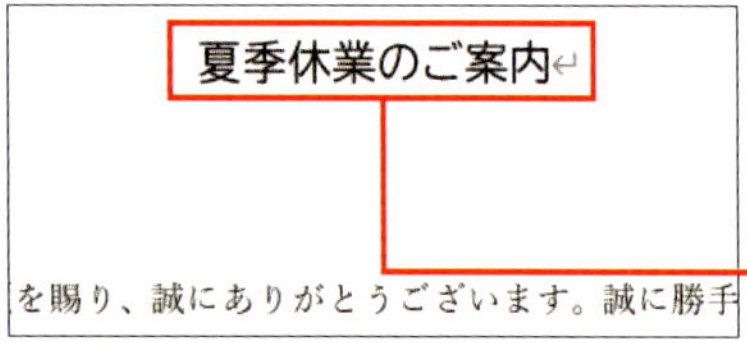

❸フォントが設定された

Memo

フォント名に「P」と付くものは、「プロポーショナルフォント」といい、文字サイズにあわせて幅が確定するフォントです。一方、「P」の付かないフォントは、「等幅フォント」といい、すべての文字幅が一定に設定されています。

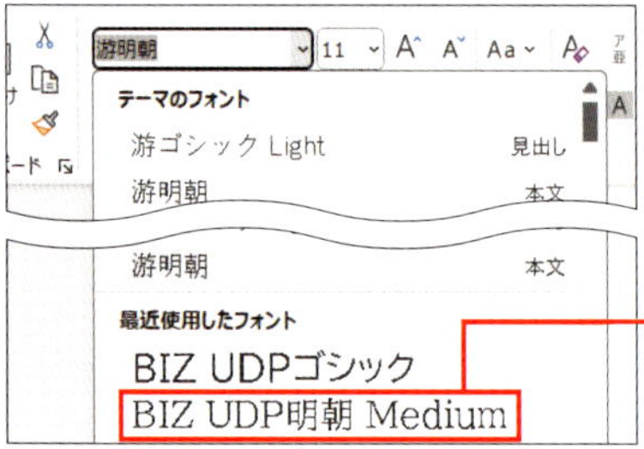

続いて、本文のフォントを設定します。

❹本文を選択

❺［ホーム］タブの［フォント］の一覧から［BIZ UDP明朝 Medium］を選択

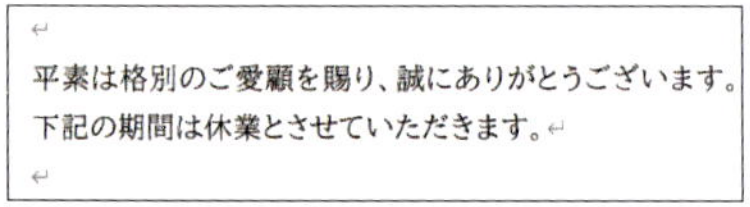

❻フォントが設定された

Point

ビジネス文書で利用するフォントには、明確な正解があるわけではありません。ただ、選択の基準として、多くの人が読みやすいと感じるか、という点を意識することは重要です。近年注目されているフォントに、「UD Font（ユニバーサルデザインフォント）」があります。「はね」や「はらい」を簡略化したデザインで、視覚障害者なども含めたあらゆる人が読みやすいように工夫されたフォントです。迷ったときは、フォント名のはじめに「UD」と付いているものから選択するのもよいでしょう。

■ **明朝体**

MS明朝

ビジネス文書

BIZ UDP明朝

ビジネス文書

■ **ゴシック体**

MSゴシック

ビジネス文書

BIZ UDPゴシック

ビジネス文書

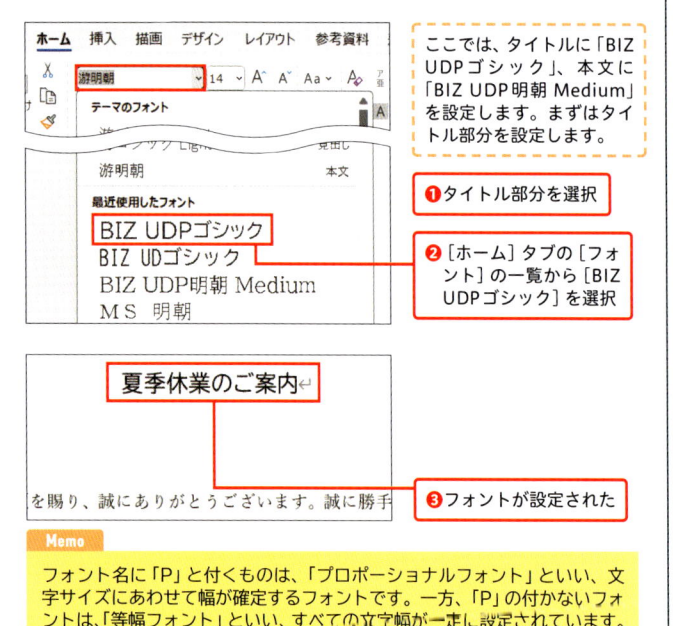

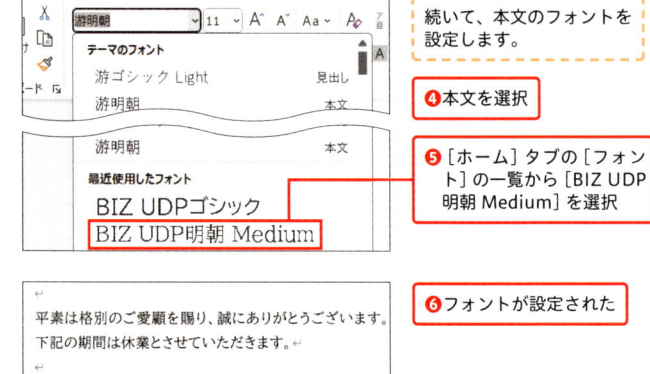

1回目 ☐ 2回目 ☐

Step 3 タイトルには下線を引き、日付は青文字にする

特に読み手に注目させたい箇所には、下線や太字といった文字書式を設定することをおすすめします。ここでは、下線や色文字などの書式を強調したい箇所に設定しましょう。

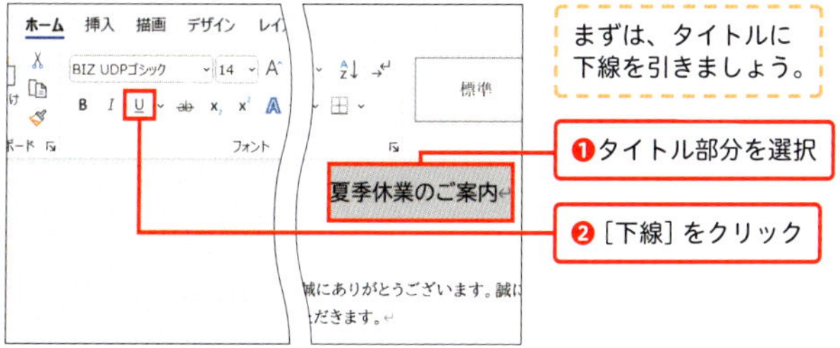

ホーム 挿入 描画 デザイン
BIZ UDPゴシック 14
フォント
標準
夏季休業のご案内
誠にありがとうございます。誠に
ただきます。
まずは、タイトルに下線を引きましょう。
❶タイトル部分を選択
❷［下線］をクリック

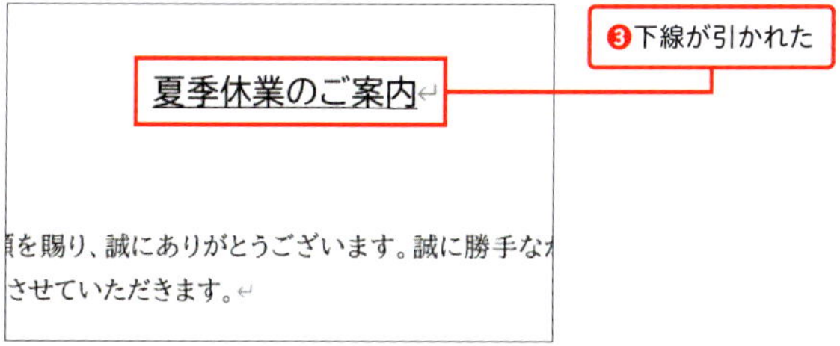

夏季休業のご案内
❸下線が引かれた
を賜り、誠にありがとうございます。誠に勝手な
させていただきます。

Memo

下線を設定したあと、もう一度下線Uをクリックすると、書式を解除できます。また、⌄をクリックすると、下線の種類が表示され、二重線や、波線など指定の下線を設定できます。

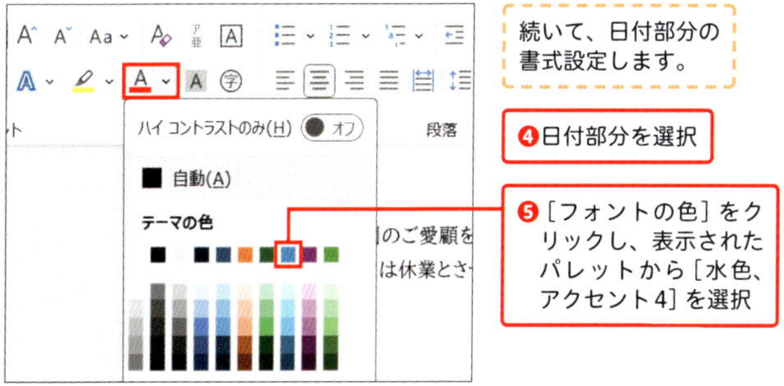

続いて、日付部分の書式設定します。
ハイ コントラストのみ(H) オフ
段落
自動(A)
テーマの色
のご愛顧を
は休業とさ
❹日付部分を選択
❺［フォントの色］をクリックし、表示されたパレットから［水色、アクセント4］を選択

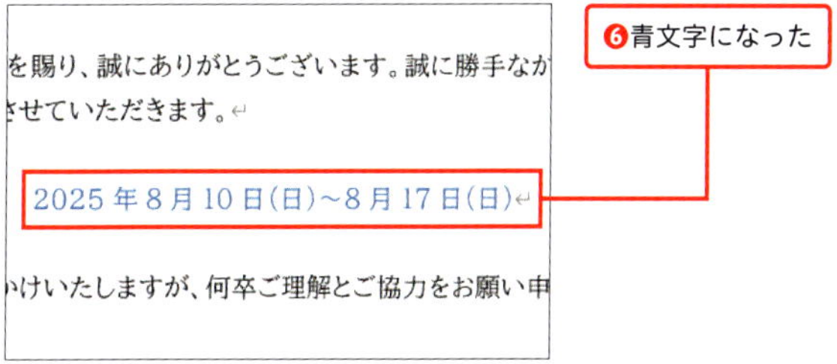

を賜り、誠にありがとうございます。誠に勝手なが
させていただきます。
2025年8月10日(日)～8月17日(日)
いけいたしますが、何卒ご理解とご協力をお願い申
❻青文字になった

Short Cut

Ctrl ＋ U 下線を引く　　Ctrl ＋ B 太字にする

Point

ここで設定した、下線や色文字のほかに、「太字」「ハイライト（蛍光ペン）」「網かけ」なども利用する機会は多いでしょう。これらを設定するアイコンは［フォント］グループに集まっているので、必要に応じて活用しましょう。ただし、過度な文字の装飾は逆に読みづらくなります。読み手を意識した適切な書式を意識しましょう。

Drill
02

ch1-2.docx

月 日

＋αで覚えておきたい入力テクニック

記号の入力、ルビの設定、上付き文字の設定などは、文書の表現の幅を広げる便利な機能です。使用頻度はそこまで高くはありませんが、実務で求められた際にすばやく対応できるよう、ここで練習していきましょう。操作自体はシンプルのため、すぐにマスターできるようになるはずです。

Let's Try!

Step 1 記号（●・〒）を入力する

Step 2 読み間違いしやすい漢字にはルビを振る

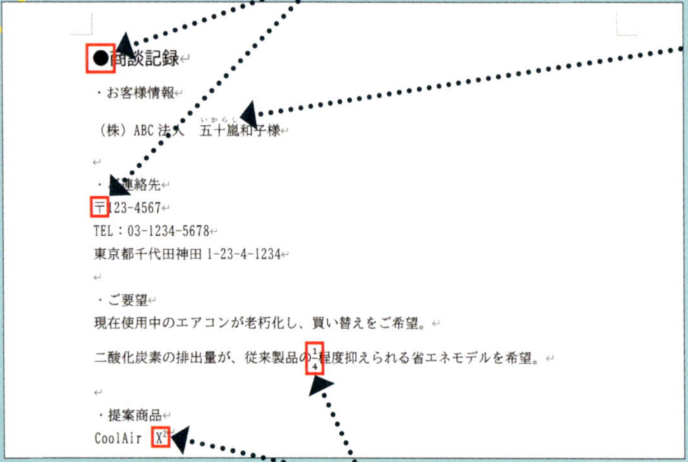
●商談記録

・お客様情報

（株）ABC 法人　五十嵐《いからし》和子様

・ご連絡先
〒123-4567
TEL：03-1234-5678
東京都千代田神田 1-23-4-1234

・ご要望
現在使用中のエアコンが老朽化し、買い替えをご希望。

二酸化炭素の排出量が、従来製品の$\frac{1}{4}$程度抑えられる省エネモデルを希望。

・提案商品
CoolAir X^2

Step 3 分数と上付き文字を入力する

Hint ［挿入］タブか、［ホーム］タブの［書式］グループから設定する

読み方のわかる記号は直接よみを入力して変換します。また、数式（分数など）は［挿入］タブから、ルビや上付き文字は［ホーム］タブの［書式］グループから設定できます。

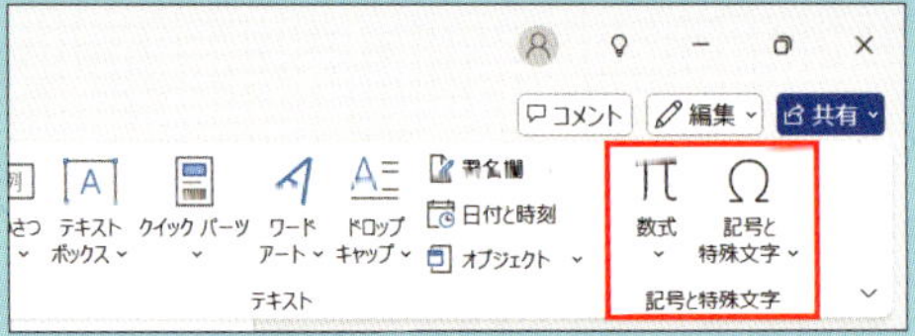

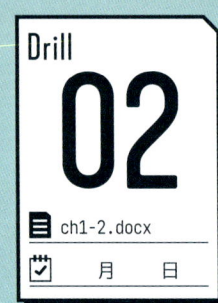

1回目 □ 2回目 □

Step 1 記号（●・〒）を入力する

Wordには、さまざまな記号が用意されています。使用頻度が高くない分、入力時に悩むこともあるでしょう。読み方がわかる記号は直接入力して変換し、特殊な記号は［記号と特殊文字］機能を使います。

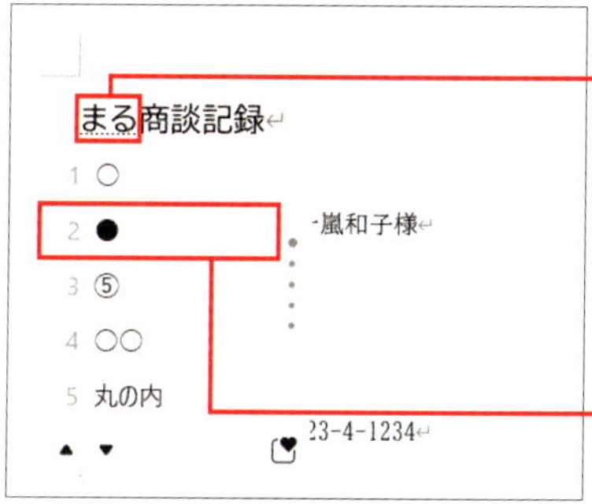

ここでは「●」を入力します。

❶記号を入力する箇所にカーソルを合わせる

❷「まる」と入力

❸表示された予測候補の一覧から「●」を選択

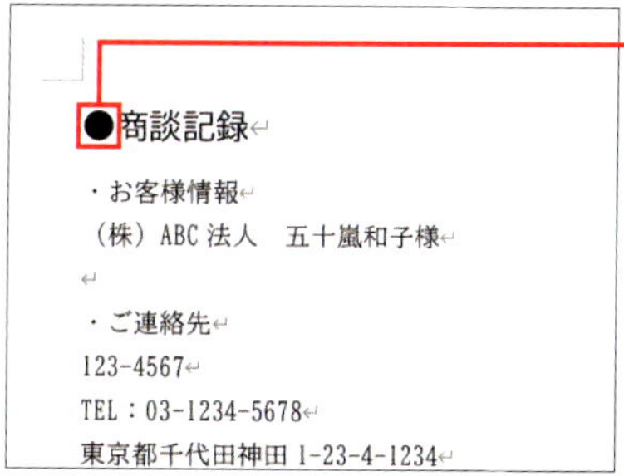

❹記号が入力された

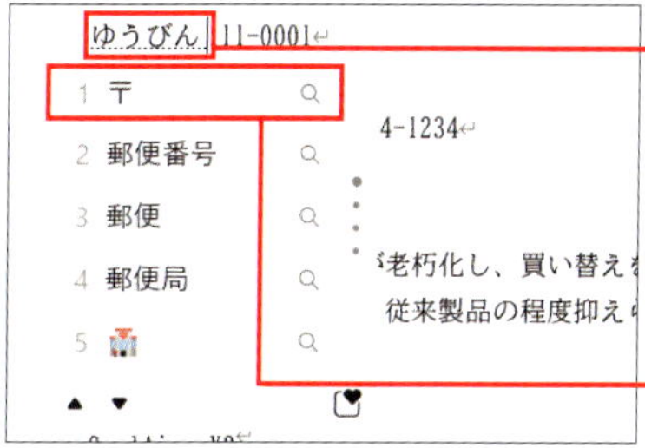

続いて、「〒」という記号を入力します。

❺記号を入力する箇所にカーソルを合わせ、「ゆうびん」と入力

❻表示された予測候補の一覧から「〒」を選択

読み方のわからない記号を入力する場合

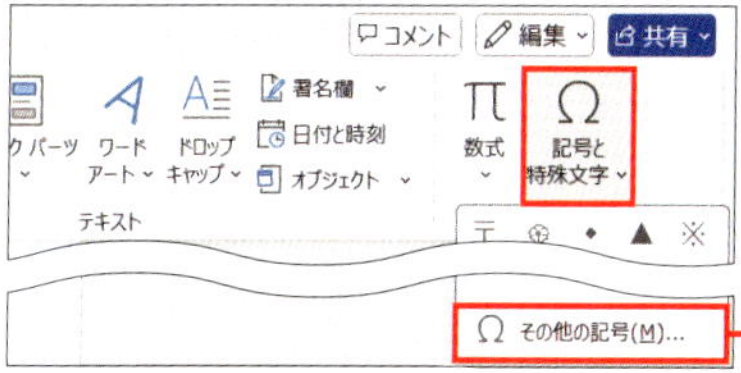

❶［挿入］タブの［記号と特殊文字］→［その他の記号］をクリック

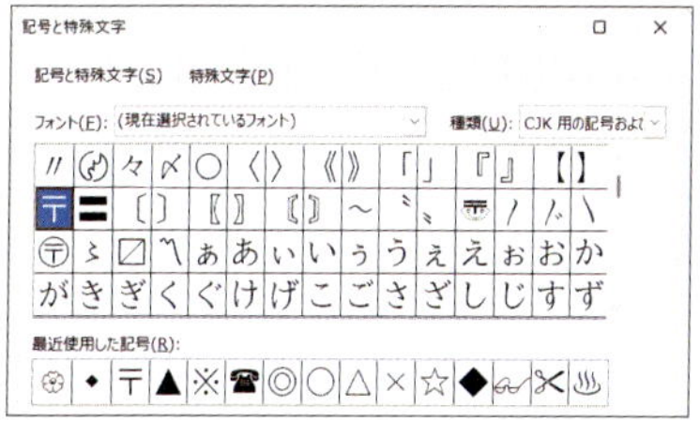

❷入力する記号を選択し、［挿入］をクリック

Memo

読み方がわからない場合は、上記のようにダイアログから探すほかにも、「きごう」と入力すると、多くの記号が表示されるため、そこから選択することも可能です。

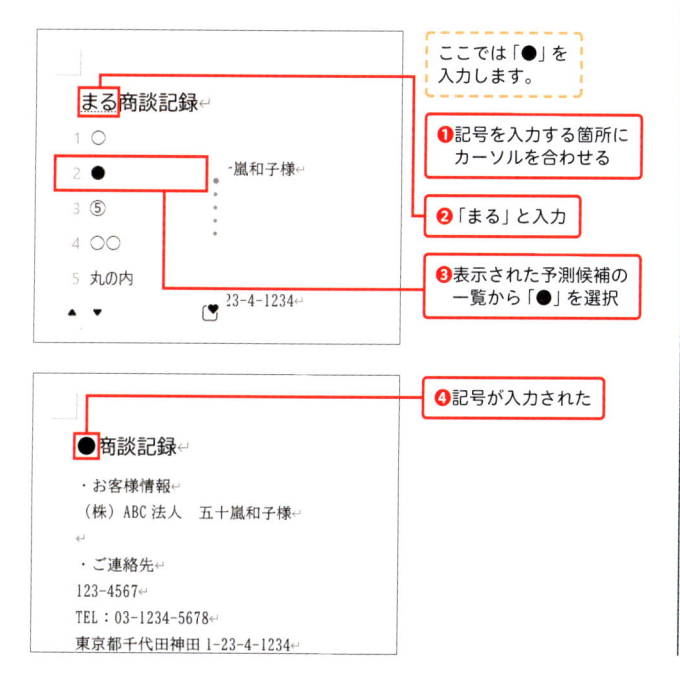

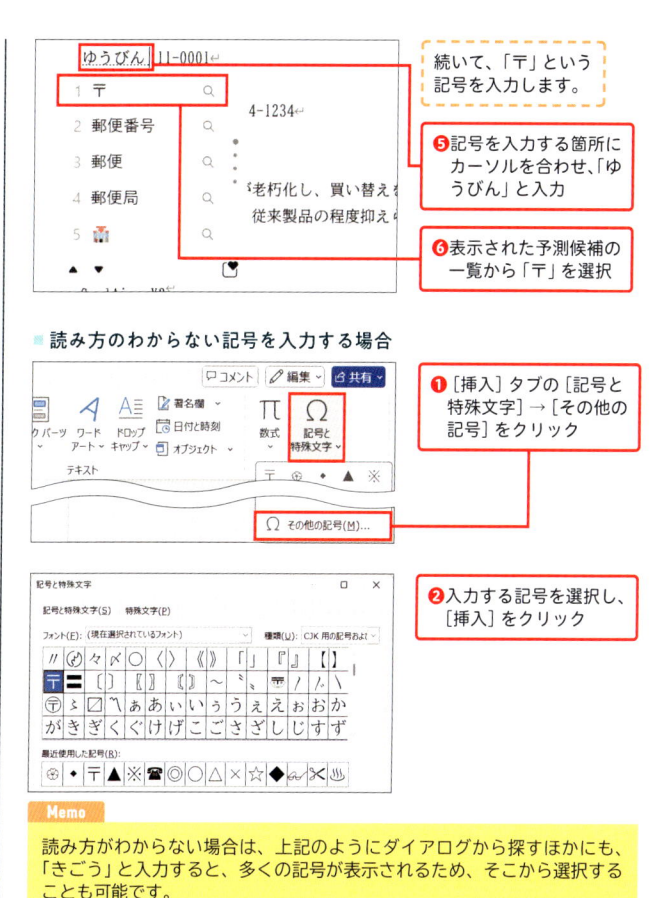

1回目 □　2回目 □

Step

2 読み間違いしやすい漢字にはルビを振る

顧客の名前など、読み間違いしやすい漢字にはルビ（ふりがな）を振っておくとわかりやすいです。[ルビ] ダイアログには、入力時のひらがなが表示されるため、必要な場合は適切な読みに修正しましょう。

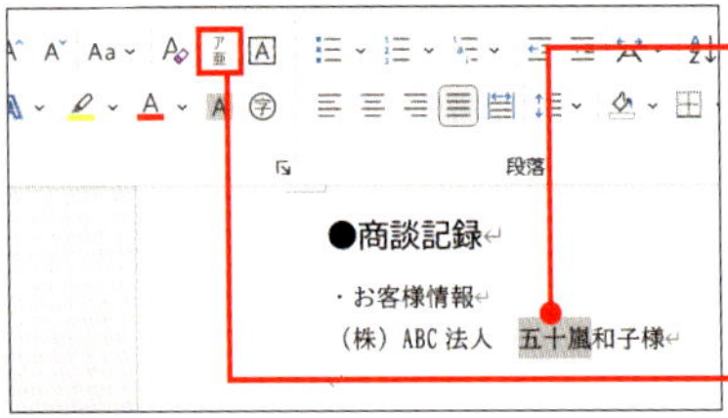

❶ルビを振る文字列を選択

❷[ホーム] タブの [ルビ] をクリック

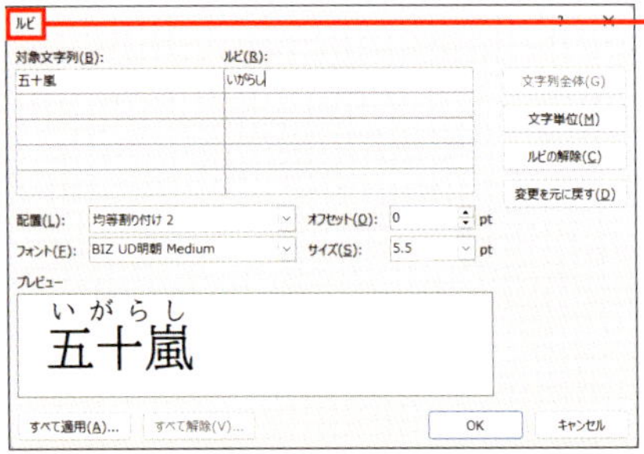

❸[ルビ] ダイアログが表示された

Memo

[ルビ] ダイアログでは、配置やサイズ、フォントなど、ルビについても詳細な書式設定ができます。

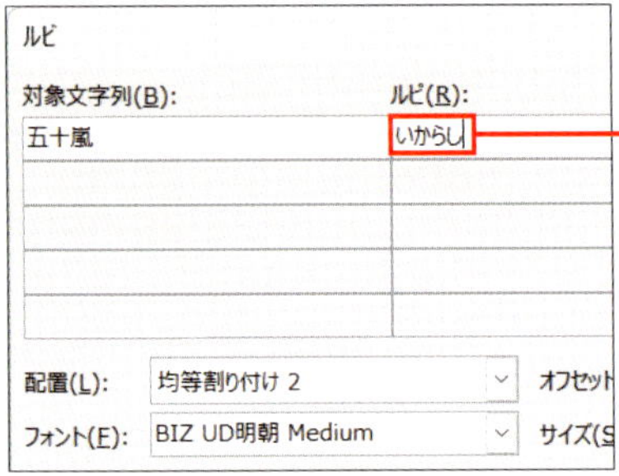

❹[ルビ] の入力欄で、「いがらし」から「いからし」と修正し、[OK] をクリック

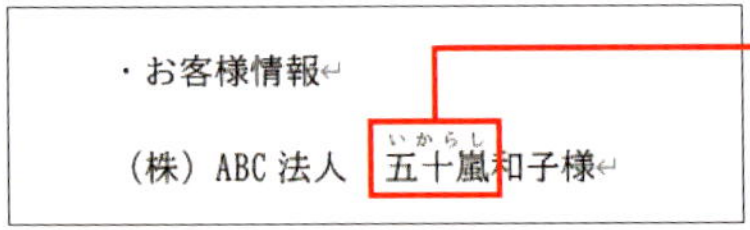

❺ルビが振られた

Memo

ルビを解除する場合は、[ルビ] ダイアログの [ルビの解除] をクリックします。

Point

[ルビ] ダイアログでは、文字列全体にルビを振る [文字列全体] と1文字ずつにルビを振る [文字単位] の2種類の設定から選択できます。好みにあわせて使い分けましょう。

■ 文字列全体

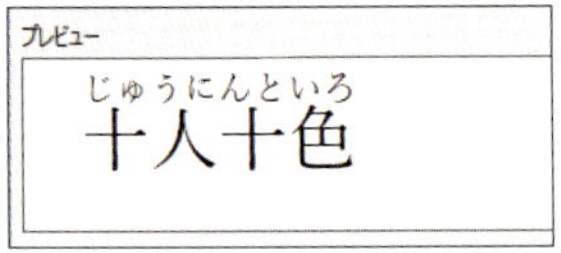

■ 文字単位

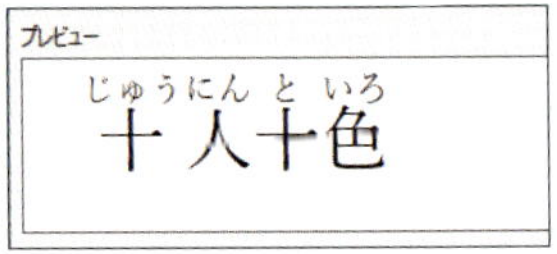

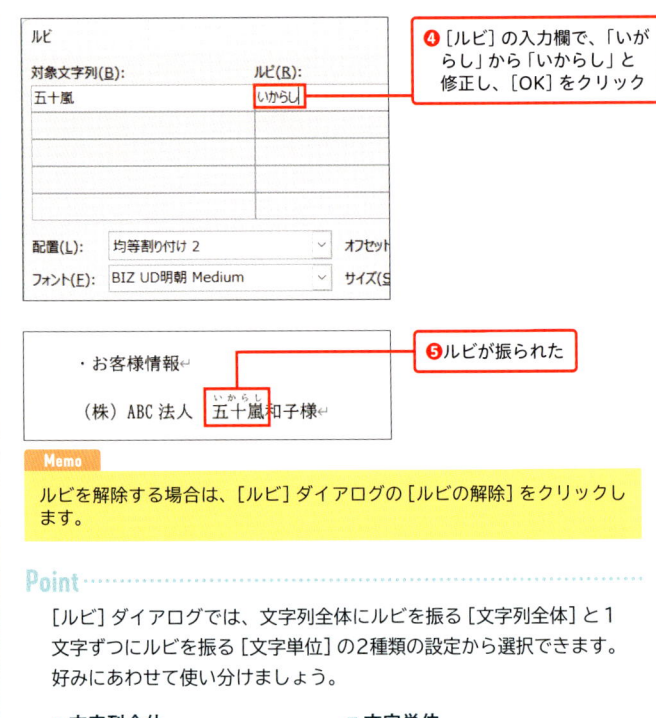

1回目 □ 2回目 □

Step 3 分数と上付き文字を入力する

分数や上付き文字は、レポートの数値説明、仕様書の単位表記など、意外とビジネス文書でも利用します。ここで操作方法を学び、実務に役立てましょう。

まずは、「1/4」と分数を入力します。

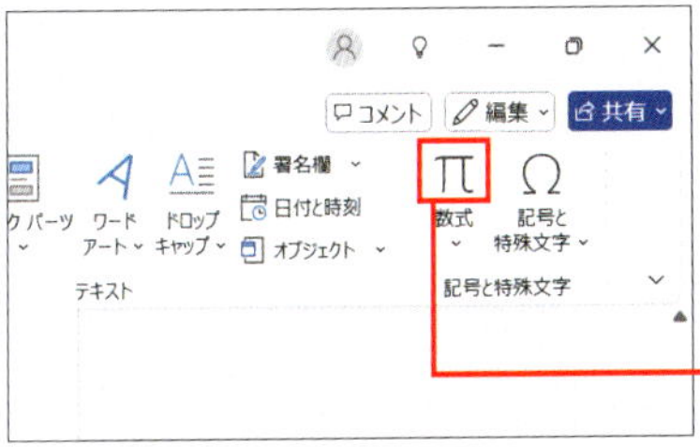

❶分数を入力する箇所にカーソルを合わせる

❷［挿入］タブの［数式］をクリック

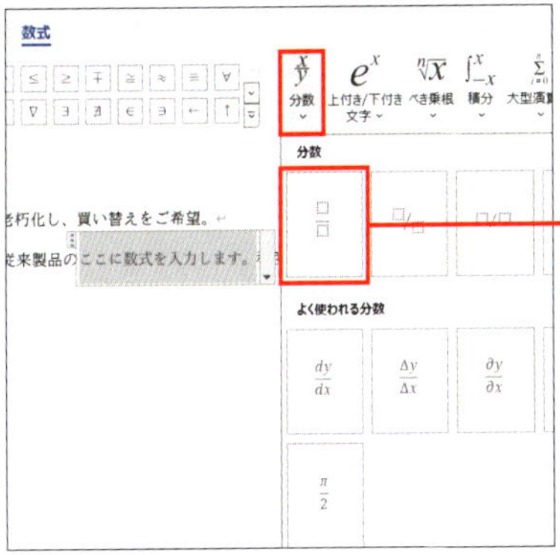

❸［分数］→［分数(縦)］をクリック

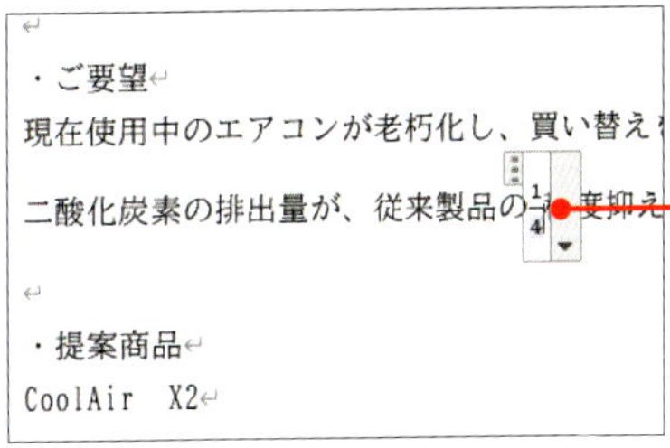

❹分数の入力ボックスが表示された

❺［分母］の枠に「4」、［分子］の枠に「1」と入力

❻分数の形で表示された

続いて、上付き文字を設定します。

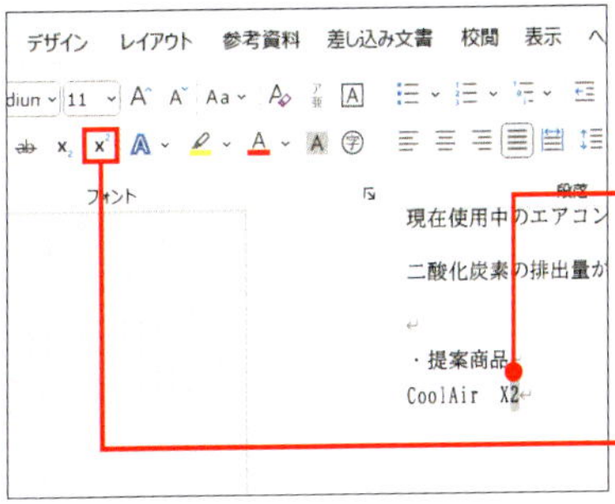

❼上付き文字にしたい文字を選択

❽［ホーム］タブの［上付き］x^2を選択

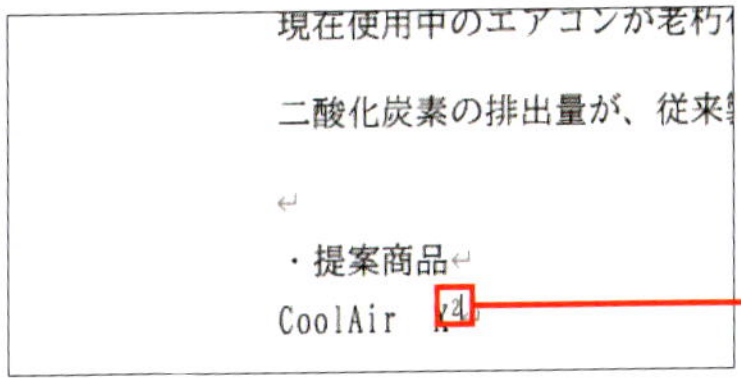

❾文字が上付きに設定された

Memo

上付き文字を解除する場合は、再度［上付き］x^2をクリックします。また、下付き文字にしたい場合は、そのとなりにある［下付き］x_2をクリックします。

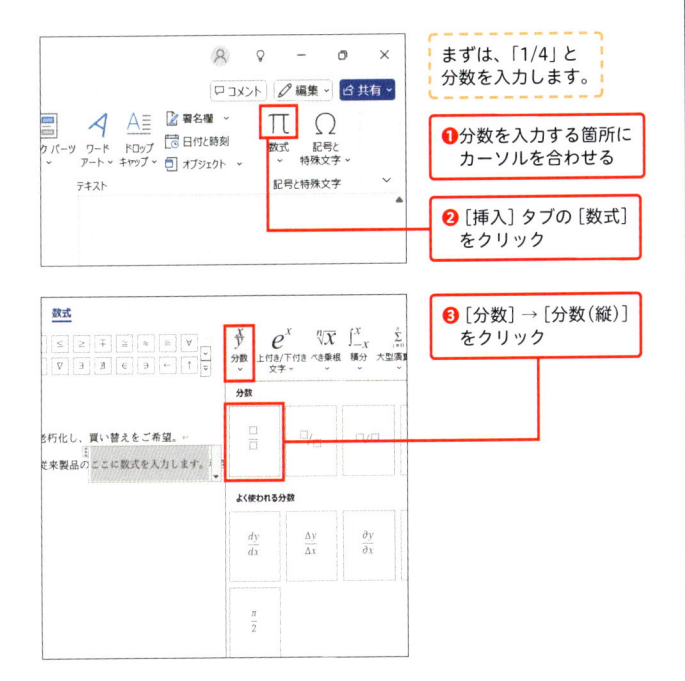

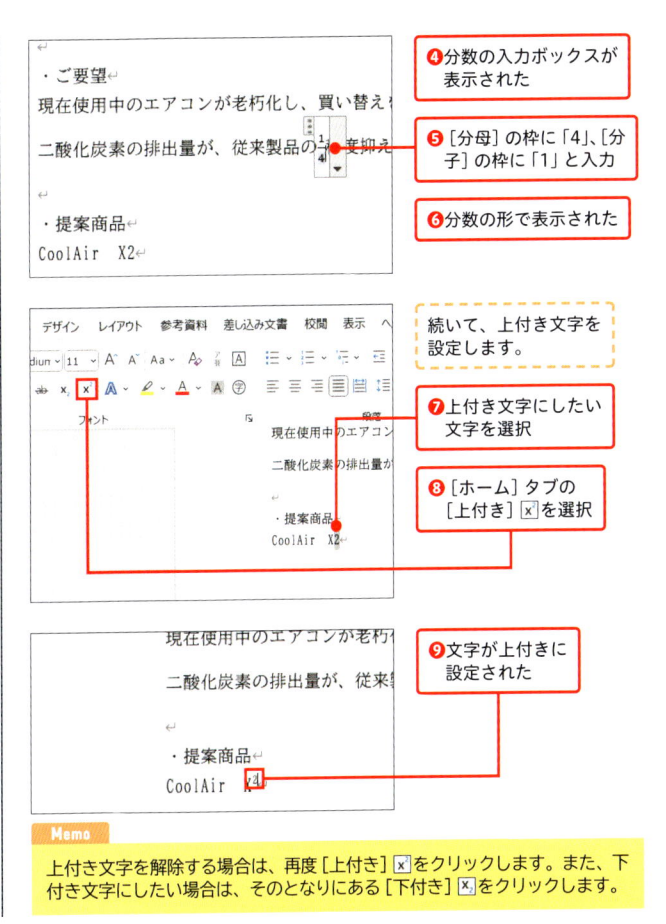

Drill 03

ch1-3.docx

月　日

\# コピペ　# クリップボード

Word のコピペをマスターする

実は、Wordのコピー＆ペースト（以降、コピペ）にはさまざまな種類があります。通常のCtrl+C→Ctrl+Vだけでなく、ここで学ぶコピペの応用テクニックまでマスターすると、格段に入力効率がアップします。コピペの基本から、連続での書式コピー、クリップボードの活用までを学んでいきましょう。

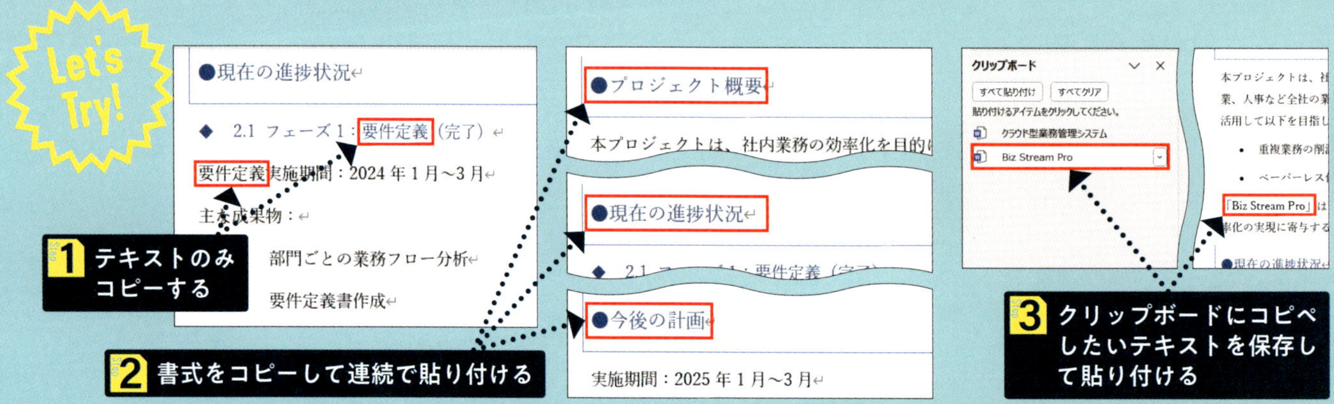

Hint

[貼り付けのオプション] や、[ホーム] タブの [クリップボード] から設定する

テキストのみ貼り付けるなど、コピペの種類を調整する場合は、コピペしたあとに [貼り付けのオプション] から選択しましょう。また、クリップボードを活用したい場合は、[ホーム] タブの [クリップボード] グループから開きます。

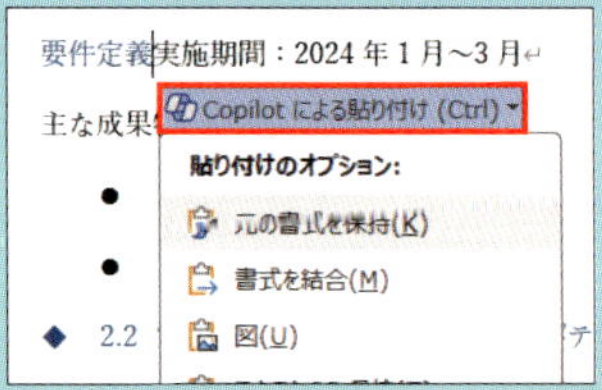

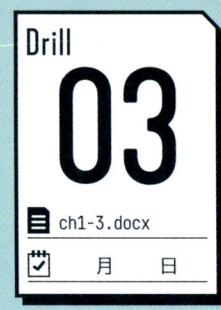

1回目 □　2回目 □

Step 1 テキストのみコピーする

まずは、テキストのみコピーしましょう。通常のコピペでは、文字列と書式の両方がコピーされます。そのため、一度コピペしたあと、貼り付けのオプションで、貼り付け方を変更する必要があります。

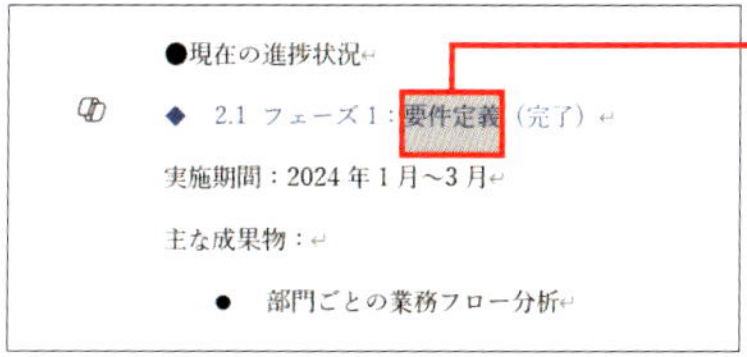

❶見出しの「要件定義」を選択し、Ctrl + C キーを押す

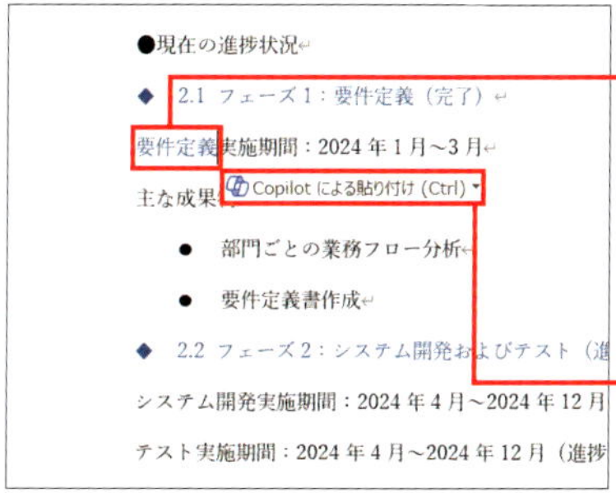

❷貼り付け先にカーソルを合わせ、Ctrl + V キーを押す

コピー元の書式もあわせてコピーされるので調整が必要です。

❸［Copilotによる貼り付け(Ctrl)］をクリック

Memo

ペーストしたあとに表示される［Copilotによる貼り付け(Ctrl)］を特に利用しない場合は、Esc キーを押すと非表示になります。また、お使いのWord環境によっては、［(Ctrl)］と表示されます。

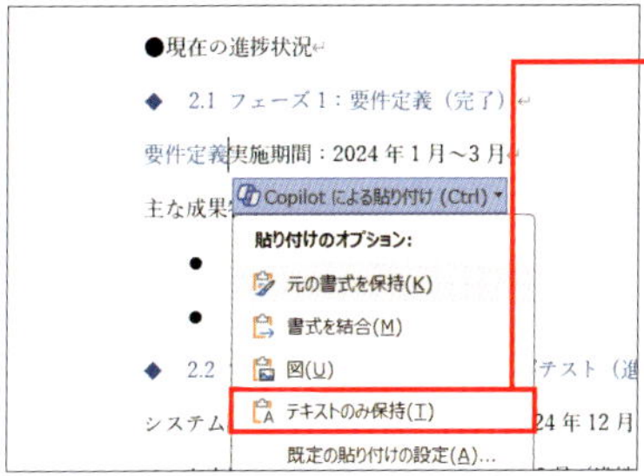

❹［テキストのみ保持］をクリック

Memo

手順❸～❹の操作は、Ctrl → T キーの順番で押すことでも行えます。

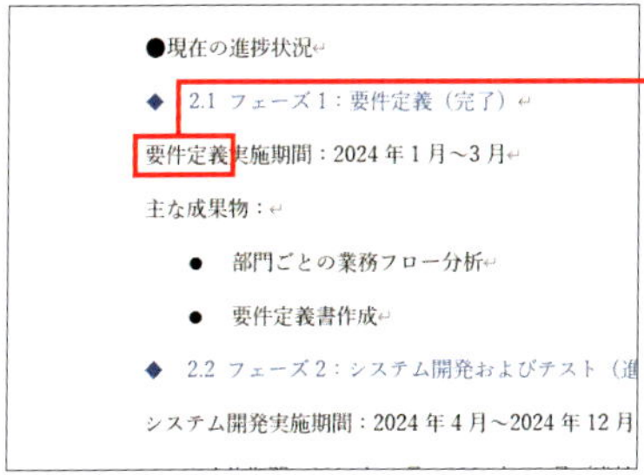

❺コピー元の書式が外れ、テキストのみコピーされた

Point

［貼り付けのオプション］には、［テキストのみ保持］以外にも、次のようなオプションがあります。

オプション	説明
元の書式を保持	コピーした文字と書式を両方貼り付ける
書式を結合	コピーした文字の書式と貼り付け先の書式を組み合わせて貼り付ける
図	コピーした文字を図として貼り付ける

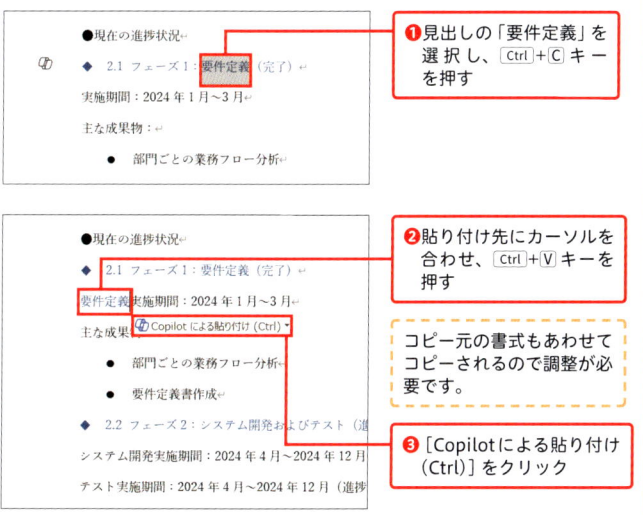

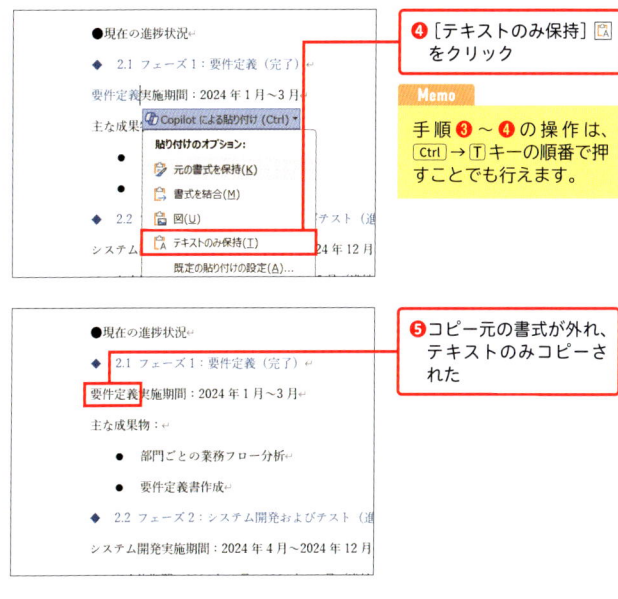

1回目 □ 2回目 □

Step 2 書式をコピーして連続で貼り付ける

続いて、書式のみコピーする操作を練習します。通常の書式コピーは［書式のコピー／貼り付け］をクリックしますが、これをダブルクリックすることで、書式の連続コピーが可能になります。

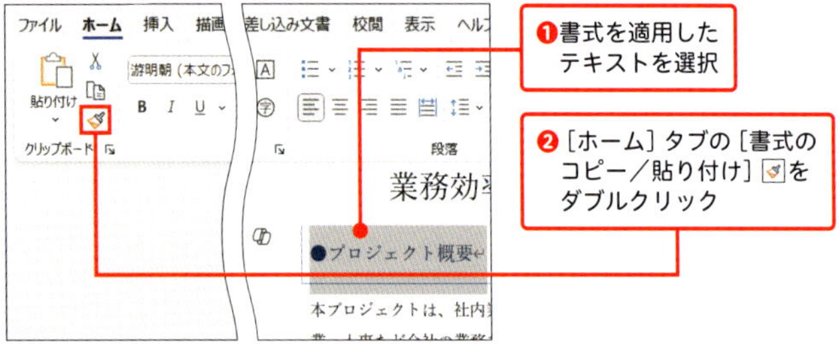

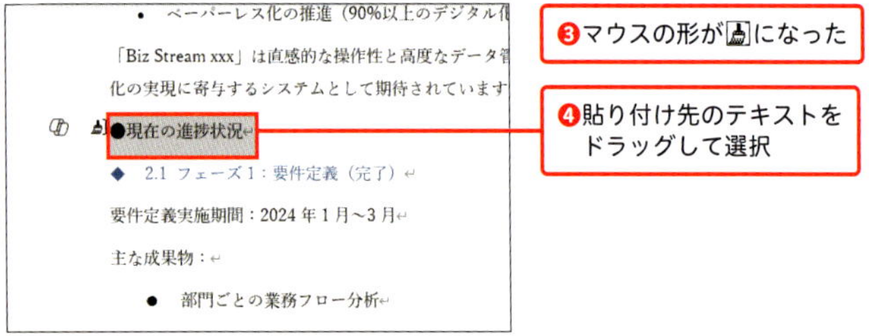

Memo

ここでは、練習のため書式のコピーを利用しましたが、実際のビジネス文書での見出しの書式は、スタイルを使って設定するとよいでしょう（P.74）。

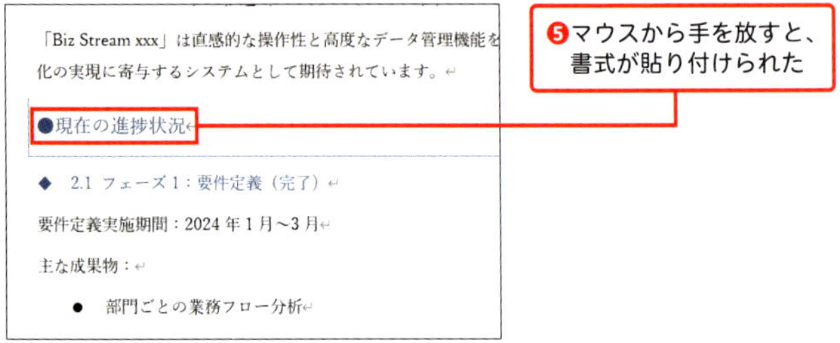

続けて、連続で書式を別の場所にコピーします。

Short Cut

Ctrl + Shift + C		書式のコピー
Ctrl + Shift + V		書式の貼り付け

Point

［書式のコピー／貼り付け］をダブルクリックすると、書式のコピーモードが開始されます。コピーモードが継続している間は、マウスの形がになっていて、この状態のときは何度でも書式のコピーが可能です。なお、Escキーで、書式の連続コピーモードを解除できます。

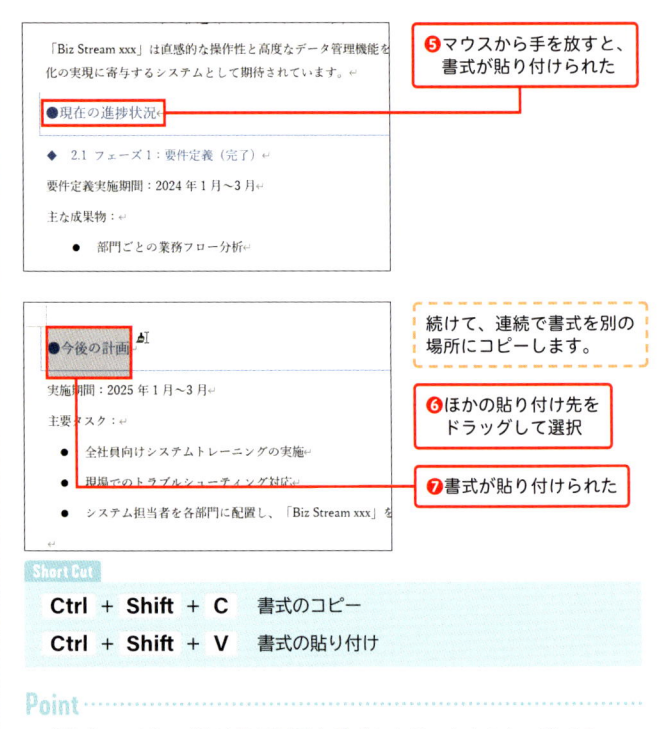

1回目 □　2回目 □

Step 3 クリップボードにコピペしたいテキストを保存して貼り付ける

クリップボードとは、コピーしたデータを一時的に保存する場所です。よく入力するテキストを保存しておくと、必要なときに呼び出して貼り付けられます。

まずは、クリップボードを呼び出します。

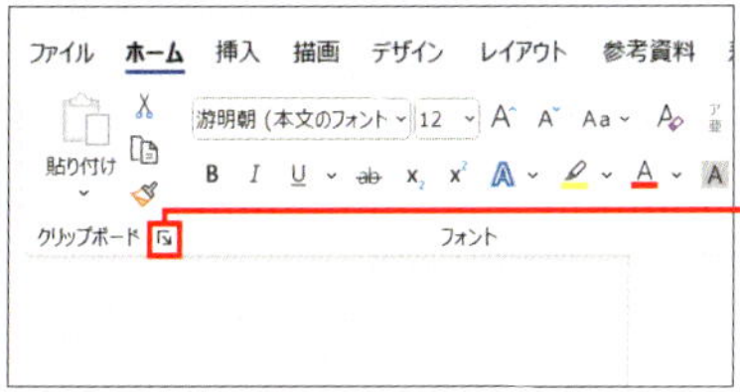

❶［ホーム］タブの［クリップボード］グループにある ⧉ をクリック

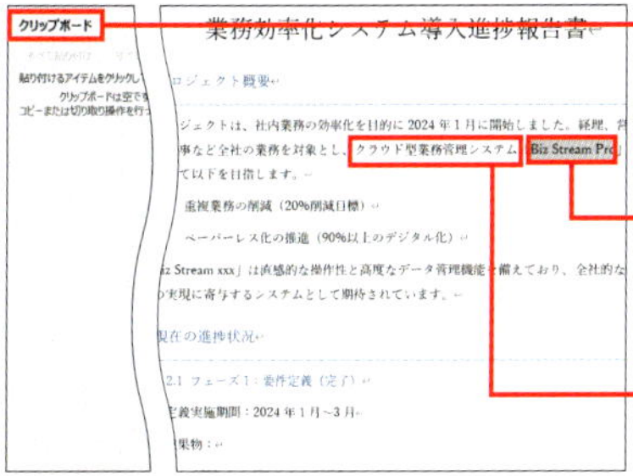

❷画面左側にクリップボードが表示された

❸「Biz Stream Pro」をドラッグして選択し、Ctrl+C キーを押す

❹「クラウド型業務システム」をドラッグして選択し、Ctrl+C キーを押す

Memo

ここではテキストをコピペしましたが、Wordのクリップボードは、画像・図形などもコピーすることが可能です。クリップボードには、最大24個までの履歴を保存できます。

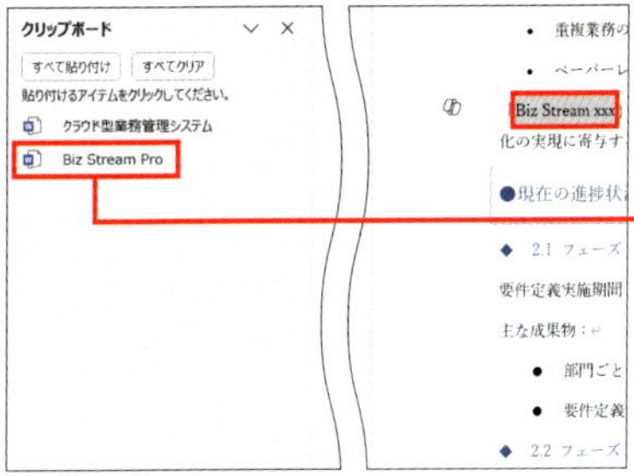

❺クリップボードにコピーしたテキストが表示された

❻「Biz Stream xxx」を選択し、クリップボードの「Biz Stream Pro」をクリック

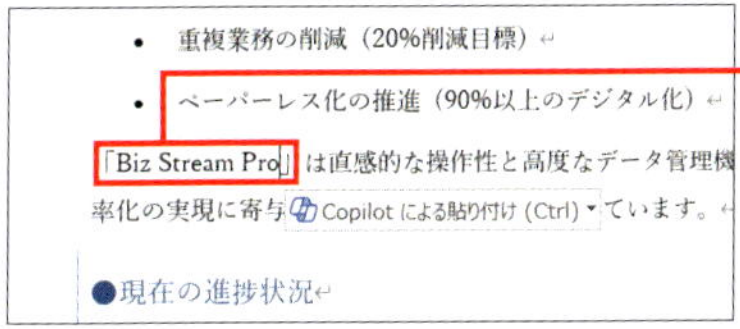

❼選択したテキストが貼り付けられた

Point

ここでは、Wordのクリップボードを利用しましたが、Windowsにも標準でクリップボードが用意されています。基本的には同じ機能なので、どちらを利用してもよいでしょう。

なお、Windowsのほうは ⊞ + V キーを押すと、クリップボード画面が表示され、貼り付けると画面が閉じます。そのため、コピペを何度も繰り返すときなどは、Wordの画面左側に表示されるクリップボードのほうが手間なく使えるでしょう。

■ Windowsの標準クリップボード

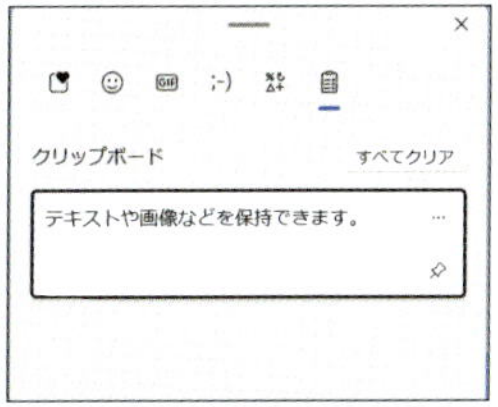

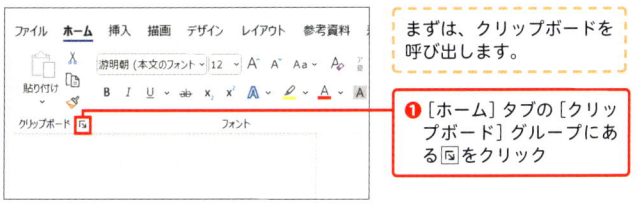

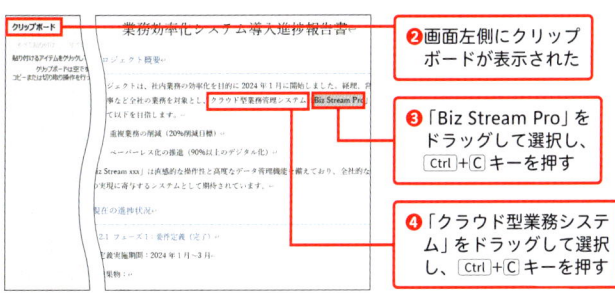

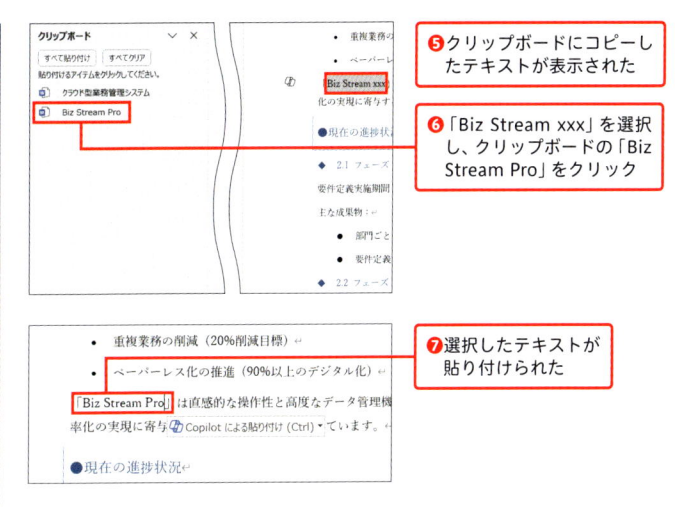

Drill
04
ch1-4.docx
月　日

カーソル移動や文字列選択を一瞬で行う

Wordで長文の文書を編集する際に、マウスを利用して、目的の場所にカーソルを移動したり、文字列を範囲選択したりすると手間がかかります。そこで、一瞬で目的の位置に移動・選択できるショートカットキーやクリック操作を練習していきましょう。

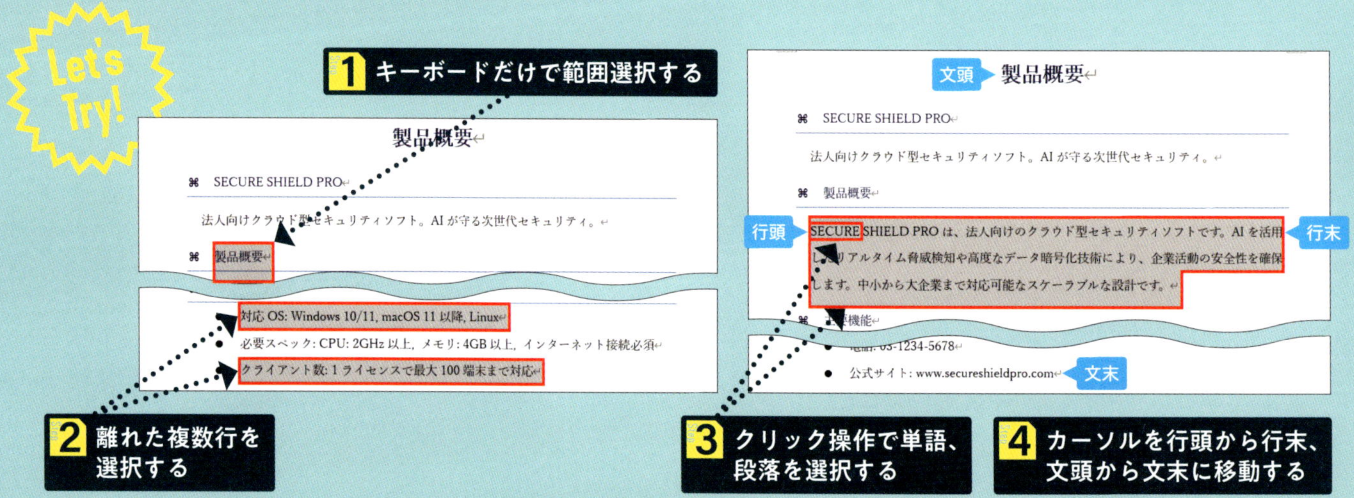
Let's Try!
1 キーボードだけで範囲選択する
製品概要
SECURE SHIELD PRO
法人向けクラウド型セキュリティソフト。AIが守る次世代セキュリティ。
製品概要
対応OS: Windows 10/11, macOS 11以降, Linux
必要スペック: CPU: 2GHz以上, メモリ: 4GB以上, インターネット接続必須
クライアント数: 1ライセンスで最大100端末まで対応
2 離れた複数行を選択する
文頭
製品概要
SECURE SHIELD PRO
法人向けクラウド型セキュリティソフト。AIが守る次世代セキュリティ。
製品概要
行頭
SECURE SHIELD PROは、法人向けのクラウド型セキュリティソフトです。AIを活用
行末
します。中小から大企業まで対応可能なスケーラブルな設計です。
公式サイト: www.secureshieldpro.com
文末
3 クリック操作で単語、段落を選択する
4 カーソルを行頭から行末、文頭から文末に移動する

Hint　カーソル移動や範囲選択はショートカットやクリック操作を使う

カーソル移動や範囲選択の時短テクニックには、ショートカットやクリック操作を使います。ショートカットは複数の種類がありますが、使うキーは少なく覚えやすいのでマストで覚えておきましょう。また、マウス操作もクリックやダブルクリックだけなので直感的に操作できます。

1回目 □　2回目 □

Step 1 キーボードだけで範囲選択する

Shift + ← または → は、カーソルを起点にした左右の文字列を１文字ずつ範囲選択できます。また、Shift + ↑ または ↓ は、カーソルの左側または右側の１行分を範囲選択できます。

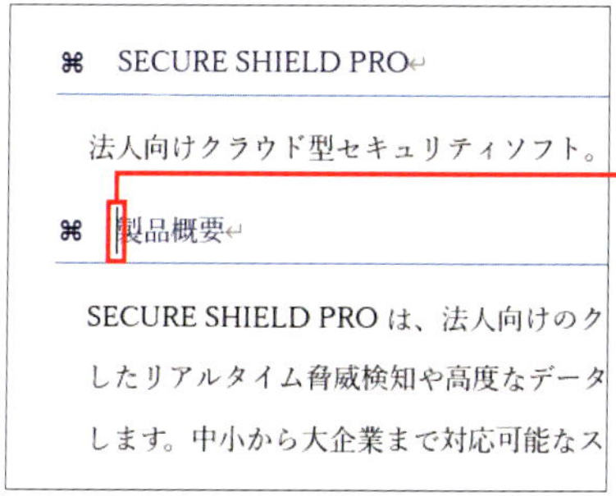

ここでは、「製品概要」を選択します。

❶起点となる「製」の前にカーソルを移動

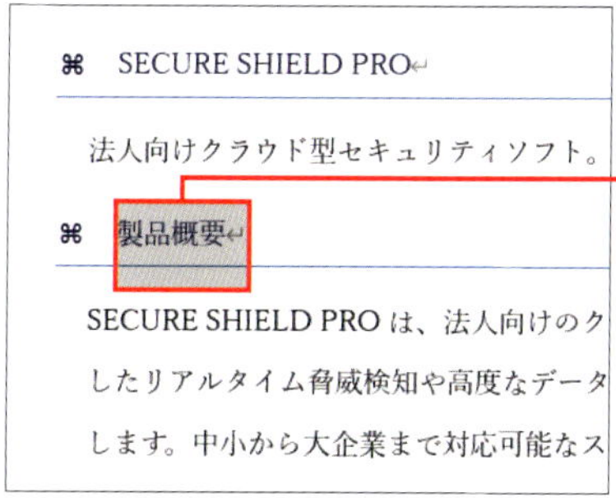

❷ Shift を押しながら → キーを４回押す

❸「製品概要」が選択された

1回目 □　2回目 □

Step 2 離れた複数行を選択する

選択したい行の左側の余白部分をクリックすると、その行を選択できます。また、Ctrl キーを押しながら文字列を選択すると、離れた位置にある複数の文字列を選択できます。

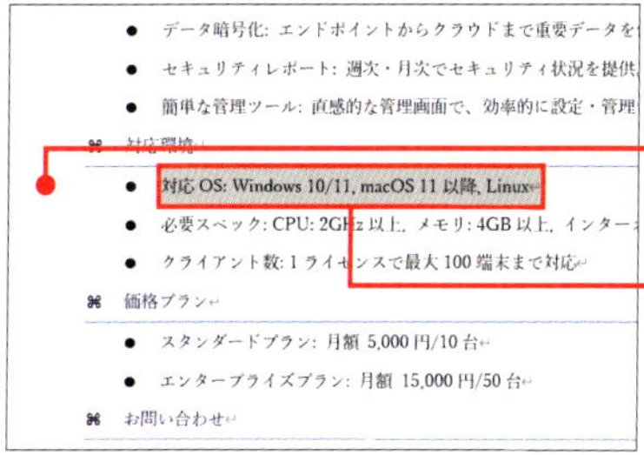

まずは、1行分選択します。

❶行の左側にある余白部分をクリック

❷行が選択される

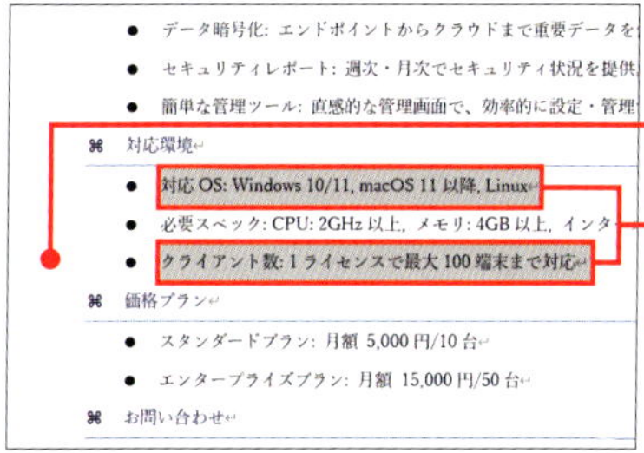

続いて、２行下の行もあわせて選択します。

❸ Ctrl キーを押しながら２行下の左側の余白をクリック

❹複数行が選択された

Memo

左側の余白部分を上下にドラッグすると、隣合う複数の行を選択できます。

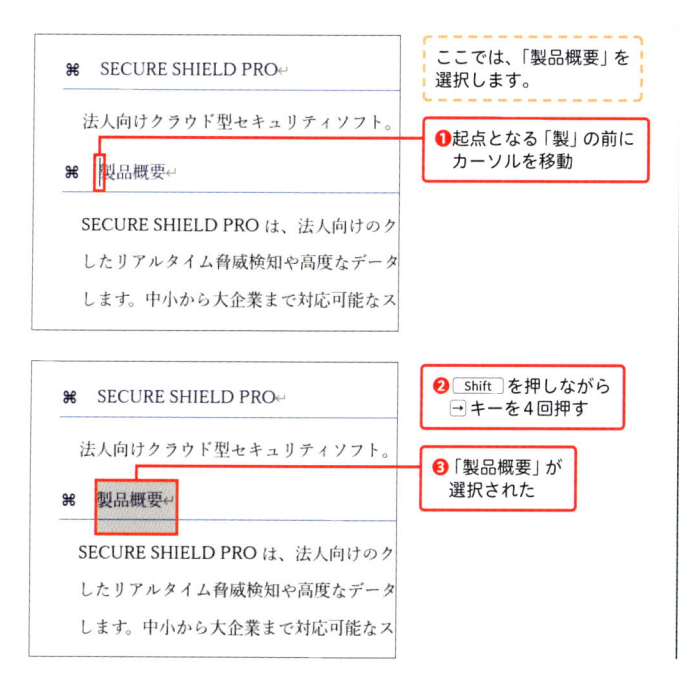

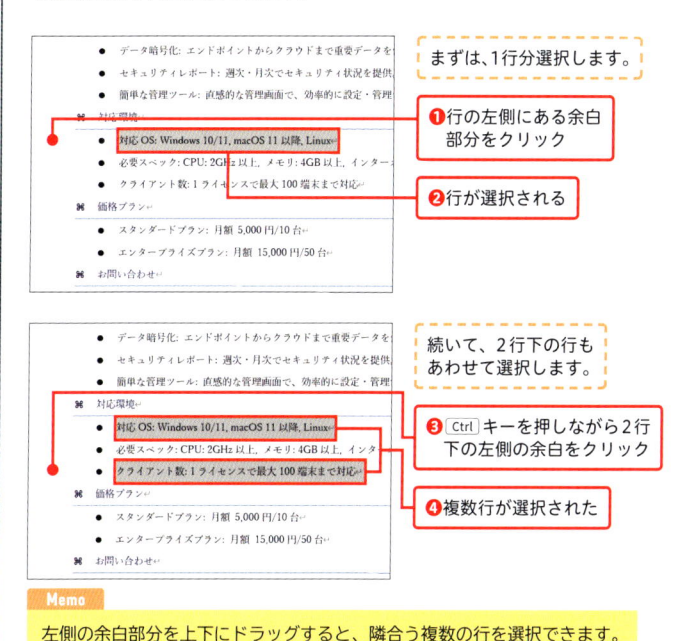

1回目 □ 2回目 □

Step 3 クリック操作で単語、段落を選択する

特定の単語を選択したい場合はダブルクリック、段落を選択したい場合はトリプルクリックで選択できます。マウスで指定範囲をドラッグするよりすばやく選択可能です。

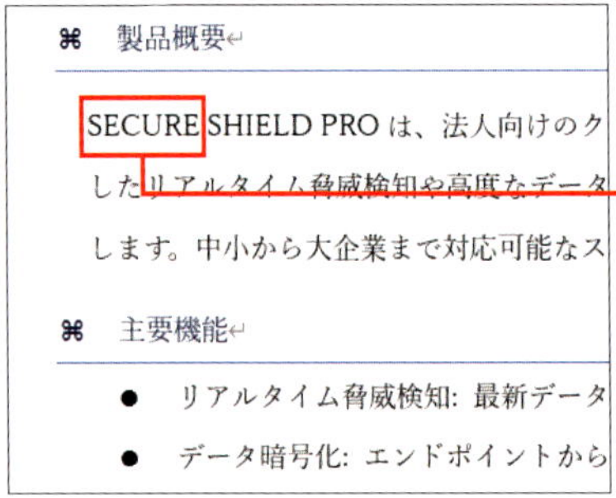

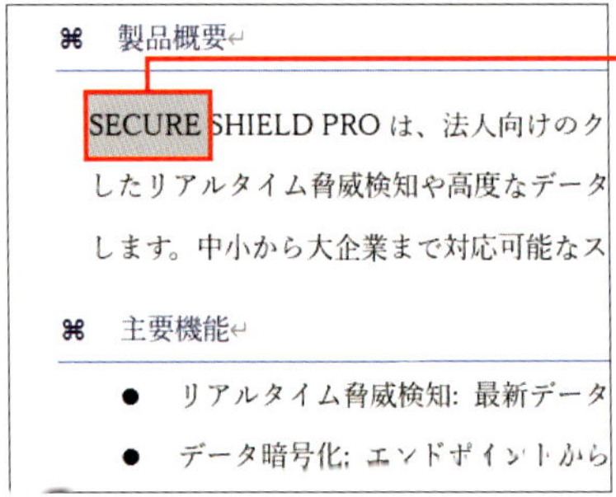

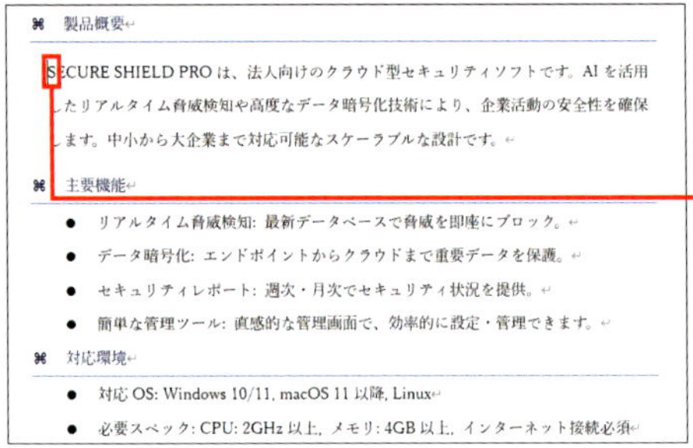

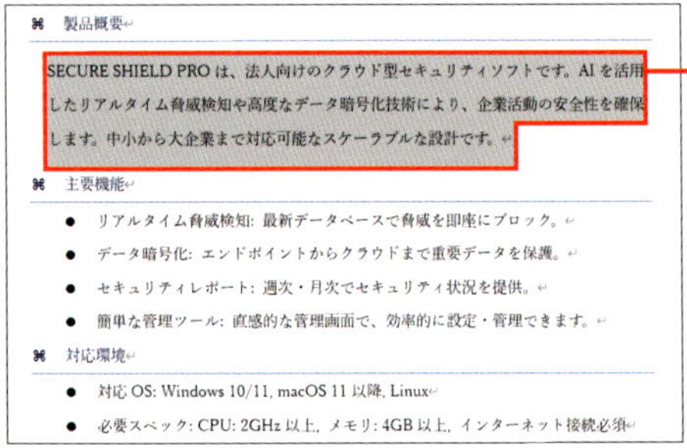

Memo

ダブルクリック・トリプルクリックするときは、1回目と2回目（と3回目）のクリックの間隔が空きすぎないように注意しましょう。

Point

スペースやハイフン、アンダーバーなどの記号が含まれている場合や、単語内に英語と日本語が混在している場合は、単語の一部として認識されない場合があります。

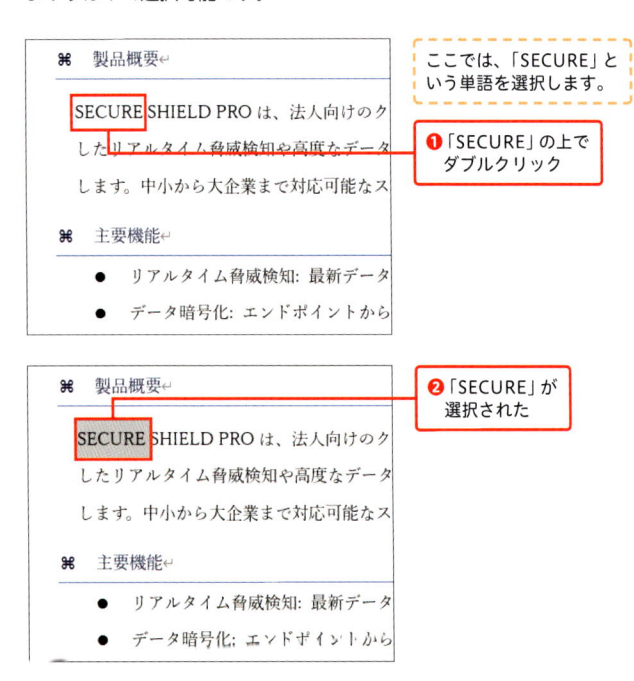

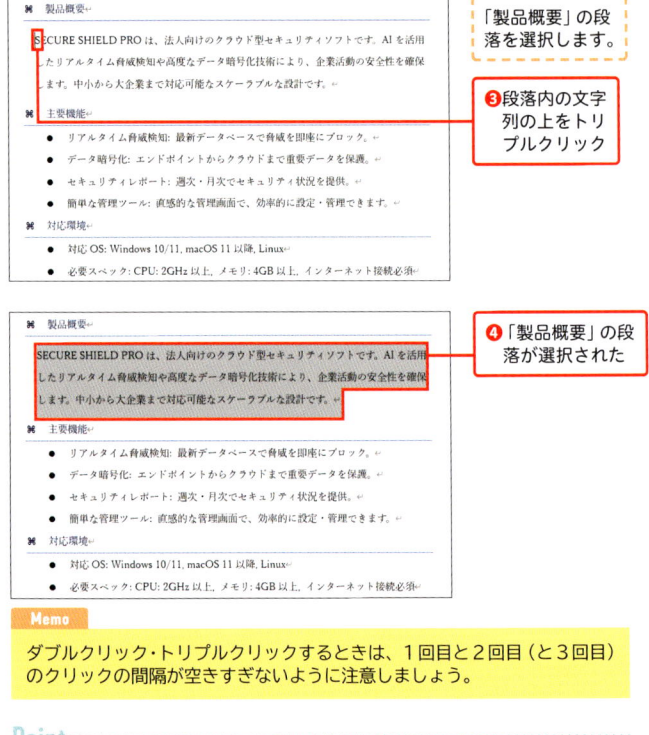

1回目 □ 2回目 □

Step 4 カーソルを行頭から行末、文頭から文末に移動する

文字数やページ数が多い文書は、マウスをスクロールして、行頭から行末の間、文頭から文末の間を移動すると時間がかかります。このようなときは、ショートカットを使ってすばやく移動しましょう。

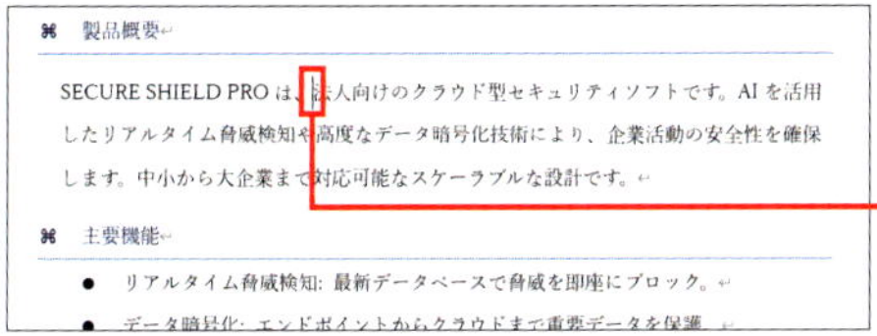

カーソルを行頭に移動させます。

❶ Home キーを押す

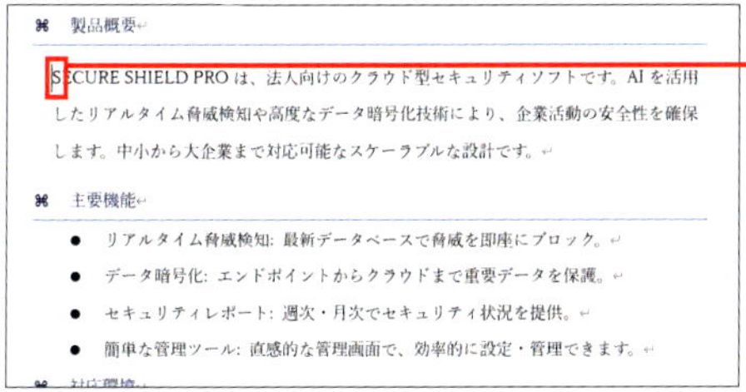

❷カーソルが行頭に移動した

続いて、カーソルを行末に移動させます。

❸ End キーを押す

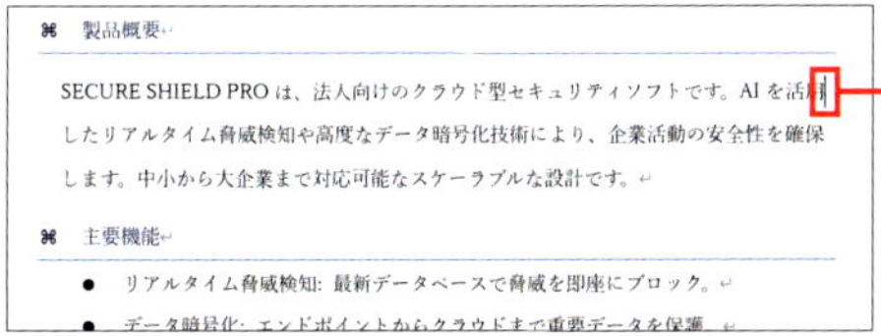

❹カーソルが行末に移動した

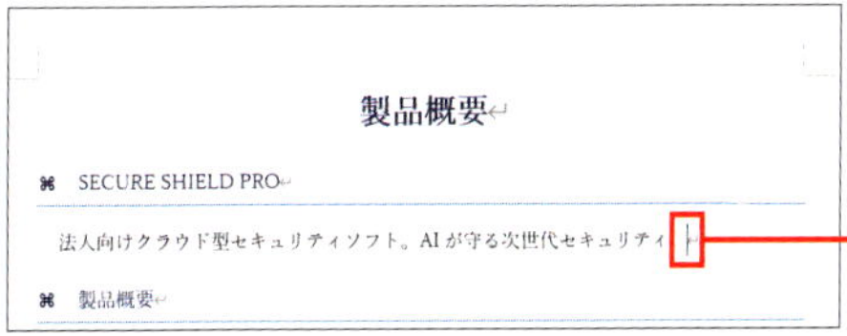

続いて、カーソルを文頭に移動させます。

❺ Ctrl を押しながら Home キーを押す

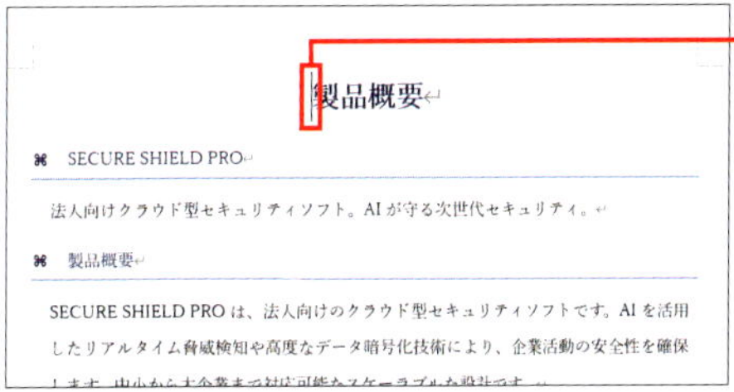

❻カーソルが文頭に移動した

最後に、カーソルを文末に移動させます。

❼ Ctrl を押しながら End キーを押す

❽カーソルが文末に移動した

Memo

このStepで解説したショートカットは、テキストファイル、ExcelやPowerPointなどほかのアプリでも使用できます。

Short Cut

Home	行頭にカーソルを移動する
End	行末にカーソルを移動する
Ctrl ＋ Home	文頭にカーソルを移動する
Ctrl ＋ End	文末にカーソルを移動する

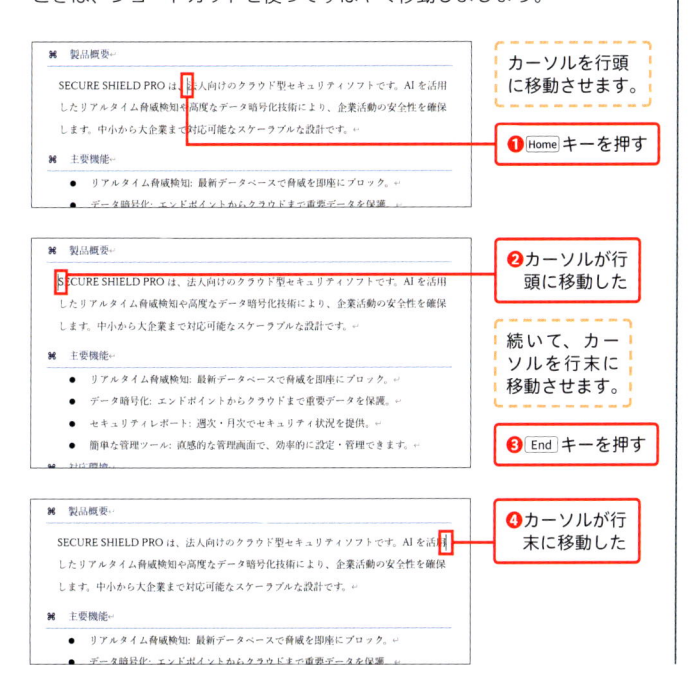

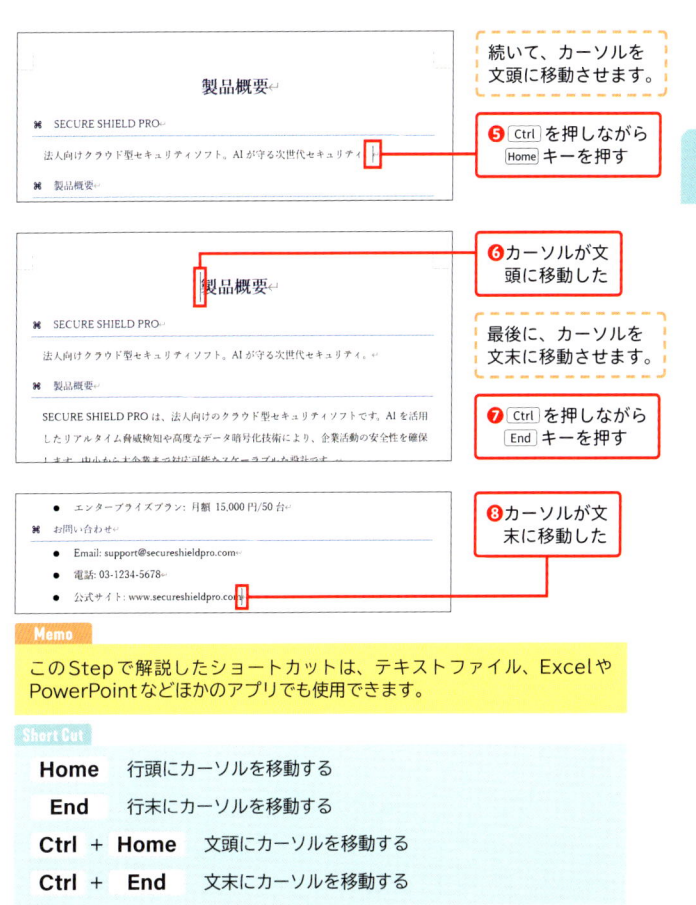

Drill
05

ch1-5.docx

月　日

オートコレクトで入力の手間を省く

送付状や案内状などの文書は、文字量は少なくても、意外と作成に手間がかかるものです。そんなときは、オートコレクト機能を活用してみましょう。オートコレクトには、「拝啓-敬具」などの頭語・結語や、箇条書き、カッコの自動補完など、入力の効率を高めるさまざまな設定が用意されてます。

Let's Try!

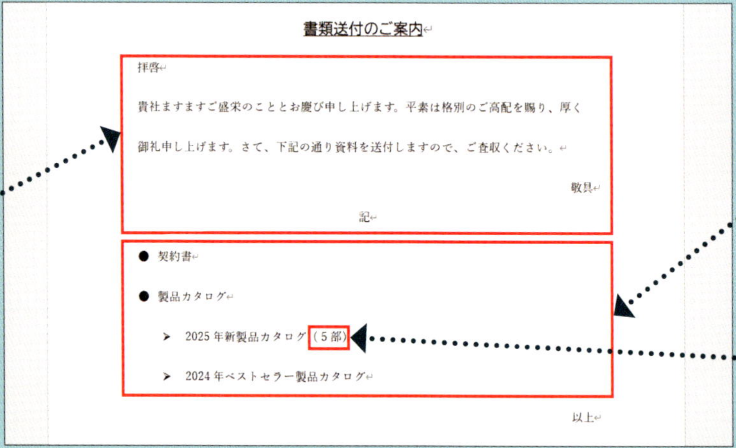
書類送付のご案内

拝啓

貴社ますますご盛栄のこととお慶び申し上げます。平素は格別のご高配を賜り、厚く御礼申し上げます。さて、下記の通り資料を送付しますので、ご査収ください。

敬具

記

- 契約書
- 製品カタログ
  - 2025年新製品カタログ（5部）
  - 2024年ベストセラー製品カタログ

以上

Hint オートコレクトとは

オートコレクトとは、入力ミスの可能性がある文字を自動的に修正したり、入力を簡略化してくれたりする機能のことです。ここで解説するもの以外にも、たくさんのオートコレクト項目が用意されています。

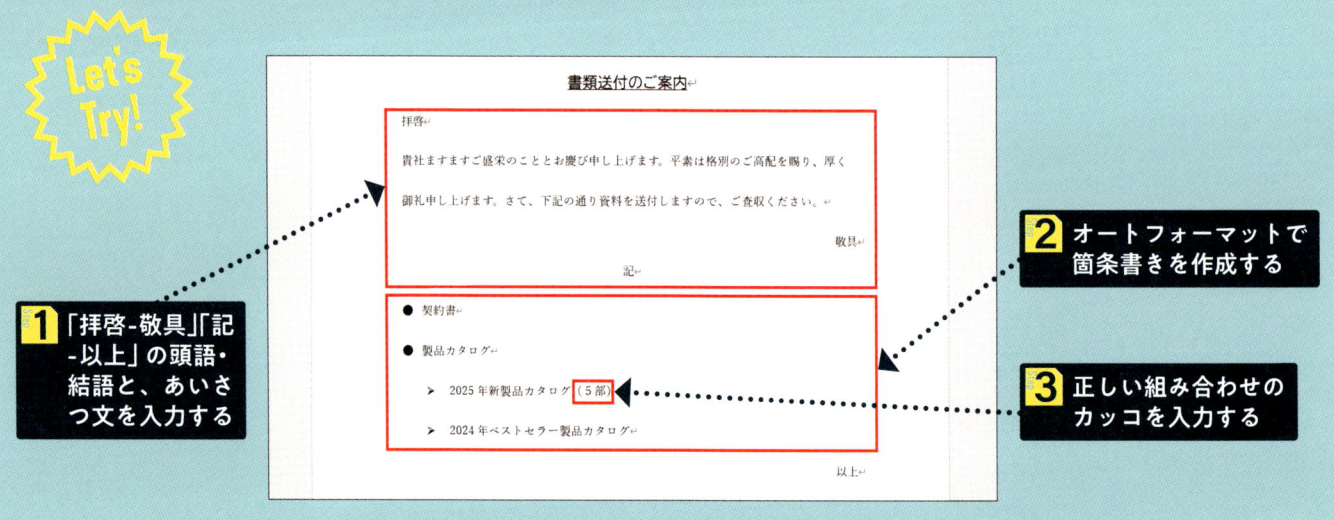

1回目 □ 2回目 □

Step 1 「拝啓-敬具」「記-以上」の頭語・結語と、あいさつ文を入力する

「拝啓」には「敬具」、というように、頭語、結語には決まった組み合わせがあります。Wordのオートコレクトの機能では、頭語を入力して、Enterキーを押すだけで自動で結語が入力されます。

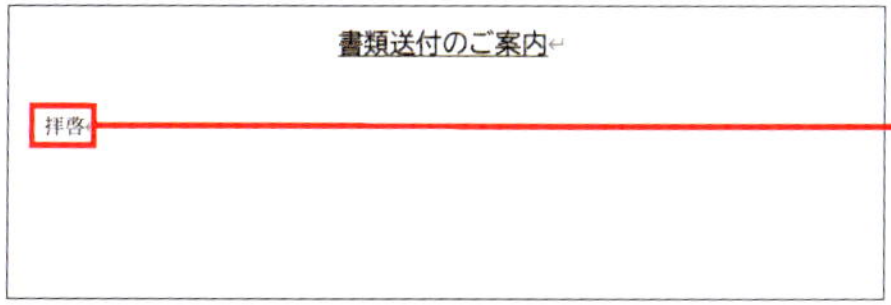

❶「拝啓」と入力し、Enter キーを押す

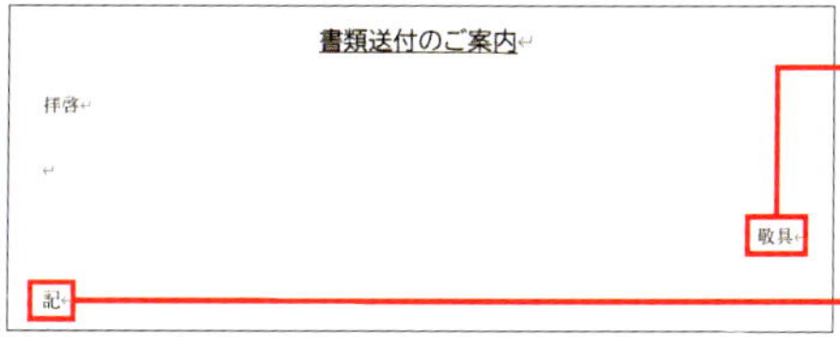

❷「敬具」と入力された

❸「記」と入力し、Enter キーを押す

❹「以上」が入力された

Memo

頭語や結語には中央揃えや右揃えが自動で設定されます。

オートコレクトの機能ではありませんが、送付状等でよく利用する「あいさつ文」の挿入方法もあわせて練習しましょう。

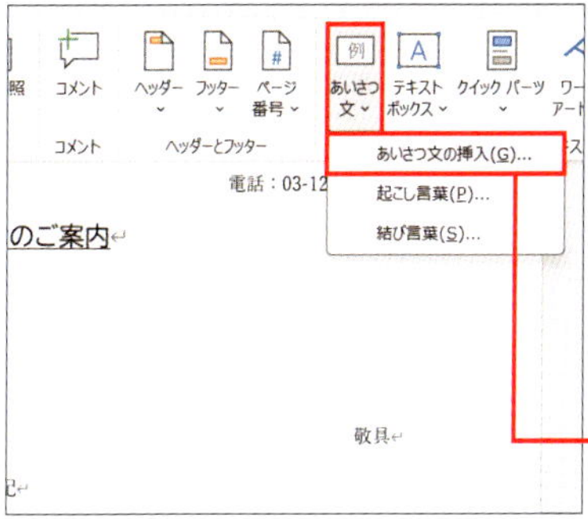

❺あいさつ文を挿入する位置にカーソルを合わせる

❻［挿入］タブの［あいさつ文］→［あいさつ文の挿入］をクリック

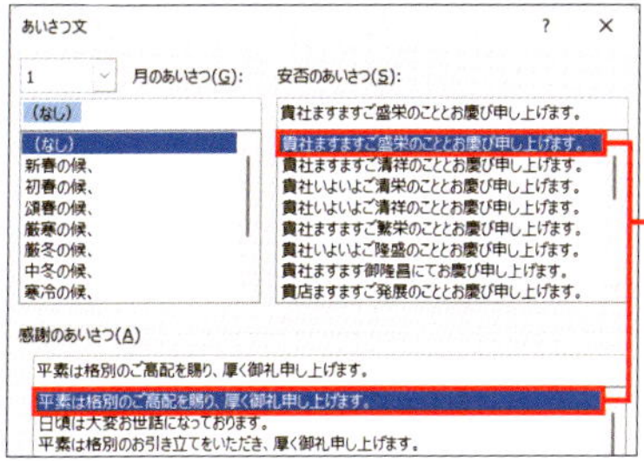

❼［あいさつ文］ダイアログが表示された

❽安否のあいさつと感謝のあいさつをそれぞれ選択し、［OK］をクリック

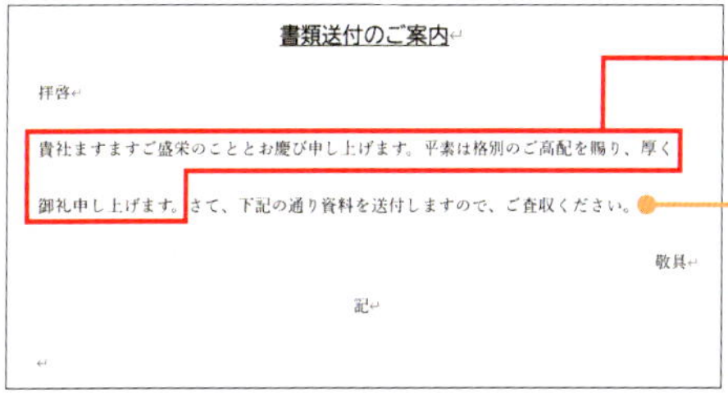

❾あいさつ文が入力された

送付状として自然になるように、左の画像のテキストも、あわせて入力しておきましょう。

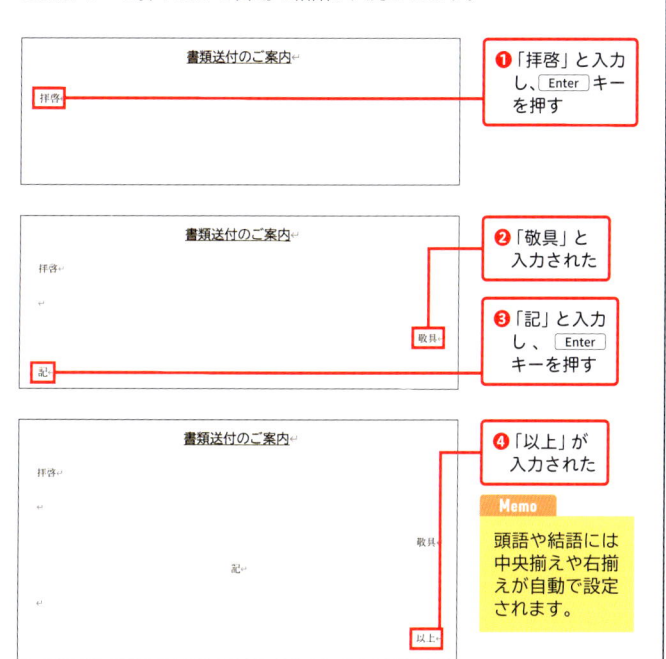

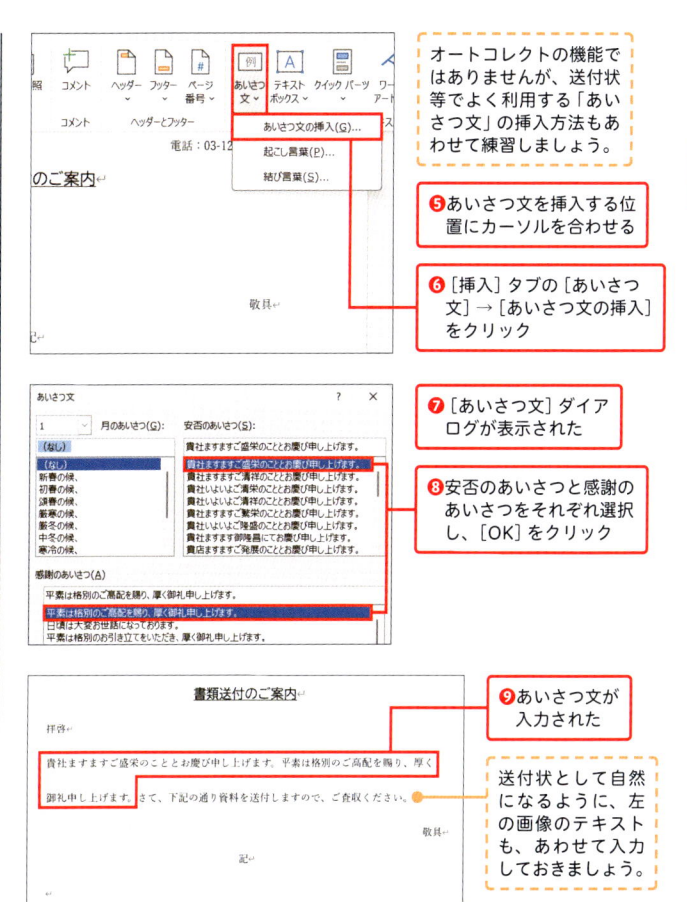

1回目 □ 2回目 □

Step 2 オートフォーマットで箇条書きを作成する

続いて、オートコレクトの機能を利用し箇条書きを作成していきます。また、箇条書きのなかでもさらにランクをつけて、より階層を見やすくしていきます。

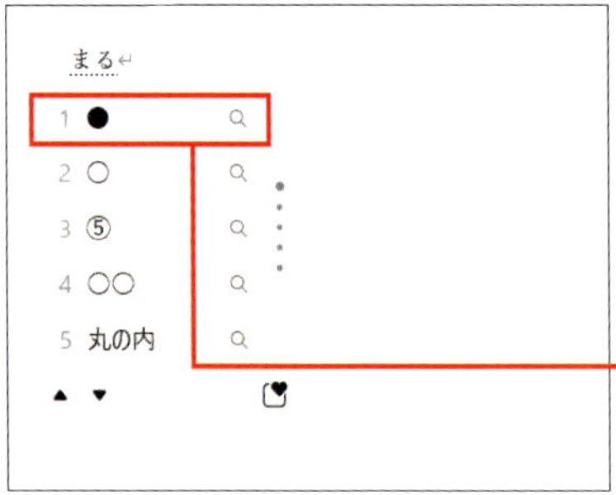

ここでは、「●」の行頭文字を利用した箇条書きを入力していきます。

❶箇条書きを入力する位置にカーソルを合わせる

❷「まる」と入力し、予測変換候補から「●」を選択

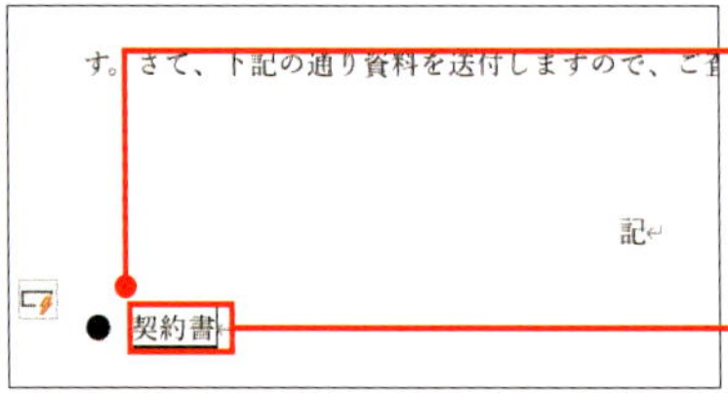

❸ Space キーを押す

❹「契約書」と入力し、Enter キーを押す

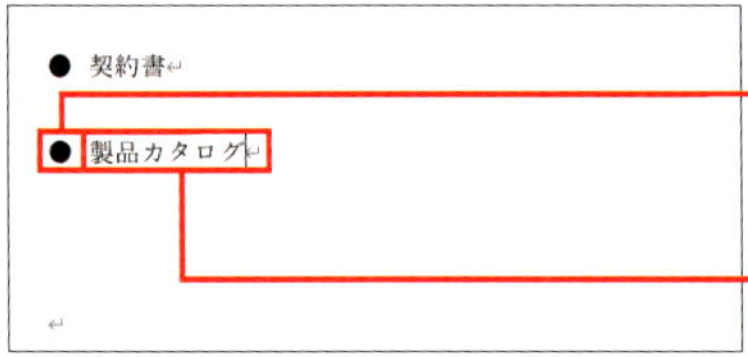

❺オートコレクトが働き、次の行頭に自動で「●」が入力された

❻「製品カタログ」と入力し、Enter キーを押す

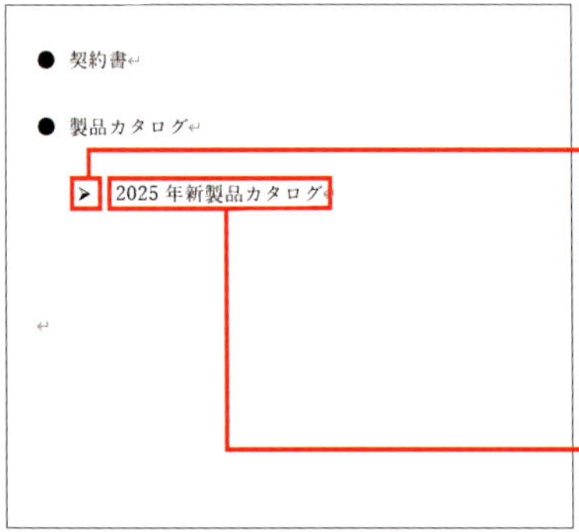

❼次の行頭に自動で「●」が入力された

❽ Tab キーを押す

❾箇条書きのランクが1つ下がって、➢が入力された

❿「2025年新製品カタログ」と入力し、Enter キーを押す

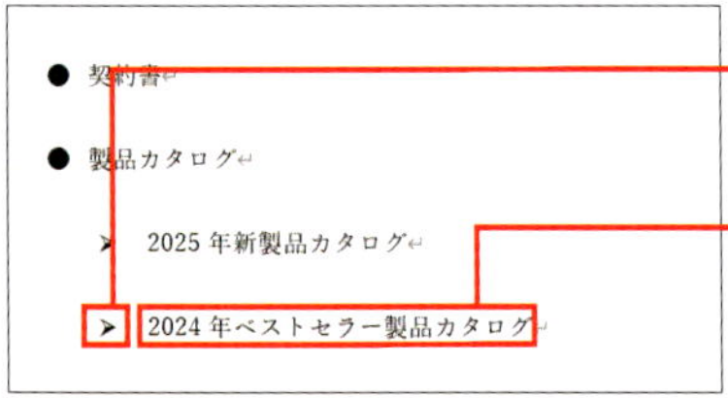

⓫次の行頭に自動で➢が入力された

⓬「2024年ベストセラー製品カタログ」を入力

Memo

行頭文字には、「■」や「◆」などの記号も利用できます。なお、箇条書き機能を使った操作は、Drill14で行います。

Memo

1つ上のランクに戻りたいときは、行頭にカーソルを合わせた状態で、Shift + tab キーを押します。

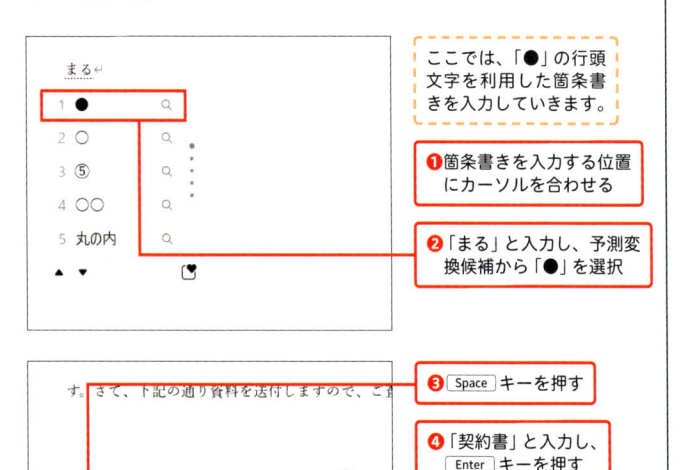

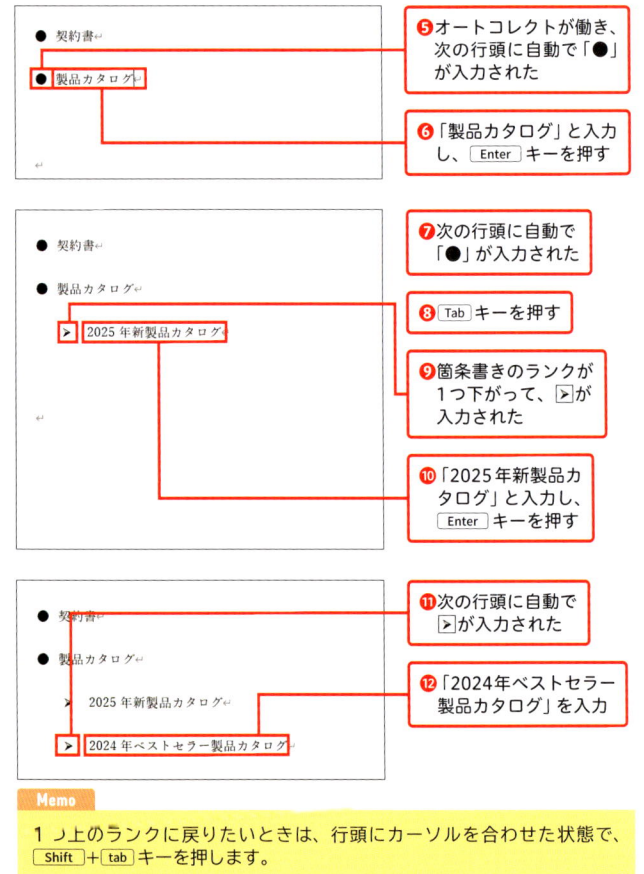

1回目 □　2回目 □

Step 3 正しい組み合わせのカッコを入力する

オートコレクトには、カッコの自動調整の機能もあります。開きカッコを入力すると、ユーザーがそれと対応しない閉じカッコを誤って入力してしまっても、正しい組み合わせに自動で修正されます。

❶「(5部」と入力

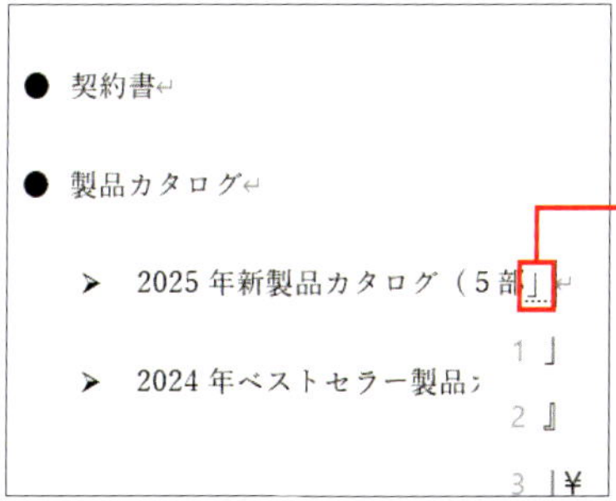

ここでは、操作確認のため、「)」ではなく、わざと誤った「」」を入力します。

❷「」」と入力し、Enter キーを押す

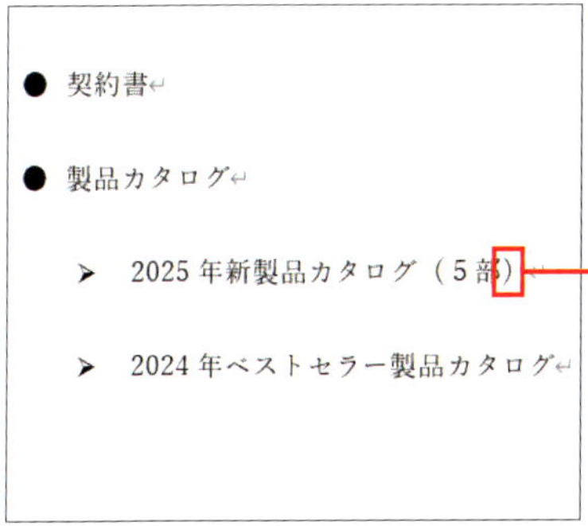

❸自動で「)」に変換された

Memo

あえてカッコを前後で不統一なものにしたい場合は、自動で修正されたあとに、Ctrl+Zキーを押して元に戻すと、入力された状態の記号に戻ります。

Point

このDrillで紹介したもの以外にも、オートコレクトにはさまざまな機能があります。ほかに便利なものとしては、罫線があげられます。「===」と3回入力して Enter キーを押すと二重線に、「***」と3回入力して Enter キーを押すと点線が入力されます。

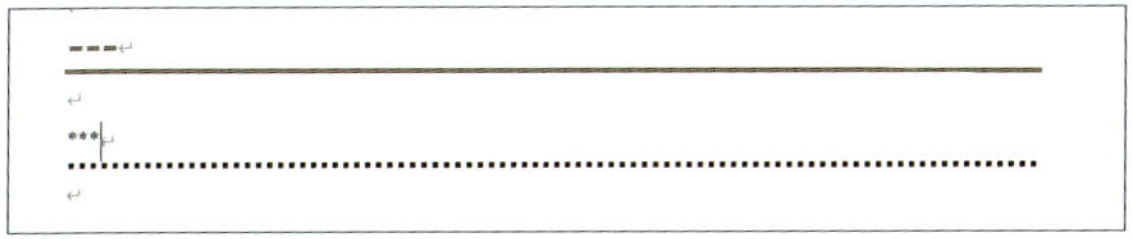

しかしなかには、あまり使わないもの、かえってわずらわしいものなどもあるので、それらは次のDrillを確認して機能をオフにしておくとよいでしょう。

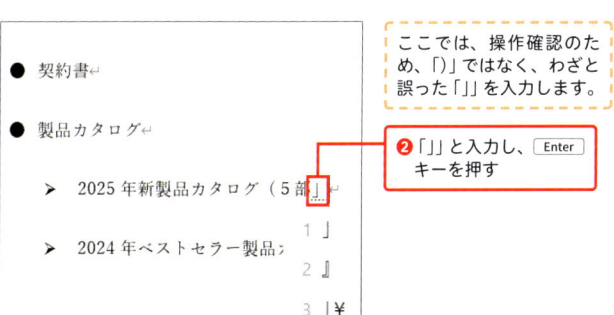

Drill
06
ch1-6.docx
月　日

Word のおせっかいな自動整形はオフ！

Drill05 で練習したオートコレクトは、Word の入力作業をスムーズにしてくれる便利な機能です。しかし、必要がない場面で勝手に箇条書きに設定されたり、意図せず修正されたりして、かえっておせっかいと感じることも少なくありません。このようなときは、不要なオートコレクト機能をオフにしておきましょう。

Let's Try!

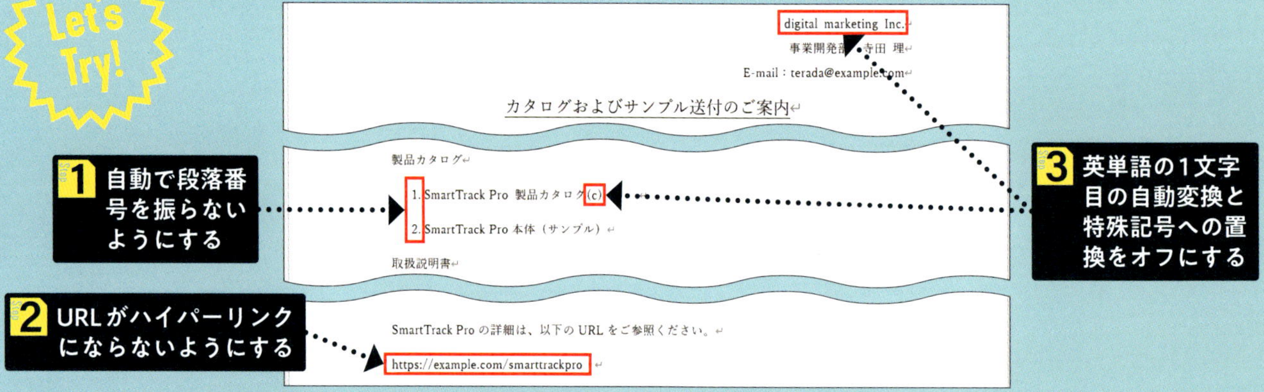
digital marketing Inc.
事業開発部 寺田 理
E-mail：terada@example.com
カタログおよびサンプル送付のご案内
製品カタログ
1. SmartTrack Pro 製品カタログ(c)
2. SmartTrack Pro 本体（サンプル）
取扱説明書
SmartTrack Pro の詳細は、以下の URL をご参照ください。
https://example.com/smarttrackpro
1 自動で段落番号を振らないようにする
2 URL がハイパーリンクにならないようにする
3 英単語の1文字目の自動変換と特殊記号への置換をオフにする

Hint オートコレクトのオン／オフの設定方法

オートコレクトの各項目のオン／オフは、［ファイル］タブの［その他］→［オプション］→［文章校正］→［オートコレクトのオプション］から変更できます。なお、オートコレクト機能で重要なポイントは、そもそもどんな自動整形機能があるのかを知らないと直し方もわからないということです。本書で紹介したもの以外にも、［オートコレクト］ダイアログをざっと確認して、どのような機能がオンになっているのか時間があるときに確認しておくことをおすすめします。

1回目 □　2回目 □

Step 1 自動で段落番号を振らないようにする

オートコレクトで自動入力される箇条書き機能（Drill05参照）が不要な場合は、［オートコレクトのオプション］から箇条書きをオフにしておきましょう。

まずは、オートコレクトの段落番号の表示を確認します。

❶「1.」と入力し、Space キーを押す

❷オートコレクトのアイコンが表示された

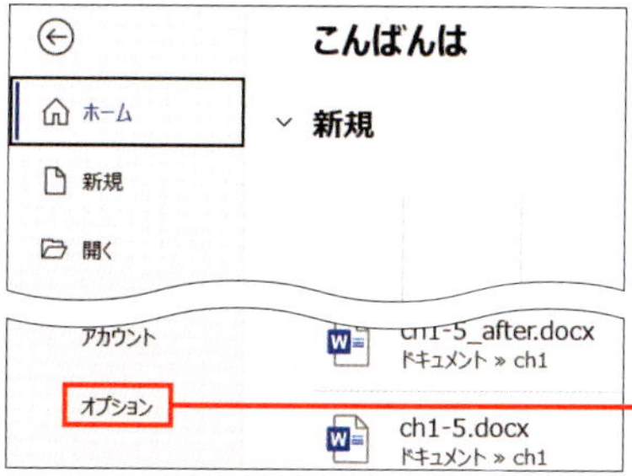

❸［ファイル］タブをクリック

❹［オプション］をクリック

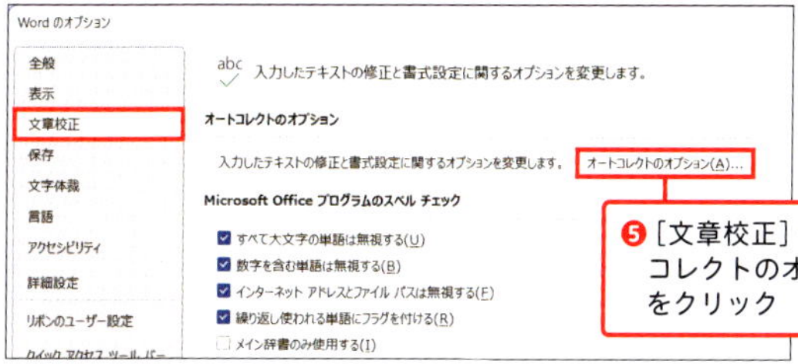

❺［文章校正］→［オートコレクトのオプション］をクリック

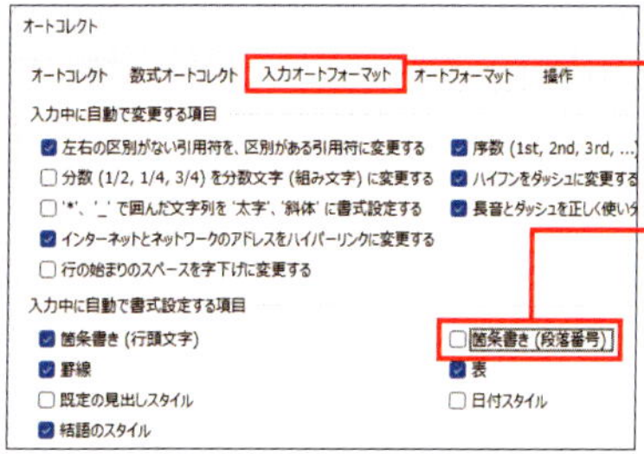

❻［入力オートフォーマット］タブをクリック

❼［箇条書き（段落番号）］のチェックを外す

❽［OK］をクリック

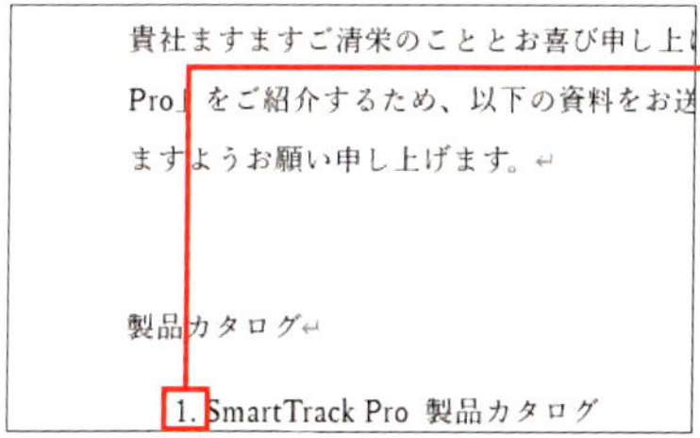

❾手順❶で入力した数字を消し、再度「1.」と入力し、Space キーを押す

❿オートコレクトではなく、普通の文字列として入力された

Memo

［オートコレクト］ダイアログで設定をオフにしても、それ以前に入力した設定は残ったままです。入力し直すと新しい設定が反映されます。

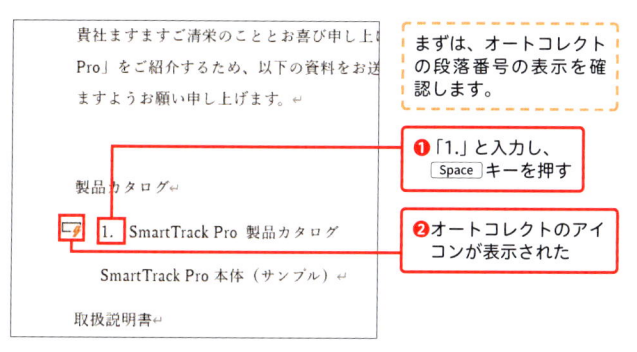

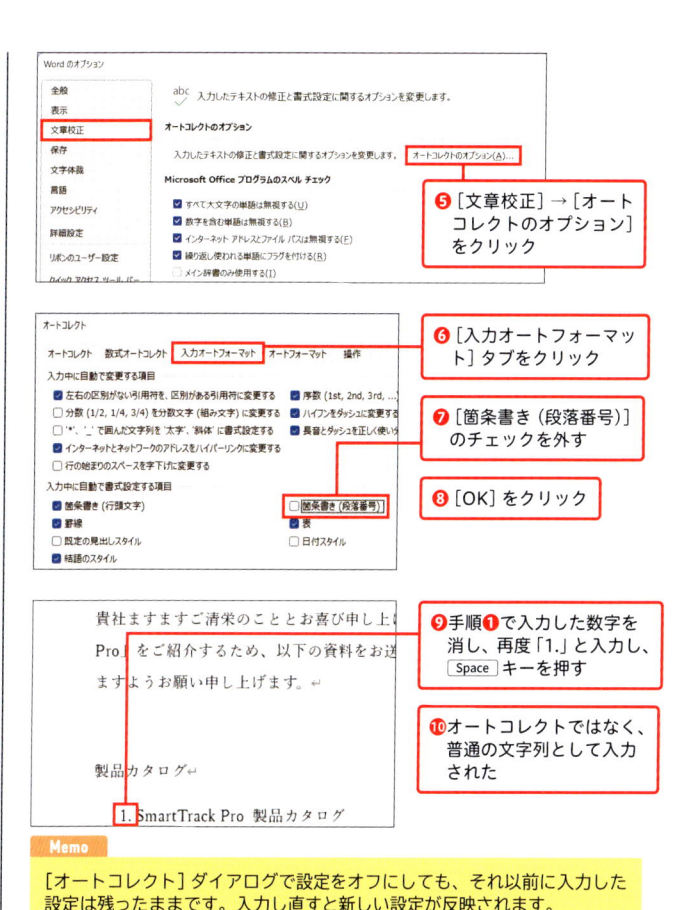

1回目 □　2回目 □

Step 2 URLがハイパーリンクにならないようにする

URLなどを入力すると、ハイパーリンクが設定され、青色のフォントと下線が自動で表示されます。これらの設定が不要な場合は、[オートコレクトのオプション] からオフにしましょう。

まずは動作を確認します。

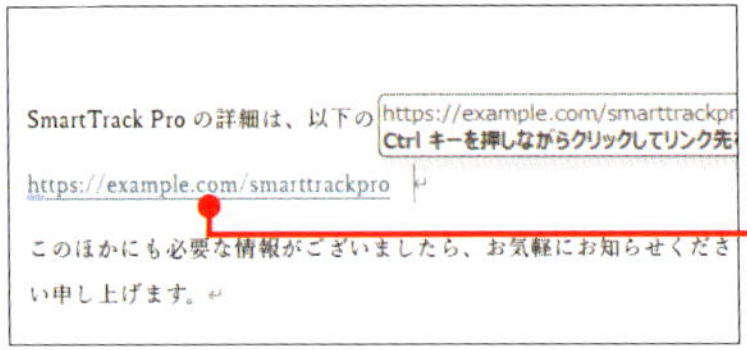

❶URLの文末で Space か Enter キーを押すと、ハイパーリンクが設定される

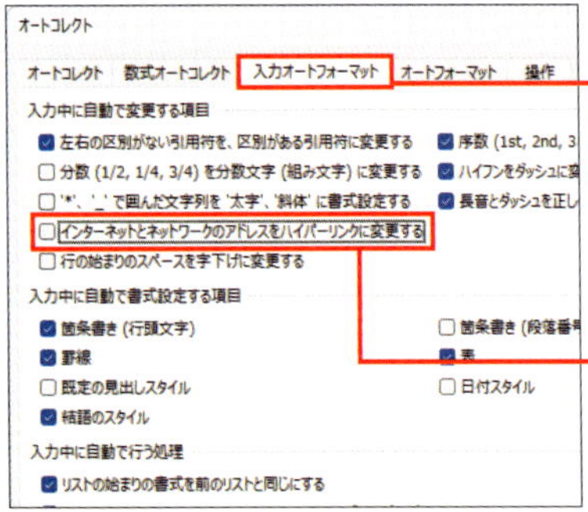

❷[オートコレクト] ダイアログを表示

❸[入力オートフォーマット] タブをクリック

❹[インターネットとネットワークのアドレスをハイパーリンクに変更する] のチェックを外し、[OK] をクリック

Memo

ハイパーリンクとは、テキストにURLやメールアドレスを埋め込む機能のことです。Ctrl キー＋クリックをすると、リンク先に画面が切り替わります。

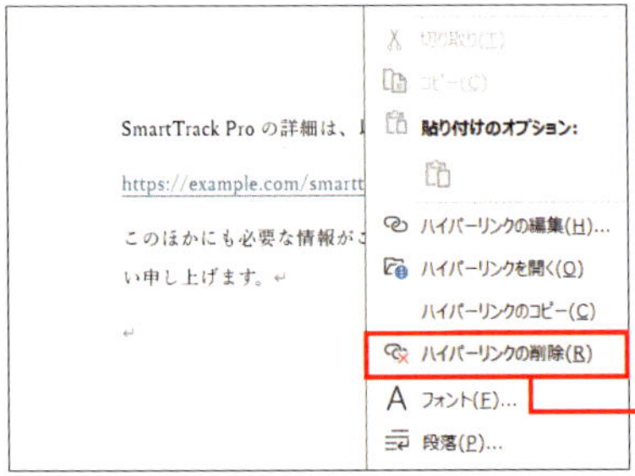

Step1 の Memo 同様、ここでも変更前の設定が残ったままのため、一度削除設定を行います。

❺ハイパーリンクが設定されたURLを右クリック

❻[ハイパーリンクの削除] をクリック

❼ハイパーリンクが削除された

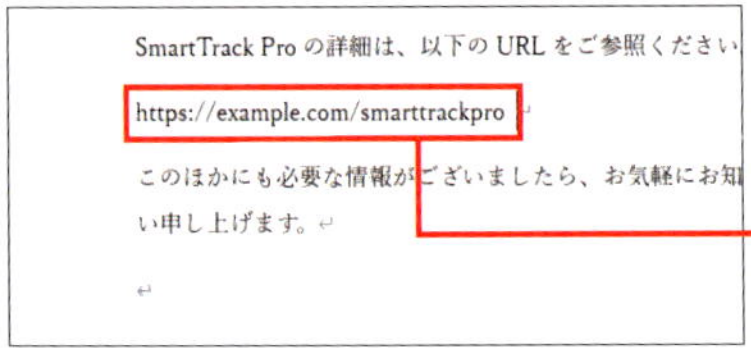

再度動作を確認しましょう。

❽URLの文末で Space か Enter キーを押してもハイパーリンクは設定されなくなった

Point

Wordでは、基本的に前の行の設定が、次の行に引き継がれます。オートコレクトの箇条書き設定もそれに当たりますが、ほかにも、見出しから次の行に改行して、本文を入力しようとすると、見出し書式が引き継がれたまま…ということはよくあるのではないでしょうか。書式を次の行に引き継ぎたくない場合は、改行した後、Ctrl ＋ Shift ＋ N キーを押すと、書式が解除されます。あわせて覚えておきましょう。

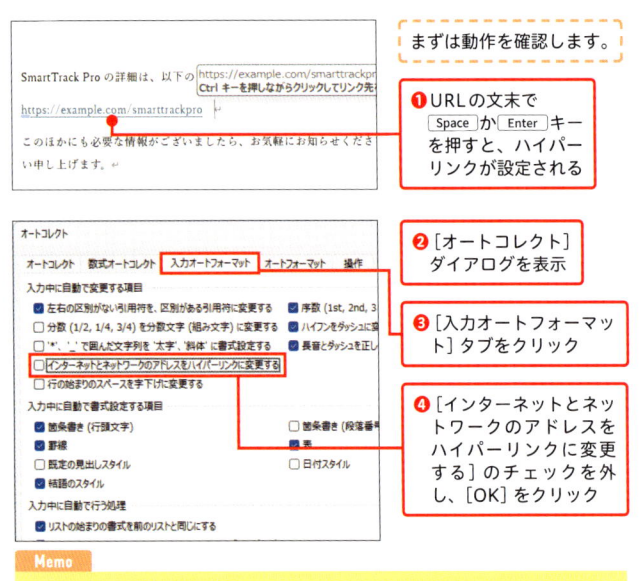

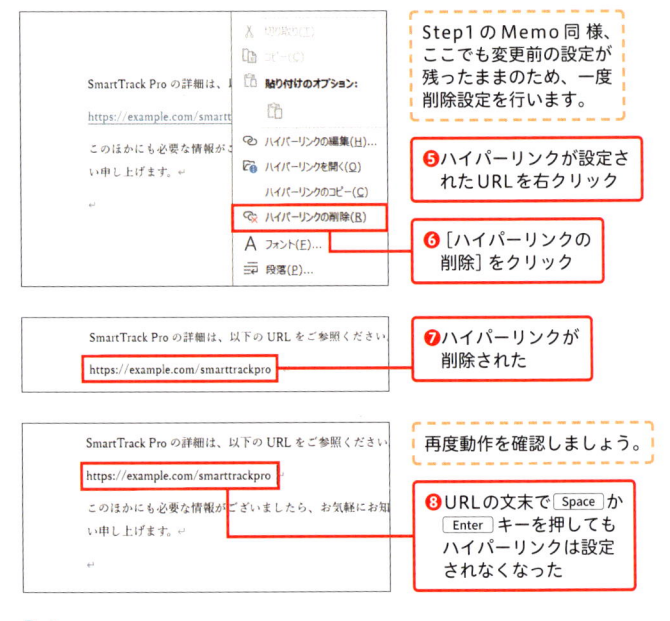

1回目 □　2回目 □

Step 3 英単語の1文字目の自動変換と特殊記号への置換をオフにする

英単語の１文字目が自動で大文字になったり、「(c)」が©に置換されたりする機能も、オートコレクトの１つです。これらの変換が便利なときもありますが、不要な場合は設定をオフにしておきましょう。

まずは、オートコレクトの挙動を確認します。

❶「digital marketing Inc.」と入力

❷小文字の「d」が自動で大文字の「D」に変換された

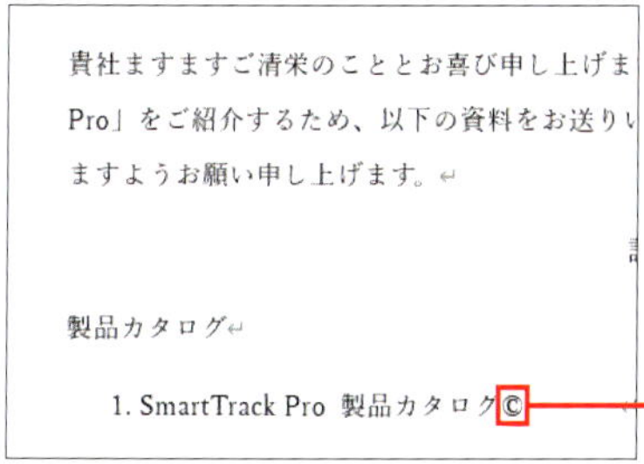

❸「(c)」と入力

❹自動で「©」に変換された

Memo

オートコレクトによる自動修正を一時的にオフにしたい場合は、Ctrl ＋ Z キーや、Back Space キーを押すと解除できます。

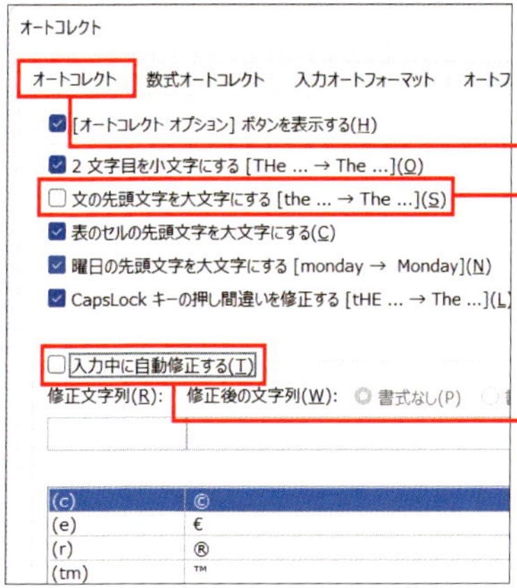

続いて、オートコレクトの設定を変更します。

❺［オートコレクト］ダイアログで［オートコレクト］タブを表示

❻［文の先頭文字を大文字にする］のチェックを外す

❼［入力中に自動修正する］のチェックを外す

❽［OK］をクリック

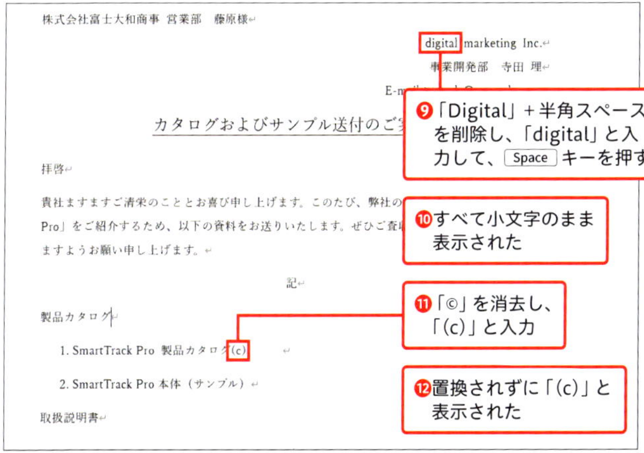

❾「Digital」＋半角スペースを削除し、「digital」と入力して、Space キーを押す

❿すべて小文字のまま表示された

⓫「©」を消去し、「(c)」と入力

⓬置換されずに「(c)」と表示された

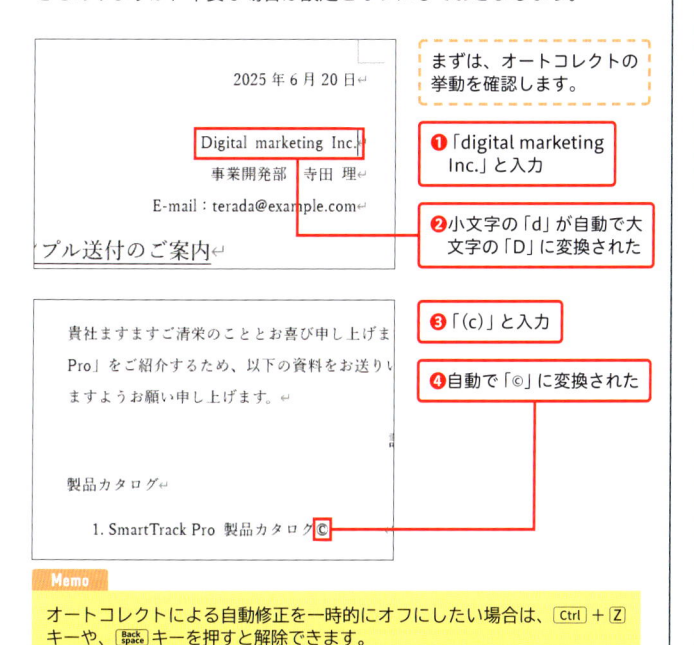

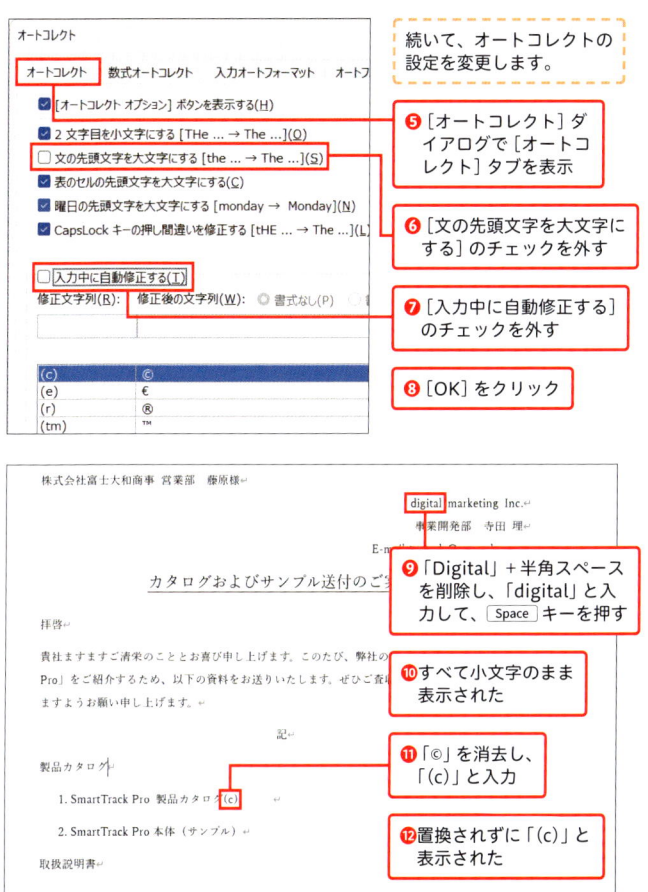

Drill 07

ch1-7.docx

月　日

\# 検索　# ワイルドカード

テキストの検索方法をマスターする

ページ数が多い文書ほど、目的の単語を目視で探すのは時間がかかります。また、手で置換するとミスが発生することもあります。そこで、検索と置換機能を利用し、単語を効率よく見つけたり、正確に単語を置換したりする操作を練習しましょう。さらに、一部だけ一致する単語などを見つける、あいまい検索についても確認します。

Let's Try!

Step 1「ABC」という文字列を検索する

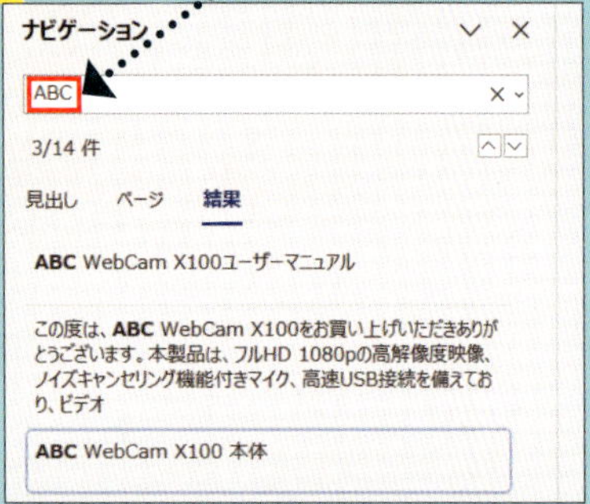

Step 2 ワイルドカードを使ってあいまい検索を行う

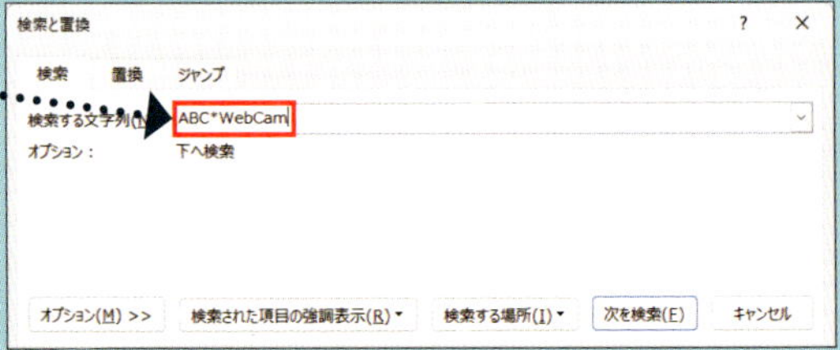

Step 3 赤字になっている文字列を検索する

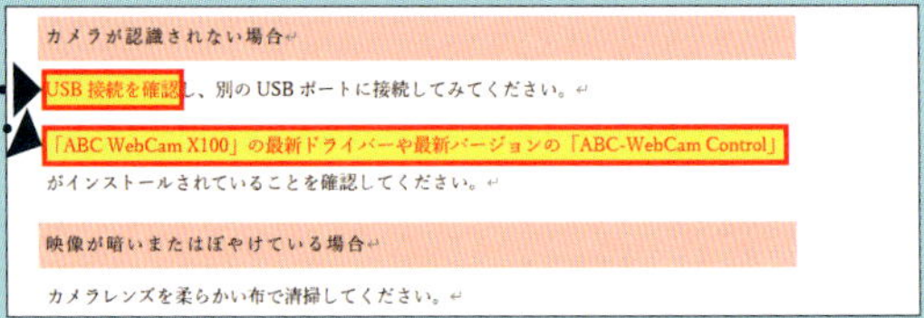

Hint 検索機能は２種類ある

Wordの検索機能は、［ナビゲーションウィンドウ］と［検索と置換］ダイアログの２種類があります。［ナビゲーションウィンドウ］は、検索結果をリスト化・ハイライト化する簡易的な検索機能です（Ctrl＋Fキーで表示）。特定の単語が正しく使用されているかざっと確認したいときなどに便利です。一方、［検索と置換］ダイアログはあいまいな単語や書式など、より高度な条件を指定できる検索機能です（Ctrl＋Hキーで表示）。

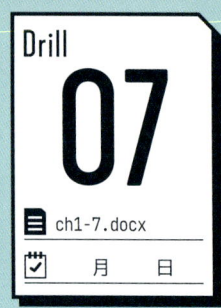

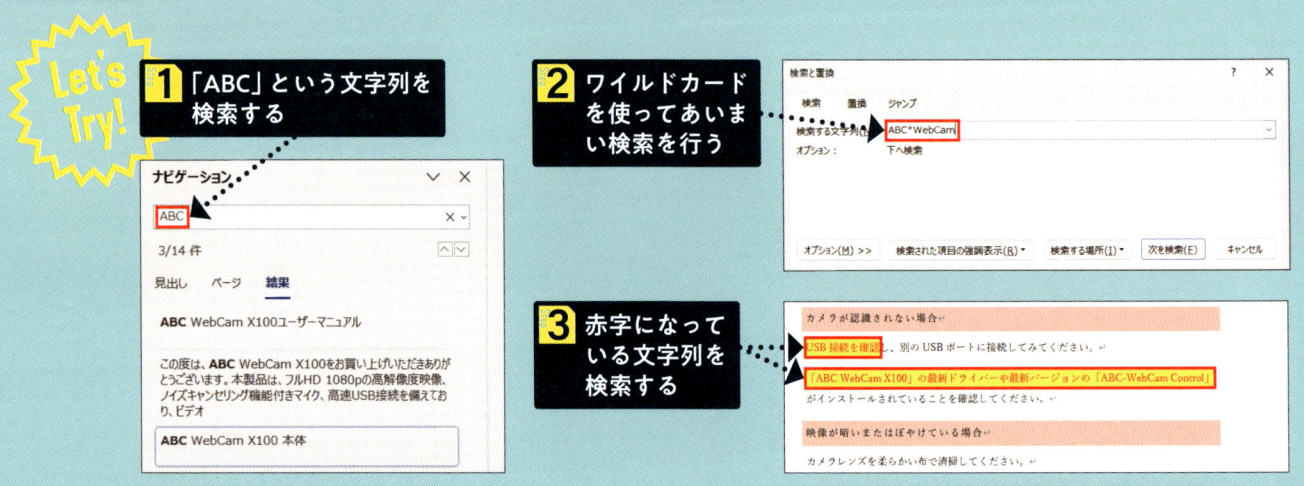

1回目 □　2回目 □

Step 1 「ABC」という文字列を検索する

まずは［ナビゲーションウィンドウ］を表示し、「ABC」という文字列を検索してみましょう。検索した文字列はナビゲーションウィンドウに一覧表示され、文書内の該当箇所もハイライトで強調されます。

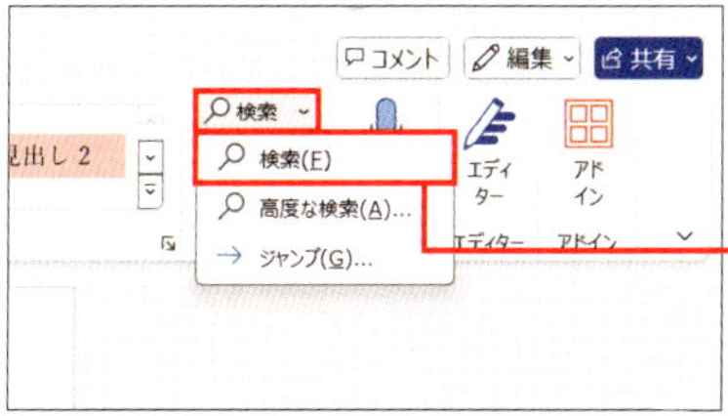

ここでは、「ABC」という文字列を検索します。

❶［ホーム］タブの［検索］→［検索］をクリックするか、Ctrl ＋ F キーを押す

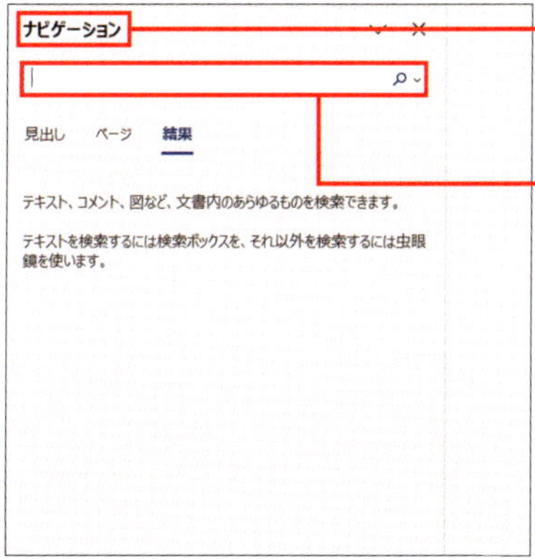

❷画面左側にナビゲーションウィンドウが表示された

❸検索ボックスをクリック

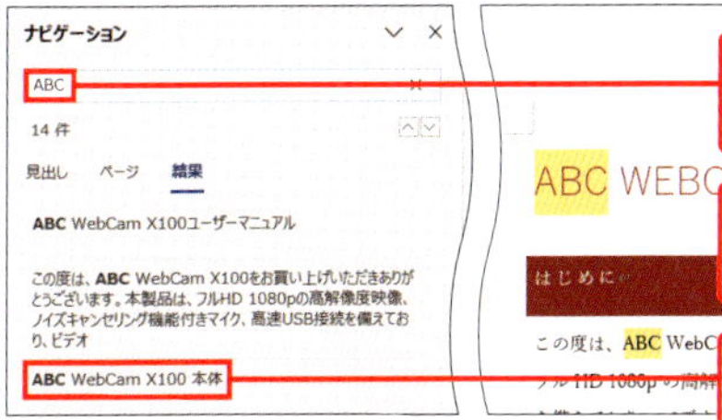

❹「ABC」と入力し、Enter キーを押す

❺該当する文字列がハイライトで強調される

❻上から３番目の検索結果をクリック

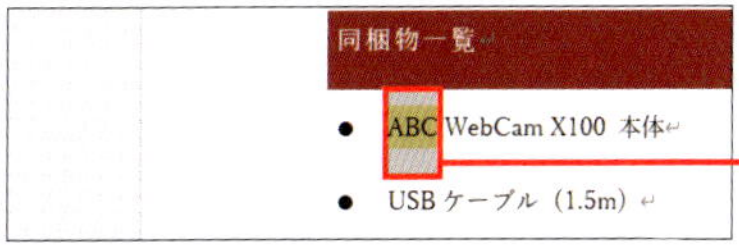

❼該当する文字列が含まれた位置へカーソルが移動した

Short Cut

Crtl ＋ F　ナビゲーションウィンドウを表示する

Point

別の文字に置き換えたい場合は、［ホーム］タブの［編集］グループの［置換］をクリックして、［検索と置換］ダイアログを表示します（Ctrl ＋ H キーでも表示可）。［検索する文字列］に対象の文字列、［置換後の文字列］に置き換えたい文字列を入力し、［すべて置換］をクリックすると、文書内の該当する文字列がすべて置き換わります。

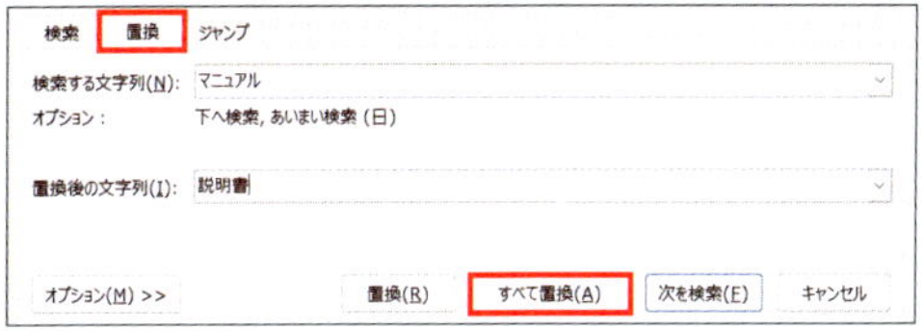

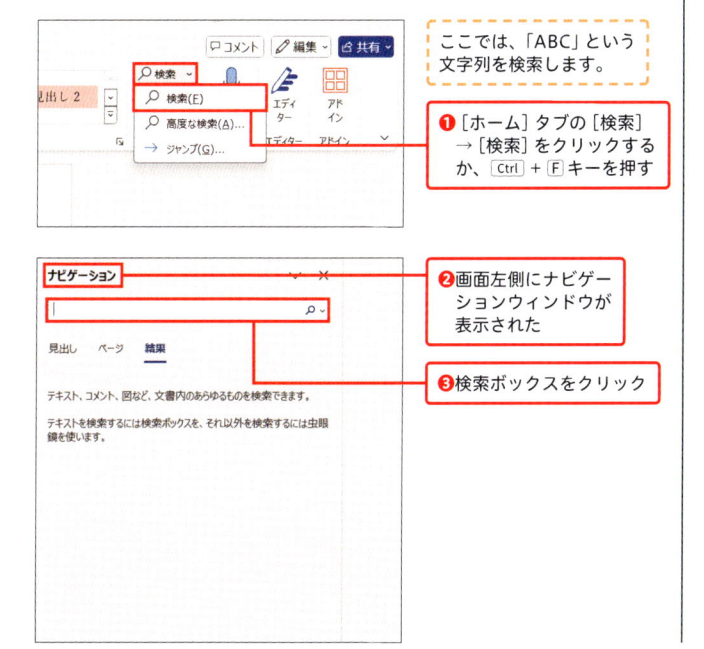

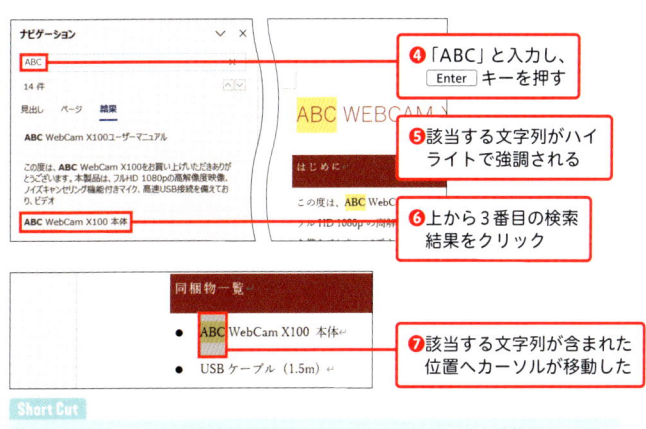

1回目 □　2回目 □

Step 2 ワイルドカードを使ってあいまい検索を行う

「*」や「?」などの「ワイルドカード」と呼ばれる特殊文字を使うと、あいまい検索が可能になります。完全一致しなくても、一部の文字列が一致するだけで検索結果として抽出できます。

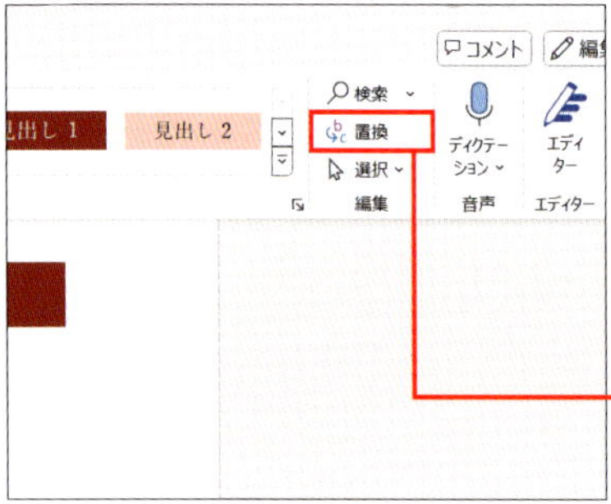

この文書では、「ABC WebCam」と「ABC-WebCam」のように表記が揺れています。どちらも検索できるよう「ABC」の後ろにワイルドカードを用います。

❶［ホーム］タブの［置換］をクリックするか、Ctrl + H キーを押す

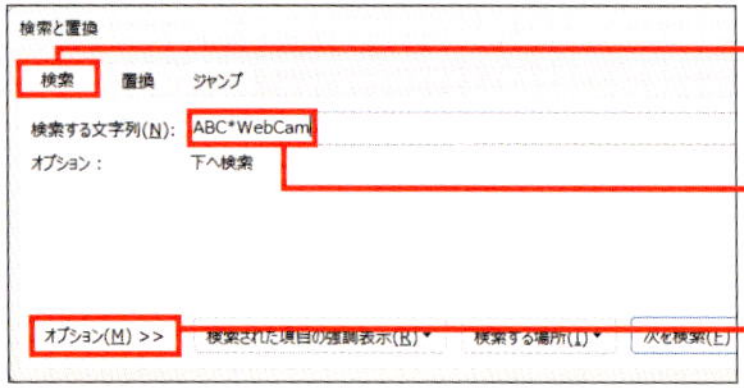

❷［検索］タブをクリック

❸［検索する文字列］に「ABC*WebCam」と入力

❹［オプション］をクリック

Memo

ワイルドカードのように複雑な条件で検索する場合は、［検索と置換］ダイアログを使います。

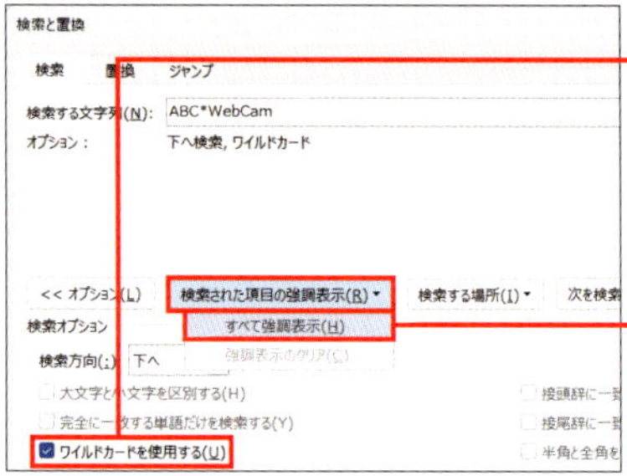

❺［ワイルドカードを使用する］にチェックを付ける

❻［検索された項目の強調表示］→［すべて強調表示］をクリック

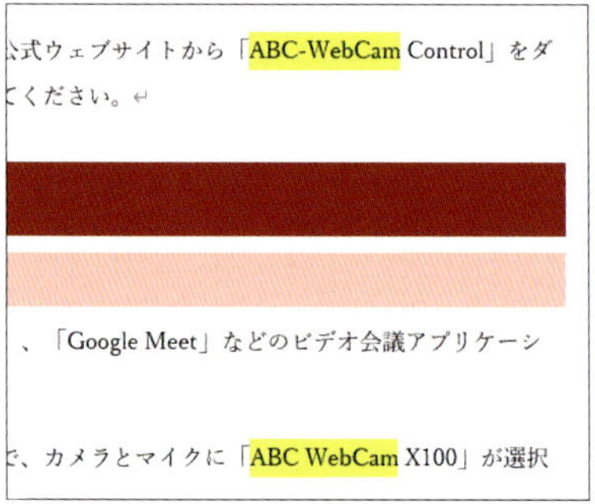

❼表記揺れも含めた検索結果が強調表示された

Short Cut

Crtl + H　［検索と置換］ダイアログを表示する

Point

ワイルドカードとは、あいまいな文字列を検索するときに役立つ記号で、「*」は0文字以上の任意の文字列、「?」は任意の1文字を示します。

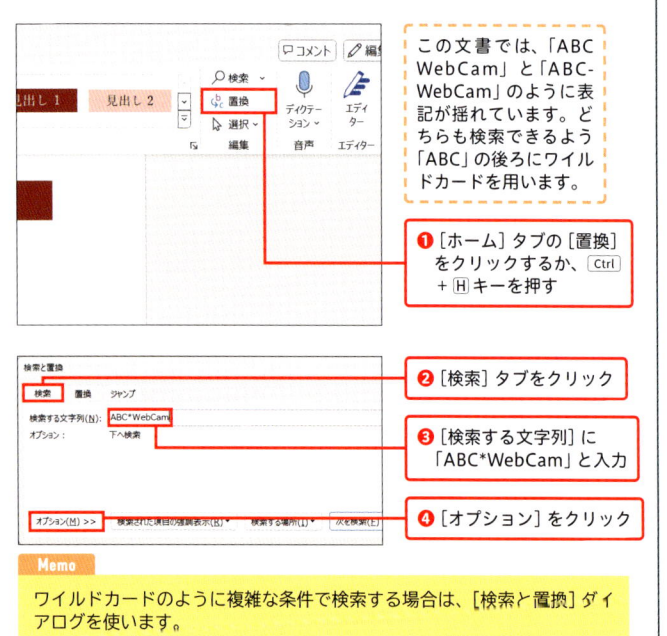

1回目 □ 2回目 □

Step 3 赤字になっている文字列を検索する

[検索と置換] ダイアログでは、赤字のように書式が設定された文字列を検索することも可能です。文字色だけではなく、太字やフォントといった書式も条件に指定できます。

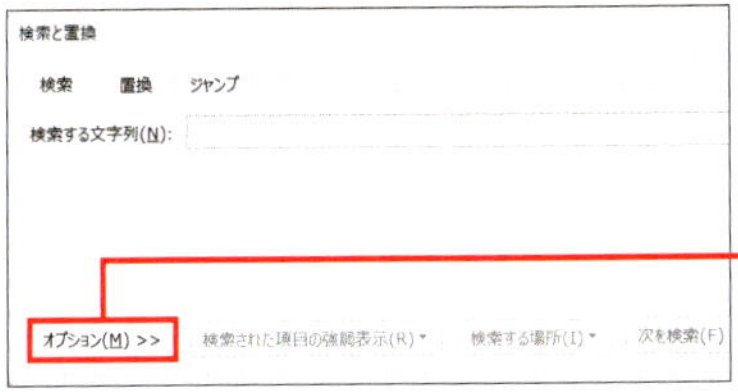

Step2を参考にして、[検索と置換] ダイアログの [検索] タブを表示します。

❶ [オプション] をクリック

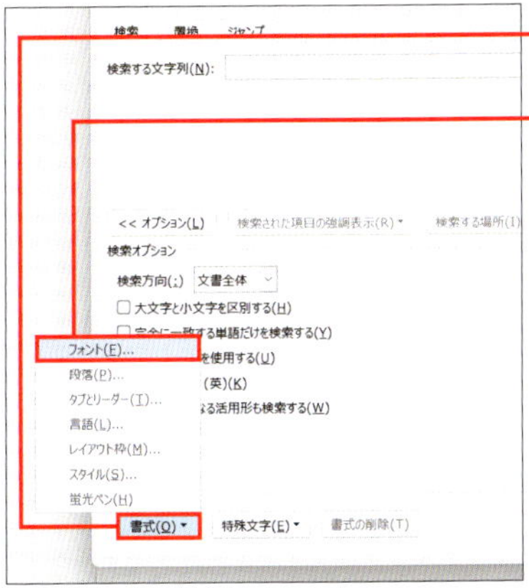

❷ [書式] をクリック

❸ [フォント] をクリック

Memo

ここでは赤字だけを検索するので、[検索する文字列] の入力欄は空欄にしておきます。また、Step2の「ワイルドカードを使用する」のチェックが入ったままの場合は外します。

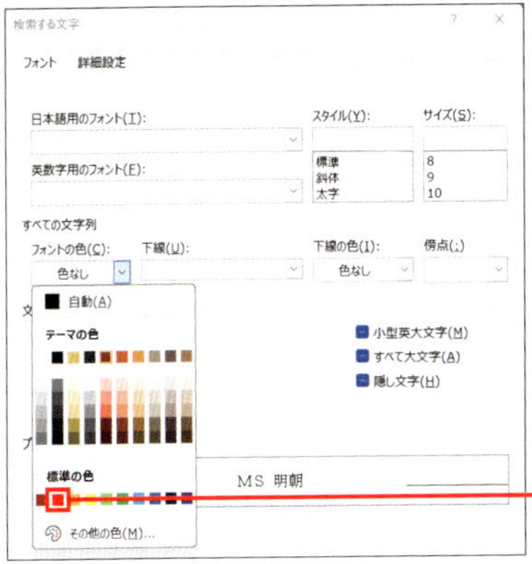

❹ [フォントの色] のパレットから [赤] を選択し、[OK] をクリック

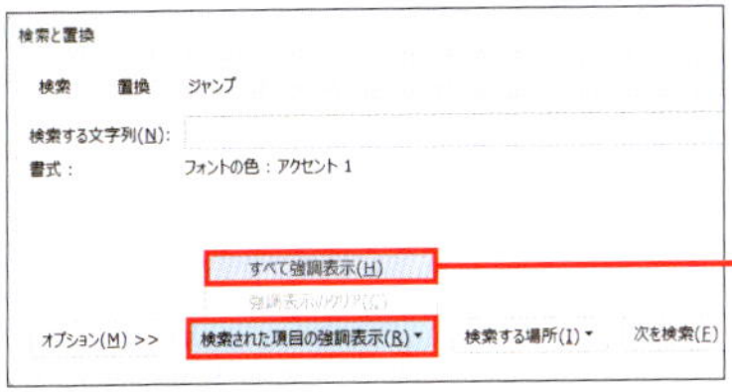

[検索と置換] ダイアログに戻ります。

❺ [検索された項目の強調表示] → [すべて強調表示] をクリック

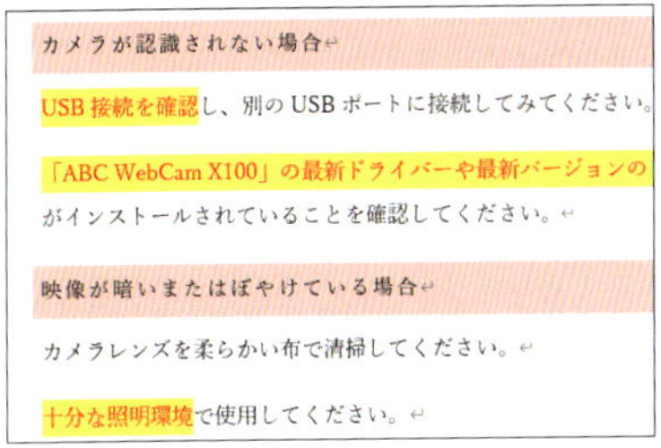

❻ 文書内の赤字が強調表示された

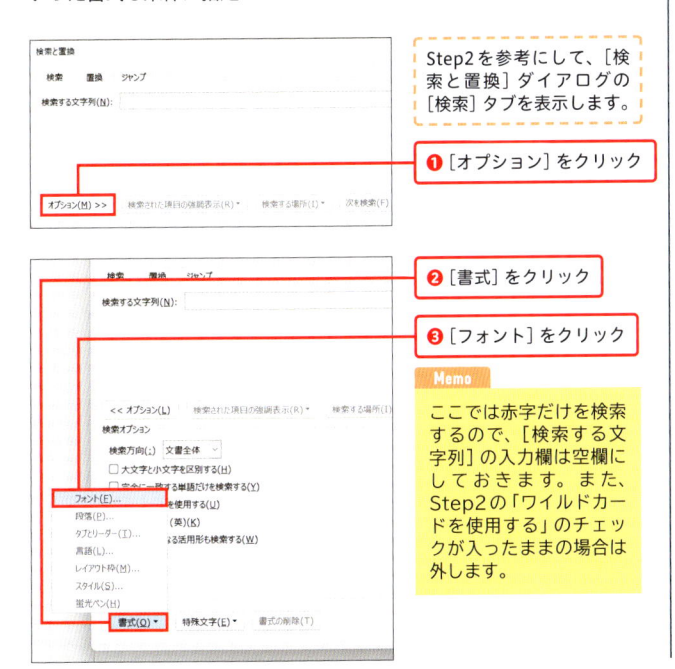

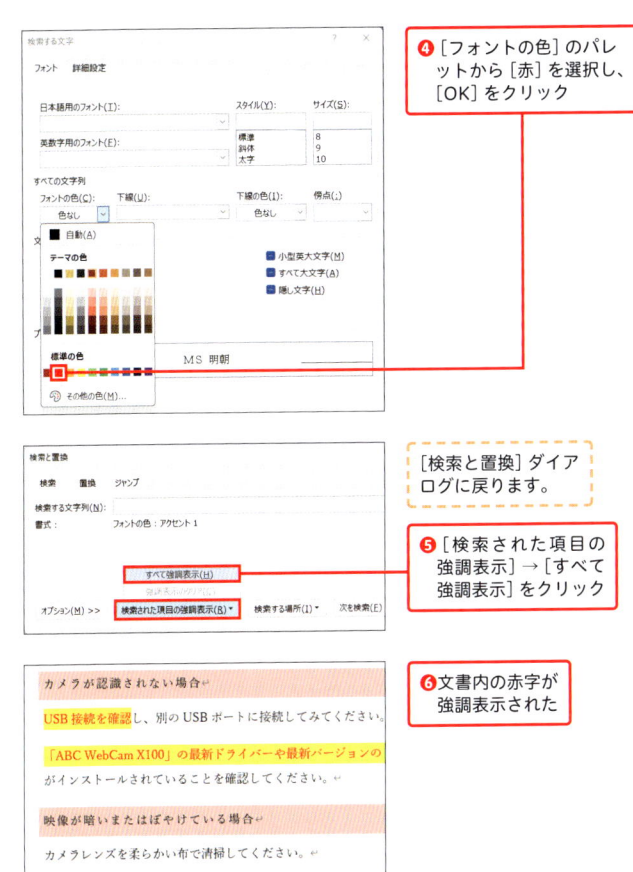

Drill
08

ch1-8.docx

月　日

入力や編集がより楽になる Word の設定

Wordの環境設定を、自分にとって使いやすいように変更しておくことも、入力・編集の効率化につながります。ここでは、編集記号の表示、よく使う単語の辞書登録、よく使うフォントを既定に登録する、の３つの設定を行います。どれも簡単にできる設定ばかりなので、ぜひ活用してみてください。

Let's Try!

Step 1 編集記号の表示設定をオンにする

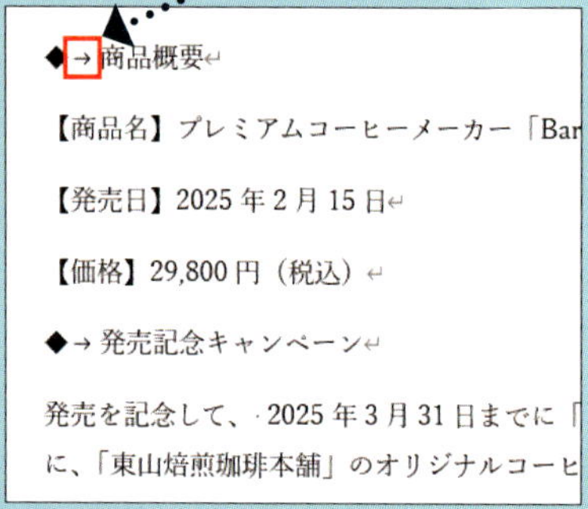

Step 2 よく使う単語は辞書登録しておく

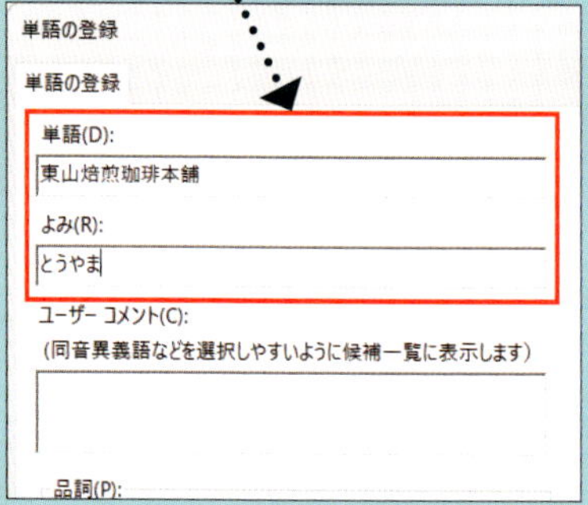

Step 3 「BIZ UDゴシック」を既定のフォントとして設定する

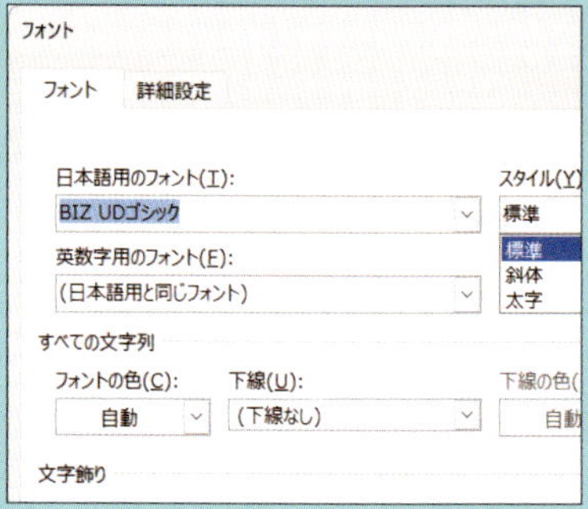

Hint　文字入力ソフトの辞書とWordの辞書は役割が異なる

Wordにも辞書機能がありますが、基本的によく使う単語の辞書登録には、Windowsに標準搭載されているIMEなどの文字入力ソフトを使います。Step2では、IMEを利用して単語を登録しています。Wordの辞書には、固有名詞などのスペルの登録をするために活用することが多いですが、使用頻度はあまり高くないので、本書では解説を省きます。

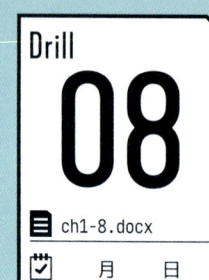

1回目 □ 2回目 □

Step 1 編集記号の表示設定をオンにする

編集記号をオンにすると、通常は見えないスペースや区切りなどが表示されます。これにより、うっかり入れてしまった改ページや不要なスペースなど簡単に見つけて修正できます。

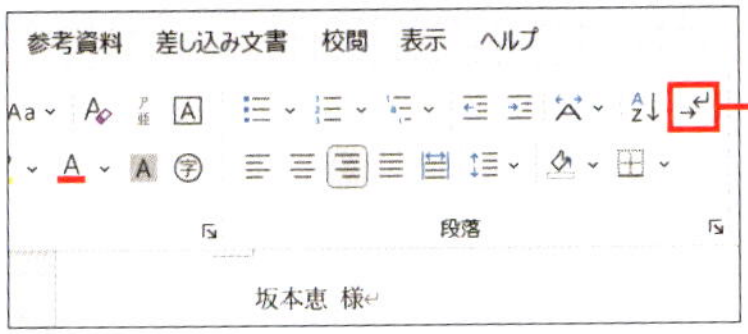

❶［ホーム］タブの［段落］グループの［編集記号の表示／非表示］をクリック

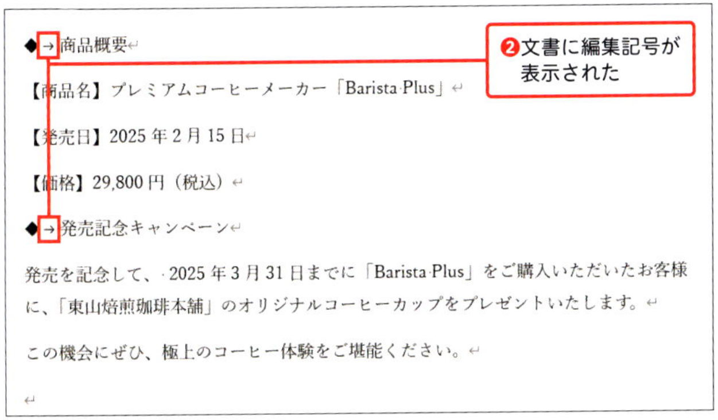

❷文書に編集記号が表示された

Memo

編集記号をオンにしても、印刷には反映されません。

表示する編集記号を選択する場合

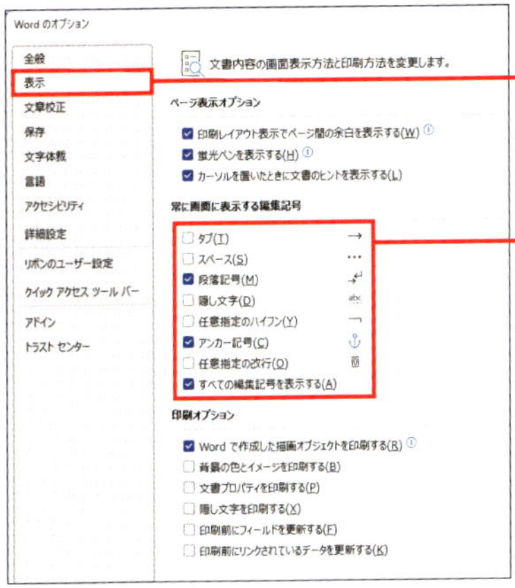

❶［ファイル］タブの［その他］→［オプション］→［表示］をクリック

❷［常に画面に表示する編集記号］の一覧から、表示したい編集記号にチェックを付け、［OK］をクリック

Point

主な編集記号とその意味は、以下の表のとおりです。

記号	意味
·	半角スペース
□	全角スペース
↵	改行
→	タブ
……改ページ……	改ページ
……段区切り……	段区切り
⚓	アンカー

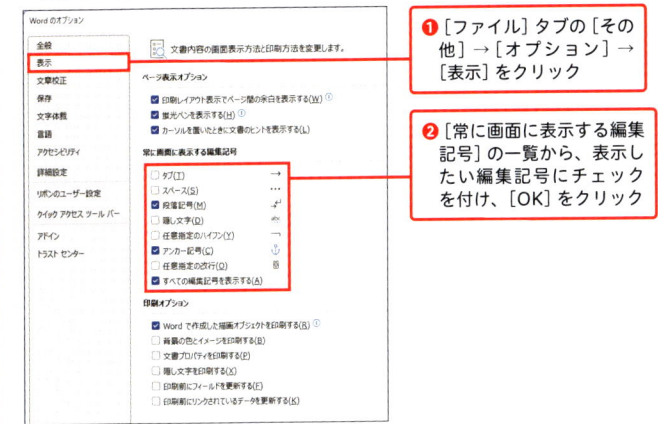

1回目 □　2回目 □

Step 2 よく使う単語は辞書登録しておく

住所や名前などのよく使う単語を文字入力ソフトの辞書に登録しておくと、文字入力を短縮できるようになります。ここでは、Windows標準の「Microsoft IME」に辞書登録する手順を解説します。

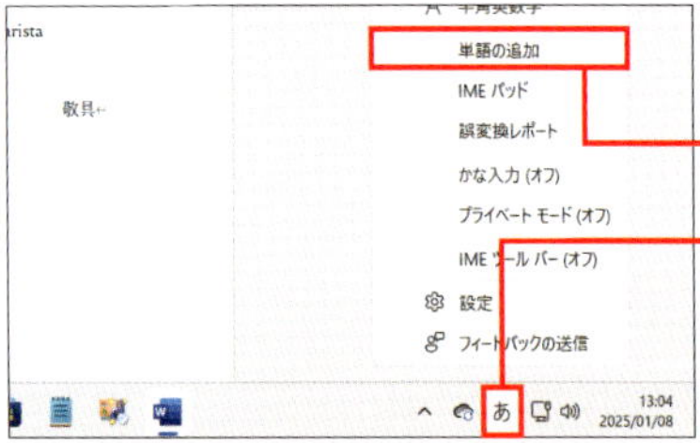

ここでは、「東山焙煎珈琲本舗」を辞書登録します。

❶タスクバーの右側にある［あ］または［A］を右クリック

❷［単語の追加］をクリック

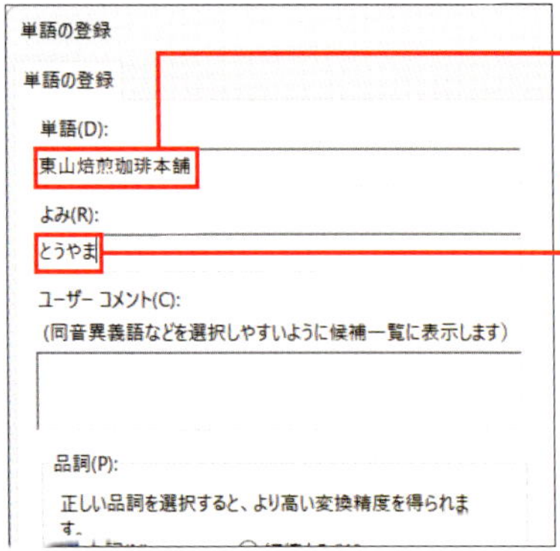

❸［単語］に「東山焙煎珈琲本舗」と入力

❹［よみ］に「とうやま」と入力

❺［登録］をクリック

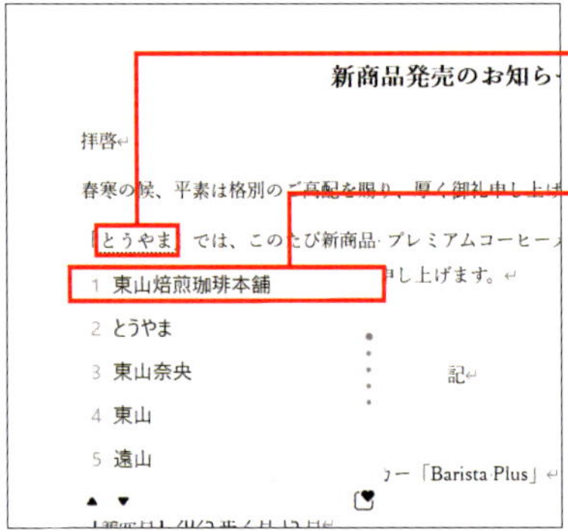

❻左図の位置に「とうやま」と入力

❼予測候補に表示された［東山焙煎珈琲本舗］をクリック

Memo

入力後、Tab キーを押すことでも予測候補を選択できます。

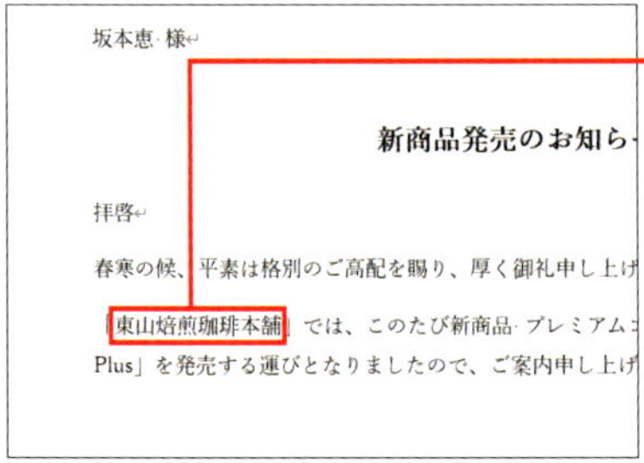

❽「東山焙煎珈琲本舗」が入力された

Point

「ATOK」や「Google日本語入力」など、別の文字入力ソフトを使っている場合は、辞書登録の手順が若干異なります。ATOKの場合は［あ］または［A］を右クリックし、［ATOKメニュー］→［単語登録］をクリックして登録します。Google日本語入力の場合は、［あ］または［A］を右クリックし、［単語登録］をクリックして登録しましょう。

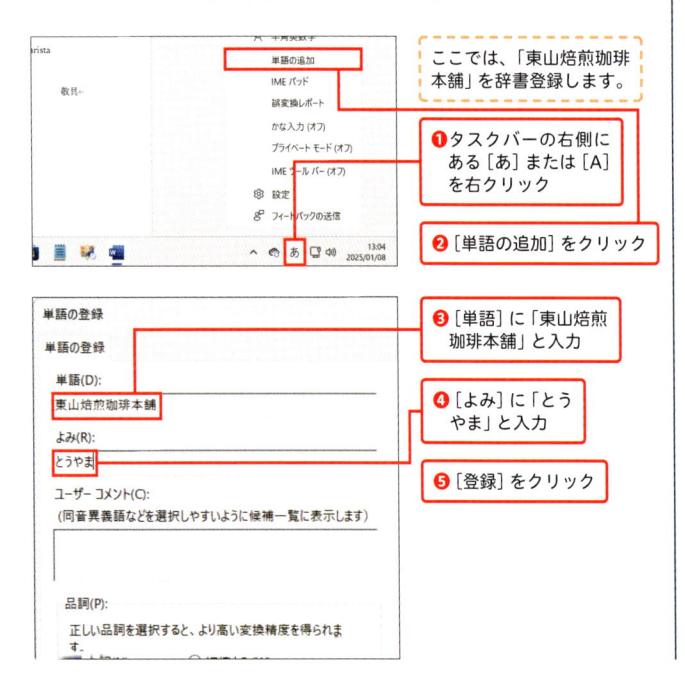

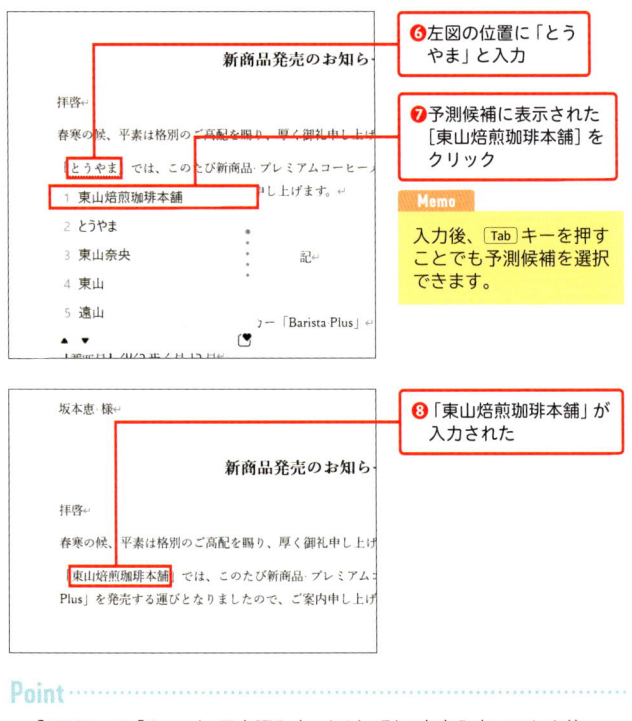

1回目 □　2回目 □

Step 3 「BIZ UD ゴシック」を既定のフォントとして設定する

Office 365／Word 2024の既定のフォントは、「游明朝」が設定されています。いつも使うフォントがほかにある場合は、[フォント] ダイアログで既定のフォントを変更しておきましょう。

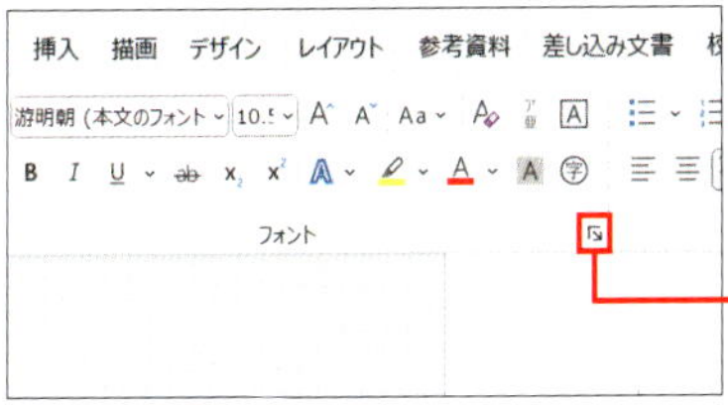

ここでは、既定のフォントを「BIZ UDゴシック」に変更します。

❶[ホーム] タブの [フォント] グループにある ⧉ をクリック

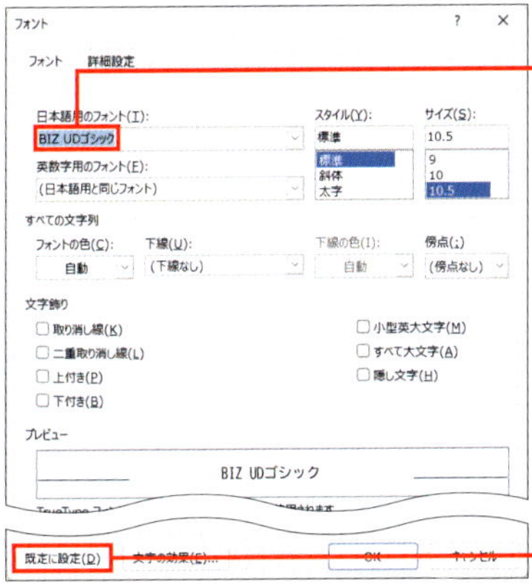

❷[日本語用のフォント] で [BIZ UDゴシック] を選択

❸[既定に設定] をクリック

Memo

フォントダイアログでは、フォントだけでなく、スタイルやサイズなども、指定のものを選択し、既定に設定することができます。

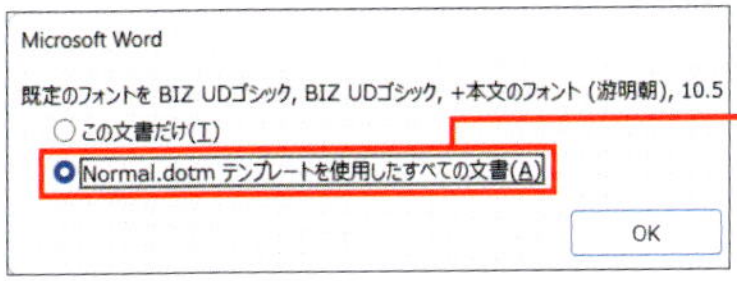

❹[Normal.dotm テンプレートを使用したすべての文書] を選択し、[OK] をクリック

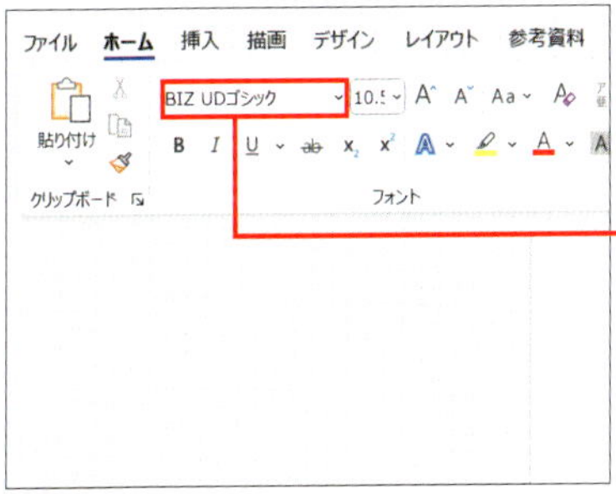

❺[ファイル] タブ→ [白紙の文書] をクリック

❻新規ファイルには [BIZ UDゴシック] が既定のフォントとして設定されたことを確認

Memo

既定のフォントを初期に戻したい場合は、[フォント] ダイアログから、[日本語用のフォント] で「+本文のフォント - 日本語」を選択し、手順❸～❹と同様に設定しましょう。

Point

既定のフォントを設定したのに元のフォント設定に戻ってしまう場合は、手順❹の画面で [この文書だけ] を選択した可能性があります。この設定にすると開いている文書だけに既定のフォントが適用されるので注意しましょう。

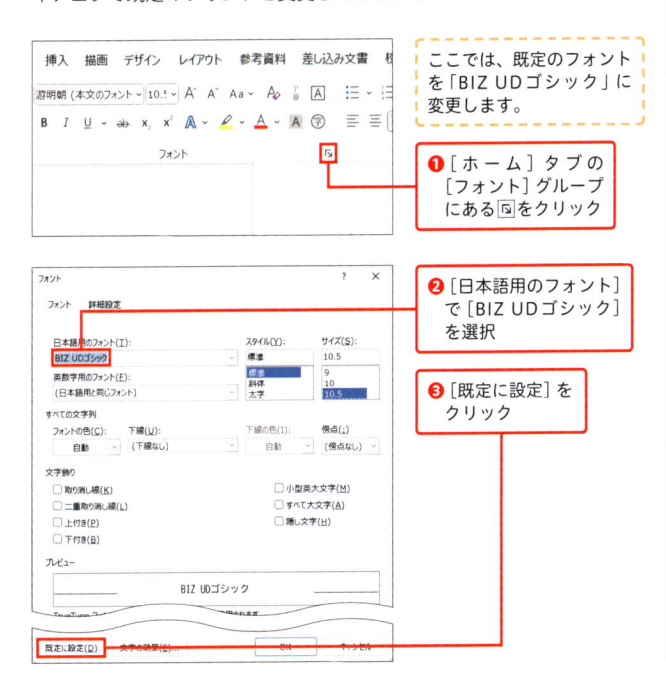

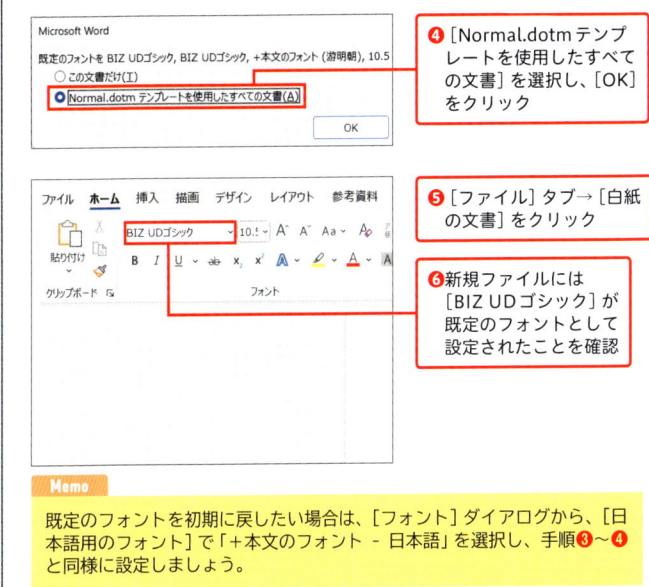

Drill 09

ch2-9.docx

月　日

ルーラー　# インデント　# 余白

ルーラーでインデントやページ余白を設定する

一度完成した文書であっても、修正や加筆が入ることはよくあります。そのため文書を作成する際は、そのあとも編集しやすい文書になるよう意識しましょう。たとえば、文字位置をスペースキーで調整する人は多いですが、これは変更のたびに修正が必要となり非効率です。ここで、正しい設定の仕方を学んでいきましょう。

Let's Try!

Step 1 ルーラーを表示し、1行目を字下げする

Step 2 ルーラーで行頭位置を調整し、2行目以降をぶら下げする

Step 3 ルーラーで文書の余白を設定する

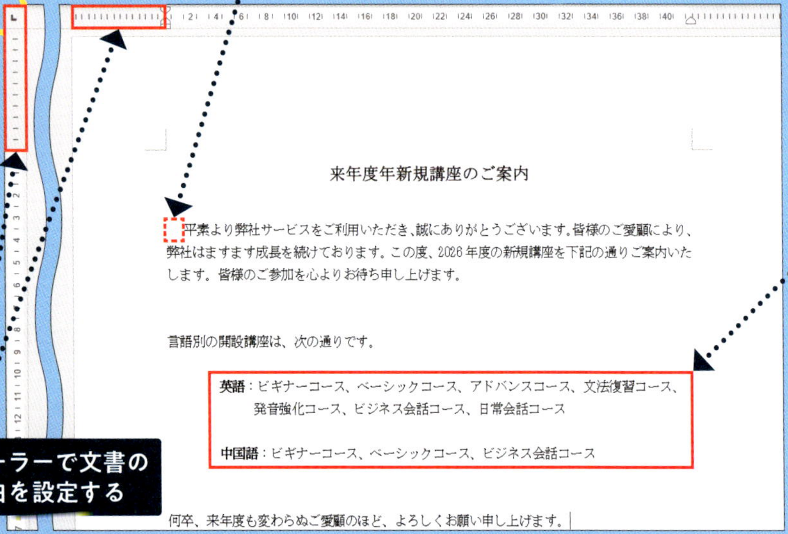

Hint　［表示］タブから［ルーラー］を表示する

Wordの「ルーラー」とは、リボンのすぐ下に表示される目盛りのことです。［表示］タブの［ルーラー］にチェックを付けることで、Word画面に表示されます。

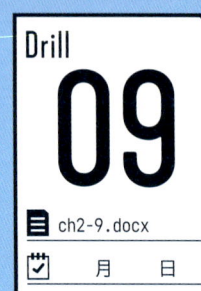

1回目 □　2回目 □

Step 1 ルーラーを表示し、1行目を字下げする

インデント（字下げ）の調整には、いくつか方法がありますが、ここではルーラーを利用していきます。表示される目盛りを目安に調整できるので、直感的に操作できます。

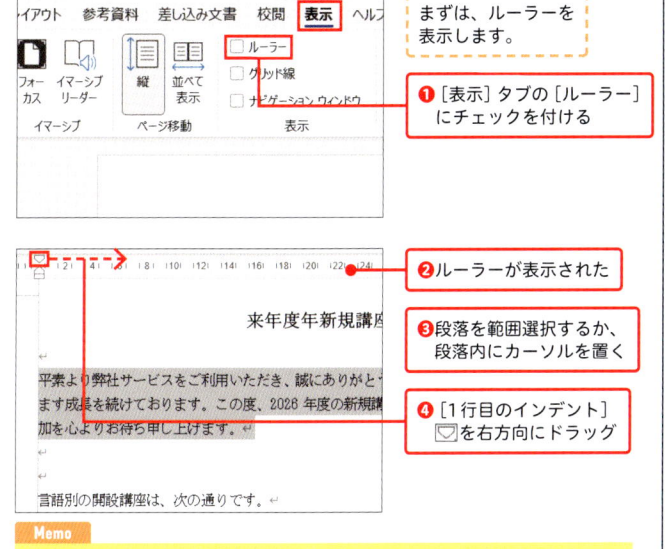

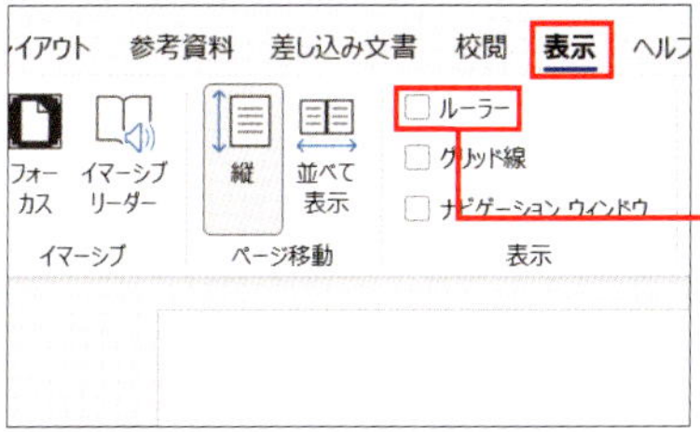

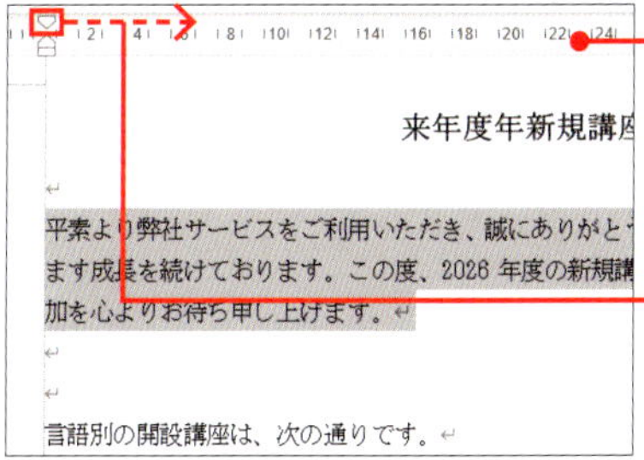

Memo

文書のすぐ上に表示される目盛りを「水平ルーラー」、画面左側に表示される目盛りを「垂直ルーラー」といいます。

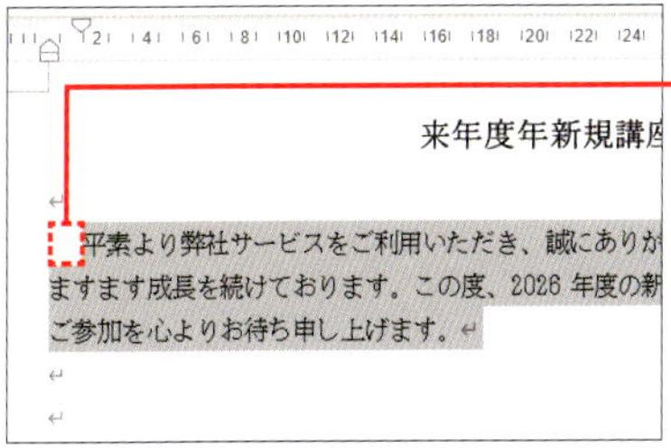

Point

ルーラー上には、次の4種類のインデントマーカーが表示されています。それぞれの名前と機能は下表の通りです。

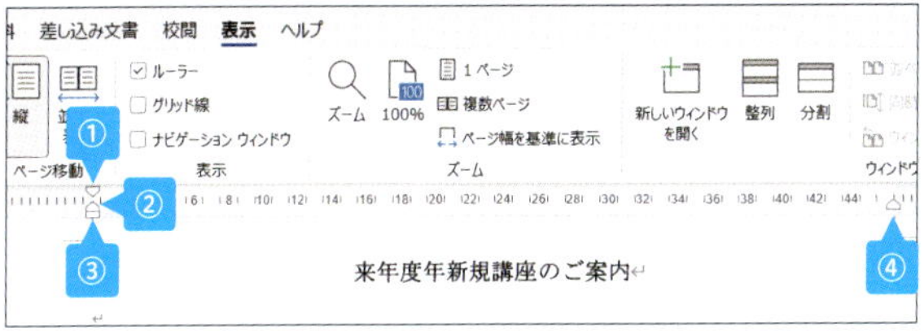

名前	機能
①1行目のインデント▽	1行目の行頭の位置を設定する
②ぶら下げインデント△	段落（もしくは選択範囲）の2行目以降の行頭の位置を調整する
③左インデント□	段落（もしくは選択範囲）全体の行頭の位置を調整する
④右インデント△	段落（もしくは選択範囲）全体の行末の位置を調整する

1回目 □ 2回目 □

Step 2 ルーラーで行頭位置を調整し、2行目以降をぶら下げする

続いて、対象範囲の行頭位置と、ぶら下げの設定を行いましょう。Step1同様、ルーラーのインデントマーカーをドラッグすることで、簡単に調整可能です。

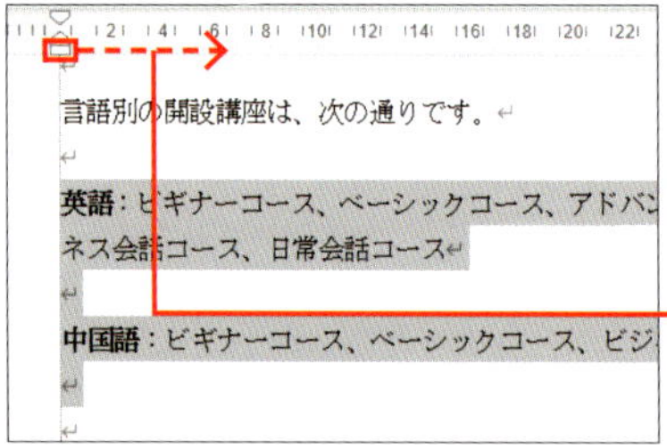

まずは、対象範囲全体の位置を調整します。

❶左図の範囲を選択

❷［左インデント］□を右方向にドラッグ

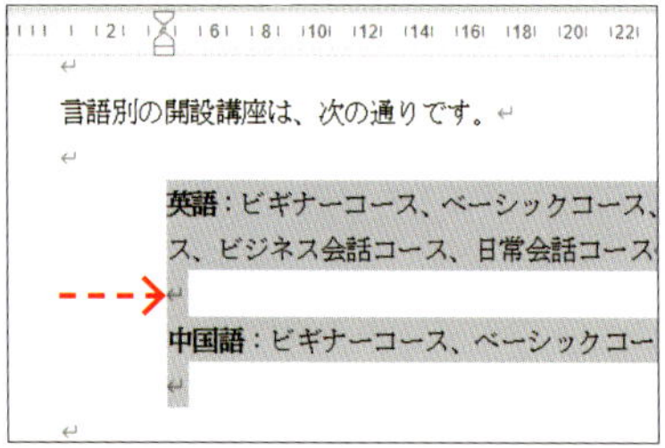

❸行頭位置が調整された

Memo

インデントを解除する場合は、ルーラーのインデントマーカーを元の位置にドラッグして戻します。

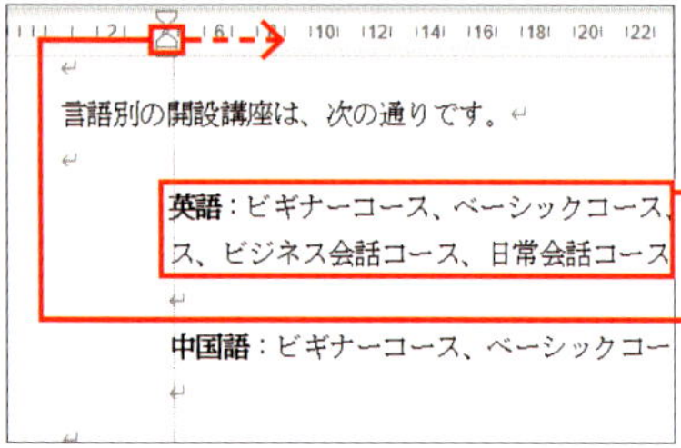

続いて、2行目以降を調整します。

❹左図の2行を選択

❺［ぶら下げインデント］△を右方向にドラッグ

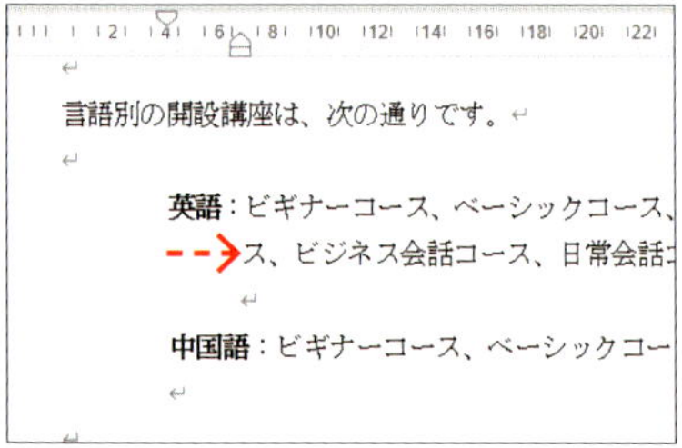

❻2行目以降の位置が調整された

Point

範囲を選択した状態で、［左インデント］と［右インデント］をそれぞれ内側に向かってドラッグすると、その段落のみ1行の文字数を少なく設定できます。内容の階層構造をわかりやすくしたいときなどに活用するのもよいでしょう。

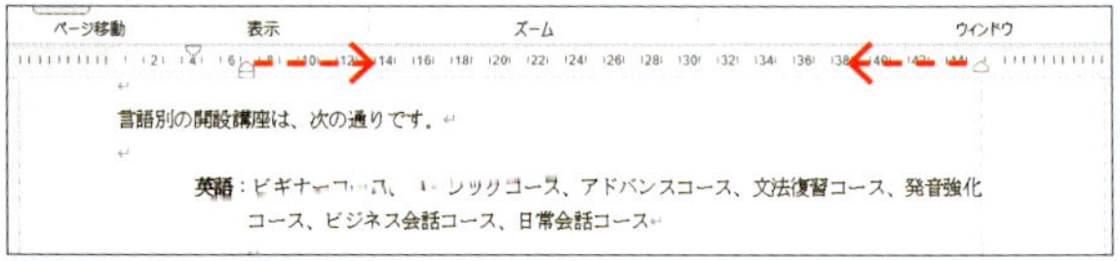

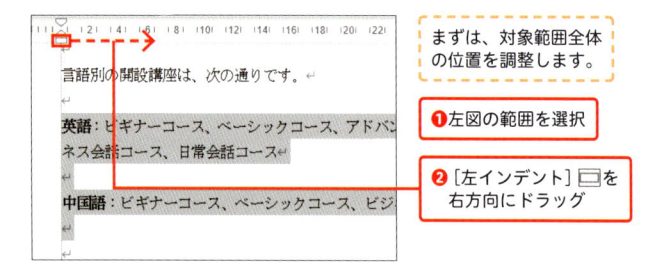

1回目 □　2回目 □

Step 3 ルーラーで文書の余白を設定する

最後にルーラーを利用して、文書の余白を調整します。[ページ設定]ダイアログからも設定可能ですが（P.80）、文書内の文字量を確認しながら自由に調整できるメリットがあります。

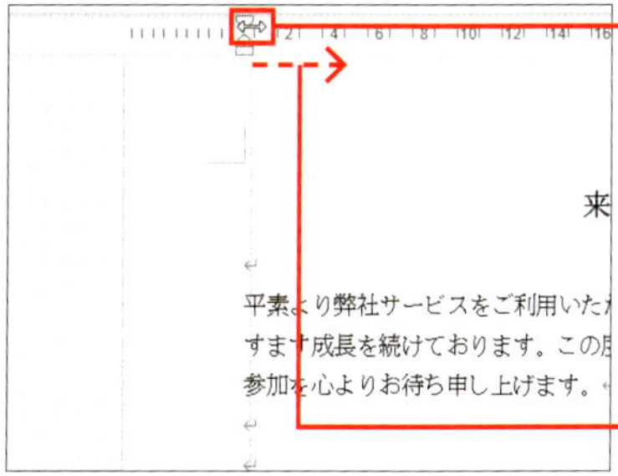

まずは、左側の余白を設定します。左右の余白は「水平ルーラー」から設定します。

❶グレーと白の境界にマウスポインターを合わせると、ポインターの形が⟺に変わる

❷右方向にドラッグ

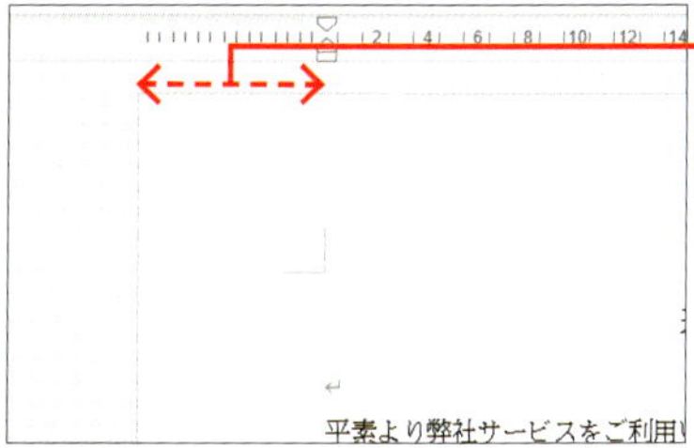

❸左側の余白が広がった

Memo

ルーラーのグレーの位置は、文書の余白部分であることを示しています。

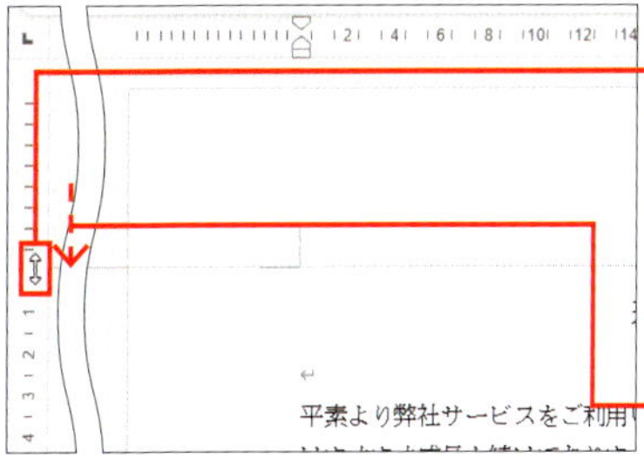

続いて、上側の余白の設定をします。上下の余白は、「垂直ルーラー」から設定します。

❹グレーと白の境界にマウスポインターを合わせると、ポインターの形が⇕に変わる

❺下方向にドラッグ

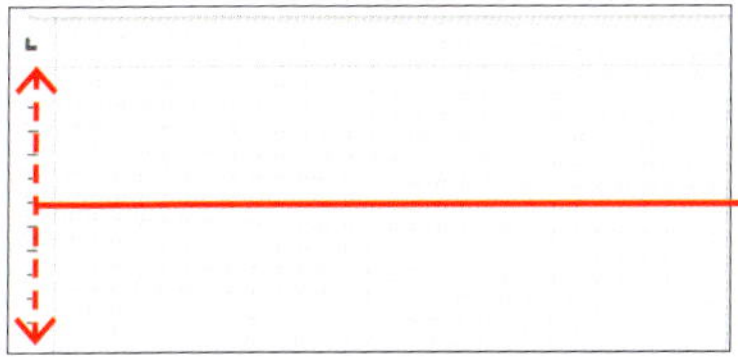

❻上側の余白が広がった

同様に、右側と下側の余白を設定しておきましょう。

Point

Wordのルーラーは、文字単位での目盛り表示となっています。これをほかの単位で変更したい場合は、[ファイル] タブの [その他] → [オプション] → [詳細設定] を開き、[使用する単位] からほかの単位を選択し、[単位に文字幅を利用する] のチェックを外します。

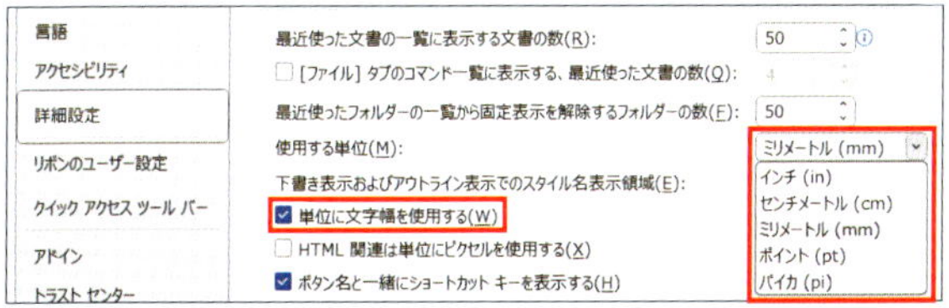

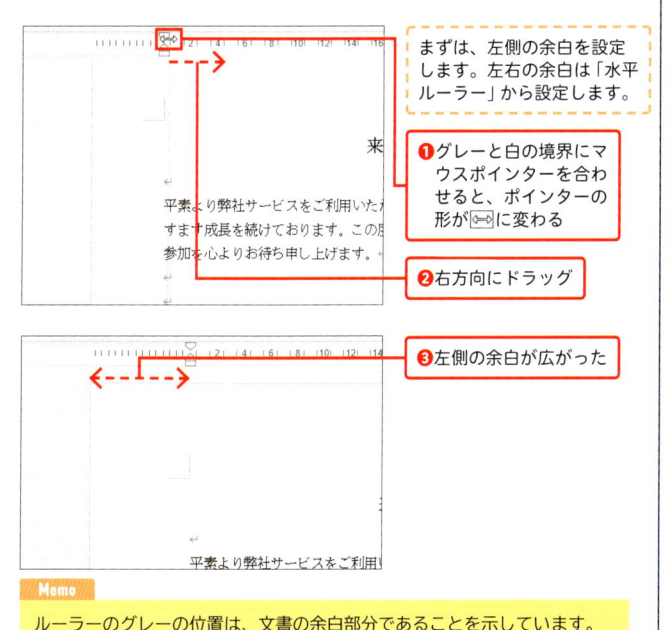

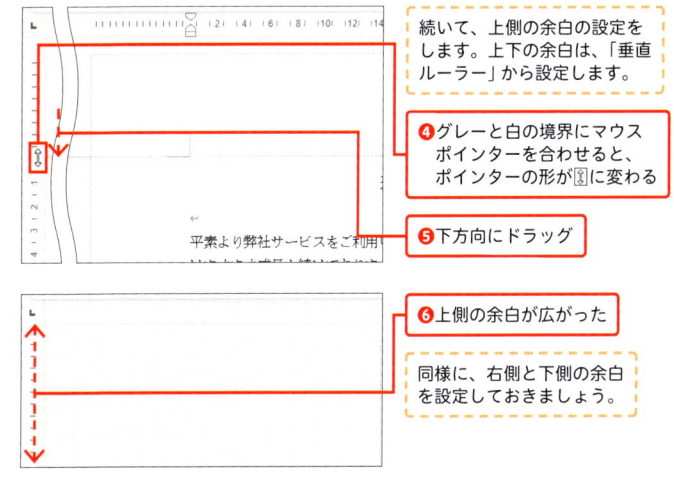

インデント

Drill 10

ch2-10.docx

月　日

ダイアログからインデントの位置を指定する

Drill09で利用したルーラーは直感的でわかりやすい機能である反面、インデントマーカーが小さいので選択しにくかったり、設定したいインデント位置にうまくドラッグできなかったりすることもあります。そこで、ここではインデント幅を数値で指定する［段落］ダイアログで同様の操作を練習していきます。

Let's Try!

Step 1　段落の最初の行を1文字分字下げする

Step 2　対象範囲を4文字分、2行目以降を3文字分字下げする

Step 3　右インデントを設定して区切りのいい箇所で折り返す

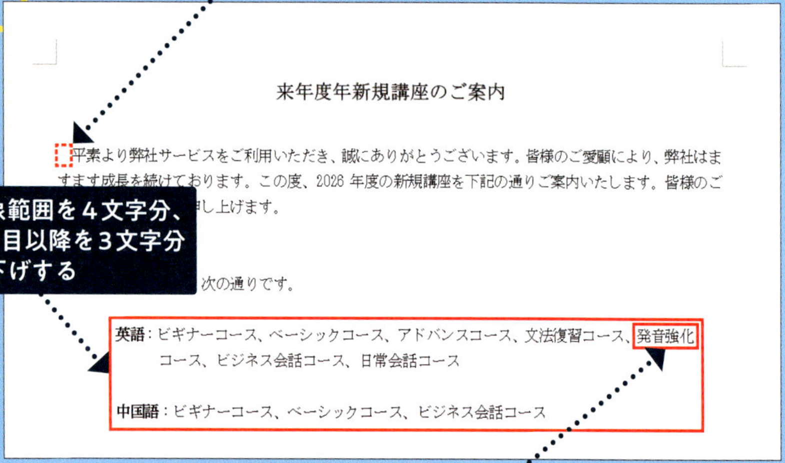

Hint　［段落］ダイアログから設定する

［ホーム］タブの［段落］グループの をクリックすると、［段落］ダイアログが表示されます。この［インデントと行間隔］タブにインデントの設定が集まっているので、ここから指定の数値を設定していきましょう。

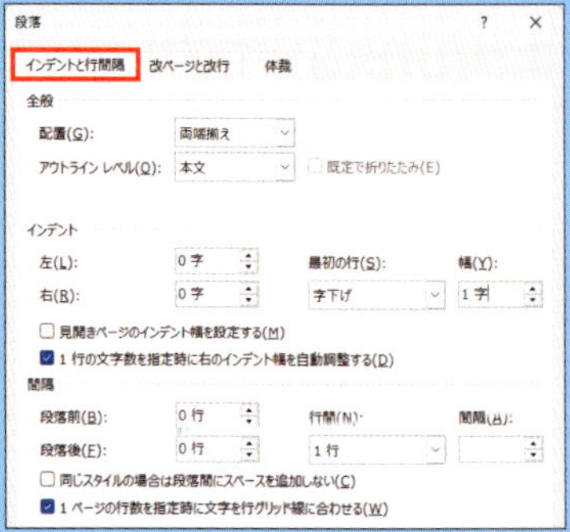

1回目 □ 2回目 □

Step 1 段落の最初の行を1文字分字下げする

[段落] ダイアログから字下げの設定を行います。ルーラーと比べ、都度ダイアログを表示する手間はありますが、正確に文字数単位で字下げ位置を指定できるメリットがあります。

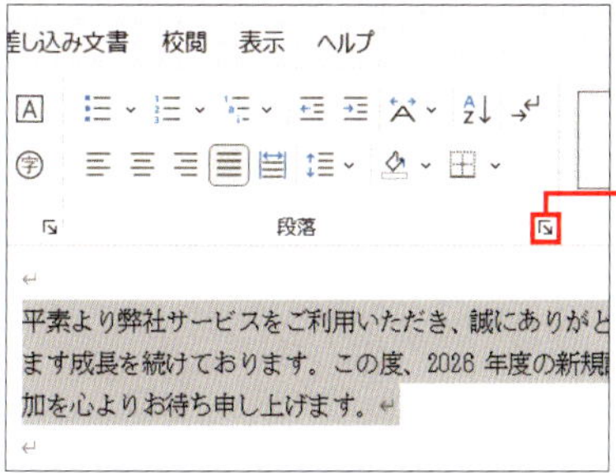

❶段落を範囲選択、もしくは段落内にカーソルを置く

❷[ホーム] タブの [段落] グループの⧅をクリック

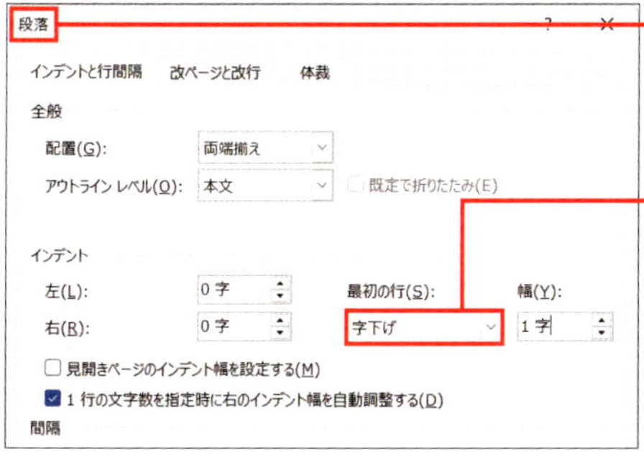

❸[段落] ダイアログが表示された

❹[最初の行] の [字下げ] を選択し、[OK] をクリック

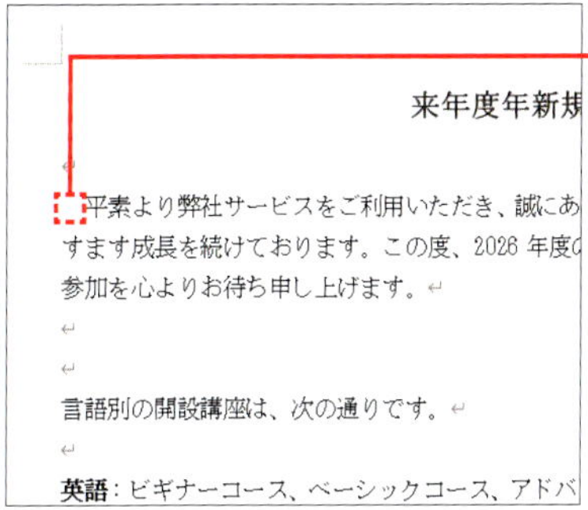

❺段落の1文字目が字下げされた

Memo

インデントを解除したいときは、指定の段落を選択した状態で、再度 [段落] ダイアログを表示し、[最初の行] の [(なし)] を選択し、[OK] をクリックします。

Point

インデントを設定している段落内で、改行してテキストを入力すると、次の行にもインデントの設定が引き継がれ、自動で字下げされます。インデントが不要な場合は、Back space キーで削除しましょう。

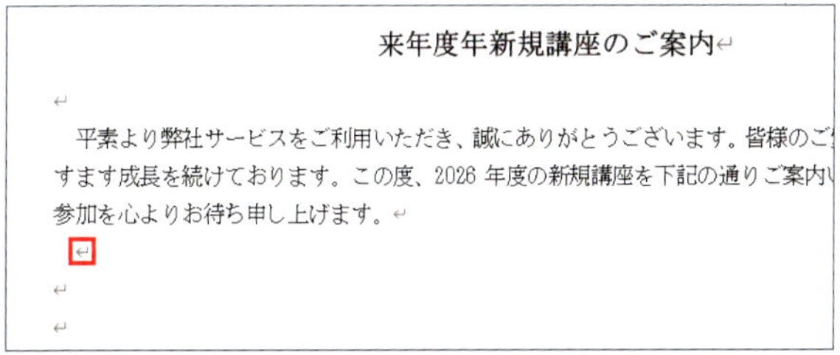

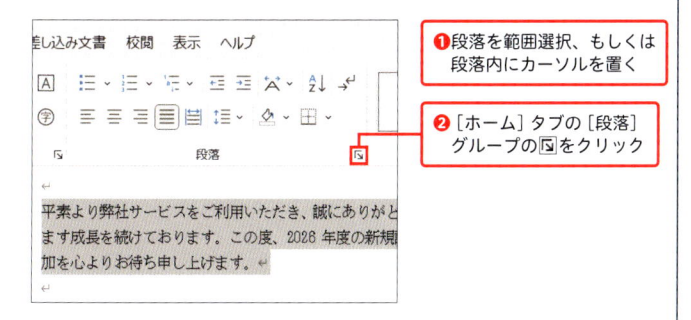

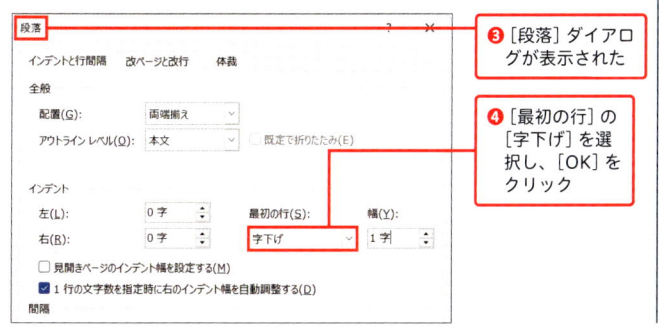

1回目 □ 2回目 □

Step 2 対象範囲を4文字分、2行目以降を3文字分字下げする

続いて、対象範囲全体の開始位置とぶら下げ設定を行います。段落の開始位置は、[インデント]の[左]に文字数を設定し、ぶら下げは[最初の行]に[ぶら下げ]を選択します。

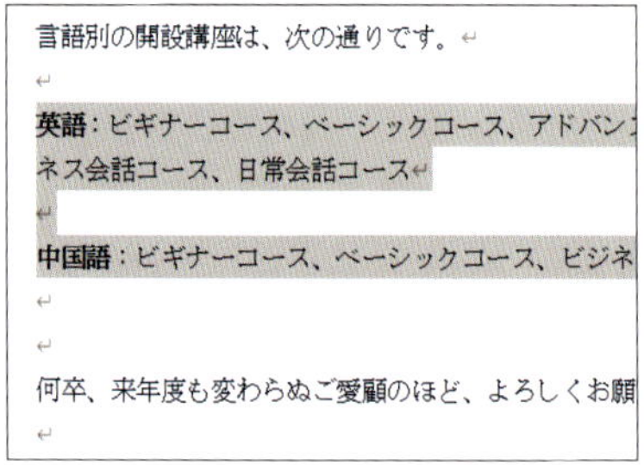

❶左図の範囲を選択

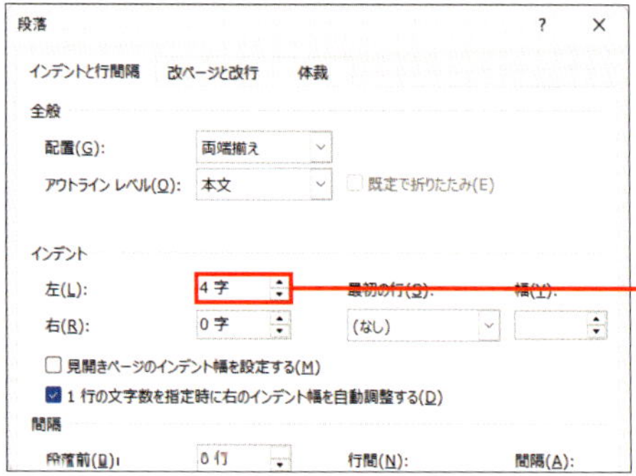

❷[段落]ダイアログを表示し、[左]を「4字」と設定

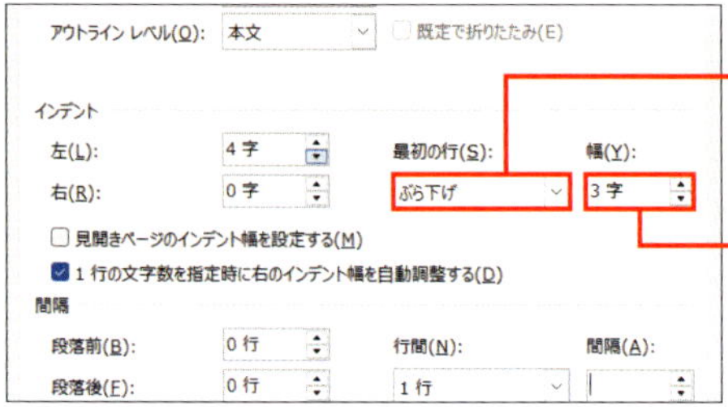

❸[最初の行]の[ぶら下げ]を選択

❹[幅]を「3字」と設定し、[OK]をクリック

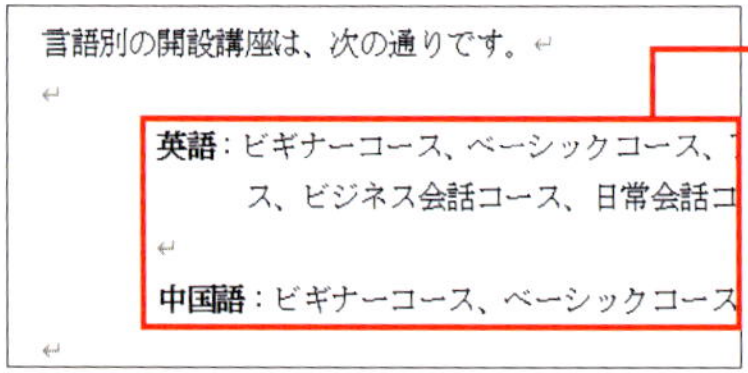

❺対象範囲全体にインデントが、2行目にぶら下げが適用された

Memo

ぶら下げの位置は、2行目の開始位置が1行目より何文字分右にずれているかを確認して指定します。

Point

インデントを正確に合わせるためには、等幅フォントを指定している必要があります。縦のラインが揃わないときは、使用フォントがプロポーショナルフォントでないか確認しましょう(P.20)。

■ 等幅フォント

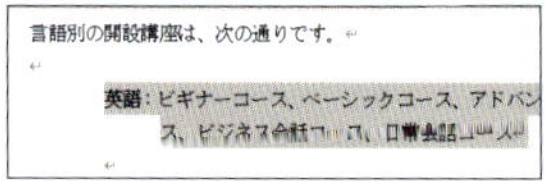

■ プロポーショナルフォント

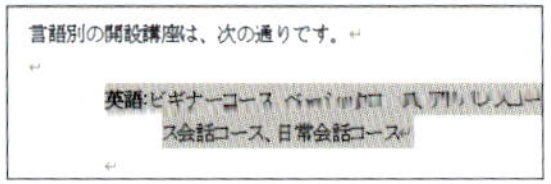

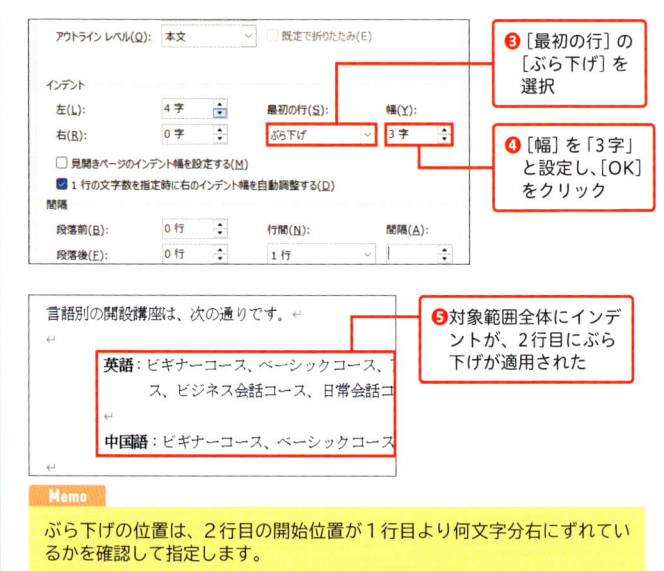

1回目 □　2回目 □

Step 3 右インデントを設定して区切りのいい箇所で折り返す

最後に、右のインデントを指定して、文中の区切りのいい箇所で折り返し表示されるようにしましょう。ここでは、「発音強化コース」の「コ」から次の行に来るように調整します。

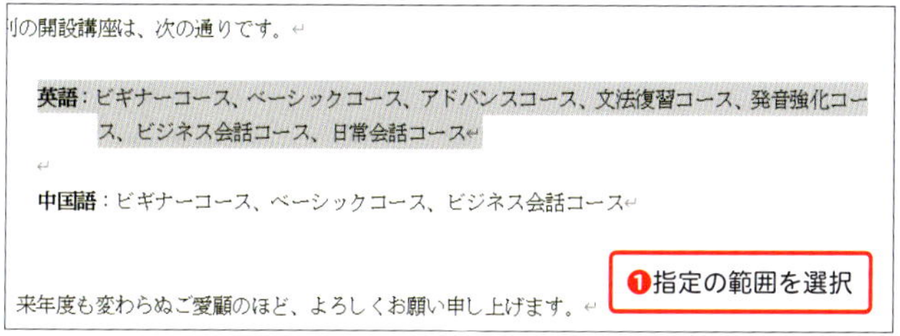

の開設講座は、次の通りです。
英語：ビギナーコース、ベーシックコース、アドバンスコース、文法復習コース、発音強化コース、ビジネス会話コース、日常会話コース
中国語：ビギナーコース、ベーシックコース、ビジネス会話コース
来年度も変わらぬご愛顧のほど、よろしくお願い申し上げます。
❶指定の範囲を選択

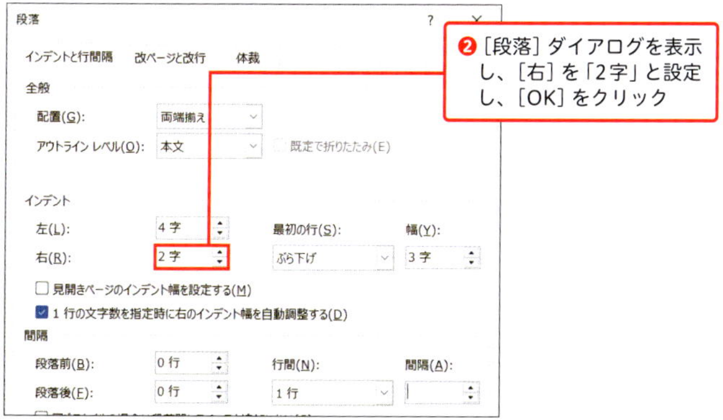

段落
インデントと行間隔　改ページと改行　体裁
全般
配置(G):　両端揃え
アウトライン レベル(O):　本文　既定で折りたたみ(E)
インデント
左(L):　4字　最初の行(S):　幅(Y):
右(R):　2字　ぶら下げ　3字
見開きページのインデント幅を設定する(M)
1行の文字数を指定時に右のインデント幅を自動調整する(D)
間隔
段落前(B):　0行　行間(N):　間隔(A):
段落後(E):　0行　1行
❷［段落］ダイアログを表示し、［右］を「2字」と設定し、［OK］をクリック

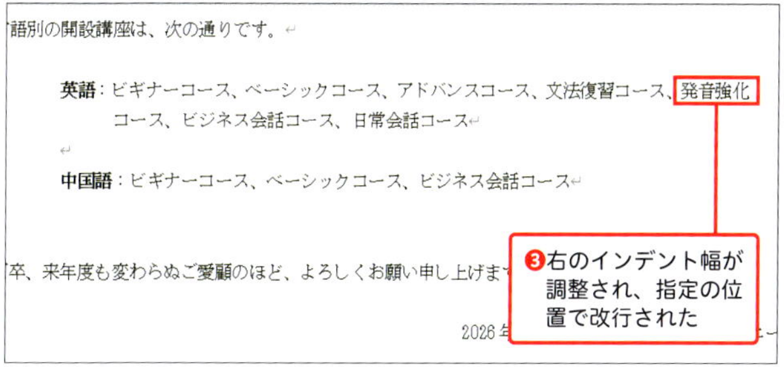

語別の開設講座は、次の通りです。
英語：ビギナーコース、ベーシックコース、アドバンスコース、文法復習コース、発音強化コース、ビジネス会話コース、日常会話コース
中国語：ビギナーコース、ベーシックコース、ビジネス会話コース
卒、来年度も変わらぬご愛顧のほど、よろしくお願い申し上げます
2026
❸右のインデント幅が調整され、指定の位置で改行された

リボンから設定する場合（左インデントのみ）

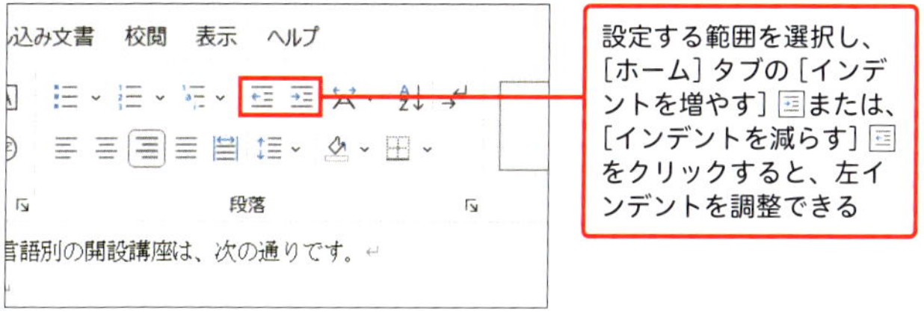

込み文書　校閲　表示　ヘルプ
段落
語別の開設講座は、次の通りです。
設定する範囲を選択し、［ホーム］タブの［インデントを増やす］または、［インデントを減らす］をクリックすると、左インデントを調整できる

Point

段落や文字の書式を設定していると、一度設定をリセットしたくなることもあります。そこで下記の表に、覚えておきたい設定解除関係のショートカットキーをまとめたので参考にしてください。

ショートカットキー	機能
Ctrl + Q	段落設定を解除する
Ctrl + Space	文字書式設定を解除する
Ctrl + Shift + N	すべての書式を解除する

Drill
11

ch2-11.docx

月　日

タブ　# ルーラー

行内の文字列の位置をタブで設定する

項目間の区切り文字として、ついスペースを使って縦位置を調整してしまいがちですが、修正しづらい文書になるので避けましょう。タブとルーラーを併用すれば、正確に行内余白の調整ができます。意外と知られていない機能ですが、使い所が多く便利な機能のため、ここで操作手順をマスターしましょう。

Let's Try!

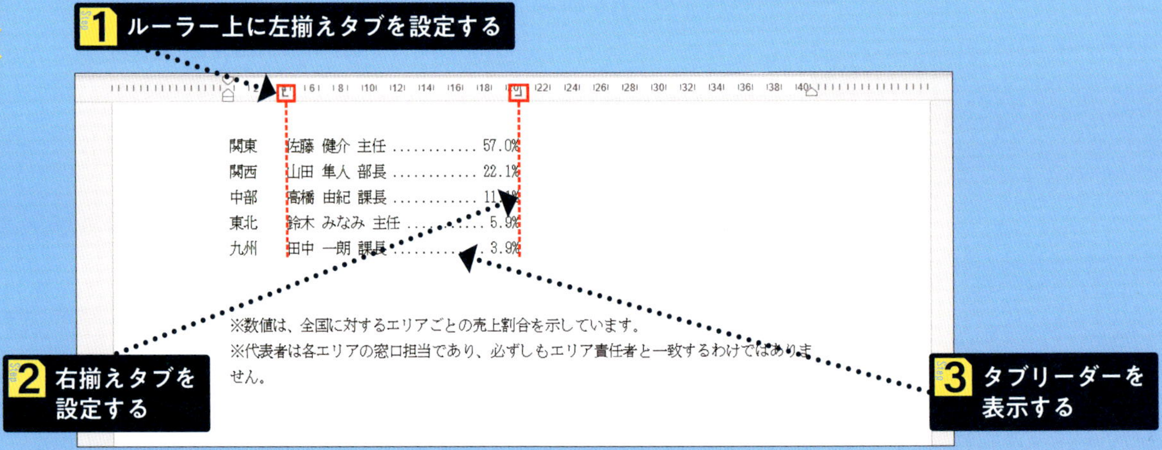

Step 1 ルーラー上に左揃えタブを設定する
関東　佐藤 健介 主任 57.0%
関西　山田 隼人 部長 22.1%
中部　高橋 由紀 課長 ....
東北　鈴木 みなみ 主任 5.9%
九州　田中 一朗 課長 3.9%
※数値は、全国に対するエリアごとの売上割合を示しています。
※代表者は各エリアの窓口担当であり、必ずしもエリア責任者と一致するわけではありません。
Step 2 右揃えタブを設定する
Step 3 タブリーダーを表示する

Hint　ルーラー上にタブを設定する

文中の文字列の位置を揃えるときは、ルーラー上に「左揃え」「右揃え」などのタブを設定します。そのあと、Tab キーを押すと、タブを設定した位置に文字列が移動します。

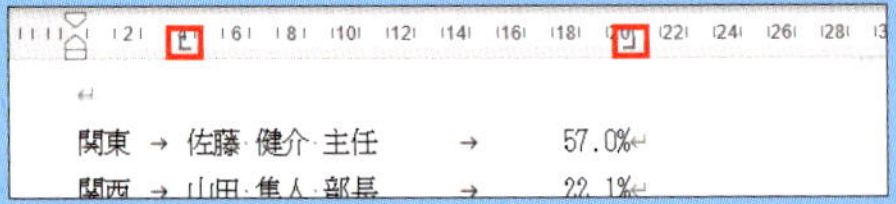

関東 → 佐藤 健介 主任 → 57.0%
関西 → 山田 隼人 部長 → 22.1%

1回目 □ 2回目 □

Step 1 ルーラー上に左揃えタブを設定する

まずは、ルーラー上にタブの位置を指定します。このとき、タブセレクタで表示している種類のタブが設定されるので、目当てのものを選択しているかきちんと確認しましょう。

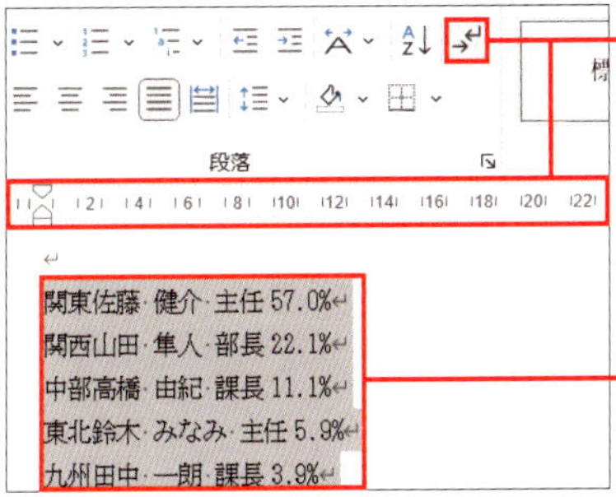

❶編集記号とルーラーを表示する（P.47, 51）

❷左図の範囲を選択

まずは、左揃えの位置を設定します。

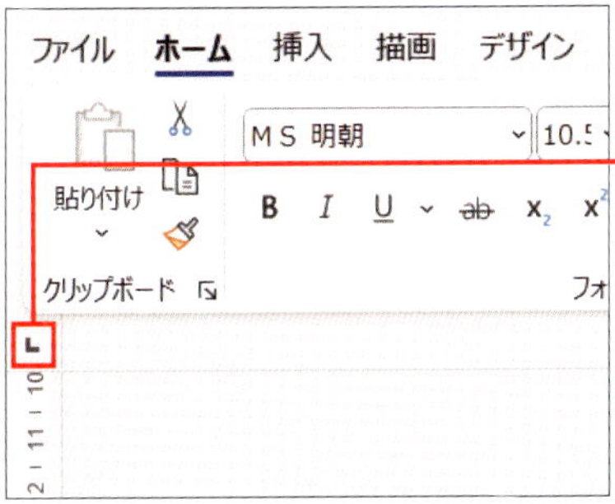

❸タブセレクタをクリックするとアイコンが切り替わるので、になるまでクリック

Memo

垂直ルーラーの上部のアイコンが表示されるエリアをタブセレクタといいます。

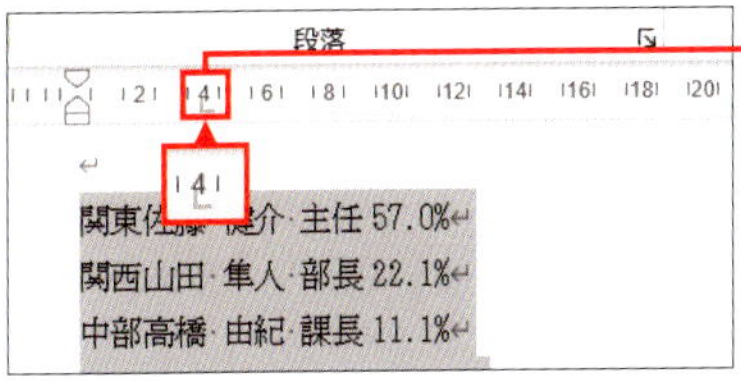

❹ルーラー上をクリック

Memo

タブは、ルーラーの下のほうをクリックすると設定しやすいです。

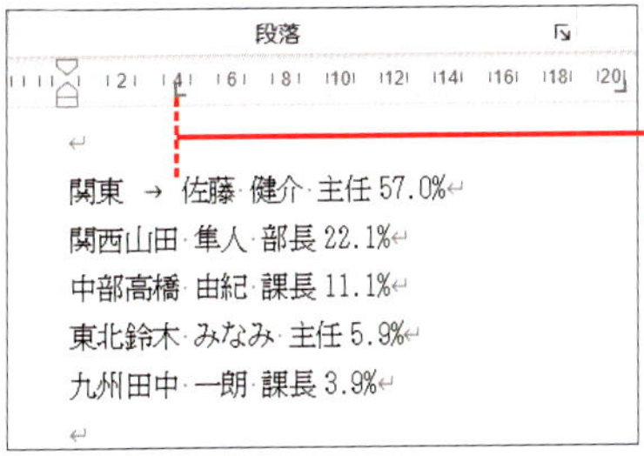

❺「佐藤」の前にカーソルを合わせ、Tab キーを押す

❻手順❹で設定した位置に、1文字目が来るように移動した

Point

Wordには、5種類のタブがあります。タブセレクタをクリックすると、タブの種類が切り替わります。表示されるタブの順番とその機能は下表の通りです。なお、タブセレクタにはタブのほかに2種類のインデントも表示されます。

タブの種類	説明
①左揃えタブ	文字列の開始位置を設定する
②中央揃えタブ	文字列の中心位置を設定する
③右揃えタブ	文字列の終了位置を設定する
④小数点揃えタブ	小数点の位置を設定する
⑤縦棒タブ	指定した位置に縦棒を追加する

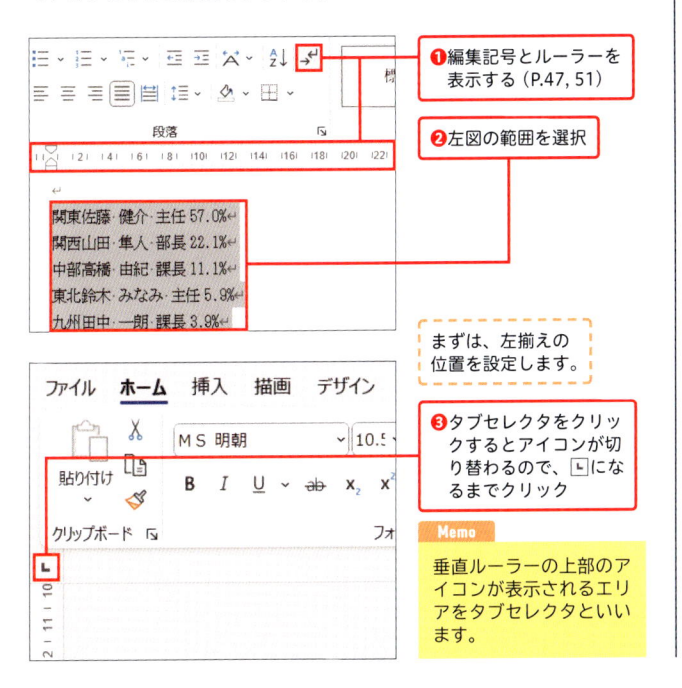

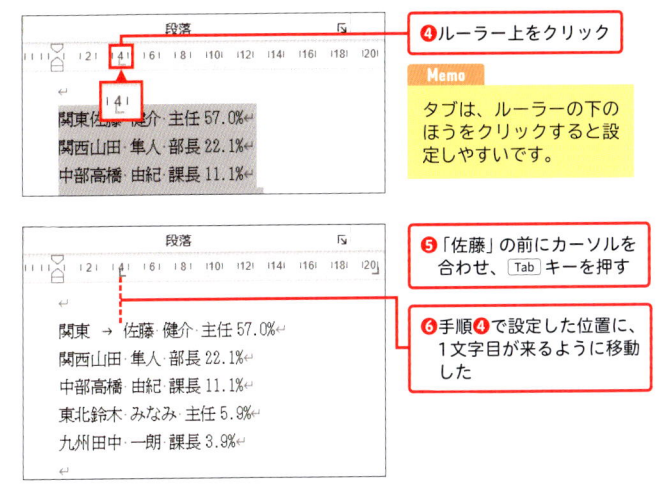

1回目 □　2回目 □

Step 2 右揃えタブを設定する

続いて、右揃えタブの設定をします。1行目の配置が設定できたら、2行目以降も同様に調整します。なお、数値は右揃えにすると単位が比較しやすくなるため、ここでもそのようにしています。

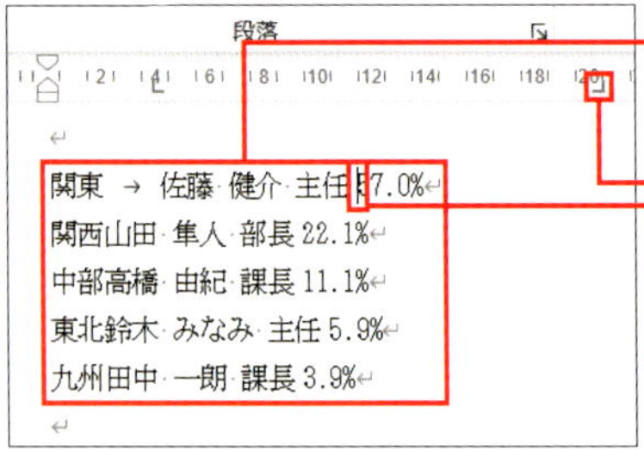

❶左図の範囲を選択

❷タブセレクタで ┘ を表示し、ルーラー上をクリック

❸「57.0%」の前にカーソルを合わせ、Tab キーを押す

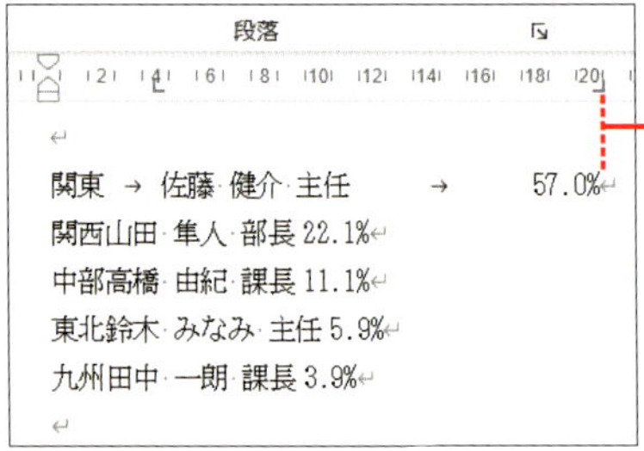

❹手順❷で設定した位置に「57.0%」が右揃えになるよう移動した

Memo

ルーラー上のタブは、設定した範囲を選択しているときのみ表示されます。

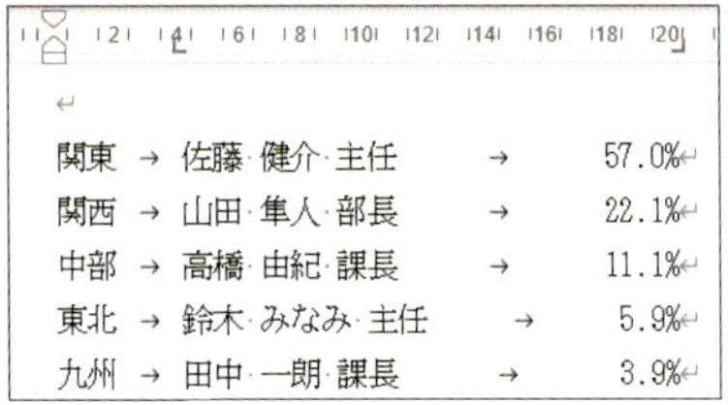

1行目が設定できたので、ほかの行も同様に設定しましょう。

❺2行目以降も名前と数値の位置で Tab キーを押して、位置を揃える

Point

ここでは、文字数が異なる行の開始位置を揃えるために、タブとルーラーを使って調整しました。しかし、文字数が短い場合（3文字以下）や、行単位で文字数が同じ場合は、Tab キーを押すだけで簡単に設定できるので、あわせて操作を確認しておきましょう。

Wordでは、タブ位置が4文字間隔で配置されるように初期設定されているため、下図のようにタブに続く文字は、4文字、8文字、12文字…の位置に配置されます。そのため、1、2行目では名前と数字の前で Tab キーを押すと、ルーラーを使わずとも簡単に位置を揃えられます。

しかし、3行目の「高橋 由紀」のように文字数が4文字を超えると、次のタブに続く文字は、8字の位置ではなく12字の位置に配置されるようになります。

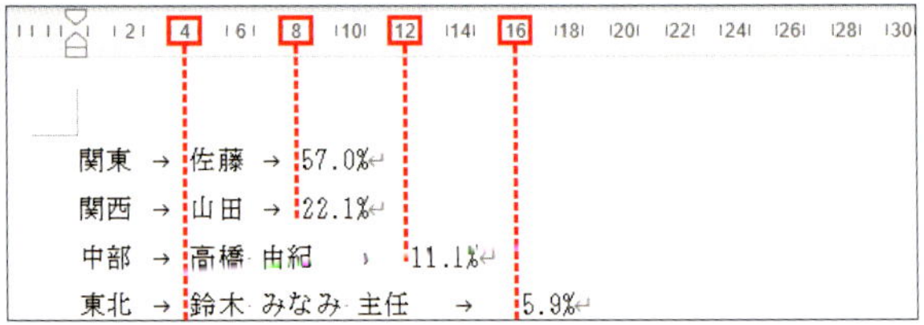

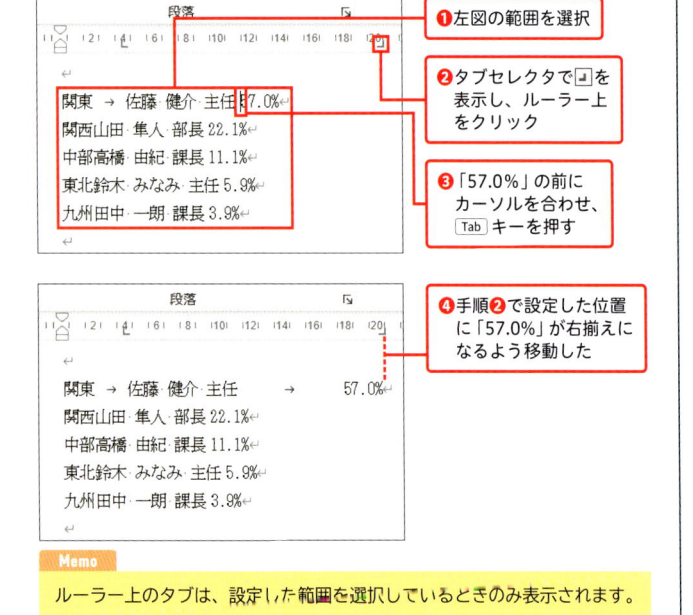

1回目 □　2回目 □

Step 3 タブリーダーを表示する

最後に、氏名と数値の間をタブリーダーでつなぎましょう。項目間が離れている場合でも、タブリーダーを間に表示すると、対応関係がわかりやすくなります。

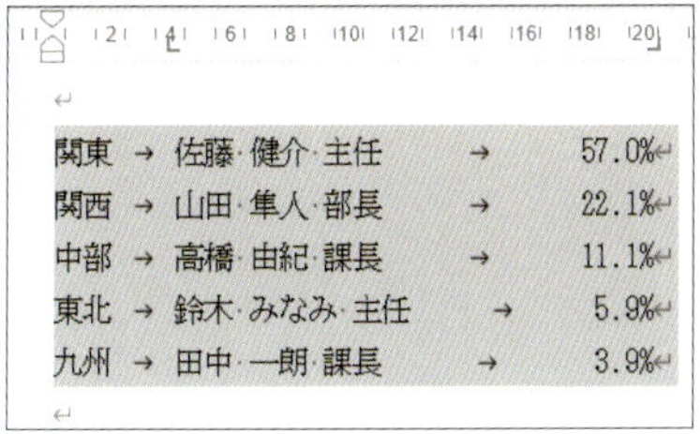

❶左図の範囲を選択

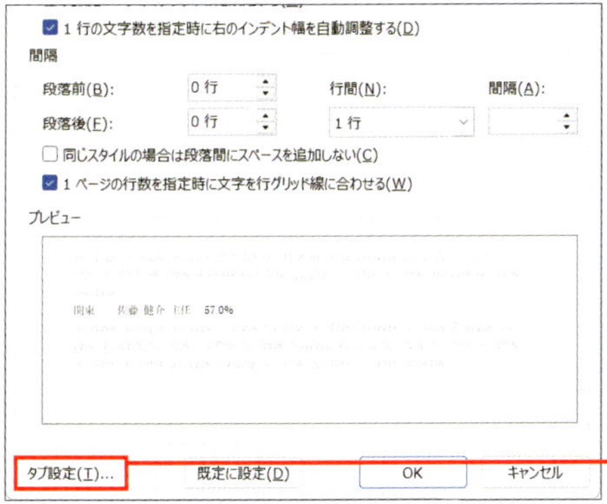

❷［段落］ダイアログを表示（P.55）

❸［タブ設定］をクリック

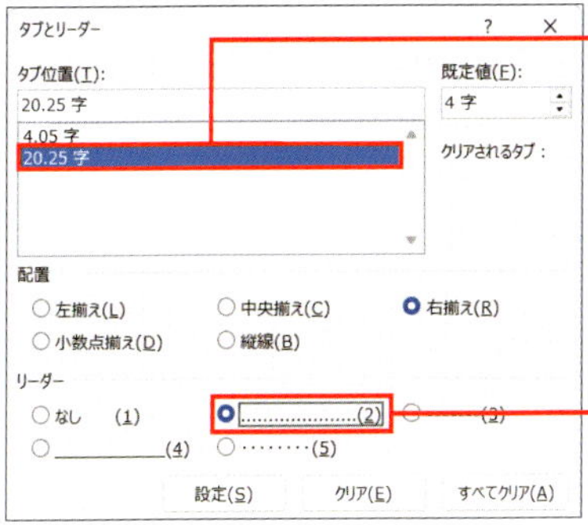

❹［20.25字］を選択

❺［リーダー］から（2）を選択し、［OK］をクリック

Memo

ここでは、左揃えと右揃え2つのタブを設定しているので、タブ位置も2つ表示されています。右揃えの位置である［20.25字］を選択しましょう。

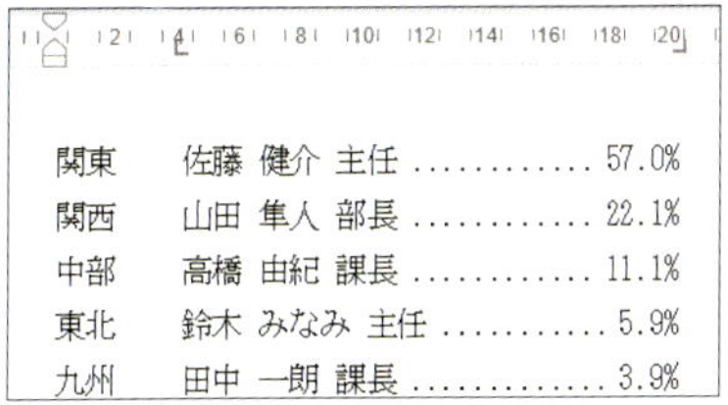

❻タブリーダーが表示された

Memo

編集記号とタブリーダーが重なって見づらいので、ここでは、編集記号をオフにしています。

Point

設定したタブ位置はドラッグして位置を調整できます。またタブの設定を一度解除したいときは、ルーラーの外に向かってドラッグすると設定が外れます。

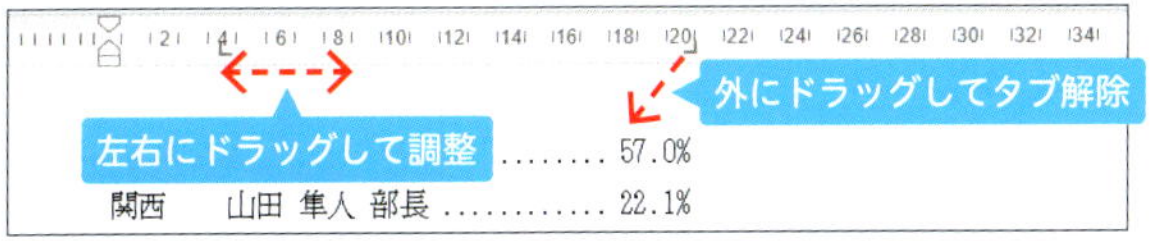

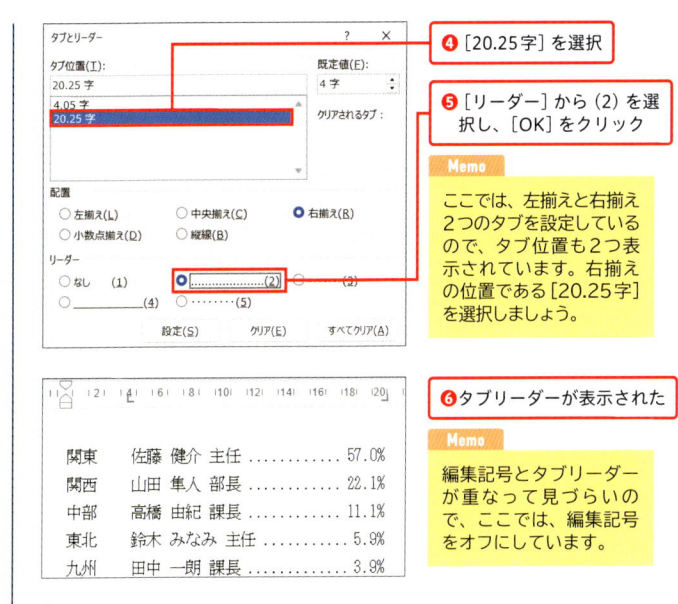

Drill 12

ch2-12.docx

月　日

文字列・行・段落の間隔設定をマスターする

文書内にある、文字列の間隔、行間、段落前の間隔といった余白を調整すると、見栄えがよくなるだけなく、全体像や内容の階層構造を把握しやすいレイアウトにできます。対象の箇所ごとにどのような設定があるのかを理解して、適切な間隔設定をできるようにしましょう。

Let's Try!

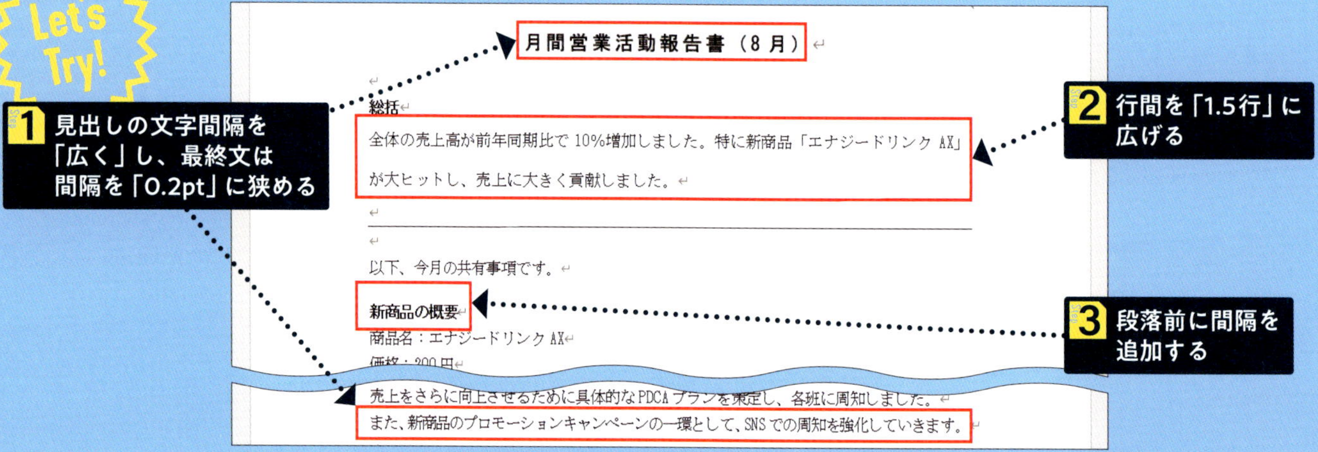
月間営業活動報告書（8月）
総括
全体の売上高が前年同期比で10%増加しました。特に新商品「エナジードリンクAX」
が大ヒットし、売上に大きく貢献しました。
以下、今月の共有事項です。
新商品の概要
商品名：エナジードリンクAX
売上をさらに向上させるために具体的なPDCAプランを策定し、各班に周知しました。
また、新商品のプロモーションキャンペーンの一環として、SNSでの周知を強化していきます。
1 見出しの文字間隔を「広く」し、最終文は間隔を「0.2pt」に狭める
2 行間を「1.5行」に広げる
3 段落前に間隔を追加する

Hint　［フォント］ダイアログか、［ホーム］タブの［段落］グループから設定する

文字間隔の設定は、［フォント］ダイアログから設定します（Step1）。行間と段落前の設定は、［ホーム］タブの［段落］グループのアイコンから手軽に設定可能です（Step2,3）。

1回目 □ 2回目 □

Step 1 見出しの文字間隔を「広く」し、最終文は間隔を「0.2pt」に狭める

まずは、文字間隔を調整しましょう。見出しなどの強調したい箇所は既定より広くする、本文で1文字だけ次の行に送られるような箇所は、間隔を狭めて行内で収める、といった調整が可能です。

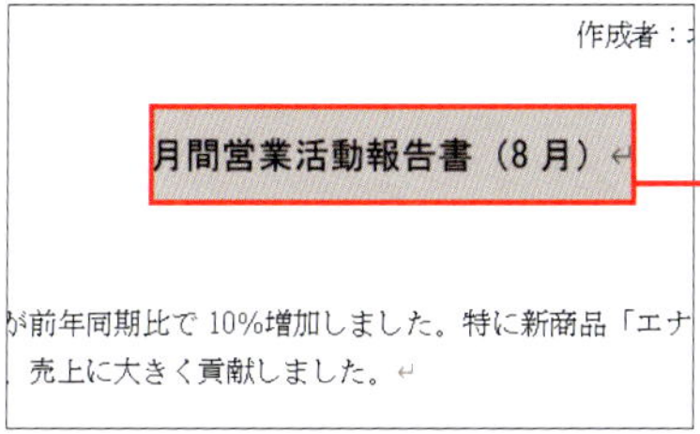

まずは、見出しの文字間を広く設定します。

❶見出しを選択

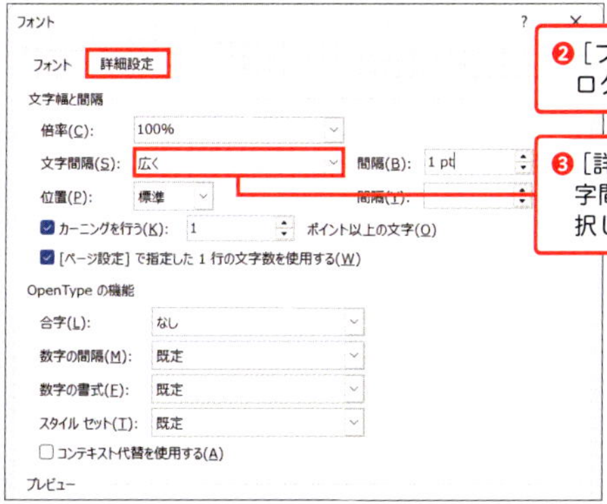

❷［フォント］ダイアログを表示（P.49）

❸［詳細設定］タブの［文字間隔］の［広く］を選択し、［OK］をクリック

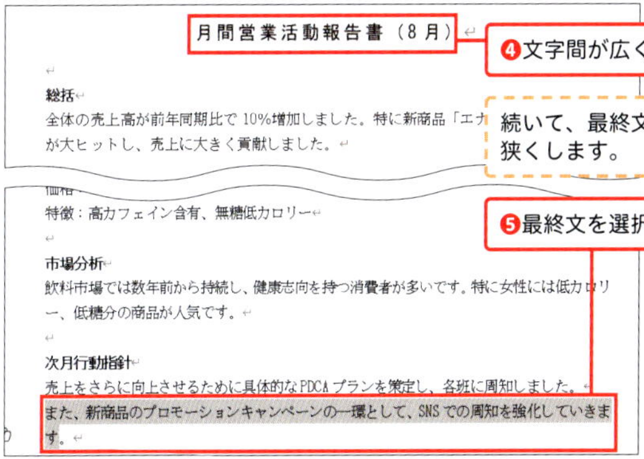

❹文字間が広くなった

続いて、最終文の文字間を狭くします。

❺最終文を選択

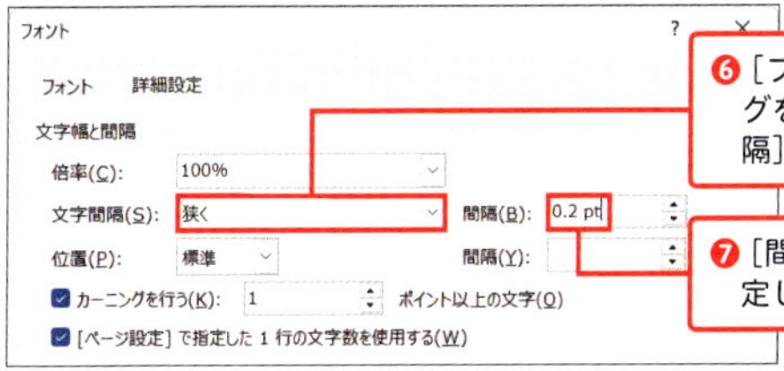

❻［フォント］ダイアログを表示し、［文字間隔］の［狭く］を選択

❼［間隔］を［0.2pt］に設定し、［OK］をクリック

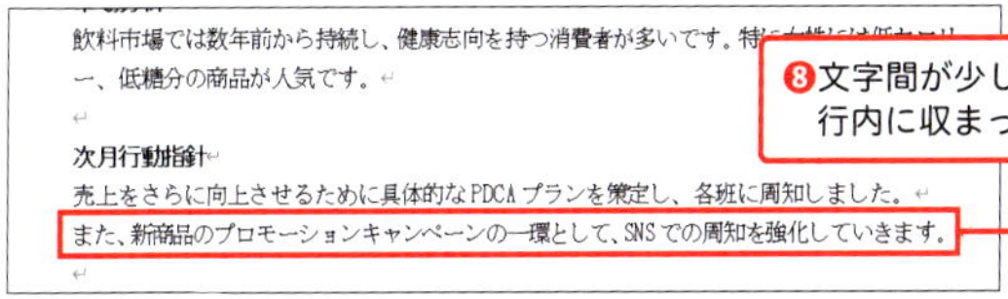

❽文字間が少し狭くなり、行内に収まった

Memo

［フォント］ダイアログで、［広く］か［狭く］を設定したあと、［間隔］で数値を指定すると、正確に間隔を指定できます。

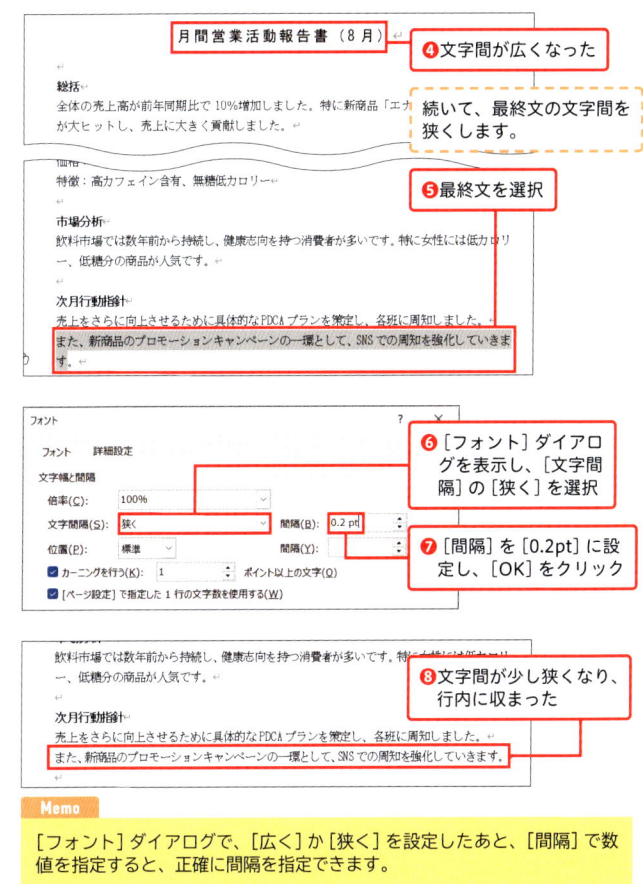

Step 2 行間を「1.5行」に広げる

行間は、フォントなどによって自動で既定値が設定されるので、そのままだと読みづらいこともあります。行間の調整を自由にできるよう練習しておきましょう。

❶段落を範囲選択するか、段落内にカーソルを合わせる

❷［ホーム］タブの［行と段落の間隔］の［1.5］をクリック

❸行間が広がった

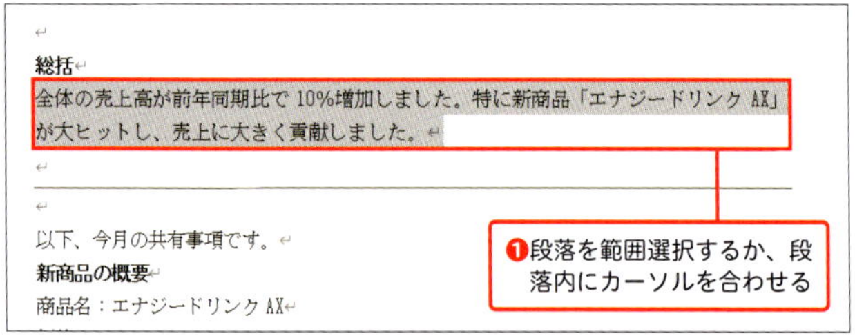

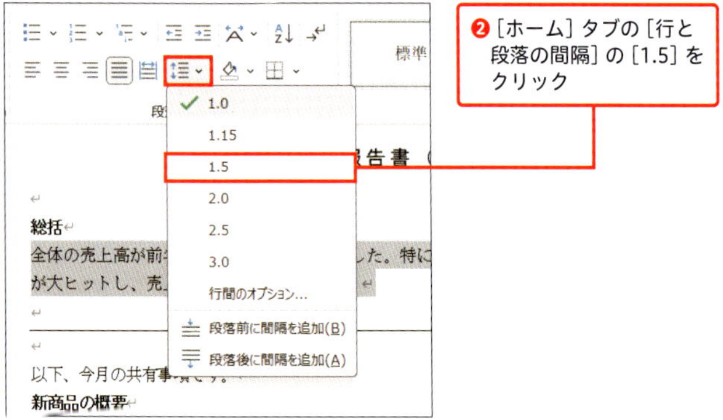

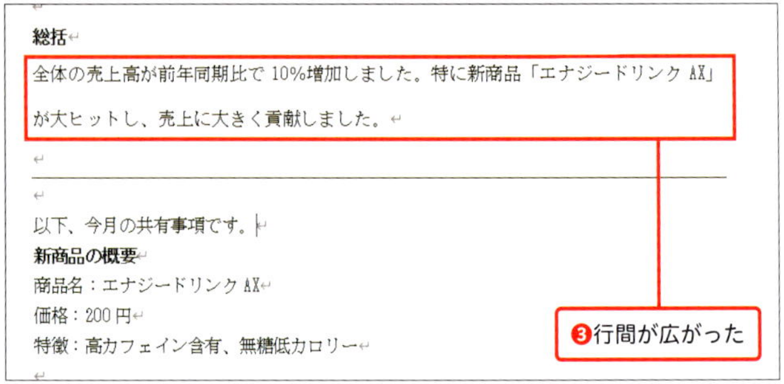

Point

一般的な文書で「行間」といえば、上行と下行の間を指しますが（図1）、Wordでの行間は「1行分の高さ」を指します（図2）。この「1行分の高さ」は固定値ではなく、フォントサイズやフォント、ページ設定（行送り）によって変動するものです。

通常の行間は1行に設定されていますが（フォントによって例外があります）、これを「2行」にすると、図3のようになります。

このStepの方法ではなく、行間を詳細に設定したい場合は、設定する段落を選択した状態で、［段落］ダイアログの行間で［固定値］を選択し、［間隔］にポイントの数値を設定しましょう。

■一般的な文章での行間（図1）　■Wordでの行間（図2）　■Wordでの行間を2行にしたとき（図3）

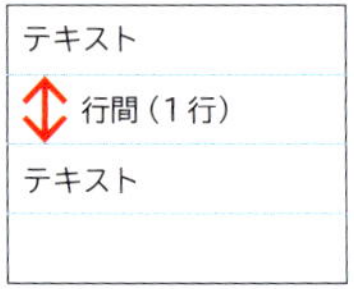

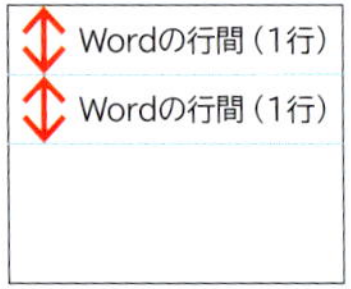

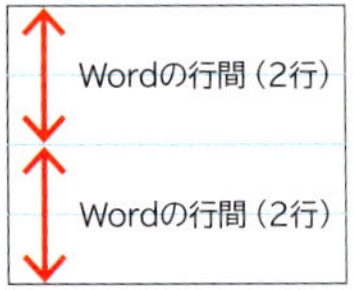

1回目 □　2回目 □

Step 3 段落前に間隔を追加する

Wordの既定では、段落の前後の間隔は0行となっています。話の切れ目を伝わりやすくしたい場合は、段落の前後に間隔を追加するとよいでしょう。

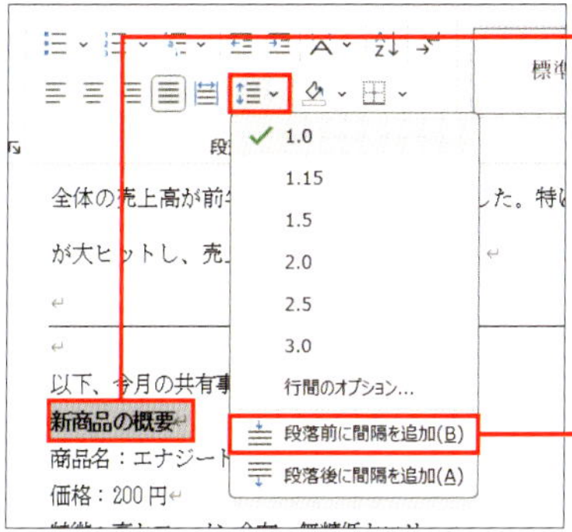

❶段落の見出しを選択

❷［ホーム］タブの［行と段落の間隔］→［段落前に間隔を追加］をクリック

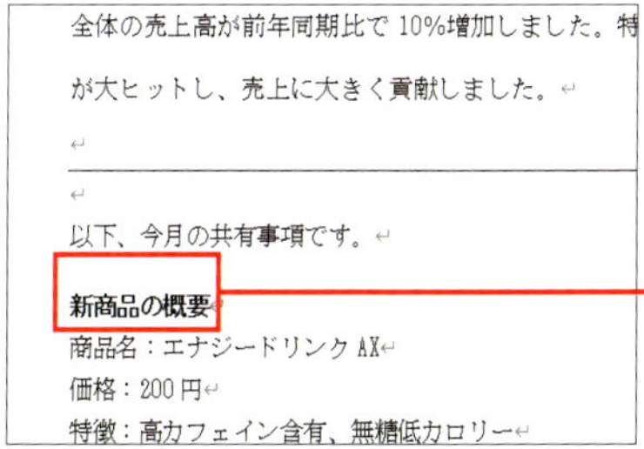

❸段落前に間隔が追加された

■ 数値で間隔を指定する場合

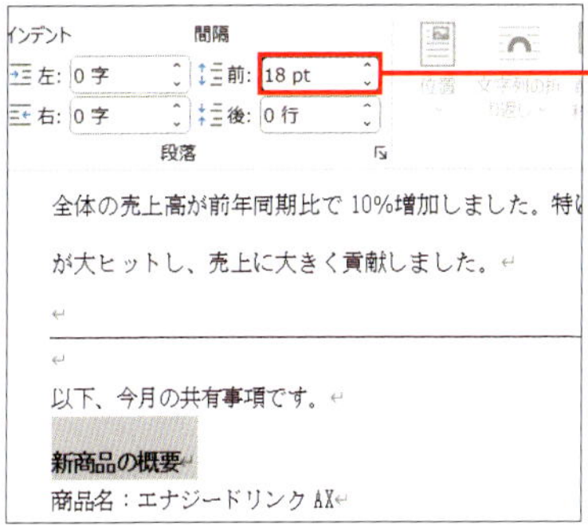

❶［レイアウト］タブで、［間隔］の［前］を「18pt」に設定

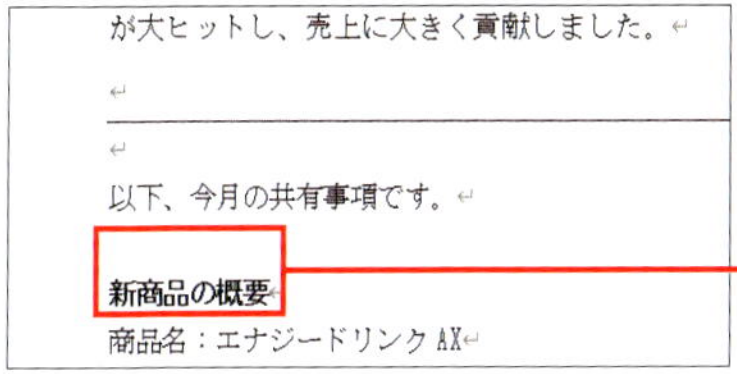

❷間隔が広がった

■ 段落の間隔を削除する場合

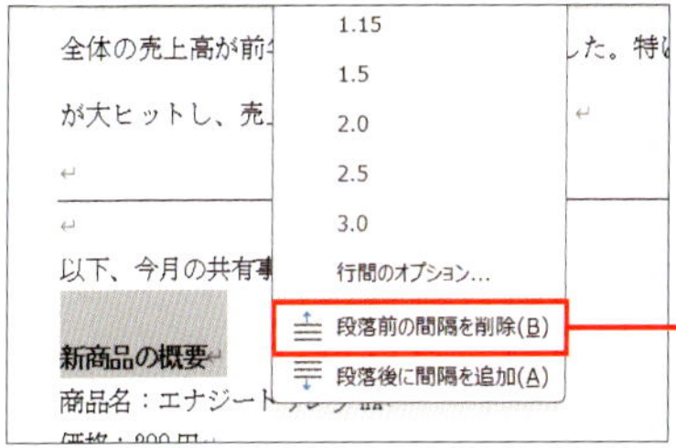

［ホーム］タブの［行と段落の間隔］→［段落前の間隔を削除］をクリック

Drill 13

ch2-13.docx

月　日

禁則処理　# 均等割り付け

文字や段落の調整テクニック

ここでは、文字や段落の書式を整えるテクニックを練習していきます。具体的には、禁則処理、均等割り付け、日本語と英字の自動調整といった機能を扱います。文字間隔などの文章の体裁を細かく設定することで、より読みやすく、かつ、自分好みの見た目に調整することが可能です。

Let's Try!

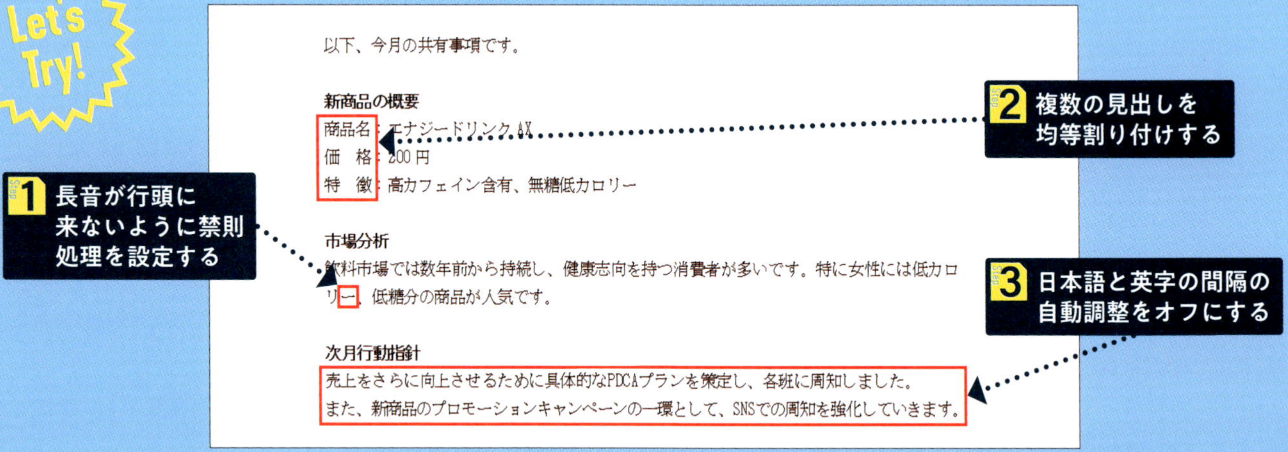

Hint　段落設定や、Wordのオプション画面から設定する

Drill12同様、書式関連の書式は［ホーム］タブの［段落］グループか、［段落］ダイアログから設定します（Step2、3）。なお、禁則処理については、特定のファイルだけでなく新規文書全体に適用することも選択できるため、［Wordのオプション］画面でレベルを指定します。

1回目 □ 2回目 □

Step 1 長音が行頭に来ないように禁則処理を設定する

禁則処理とは、行頭や行末に配置したくない文字列や記号を、自動で位置調整する機能のことです。Wordの初期設定では、標準レベルの禁則処理が適用されているので、これを調整します。

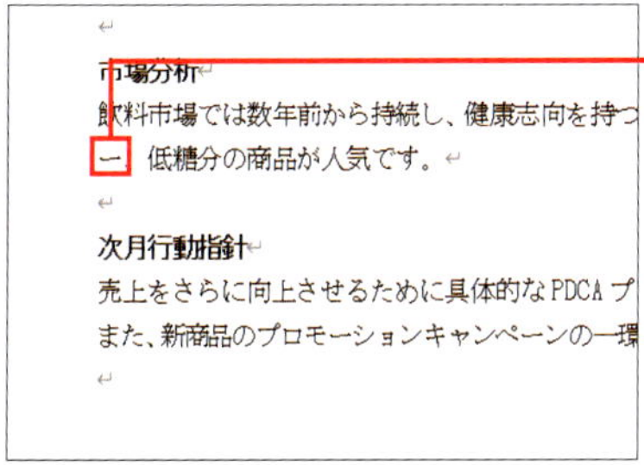

❶長音が行頭に来ていることを確認

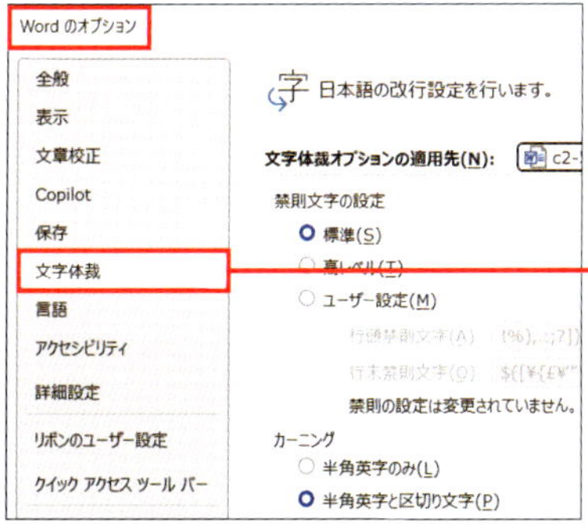

❷［ファイル］タブの［その他］→［オプション］をクリック

❸［Wordのオプション］画面の［文字体裁］をクリック

❹［禁則文字の設定］の［高レベル］をクリック

❺［行頭禁則文字］に長音も含まれていることを確認し、［OK］をクリック

Memo

禁則文字の設定を、これ以降のファイルにも適用したい場合は、［文字体裁オプションの適用先］のプルダウンで、［すべての新規文書］を指定します。

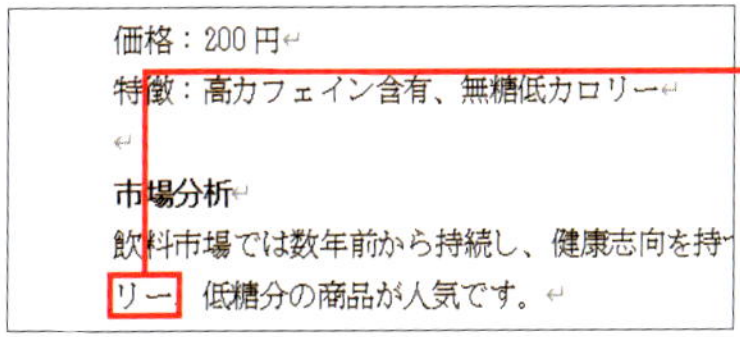

❻長音が行頭に来ないように調整された

Point

初期設定の標準レベルでは、下記の項目が処理の対象となっています（一部のみ抜粋）。

・句読点（、。,.:;・）
・感嘆符（!?）
・繰り返し（々ゝ）
・閉じカッコ（」]）
・単位（%℃）

「高レベル」に設定変更すると、長音（「ー」）、拗音（「ゃ」）、促音（「っ」）なども処理の対象となります（手順❺の部分に対象の記号と文字列が一通り表示されています）。

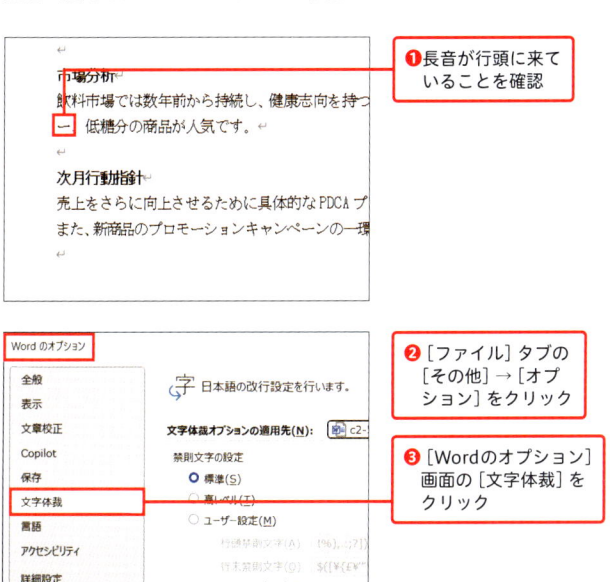

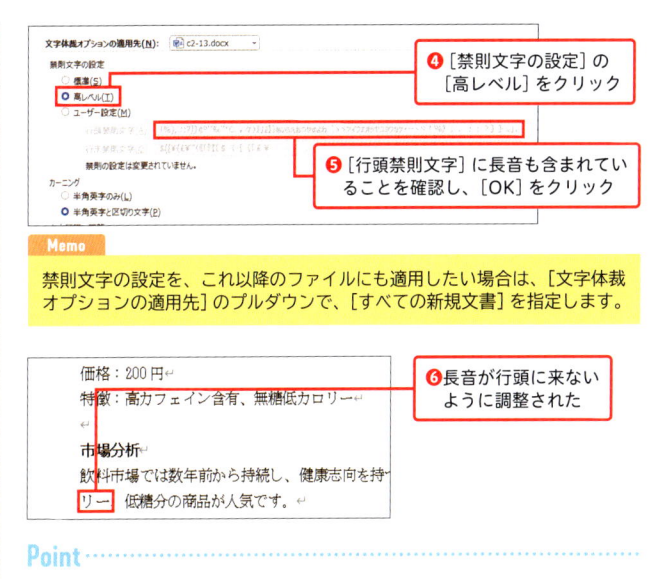

1回目 □　2回目 □

Step 2 複数の見出しを均等割り付けする

文字数の異なる見出しを縦に並べると、縦位置が不揃いになってしまいます。そこで、均等割り付けを利用し、文字列を同じ幅で表示させましょう。よく使う設定なので、操作手順は覚えておくとよいでしょう。

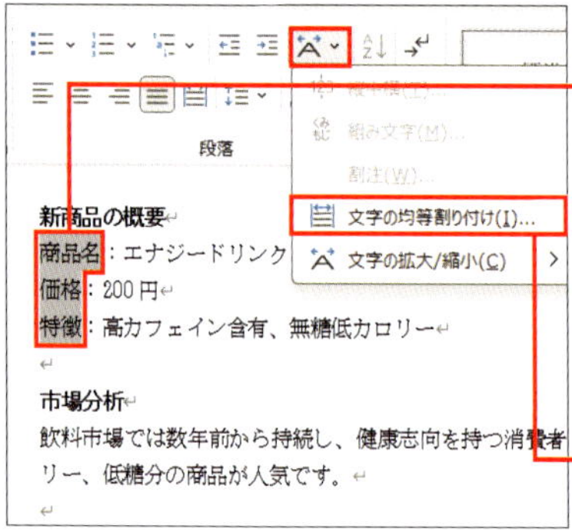

❶対象の見出しを Ctrl キーを押しながら選択

❷［ホーム］タブの［拡張書式］→［文字の均等割り付け］をクリック

Memo

コロンなどの記号を含めると、単語末ではなくコロンの位置が揃うようになります。文字列のみを選択するようにしましょう。

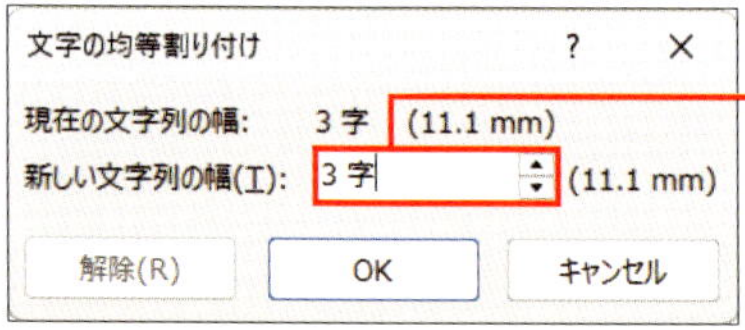

❸［新しい文字列の幅］を「3」として、［OK］をクリック

Memo

ここでは、一番文字数が多い「商品名」の「3字」に合わせて幅を決めています。

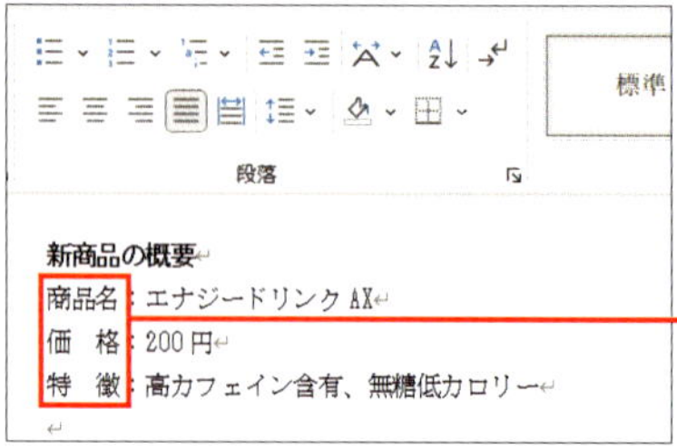

❹文字列が均等に配置された

■ 文字列をページの横幅に合わせて均等配置する場合

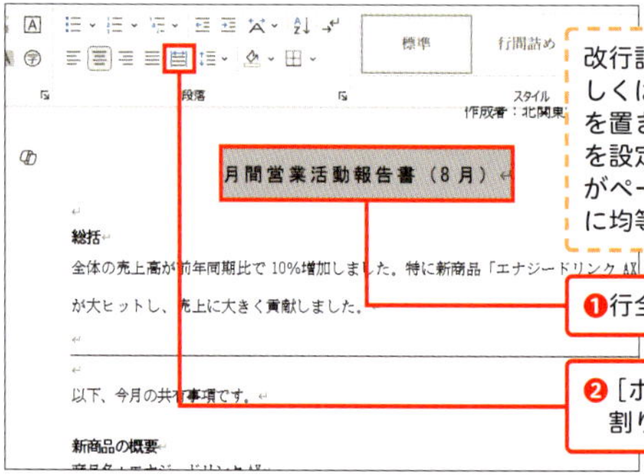

改行記号まで含めて（もしくは段落内にカーソルを置き）［均等割り付け］を設定すると、選択範囲がページの横幅いっぱいに均等配置されます。

❶行全体を選択

❷［ホーム］タブの［均等割り付け］をクリック

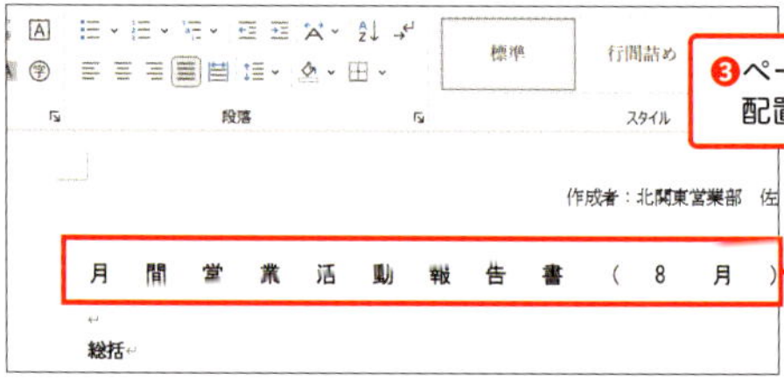

❸ページの横幅に合わせて配置された

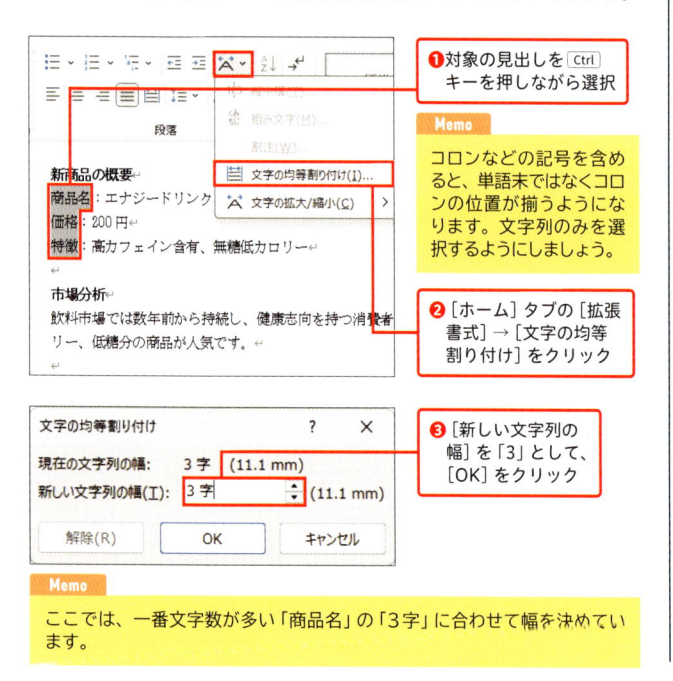

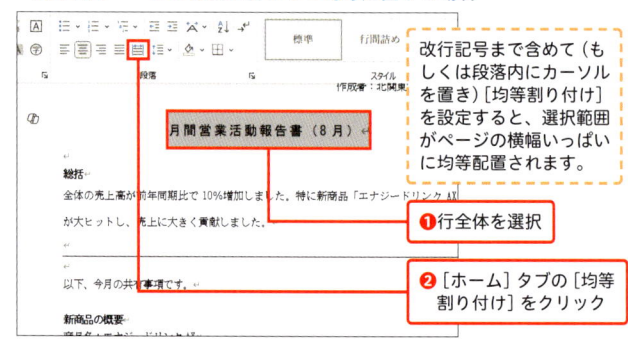

1回目 □ 2回目 □

Step 3 日本語と英字の間隔の自動調整をオフにする

Wordでは、日本語内にある英数字を読みやすくするために、その前後にわずかな空白が挿入されます。しかし、かえって文字間が開きすぎているように感じる場合は、自動調整機能をオフにしましょう。

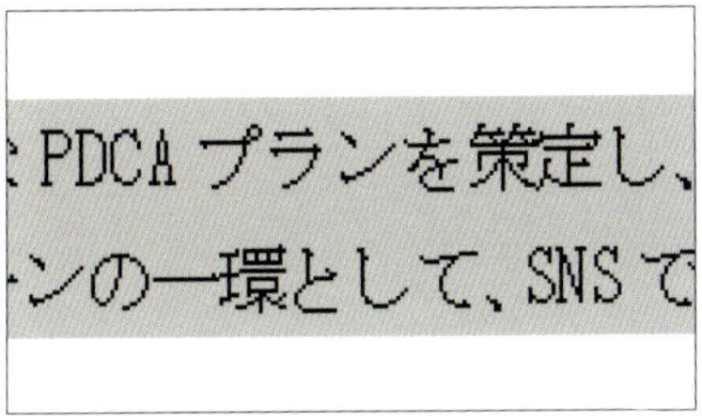

❶文末の2行を選択

日本語と英単語の間隔を確認しておきましょう。

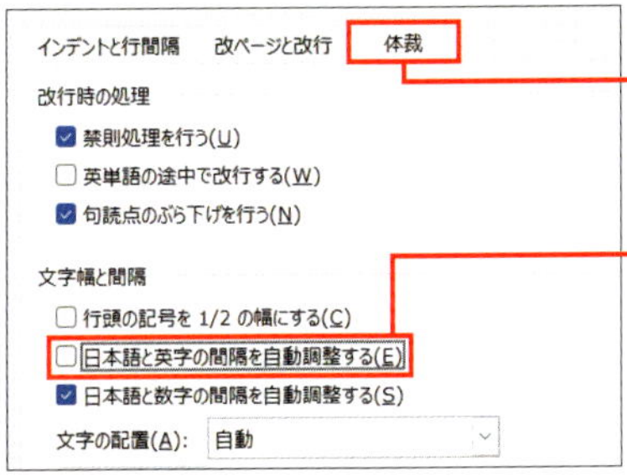

❷［段落］ダイアログを表示し（P.55）、［体裁］タブをクリック

❸［日本語と英字の間隔を自動調整する］のチェックを外し、［OK］をクリック

Memo

日本語と数字の間隔も気になる場合は、［日本語と数字の間隔を自動調整する］機能をオフにしましょう。

❹日本語と英単語の間隔が調整された

Point

日本語と英数字が混在することで、読みづらくなる設定はほかにもあります。たとえば、文書内にURLなど長い英数字がある場合、異常に間延びした表示となります（図1）。これは英単語の途中で改行できない設定となっているためです。

このようなときは、［段落］ダイアログの［英単語の途中で改行する］にチェックを付けることで、不自然な間隔が調整されます（図2）。

■ 図1

技 術 評 論 社 の 最 新 ト ピ ッ ク は こ ち ら で す 。

（https://gihyo.jp/book/topics?cid=381）↵

■ 図2

技術評論社の最新トピックはこちらです。（https://gihyo.jp/book/to

pics?cid=381）↵

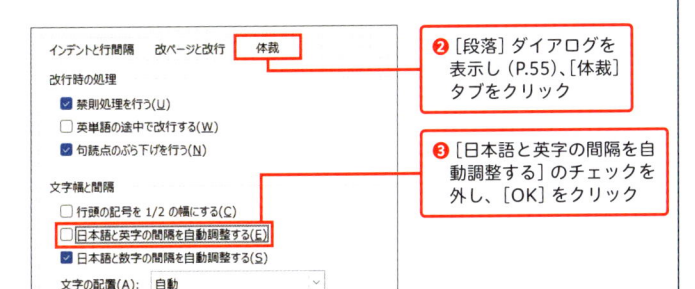

Drill

14

ch2-14.docx

月　日

#箇条書き　#段落番号

箇条書きと段落番号を使いこなす

機能の一覧のように項目を複数並べたいときは箇条書き、加えて、操作手順のように順番を明記したいときは段落番号を設定するとよいでしょう。内容の構造がわかりやすくなり、さらに文書内で目立たせることが可能です。ここでは、箇条書きの設定、箇条書きのレベル分け、段落番号の設定といった基本操作を練習していきます。

Let's Try!

Step 1　箇条書きを設定して、行頭文字を変える

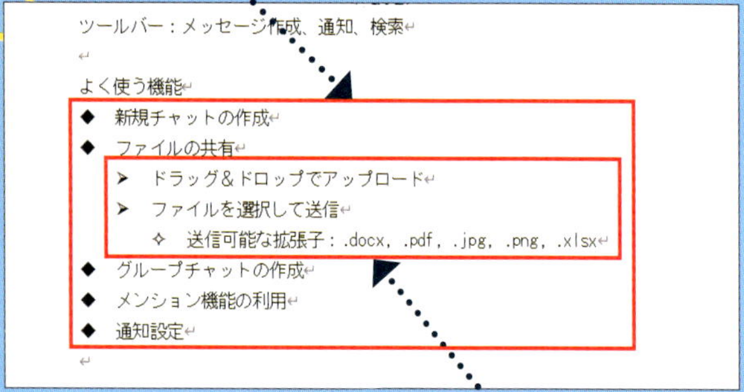

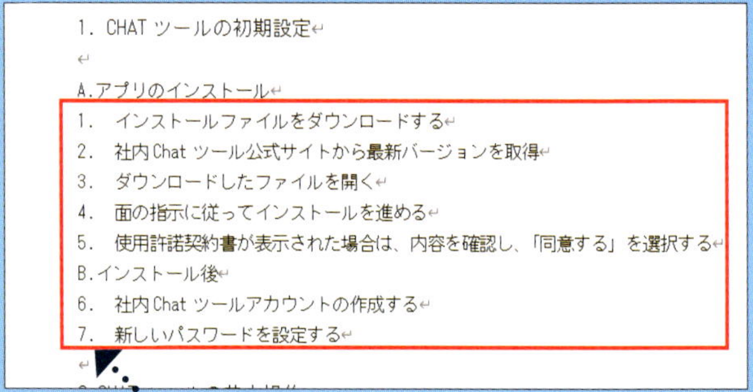

Step 2　箇条書きのレベルを設定する

Step 3　段落番号を振る

Hint　［ホーム］タブの［箇条書き］、［段落番号］から設定する

［ホーム］タブの［段落］グループの指定のアイコンをクリックすると、文章を箇条書きに設定できます。

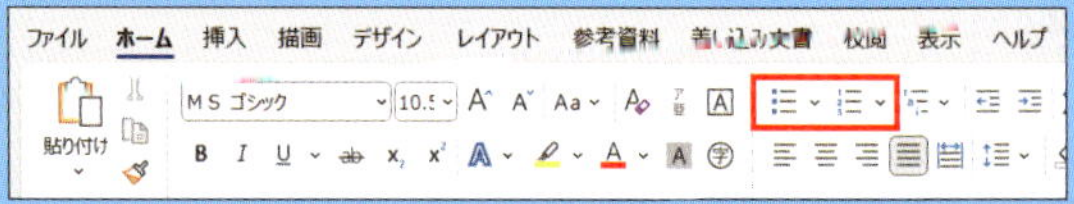

1回目 □　2回目 □

Step 1 箇条書きを設定して、行頭文字を変える

まずは、選択範囲を箇条書きにしましょう。Wordの箇条書き機能を使えば、1つずつ手入力せずとも簡単に設定できます。さらに、箇条書きの一覧から「◆」を指定して、行頭文字を変更しましょう。

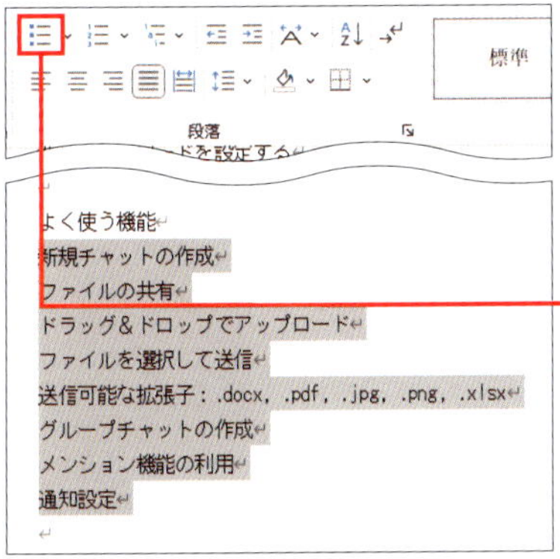

まずは、入力済みの指定の範囲に箇条書きを設定します。

❶左図の範囲を選択

❷［ホーム］タブの［箇条書き］☰をクリック

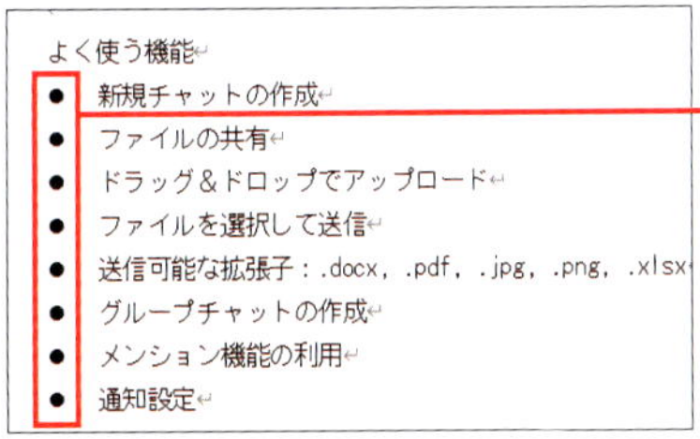

❸行頭文字が表示され、箇条書きになった

Memo

行頭文字とは、箇条書きの先頭に表示される記号や連番のことです。

続いて、行頭文字を指定のものに変更します。

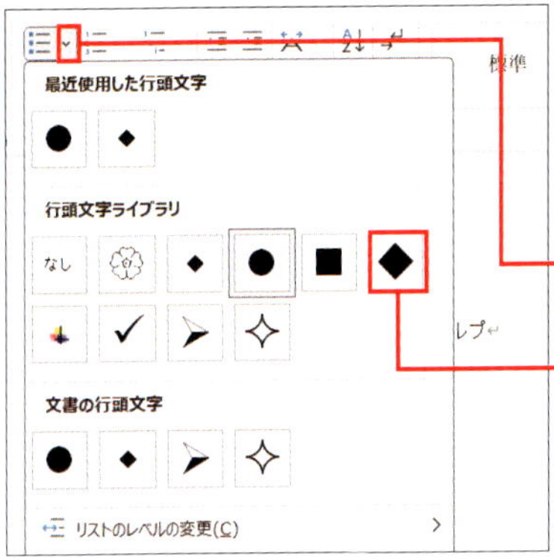

❹手順❶と同じ範囲を選択

❺［ホーム］タブの［箇条書き］☰の横の⌄をクリック

❻◆を選択

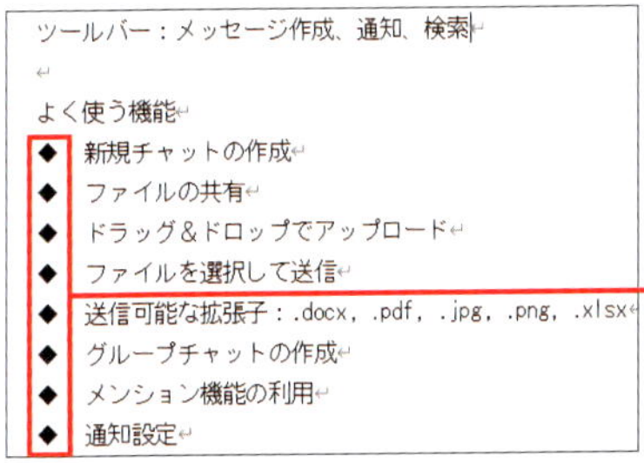

❼行頭文字が変化した

箇条書きを解除する場合

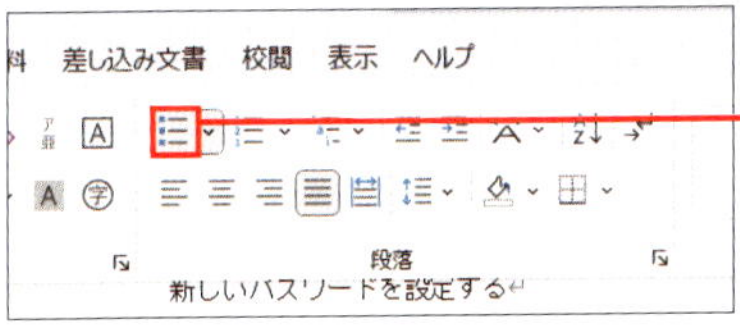

指定範囲を選択し［ホーム］タブの［箇条書き］をクリックすると、箇条書きが解除される

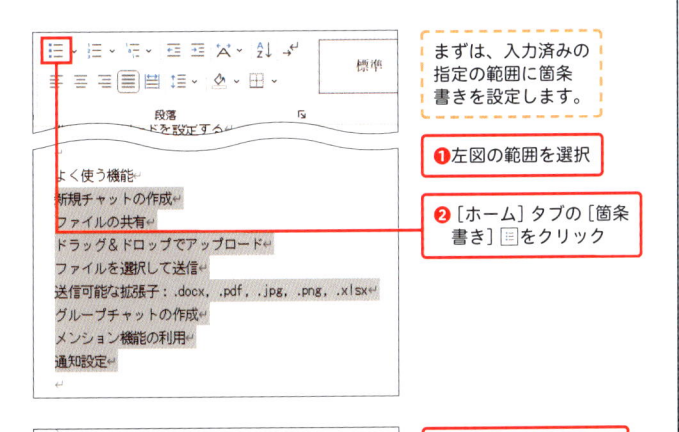

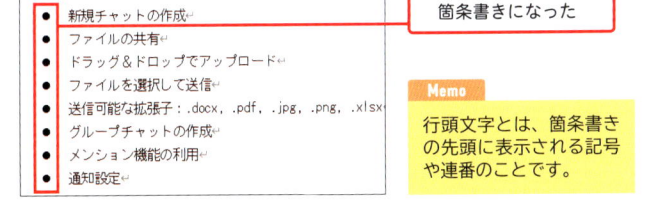

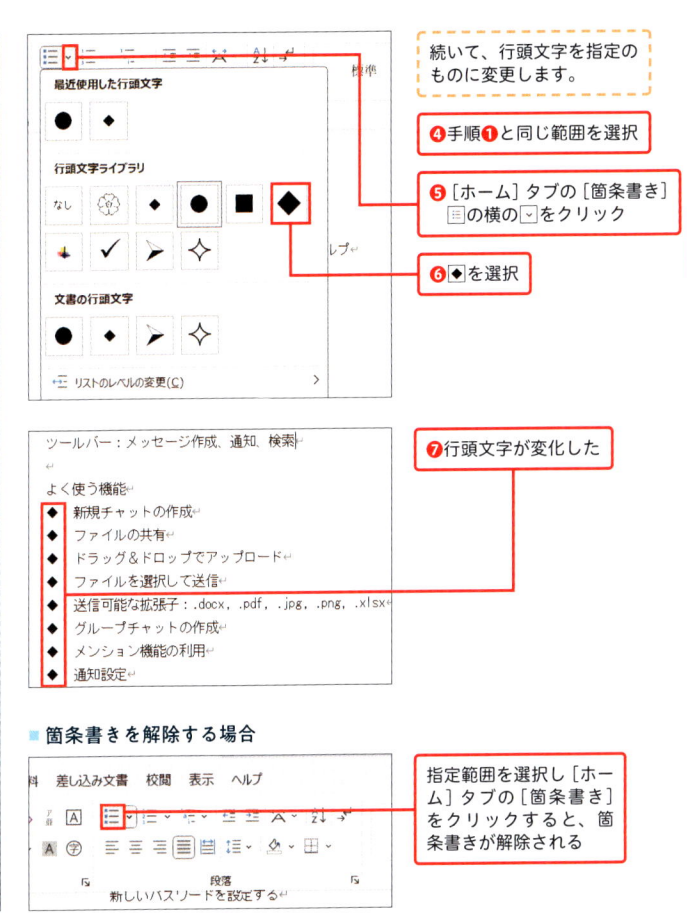

1回目 □　2回目 □

Step 2 箇条書きのレベルを設定する

箇条書きの中に、「大項目ー中項目」といった階層構造がある場合、レベルを設定しましょう。その関係や構造が視覚的にわかりやすくなります。ここでは3段階にレベルを分けます。

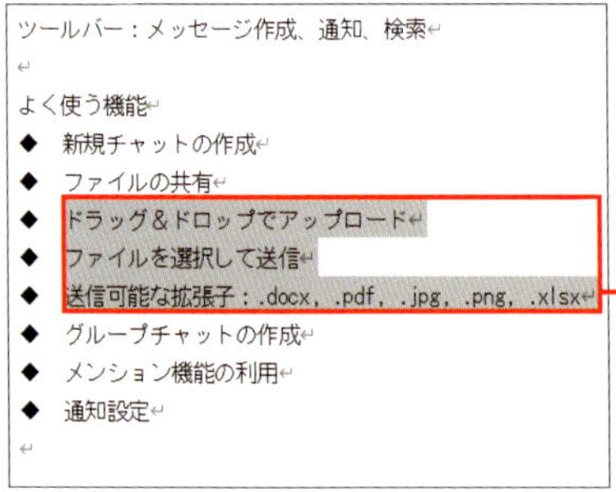
ツールバー：メッセージ作成、通知、検索

よく使う機能
- 新規チャットの作成
- ファイルの共有
- ドラッグ＆ドロップでアップロード
- ファイルを選択して送信
- 送信可能な拡張子：.docx, .pdf, .jpg, .png, .xlsx
- グループチャットの作成
- メンション機能の利用
- 通知設定

まずは、選択範囲のレベルを下げます。

❶レベルを下げる範囲を選択し、Tab キーを押す

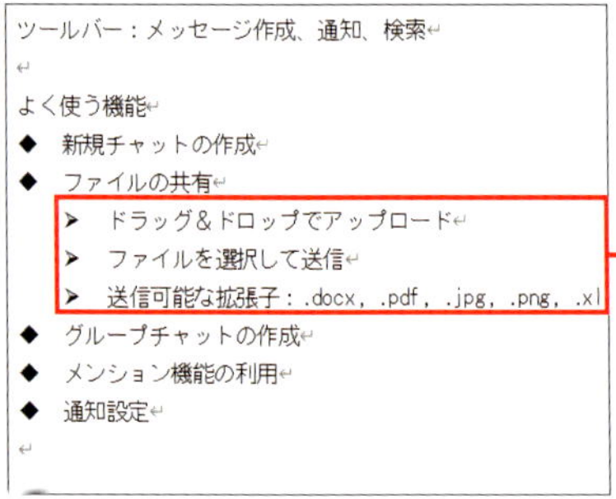
ツールバー：メッセージ作成、通知、検索

よく使う機能
- 新規チャットの作成
- ファイルの共有
  - ドラッグ＆ドロップでアップロード
  - ファイルを選択して送信
  - 送信可能な拡張子：.docx, .pdf, .jpg, .png, .xl
- グループチャットの作成
- メンション機能の利用
- 通知設定

❷1つレベルが下がった

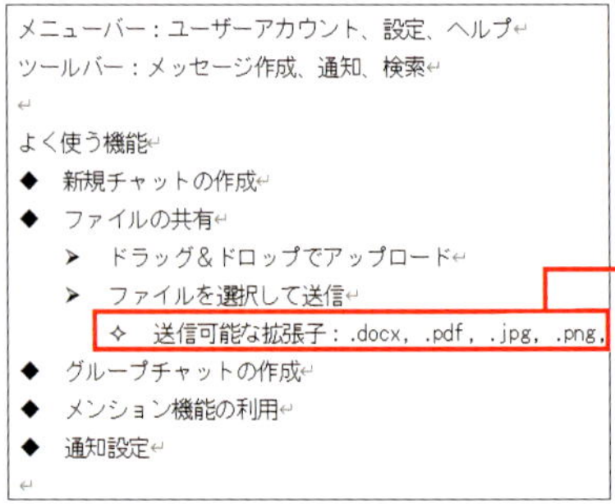
メニューバー：ユーザーアカウント、設定、ヘルプ
ツールバー：メッセージ作成、通知、検索

よく使う機能
- 新規チャットの作成
- ファイルの共有
  - ドラッグ＆ドロップでアップロード
  - ファイルを選択して送信
    - 送信可能な拡張子：.docx, .pdf, .jpg, .png,
- グループチャットの作成
- メンション機能の利用
- 通知設定

レベルをもう一段階下げます。

❸左図の範囲を選択し、Tab キーを押す

❹もう1つレベルが下がった

Short Cut

Tab	箇条書き内で選択範囲のレベルを1つ下げる
Shift ＋ Tab	箇条書き内で選択範囲のレベルを1つ上げる

Point

下図の4行目のように、前の行の補足説明として箇条書き内で改行したい場合、通常通り Enter キーを押すと、行頭文字が付いてしまいます（図1）。その場合は、Shift ＋ Enter キーを押すと、箇条書きとして扱われなくなります（図2）。

■ 図1

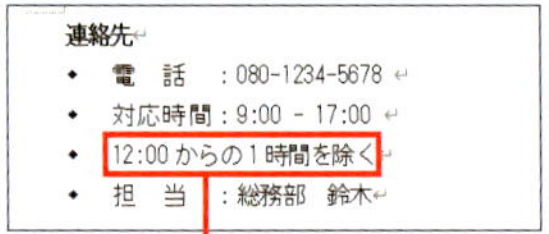
連絡先
- 電　話　：080-1234-5678
- 対応時間：9:00 - 17:00
- 12:00からの1時間を除く
- 担　当　：総務部　鈴木

Enter キーを押すと箇条書きになる

■ 図2

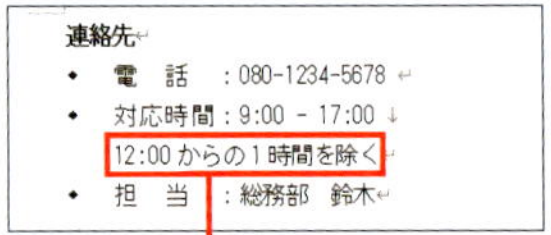
連絡先
- 電　話　：080-1234-5678
- 対応時間：9:00 - 17:00
  12:00からの1時間を除く
- 担　当　：総務部　鈴木

Shift ＋ Enter キーを押すと改行される

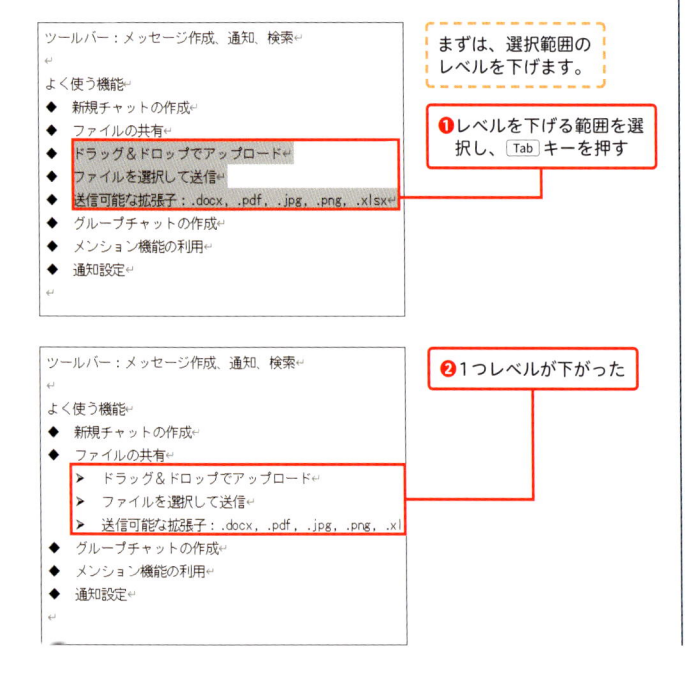

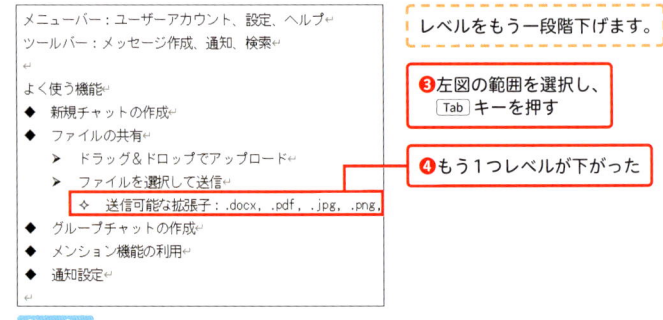

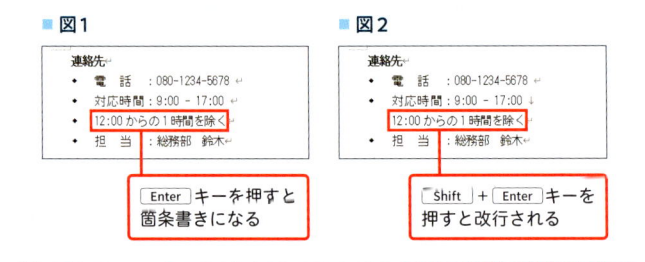

1回目 □ 2回目 □

Step 3 段落番号を振る

操作手順のように、箇条書きかつ番号を設定したい場合は、段落番号を振りましょう。本機能を使うと、番号が自動で採番されるので入力の手間を減らせます。

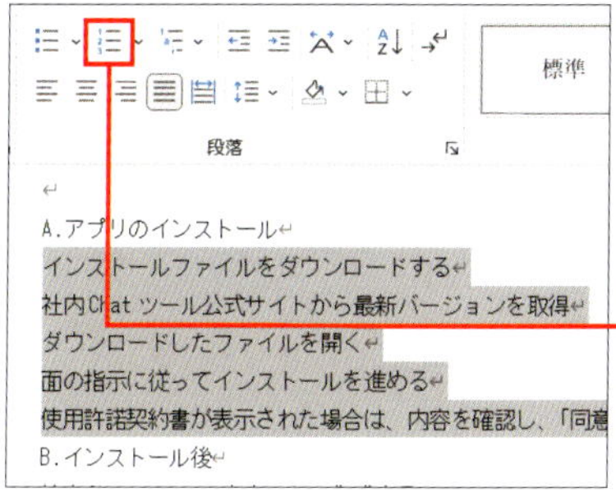

ここでは、「1.」から始まる数字の行頭文字の段落番号を設定します。

❶左図の範囲を選択

❷［ホーム］タブの［段落番号］をクリック

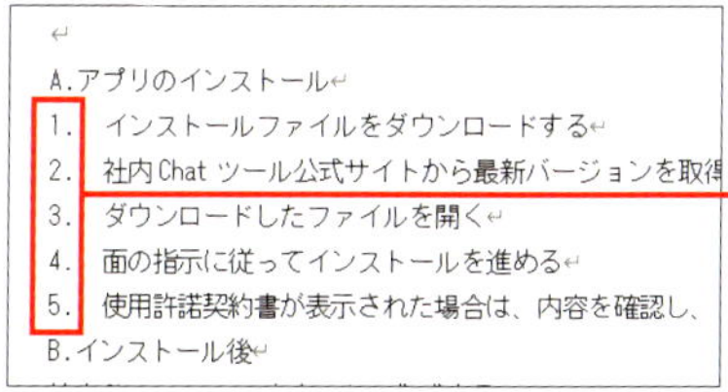

❸段落番号が設定された

Memo

段落番号の行頭文字を変更したいときは、⌄のプルダウンをクリックし表示された一覧から指定のものを選択しましょう。

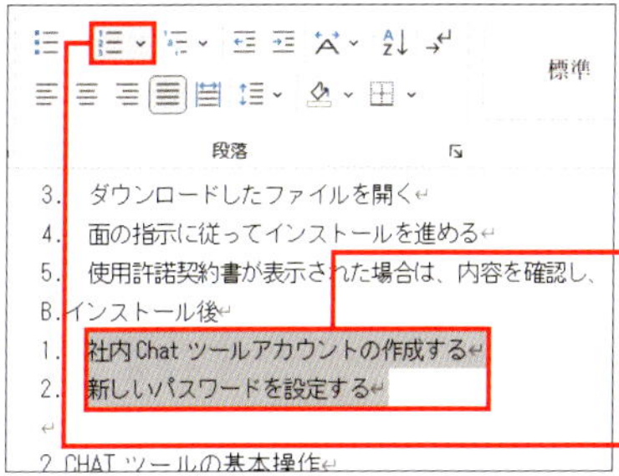

続いて、ほかの箇所にも段落番号を振ります。先ほどの範囲に続くように開始番号を設定します。

❹指定範囲を選択

❺［ホーム］タブの［段落番号］をクリック

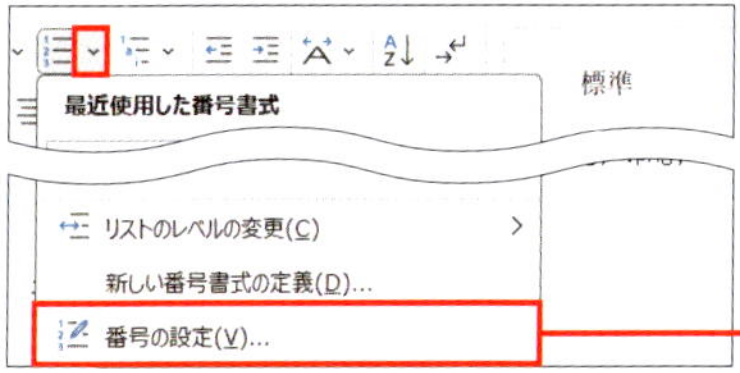

❻［ホーム］タブの［段落番号］の横の⌄をクリックし、［番号の設定］をクリック

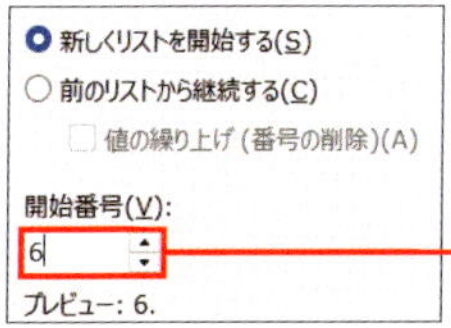

❼［開始番号］を「6」に設定し、［OK］をクリック

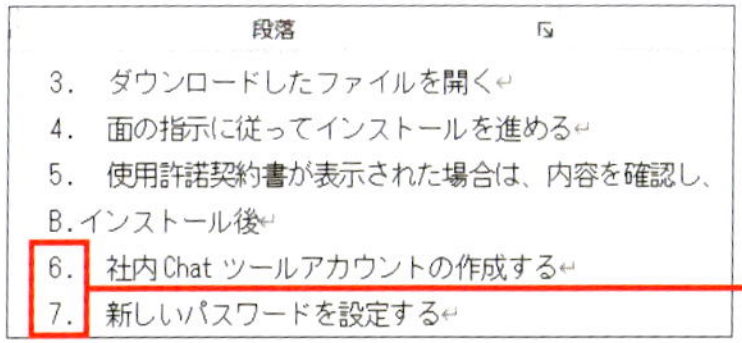

❽番号が設定された

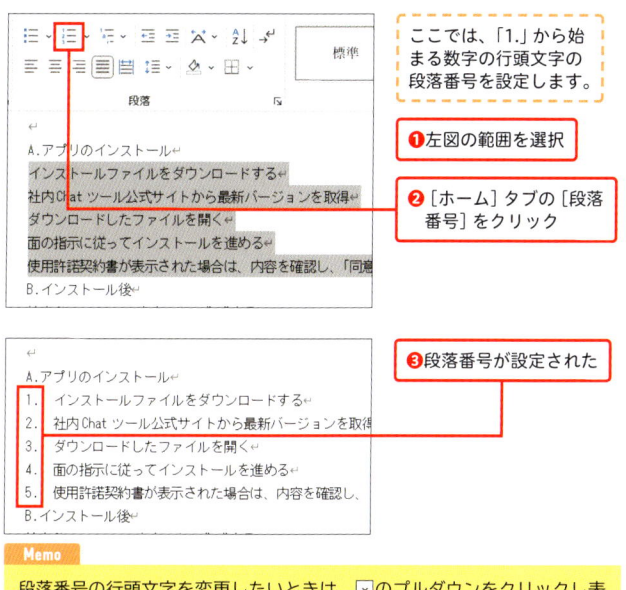

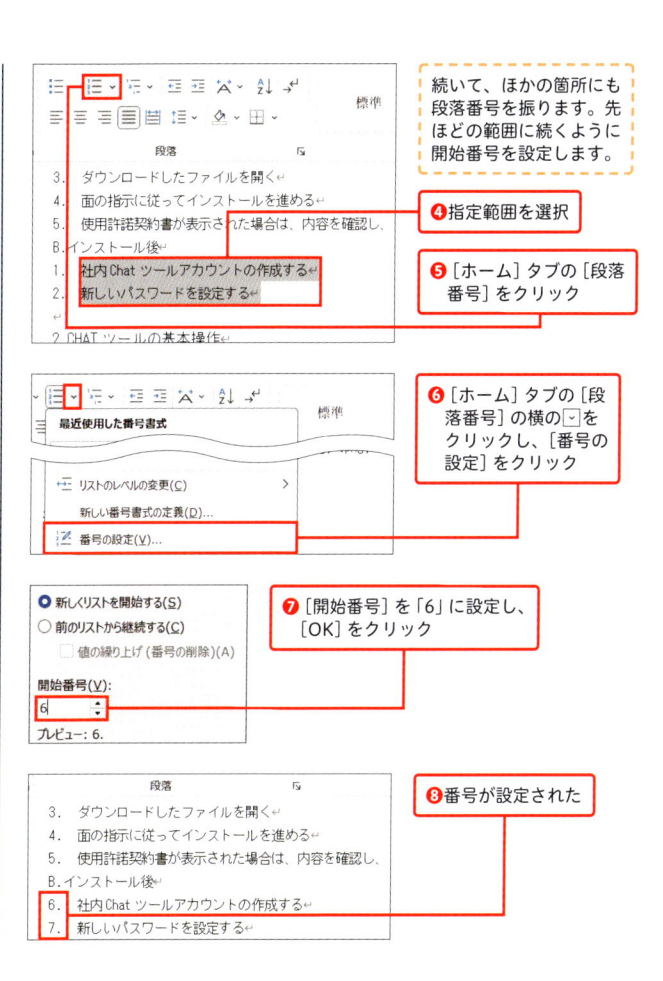

Drill

15

ch2-15.docx

月　日

スタイル

スタイルを利用して一瞬で書式を設定する

Wordのスタイルとは、書式設定の組み合わせをあらかじめ登録しておくことで、一括で書式設定を行える機能のことです。フォントや色、行間などの設定を個々に指定することなく、ワンクリックで反映できます。Wordで文書を作成するにあたって、必ず活用したい機能なので、ここでスタイルの基本操作を練習していきましょう。

Let's Try!

Step 1 ［見出し1］から［見出し3］までスタイルを設定する

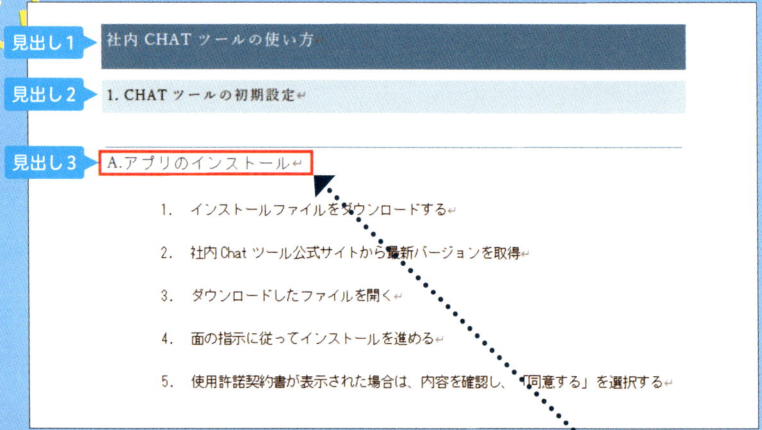

Step 2 スタイルのデザインを［影付き］、配色を［青緑］に設定する

Step 3 ［見出し3］を「MSゴシック」「11pt」に変更する

Hint ［ホーム］タブの［スタイル］から設定する

対象範囲を選択した状態で、［ホーム］タブの［スタイル］から指定のものを選択すると、そのスタイルを適用できます。設定したスタイルは、［デザイン］タブからさらにデザインを設定することができます。なお、スタイルを設定することで、ナビゲーションウィンドウを利用したり、目次を作成できたりするメリットもあります（P.94）。

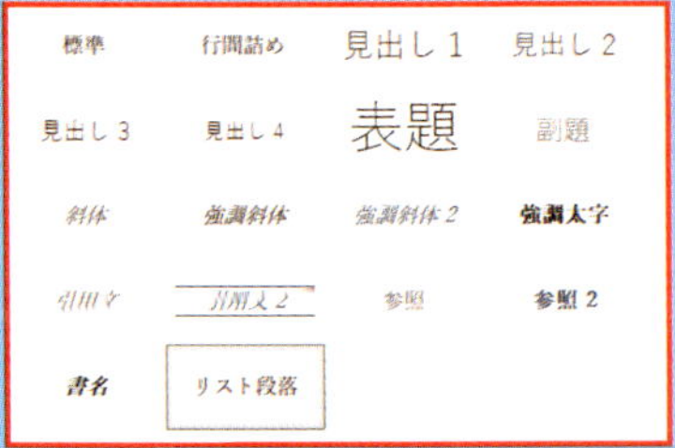

1回目 □ 2回目 □

Step 1 [見出し1] から [見出し3] まで スタイルを設定する

まずは、見出しを3ランク分設定していきましょう。設定する範囲を選択した状態で、[スタイル] から対応する見出しの設定をクリックすると、その既定の書式が一括で設定されます。

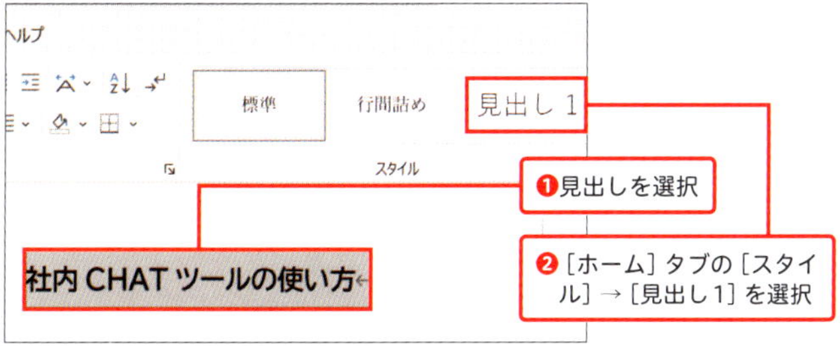

ヘルプ
標準
行間詰め
見出し 1
スタイル
❶見出しを選択
❷[ホーム] タブの [スタイル] → [見出し1] を選択
社内 CHAT ツールの使い方

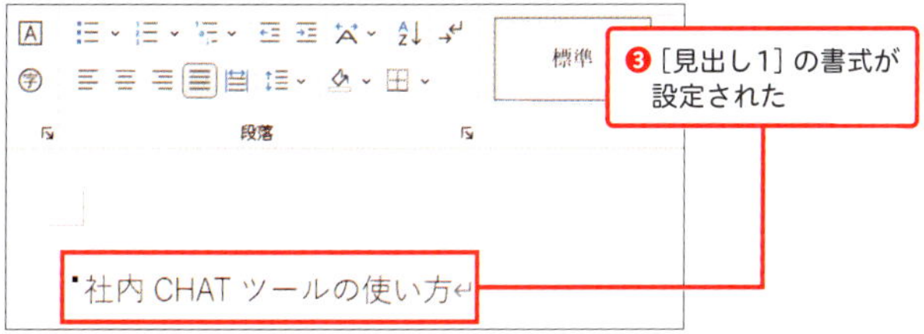

標準
段落
❸[見出し1] の書式が設定された
社内 CHAT ツールの使い方

Memo

Wordの初期設定の [見出し1] には「遊ゴシック Light」「16pt」「黒文字」「段落前に14pt間隔を追加」といった書式が登録されています。手順❶❷の操作により、これらのすべての書式が、本文中の見出しに適用されました。

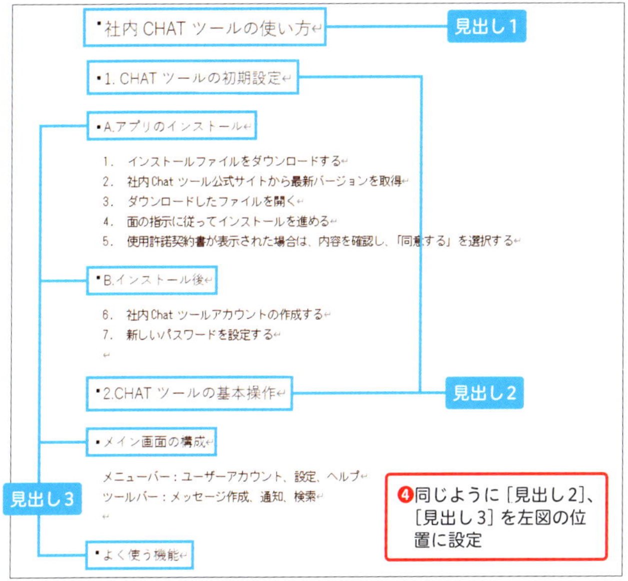

社内 CHAT ツールの使い方
見出し1
1. CHAT ツールの初期設定
A.アプリのインストール
1. インストールファイルをダウンロードする
2. 社内Chat ツール公式サイトから最新バージョンを取得
3. ダウンロードしたファイルを開く
4. 画面の指示に従ってインストールを進める
5. 使用許諾契約書が表示された場合は、内容を確認し、「同意する」を選択する
B.インストール後
6. 社内Chat ツールアカウントの作成する
7. 新しいパスワードを設定する
2.CHAT ツールの基本操作
見出し2
メイン画面の構成
メニューバー：ユーザーアカウント、設定、ヘルプ
ツールバー：メッセージ作成、通知、検索
見出し3
よく使う機能
❹同じように [見出し2]、[見出し3] を左図の位置に設定

■ スタイルを解除する場合

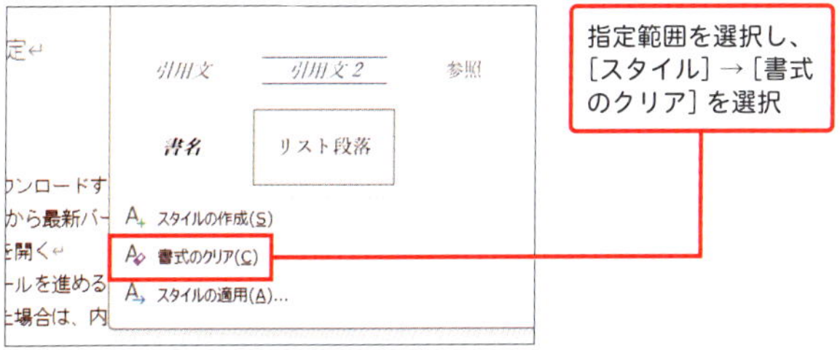

引用文
引用文 2
参照
書名
リスト段落
スタイルの作成(S)
書式のクリア(C)
スタイルの適用(A)...
指定範囲を選択し、[スタイル] → [書式のクリア] を選択

1回目 □　2回目 □

Step 2 スタイルのデザインを［影付き］、配色を［青緑］に設定する

続いて、スタイルのデザインを変更してみましょう。［デザイン］タブから自分好みの［スタイルセット］を選択するだけで、本文の書式を簡単に変更できます。

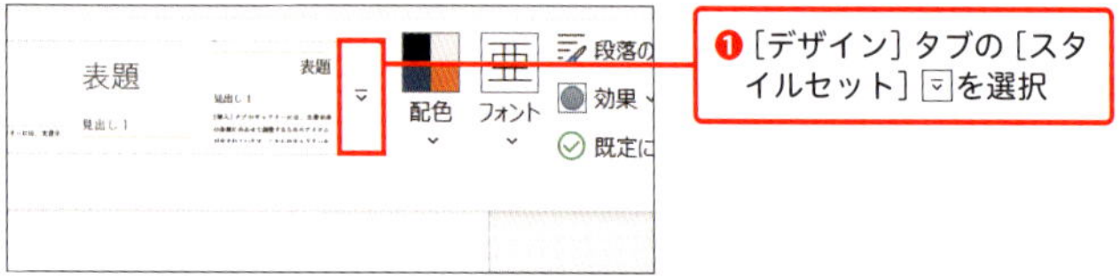

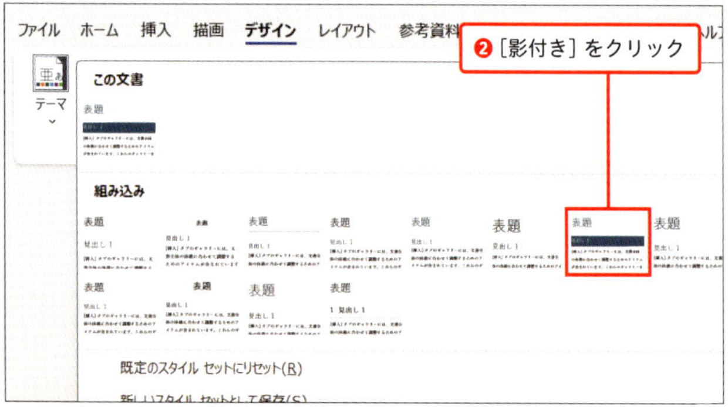

Memo

個々のスタイルセットにマウスポインターを合わせると、そのスタイルのプレビューが本文に反映されます。

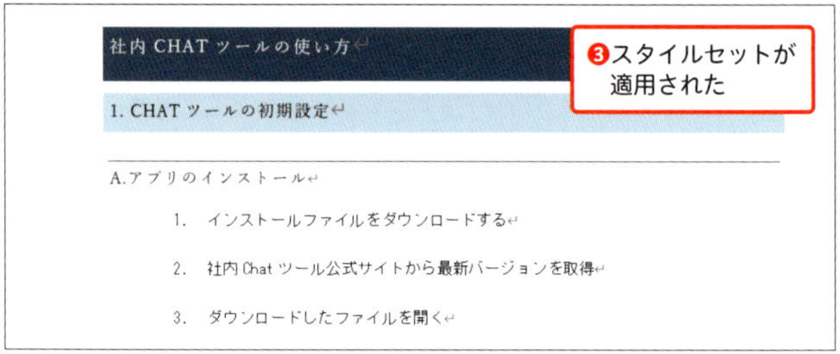

選択したスタイルセットの配色を変更していきましょう。

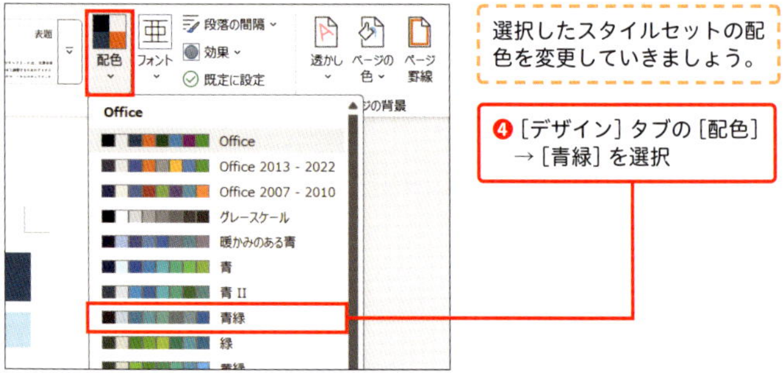

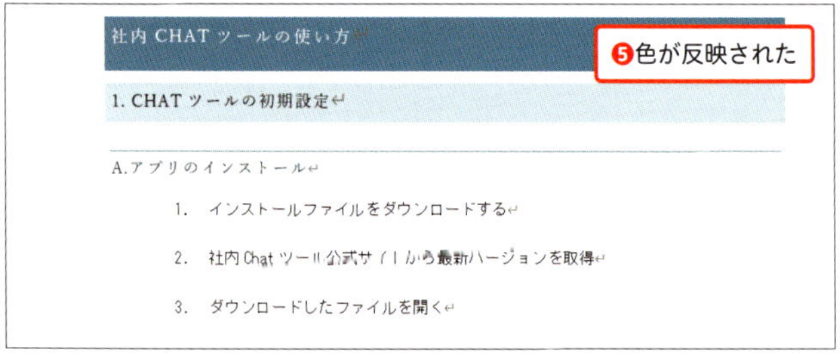

1回目 □ 2回目 □

Step 3 ［見出し3］を「MSゴシック」「11pt」に変更する

既定の書式セットから、フォントだけ変えたいといった調整が必要なときもあるでしょう。指定の書式に変更、登録すると、文書内にある同一のスタイルにすべて反映されます。

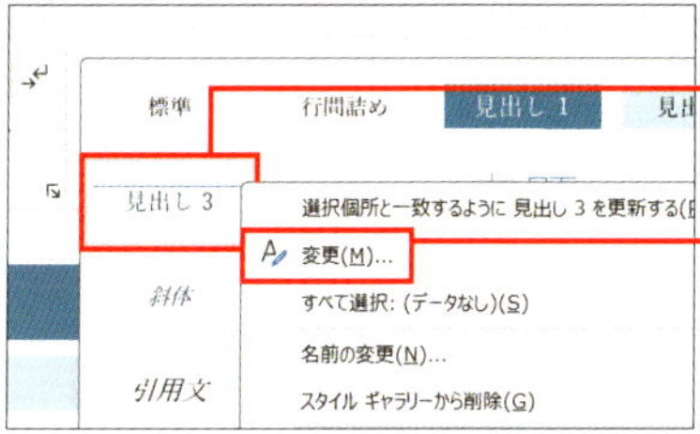

❶［ホーム］タブの［スタイル］の［見出し3］を右クリック

❷［変更］をクリック

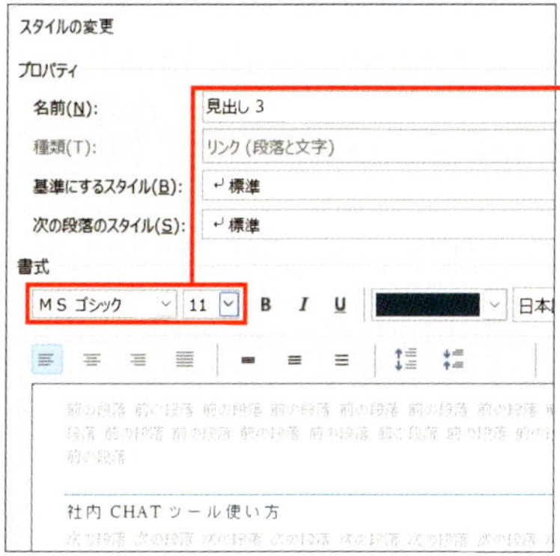

❸書式を［MSゴシック］、フォントサイズを「11」に変更し、［OK］をクリック

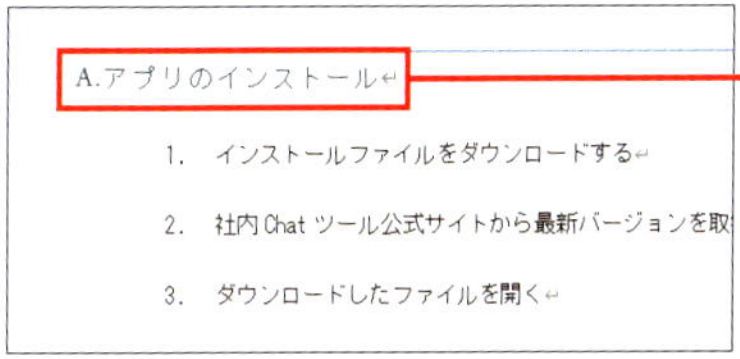

❹文書内の［見出し3］を設定した箇所に、変更した書式が反映された

Point

調整したスタイルのセットは、ほかの文書にも使えるように保存しておくとよいでしょう。会議資料など、いつも同じ書式を利用する文書の作成時に役立ちます。

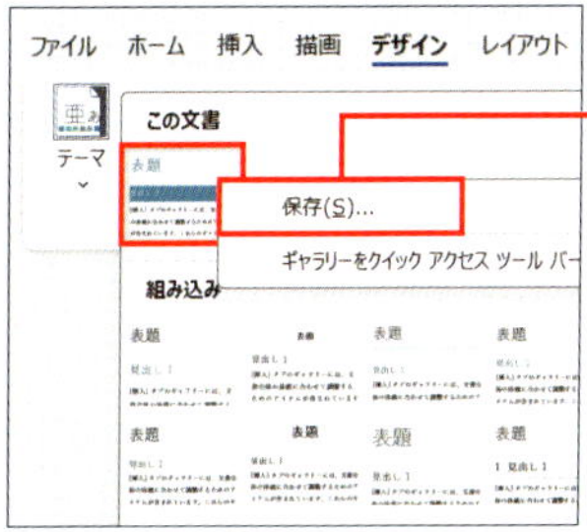

❶［デザイン］タブの［スタイルセット］▽→［この文書］を右クリックし、［保存］をクリック

❷［新しいスタイルセットとして保存］ダイアログで、ファイル名を入力し、保存

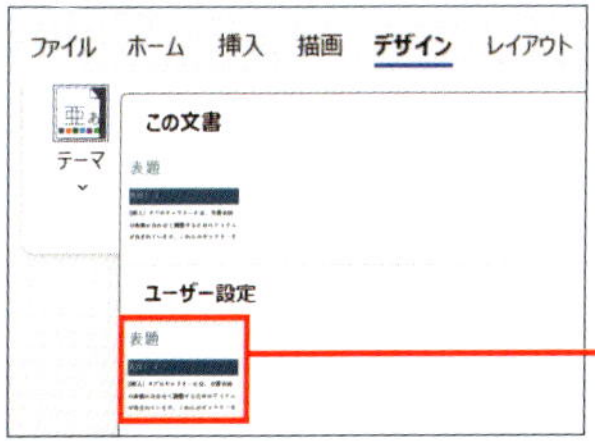

❸新規文書を開き、［デザイン］タブの［スタイルセット］▽をクリック

❹［ユーザー設定］をクリックすると、登録したスタイルセットを利用できる

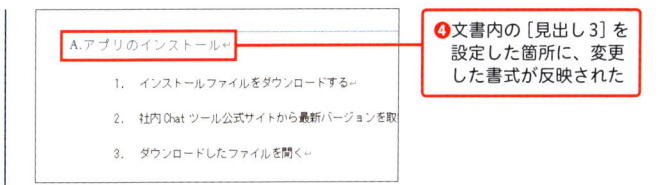

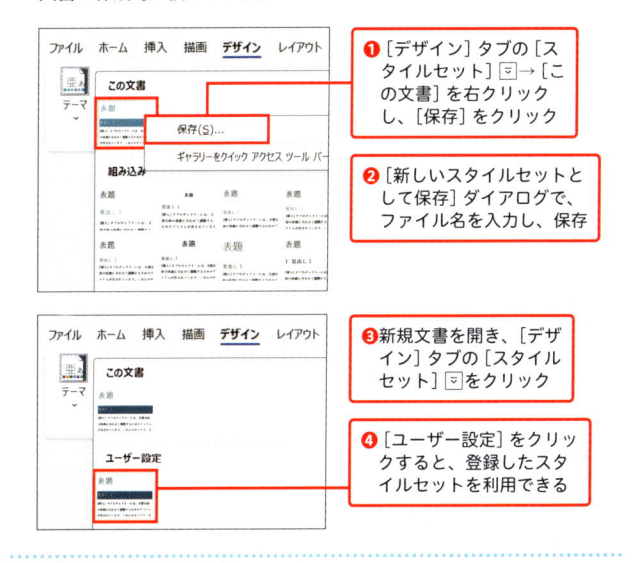

Drill 16

ch3-16.docx

月　日

ページレイアウト

ページ設定の基本をマスターする

ここでは、ページレイアウトの基本設定を練習します。文書の種類によってレイアウトは異なり、たとえば議事録やマニュアルなどは、会社ごとにルールがあることが多いです。指定された書式に合わせるために、用紙サイズや余白の設定、文字量の指定、改ページの挿入といった基本操作を習得しましょう。

Let's Try!

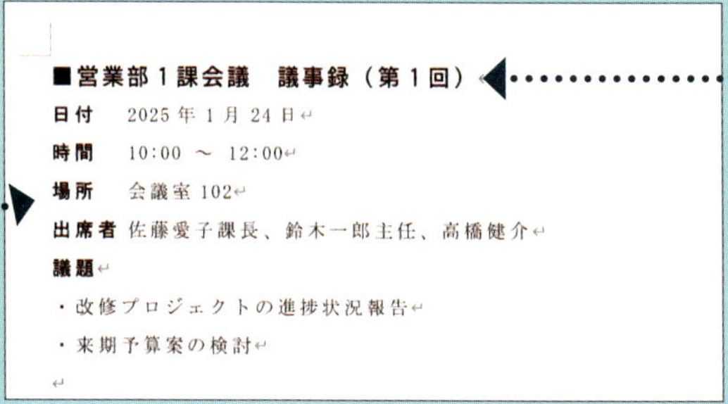

■営業部１課会議　議事録（第１回）

日付　2025年1月24日

時間　10:00 ～ 12:00

場所　会議室102

出席者　佐藤愛子課長、鈴木一郎主任、高橋健介

議題

・改修プロジェクトの進捗状況報告

・来期予算案の検討

1 用紙サイズを「A4」、余白を「やや狭い」に設定する

2 1ページあたりの文字数を「40」、行数を「30」に設定する

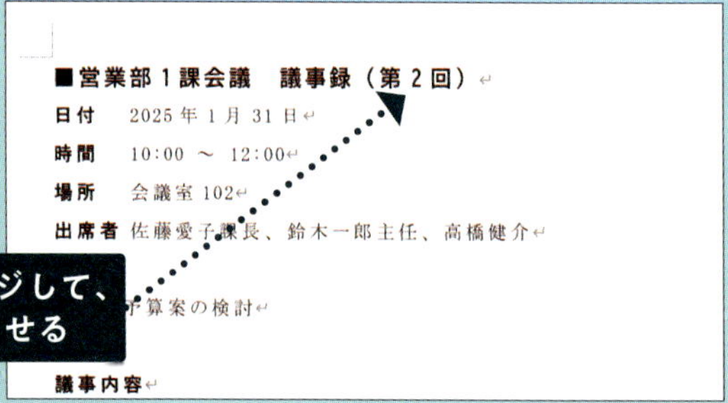

■営業部１課会議　議事録（第２回）

日付　2025年1月31日

時間　10:00 ～ 12:00

場所　会議室102

出席者　佐藤愛子課長、鈴木一郎主任、高橋健介

算案の検討

議事内容

3 第2回の議事録を改ページして、次ページの先頭に移動させる

Hint ［レイアウト］タブの［ページ設定］から設定する

ページレイアウトの設定は、［レイアウト］タブの［ページ設定］グループに集められています。本Stepでの設定もすべてここから設定できます。

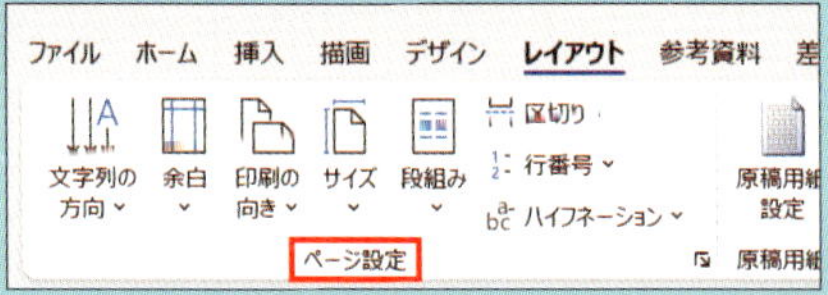

1回目 □ 2回目 □

Step 1 用紙サイズを「A4」、余白を「やや狭い」に設定する

このStepのファイルは、「A5サイズ」「標準」の余白に設定されています。用紙サイズや余白は文書全体に関わる設定なので、最初に設定してしまいましょう。

まずは、用紙サイズを設定します。

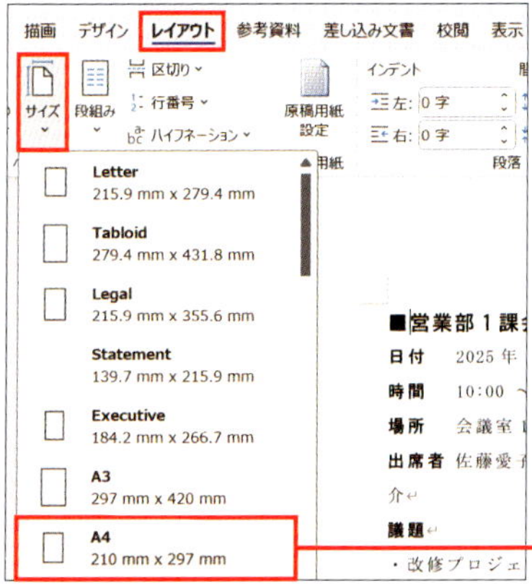

❶［レイアウト］タブの［サイズ］の一覧から［A4］をクリック

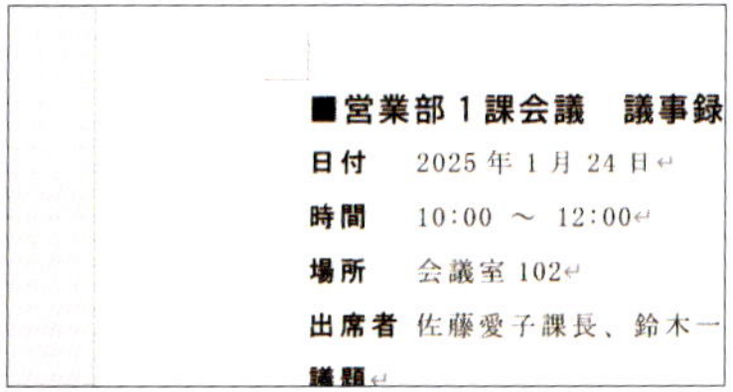

❷用紙サイズが変更された

続いて、余白を設定します。

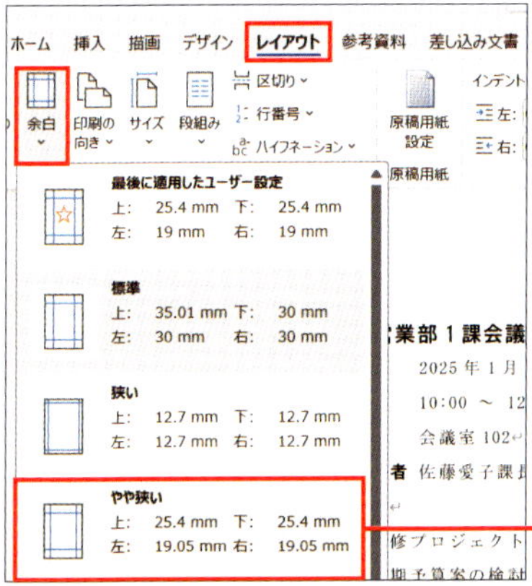

❸［レイアウト］タブの［余白］の一覧から［やや狭い］をクリック

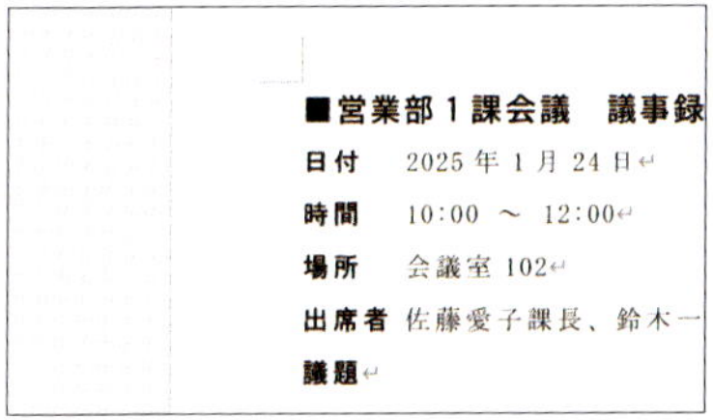

❹余白が変更された

Point

余白とは、用紙の上下左右にある空白のスペースのことです。Wordの既定では、［標準］に設定されていますが、編集できるエリアを広げたいときは、［狭い］［やや狭い］を選択しましょう。また、［レイアウト］タブの［余白］の一番下に表示される［ユーザー設定の余白］をクリックすると、既定値以外の余白の幅を自分で設定できます。

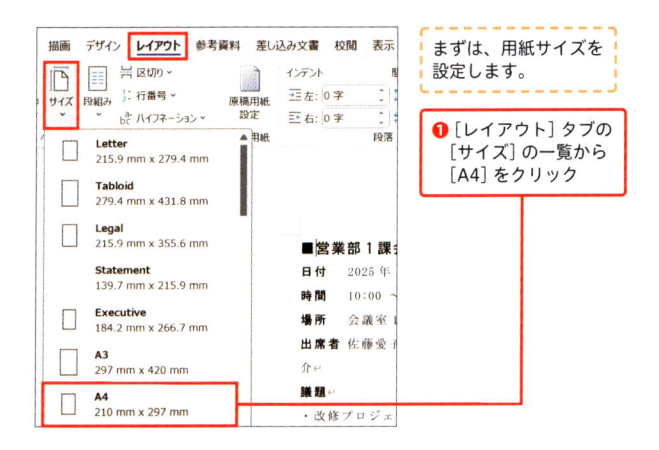

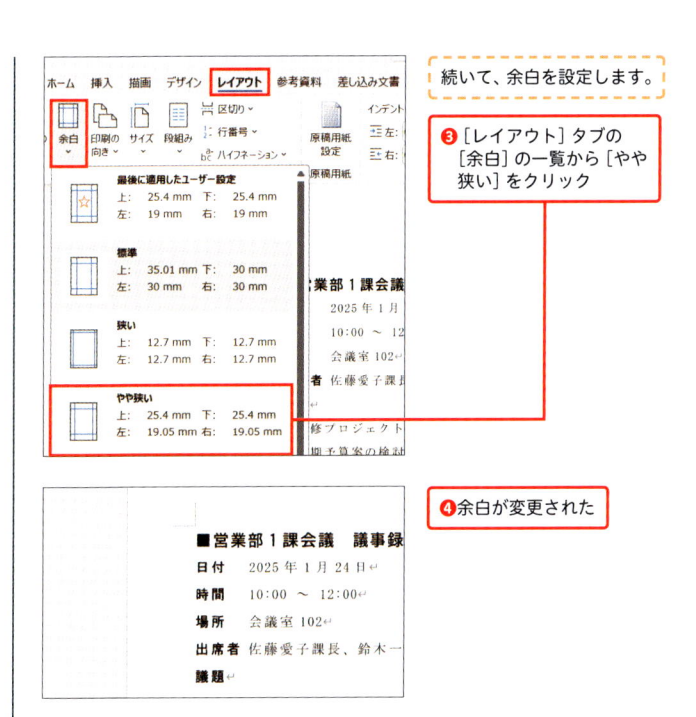

1回目 □ 2回目 □

Step 2 1ページあたりの文字数を「40」、行数を「30」に設定する

ここでは、文字数と行数を設定します。なお、1ページあたりの文字量を設定する際には、必ず先に用紙サイズや余白を設定しておく必要があります（Step1）。

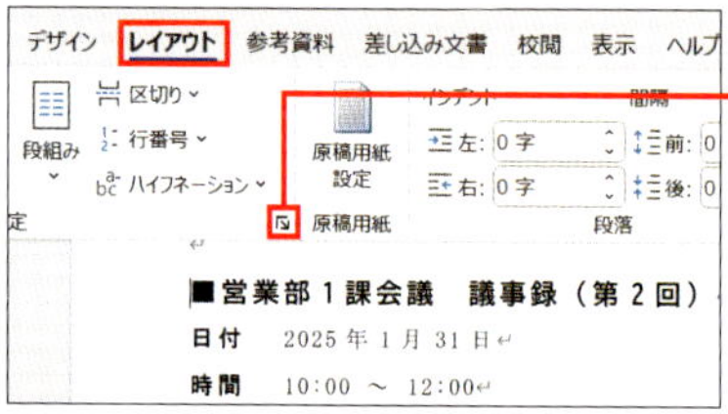

❶［レイアウト］タブの［ページ設定］グループにある⧉をクリック

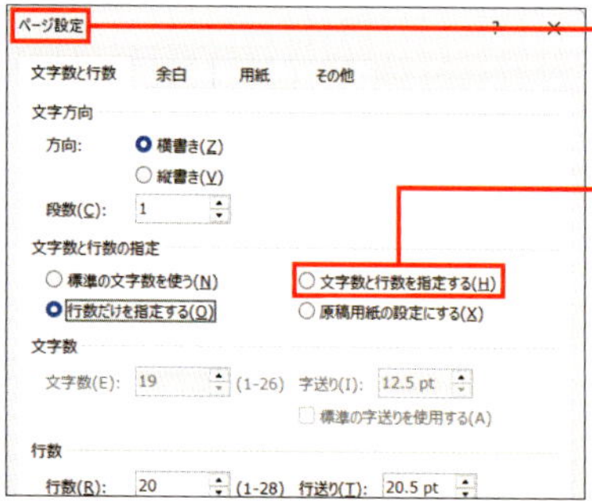

❷［ページ設定］ダイアログが表示された

❸［文字数と行数を指定する］にチェックを入れる

Memo

設定した行数は、行グリッド線を表示することで確認できます（P.171）。

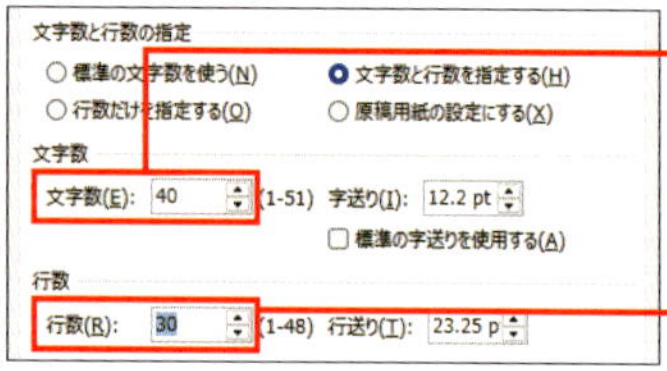

❹［文字数］に「40」と入力

❺［行数］に「30」と入力し、［OK］をクリック

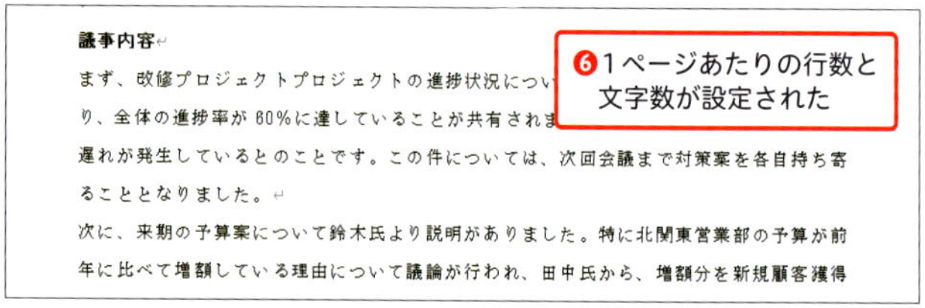

❻1ページあたりの行数と文字数が設定された

Point

使用しているフォントによっては、設定した通りの行数にならないことがあります。これはフォントによって、行間が広めに設定されているためです（メイリオ、游明朝など）。

■ メイリオ（上）とMSゴシック（下）の既定の行間の違い（14pのとき）

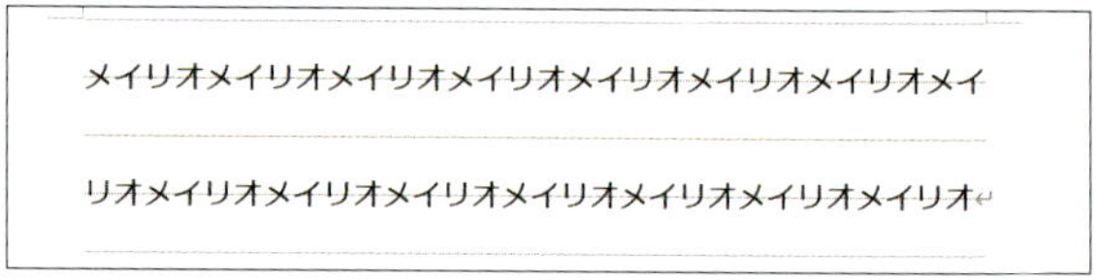

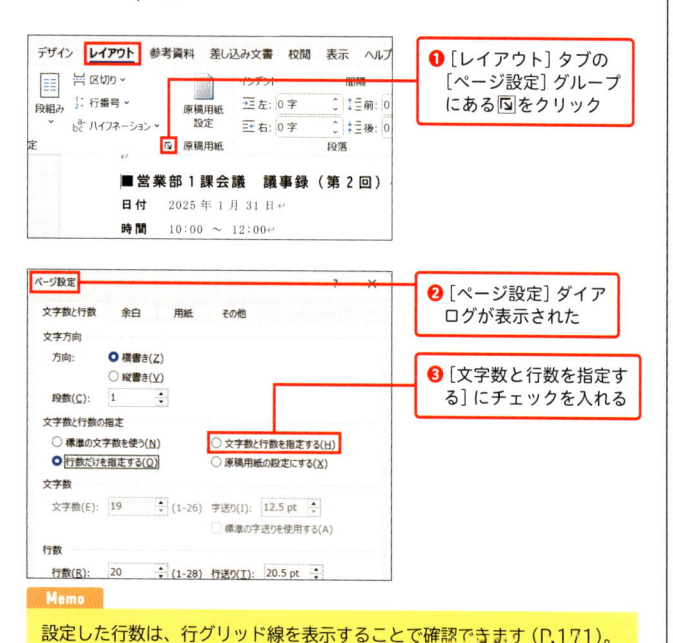

1回目 □ 2回目 □

Step 3 第2回の議事録を改ページして、次ページの先頭に移動させる

同一ファイル内に、内容的にいくつか区切りがある場合は、改ページするとわかりやすくなります。ここでの操作を覚えると、次ページに行くまで Enter キーを連打する必要がなくなります。

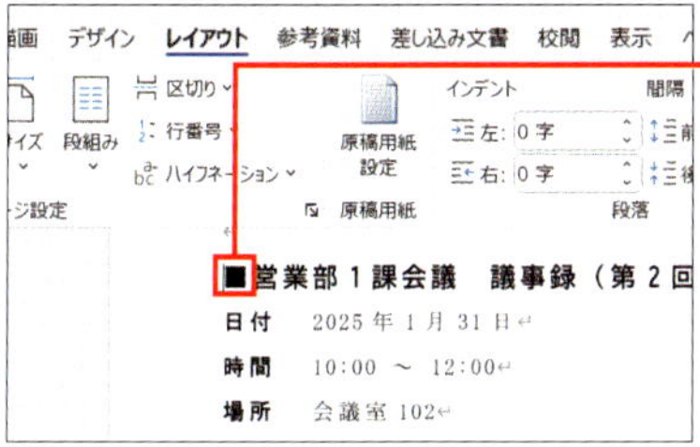

❶改ページしたい位置の前にカーソルを合わせる

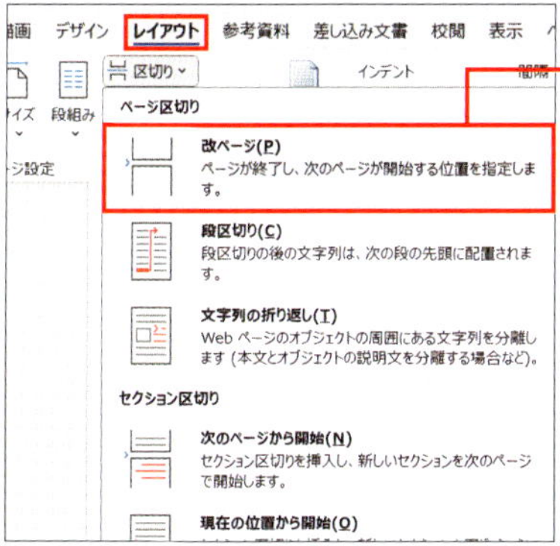

❷［レイアウト］タブの［ページ区切り］→［改ページ］をクリック

Memo

もしくは、ショートカットの Ctrl ＋ Enter キーを押しましょう。

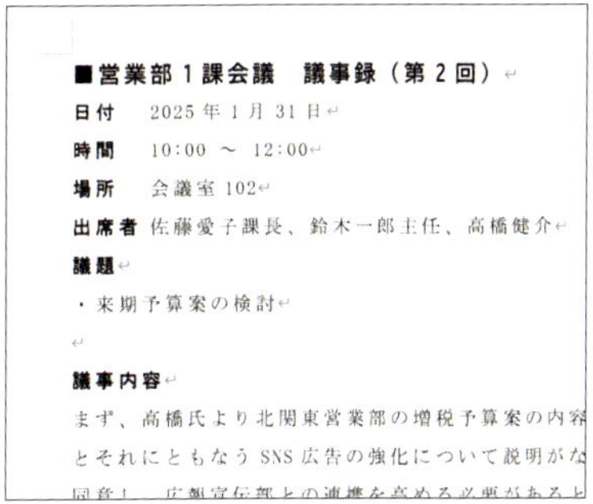

❸改ページされた

Short Cut

Ctrl ＋ Enter		改ページする
Ctrl ＋ PageUp		前のページの先頭に移動する
Ctrl ＋ PageDown		次のページの先頭に移動する

改ページを解除する場合

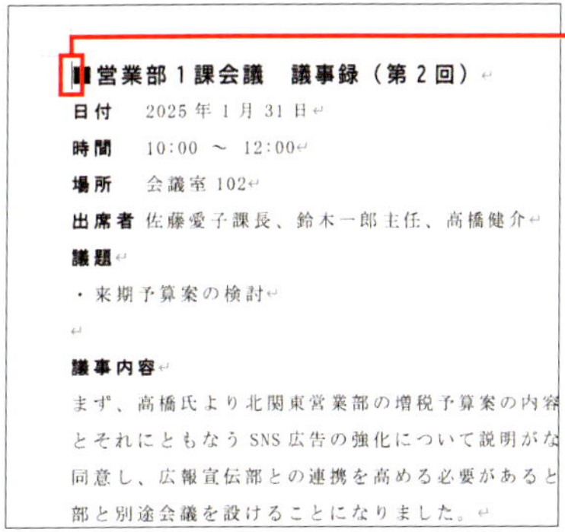

改ページを解除する箇所にカーソルを合わせ、Back space キーを2回押す

ヘッダーとフッターを設定する

文書に資料タイトルなどを入れるには文書上部のヘッダー、ページ番号を入れるには文書下部のフッターを使うことが多いです。特に印刷された文書にはファイル名やページ番号が表示されていると、文書の管理や情報の確認がスムーズになります。ここで、ヘッダーとフッターの基本操作や設定をマスターしましょう。

Let's Try!

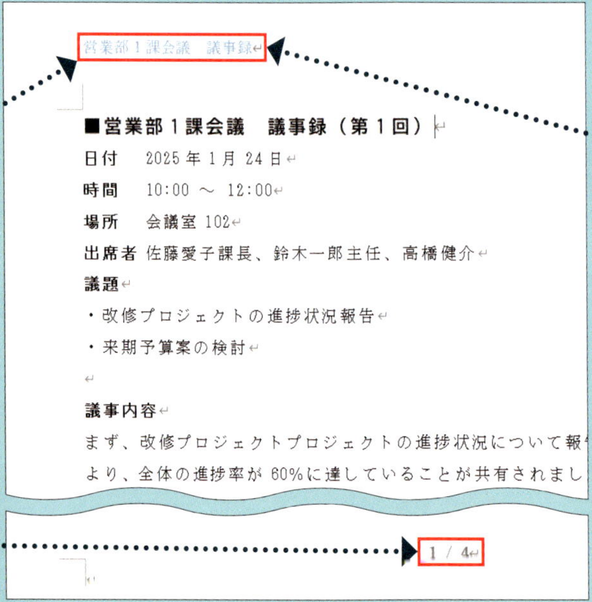
営業部１課会議　議事録
■営業部１課会議　議事録（第１回）
日付　2025 年 1 月 24 日
時間　10:00 ～ 12:00
場所　会議室 102
出席者 佐藤愛子課長、鈴木一郎主任、高橋健介
議題
・改修プロジェクトの進捗状況報告
・来期予算案の検討

議事内容
まず、改修プロジェクトプロジェクトの進捗状況について報
より、全体の進捗率が 60%に達していることが共有されまし
1 / 4

1 ヘッダーに資料タイトルを設定する

2 ヘッダー位置を上から「8mm」、色を「青」にする

3 フッターにページ数を設定する

Hint ［挿入］タブの［ヘッダーとフッター］から設定する

ヘッダーとフッターは［挿入］タブの［ヘッダーとフッター］から設定できます。なお、ヘッダーとフッターは、それぞれの編集領域を表示しているときに編集可能です。

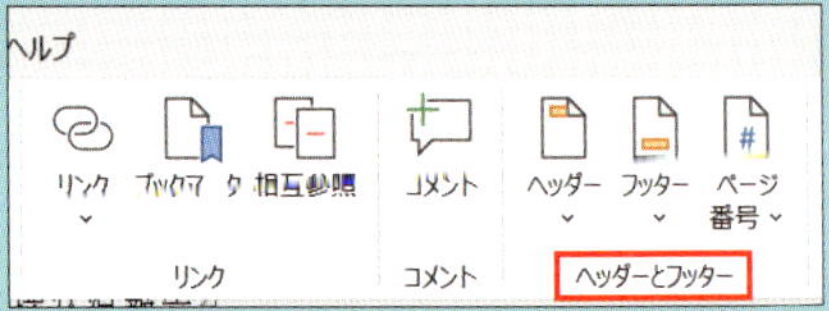

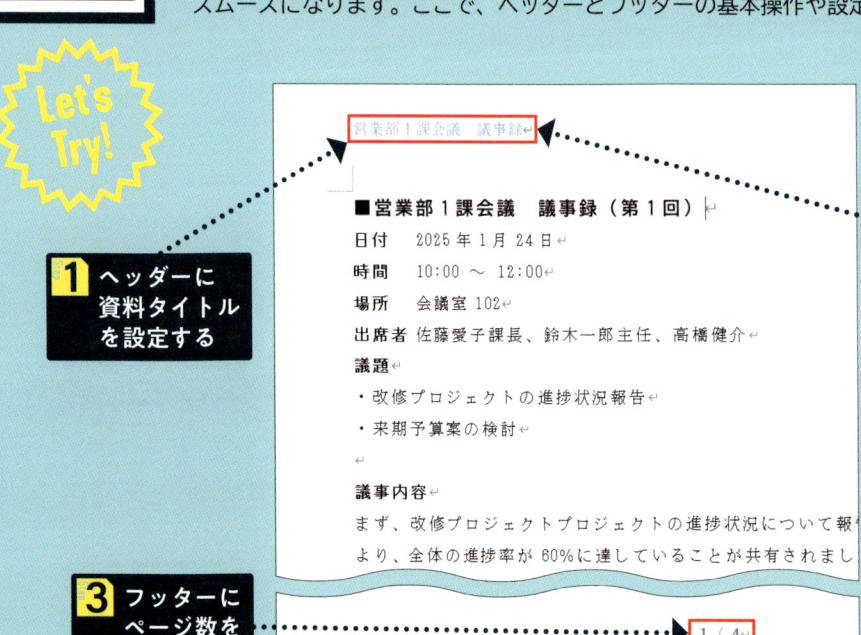

1回目 □ 2回目 □

Step 1 ヘッダーに資料タイトルを設定する

文書のヘッダーには、資料タイトルや文書のバージョン、日付などの情報を入れることが一般的です。文書の概略がわかる情報を入れることを意識しましょう。

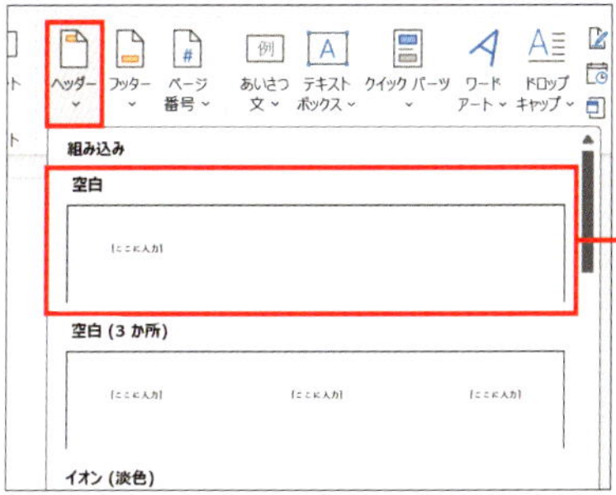

❶［挿入］タブの［ヘッダー］の一覧から［空白］をクリック

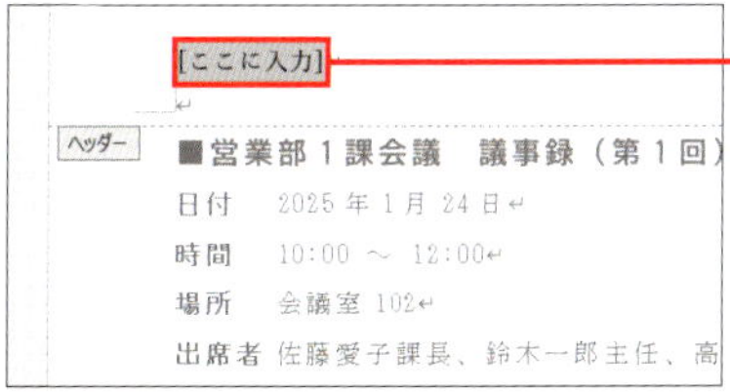

❷ヘッダーのエリアとプレースホルダーが表示された

Memo

プレースホルダーとは、ユーザーが入力しやすいように、入力例や入力位置を表示している部分のことです。

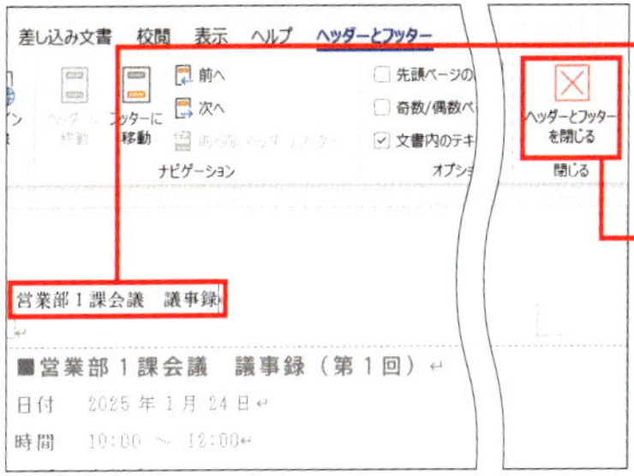

❸プレースホルダーを選択し、「営業部 1 課会議　議事録」と入力

❹［ヘッダーとフッターを閉じる］をクリック

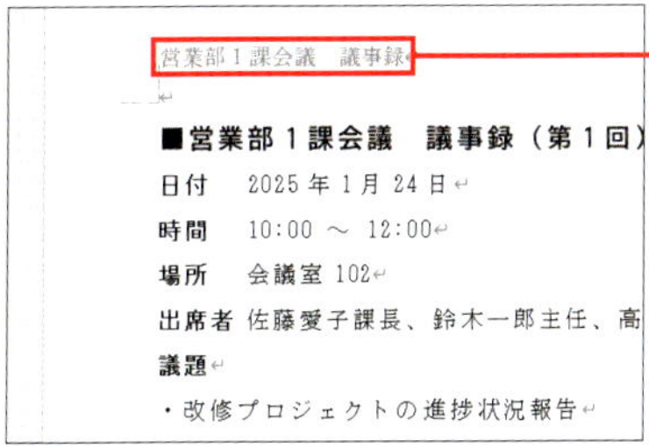

❺ヘッダーが設定された

Point

ヘッダー、フッター領域を表示すると、手順❸の画像のように、本文のエリアは薄いグレーで表示され、編集ができなくなります。本文のエリアに戻りたいときは、本文エリアにカーソルを合わせた状態でダブルクリック、もしくは［ヘッダーとフッター］タブの［ヘッダーとフッターを閉じる］をクリックします。
一方で、本文エリアを編集している状態で、ヘッダー／フッターエリアをダブルクリックすると、ヘッダー／フッターエリアが編集可能になります。

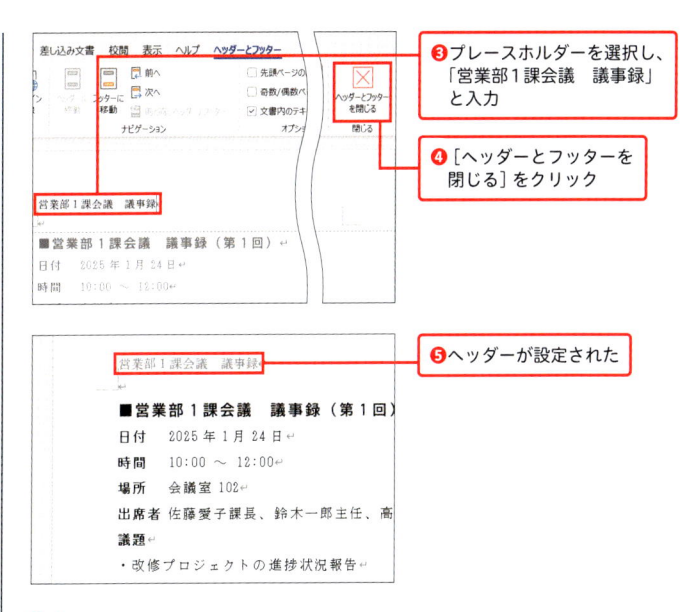

1回目 □　2回目 □

Step 2 ヘッダー位置を上から「8mm」、色を「青」にする

続いて、入力したヘッダーの編集を行います。ヘッダーの位置やフォントを変更したいケースは意外と多いので、操作を覚えておくとよいでしょう。

まずは、ヘッダーの位置を調整します。

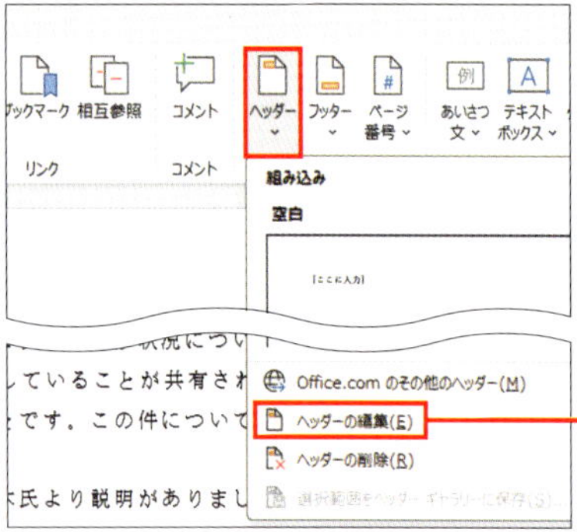

❶［挿入］タブの［ヘッダー］→［ヘッダーの編集］をクリック

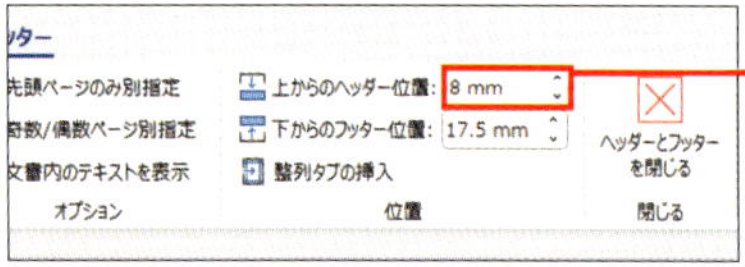

❷［上からのヘッダー位置］を［8mm］に設定

Memo

文書の余白のサイズによっては、既定のヘッダーの位置では本文と近く、見づらいケースがあるかもしれません。そのような場合は上記の手順で調整するとよいでしょう。

続いて、ヘッダーの色を設定します。

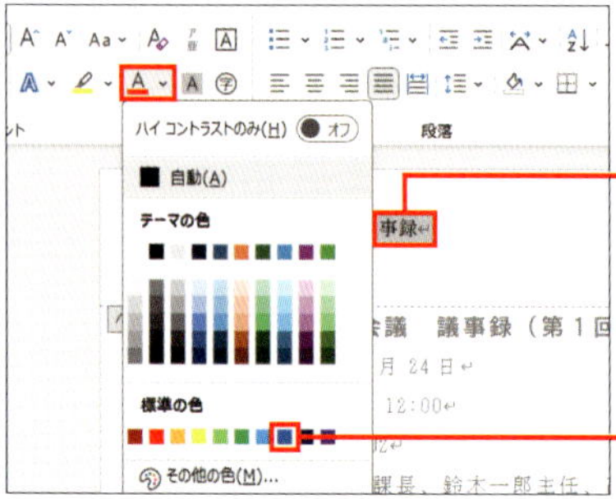

❸ヘッダーの文字列を選択

❹［ホーム］タブの［フォントの色］→［青］を選択

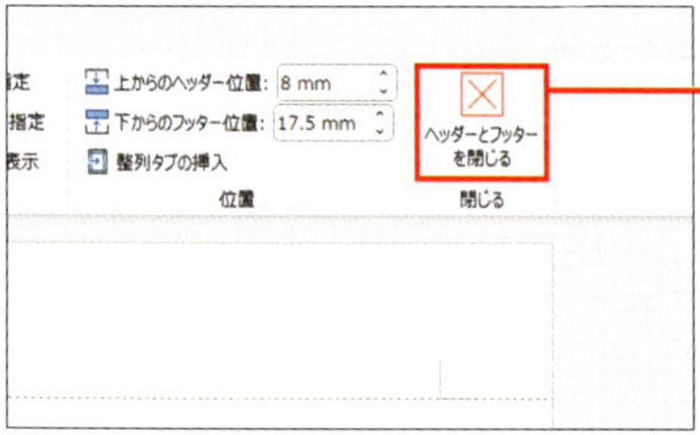

❺［ヘッダーとフッター］タブの［ヘッダーとフッターを閉じる］をクリック

❻ヘッダーの位置と色が設定された

Memo

度作成したヘッダーを削除したい場合は、手順❶の［ヘッダーの編集］の下にある［ヘッダーの削除］をクリックします。

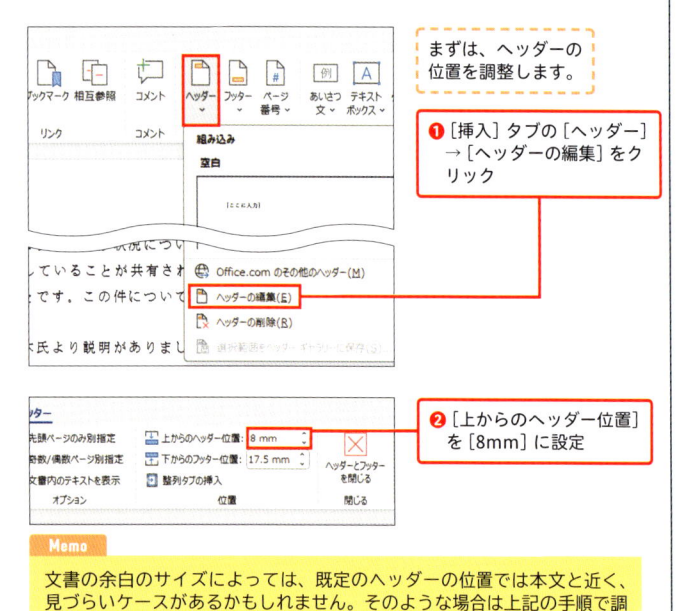

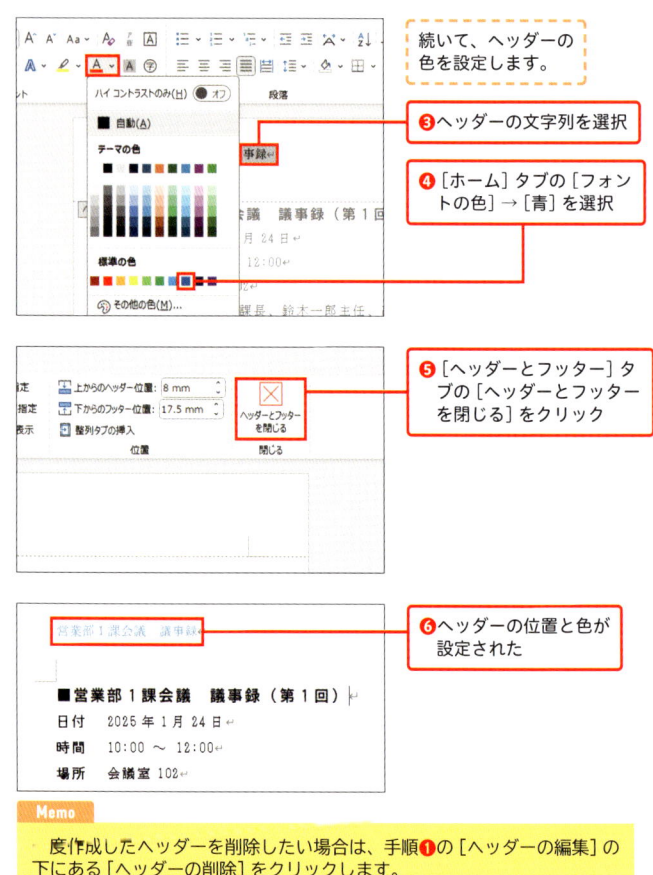

1回目 □　2回目 □

Step 3 フッターにページ数を設定する

フッターに設定する内容として最も一般的なのはページ数でしょう。ここでは、現在のページ数／総ページ数を表示して、対象のページが全体のどの位置に当たるのか、印刷してもわかるようにします。

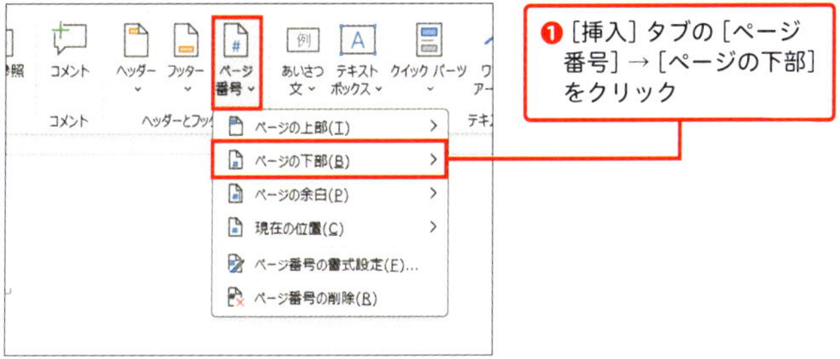

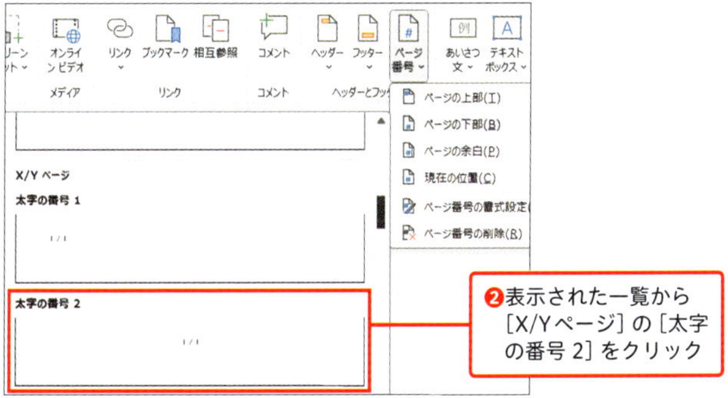

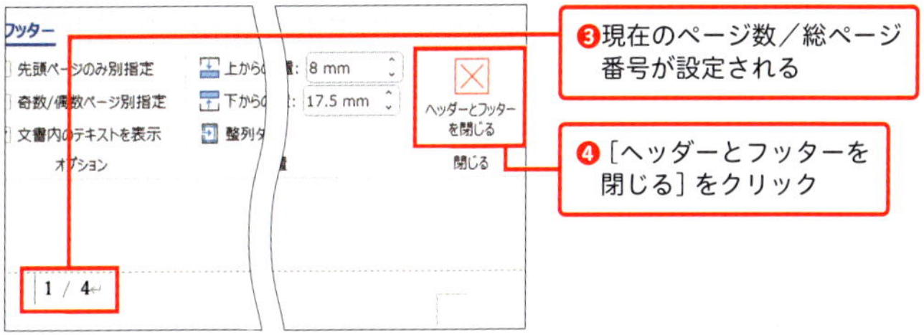

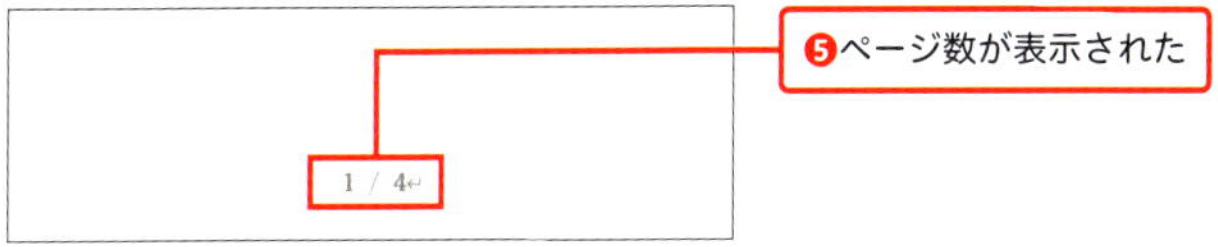

Point

ほかにも、たとえばヘッダーやフッターに日付を表示すると、印刷時にその資料がどのバージョンなのか明確になるため便利です。
挿入箇所にカーソルを置いた状態で、［ヘッダーとフッター］タブの［日付と時刻］をクリックして、表示形式を選択し、［OK］をクリックすると、日付が挿入されます。また、この際［自動的に更新する］にチェックを入れておくと、ファイルを開くたびに現在の日付に更新されます。

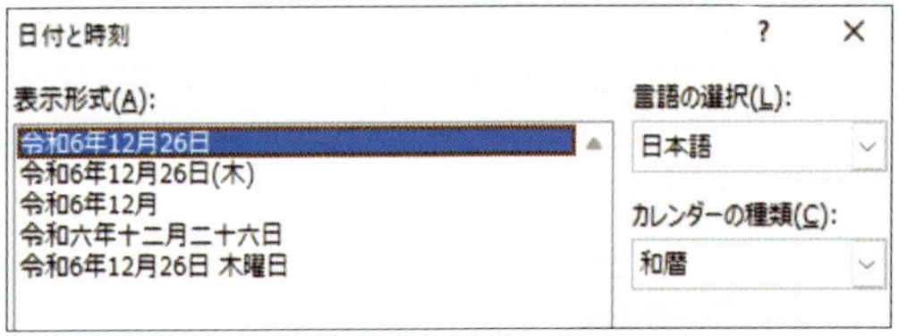

Drill

18

ch3-18.docx

月　日

段組設定

文書のレイアウトを２段組にする

段組を設定することで、１行の文字数が長くなりすぎないようにしたり、１ページあたりの文字量を増やしたりできます。ここでは、まず文書を２段組にし、さらに段組の間隔調整や境界線の挿入などの操作を練習していきます。段組の設定をマスターすることで、資料の内容に適したレイアウトを選択できるようになります。

Let's Try!

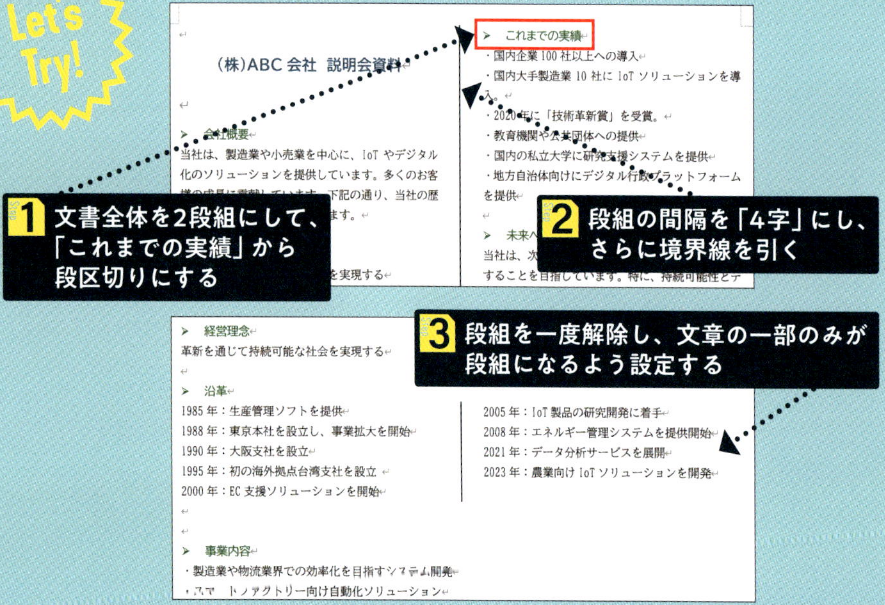

(株)ABC 会社　説明会資料
会社概要
当社は、製造業や小売業を中心に、IoT やデジタル
化のソリューションを提供しています。多くのお客
これまでの実績
・国内企業 100 社以上への導入
・国内大手製造業 10 社に IoT ソリューションを導入
・国内の私立大学に研究支援システムを提供
・地方自治体向けにデジタル行政プラットフォームを提供
1 文書全体を2段組にして、「これまでの実績」から段区切りにする
2 段組の間隔を「4字」にし、さらに境界線を引く
3 段組を一度解除し、文章の一部のみが段組になるよう設定する
経営理念
革新を通じて持続可能な社会を実現する
沿革
1985 年：生産管理ソフトを提供
1988 年：東京本社を設立し、事業拡大を開始
1990 年：大阪支社を設立
1995 年：初の海外拠点台湾支社を設立
2000 年：EC 支援ソリューションを開始
2005 年：IoT 製品の研究開発に着手
2008 年：エネルギー管理システムを提供開始
2021 年：データ分析サービスを展開
2023 年：農業向け IoT ソリューションを開発
事業内容
・製造業や物流業界での効率化を目指すシステム開発

Hint

［レイアウト］タブの［段組み］から設定する

段組の設定は、［レイアウト］タブの［段組み］から設定できます。段組の種類や幅などを調整したい場合は、［段組みの詳細設定］から［段組み］ダイアログを開いて設定しましょう。

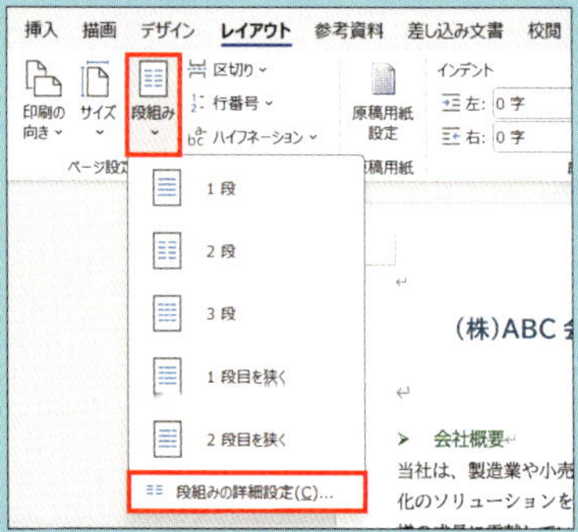

挿入
描画
デザイン
レイアウト
参考資料
差し込み文書
校閲
印刷の向き
サイズ
段組み
区切り
行番号
ハイフネーション
原稿用紙設定
インデント
左: 0 字
右: 0 字
1 段
2 段
3 段
1 段目を狭く
2 段目を狭く
段組みの詳細設定(C)...
(株)ABC
会社概要

1回目 □　2回目 □

Step 1 文書全体を2段組にして、「これまでの実績」から段区切りにする

まずは文書を2段組に設定します。その際、文章は文量に応じて自動的に次の段に送られます。自動で設定された段落の区切りは、文書の流れが不自然にならないように、調整もしておきましょう。

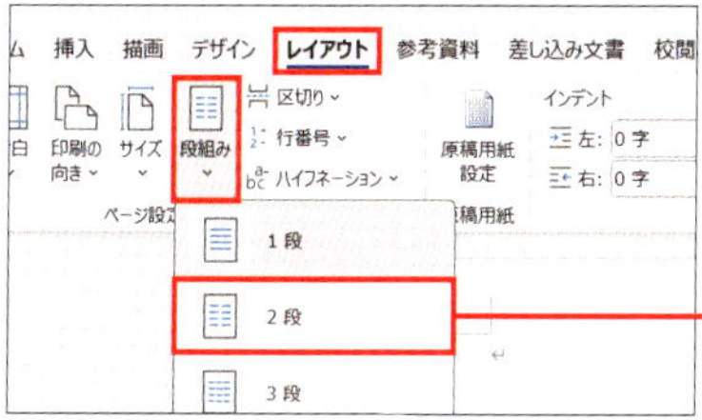

❶［レイアウト］タブの［段組み］→［2段］をクリック

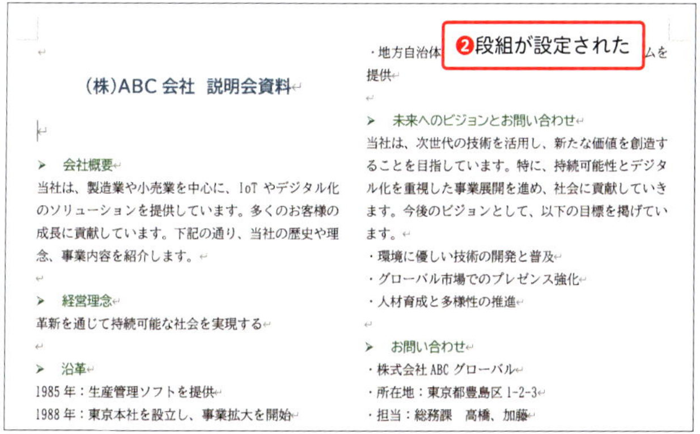

❷段組が設定された

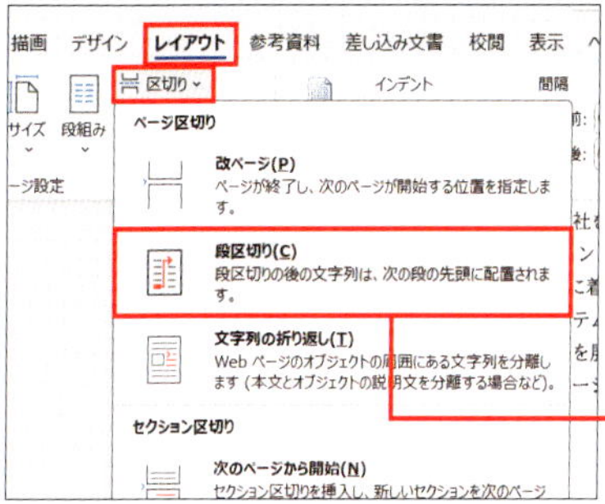

続いて、区切りのいい位置で次の段に送る設定をしましょう。

❸次の段に送る開始位置にカーソルを合わせる（ここでは、「これまでの実績」）

❹［レイアウト］タブの［区切り］→［段区切り］をクリック

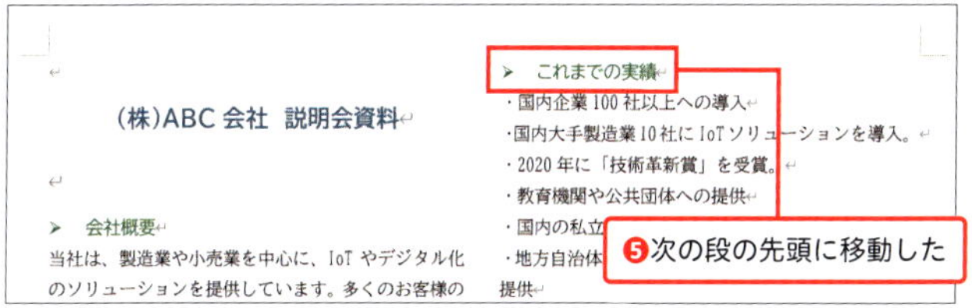

❺次の段の先頭に移動した

Point

今回のサンプルのように、1行あたりの文字数が多い場合は、2段組みにすると読みやすくなります。一方、3段以上が適切なケースとしては、下の画像のような短い単語の箇条書きなどの場合です。スペースの有効活用につながります。

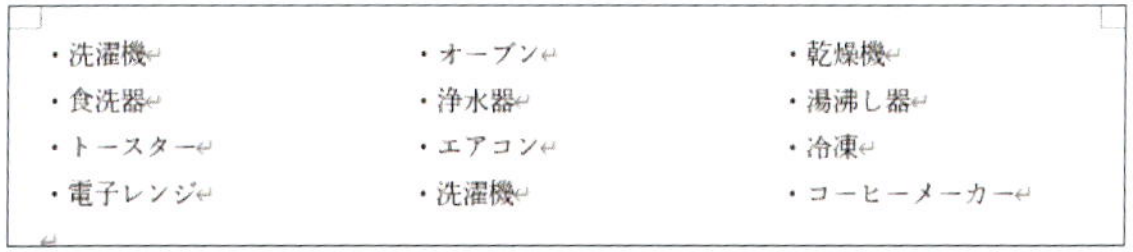

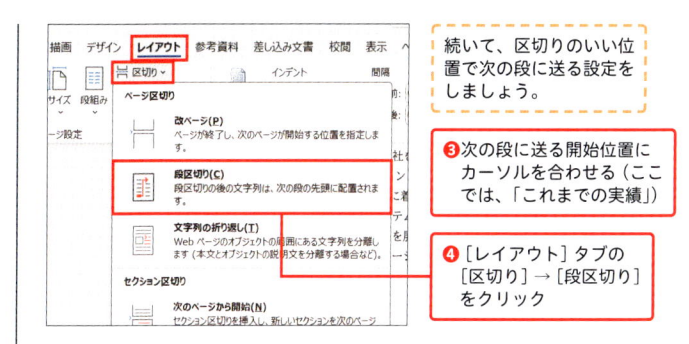

1回目 □　2回目 □

Step 2 段組の間隔を「4字」にし、さらに境界線を引く

単に2段に切り替えるだけでなく（Step1までの操作）、段組の間隔を広げたり、境界線を挿入したりすることで、段組の視覚的な見やすさをさらに向上することができます。

まずは、段の間隔を設定します。

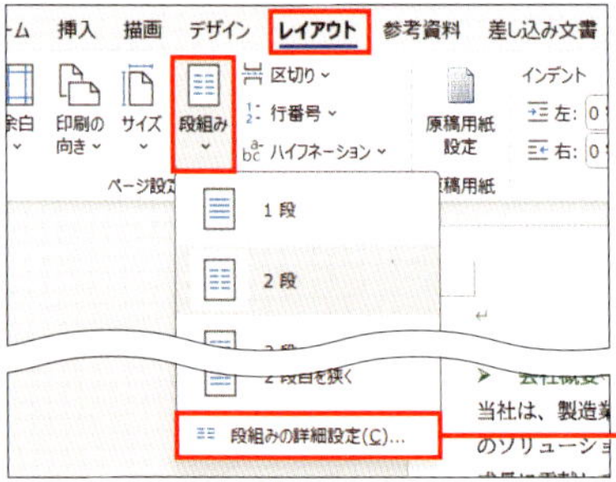

❶［レイアウト］タブの［段組み］→［段組みの詳細設定］をクリック

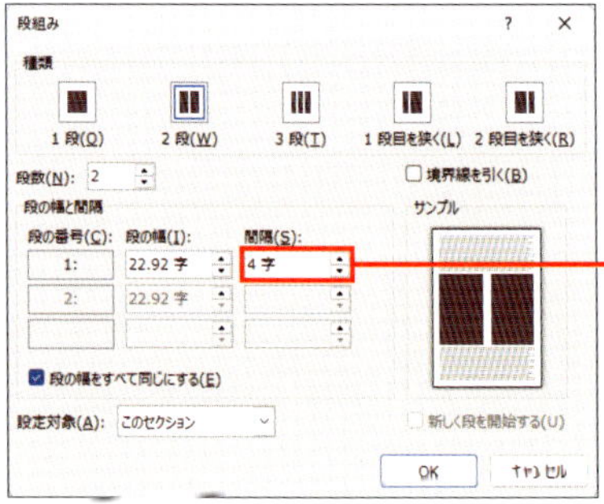

❷［間隔］を［4字］に設定

続いて、境界線を挿入します。

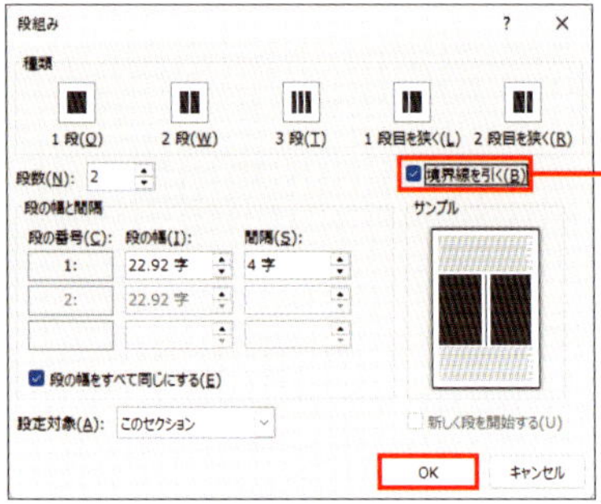

❸［境界線を引く］にチェックを入れ、［OK］をクリック

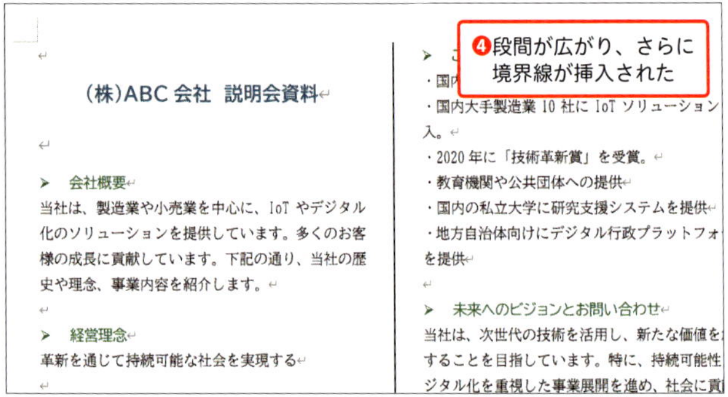

❹段間が広がり、さらに境界線が挿入された

Point

このStepでは、2段の段組を両方とも同じ幅に設定しました。もし、左右で段組の幅を変えるのであれば、［段組み］ダイアログから、［1段目を狭く］［2段目を狭く］を選択すると、段の幅を指定のサイズに調整可能です。

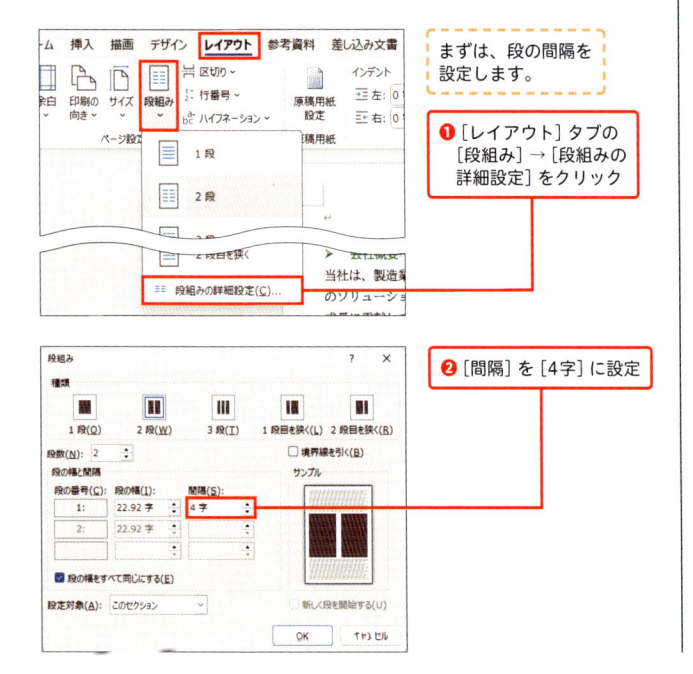

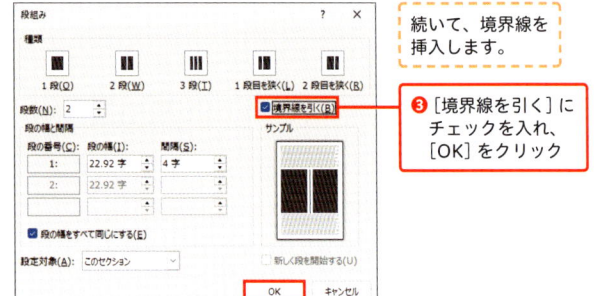

1回目 □ 2回目 □

Step 3 段組を一度解除し、文章の一部のみが段組になるよう設定する

最後に、段組の解除と文書の一部のみの段組を設定しましょう。Step1の操作により、段組を1段にしても、段区切りは残ったままになっています。不要な区切りを解除してから、設定し直しましょう。

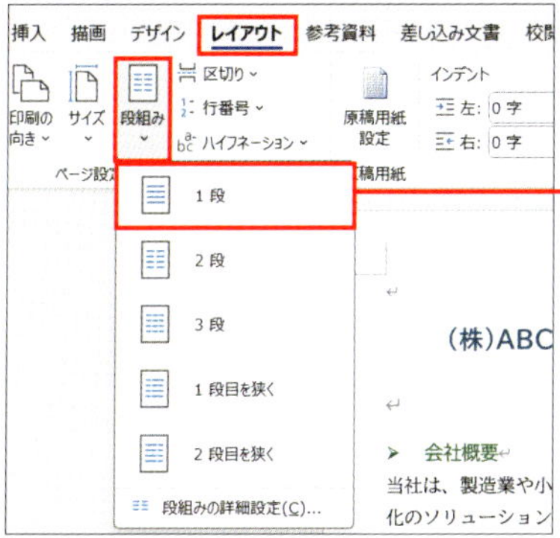

まずは、段組を解除します。

❶［レイアウト］タブの［段組み］→［1段］をクリック

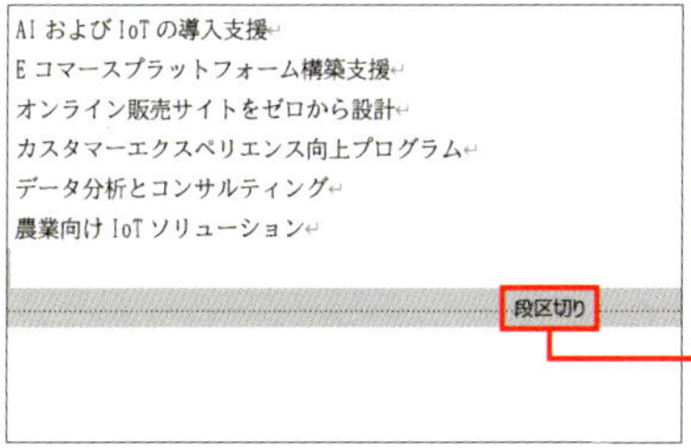

❷段組が解除された

❸［ホーム］タブの［編集記号の表示／非表示］をクリック（P.47）

❹表示された［段区切り］を選択して Delete キーを押す

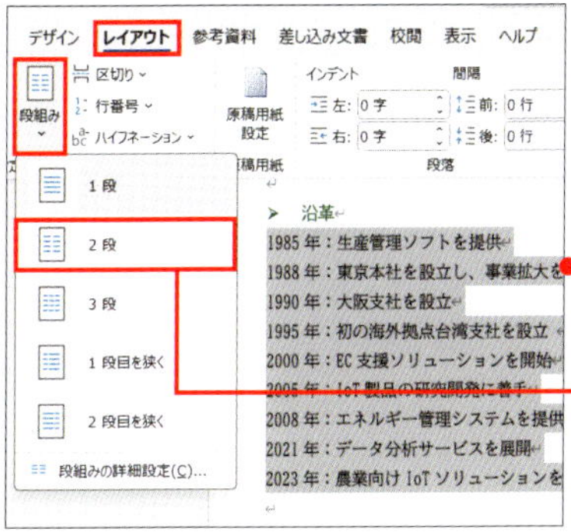

続いて、文書の一部だけ段組を設定していきます。なお、これ以降の操作では編集記号は不要なため非表示にしています。

❺段組設定する箇所だけ選択

❻［レイアウト］タブの［段組み］→［2段］をクリック

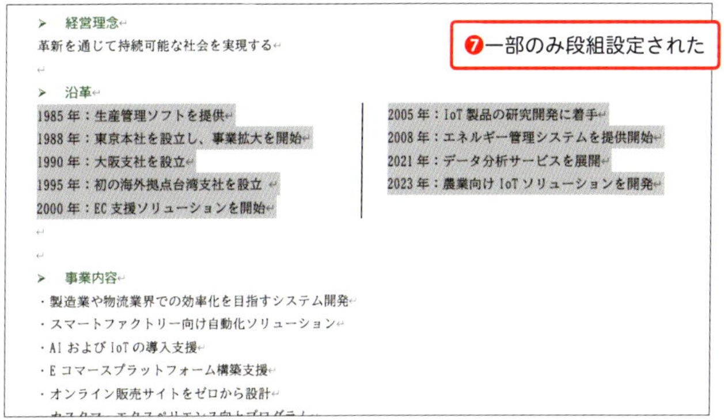

❼一部のみ段組設定された

Memo

Step2の段組の設定が残っているので、境界線が自動で引かれます。不要な場合は、［段組み］ダイアログで境界線をオフにしましょう。なお、段組を設定したことで、選択範囲には自動でセクション区切りも挿入されました（Drill19）。

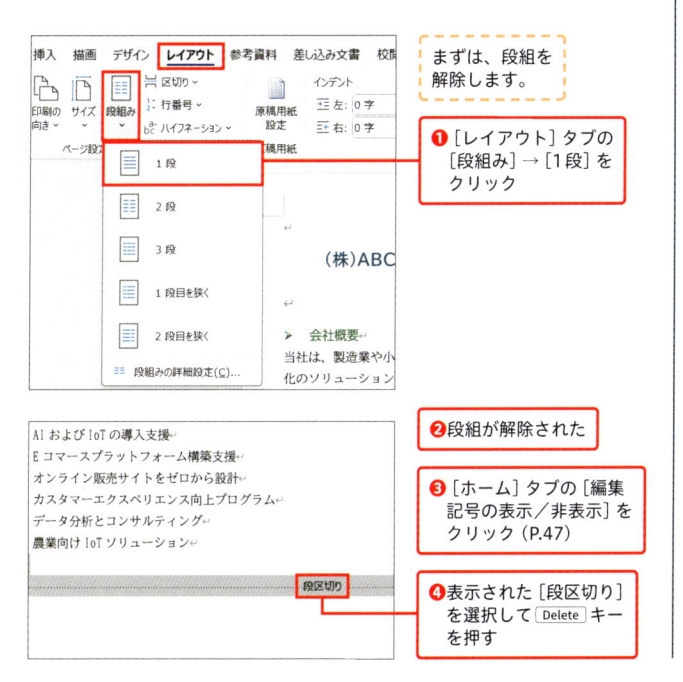

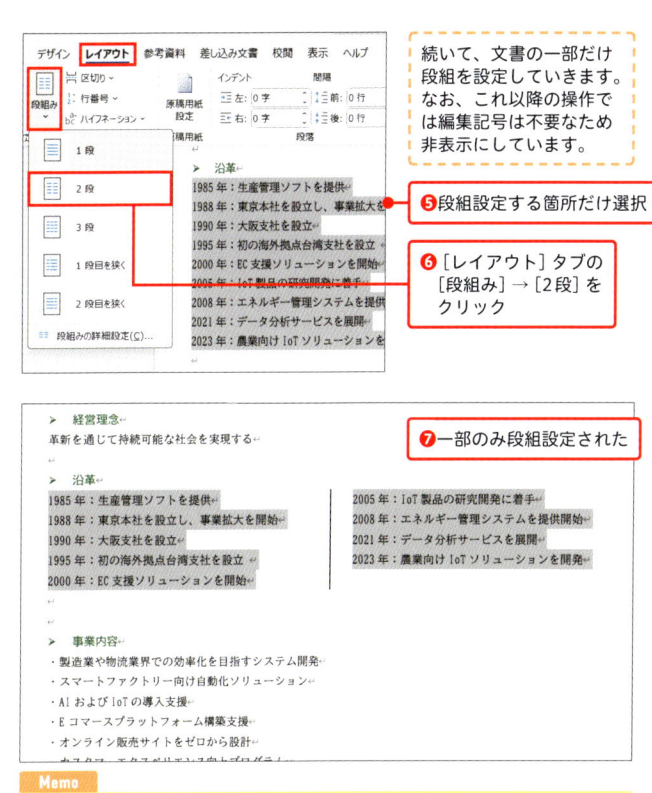

Drill 19

ch3-19.docx

月　日

セクションごとにページレイアウトを設定する

通常、1つの文書は1つのセクションで構成され、全ページに同じ設定が適用されます。しかし、長い文書では、章などのブロックごとにレイアウトを変えたいケースもあるでしょう。その場合は、セクションを分けてそれぞれのページ設定を行うことで、個々にレイアウトを変えることも可能です。

Let's Try!

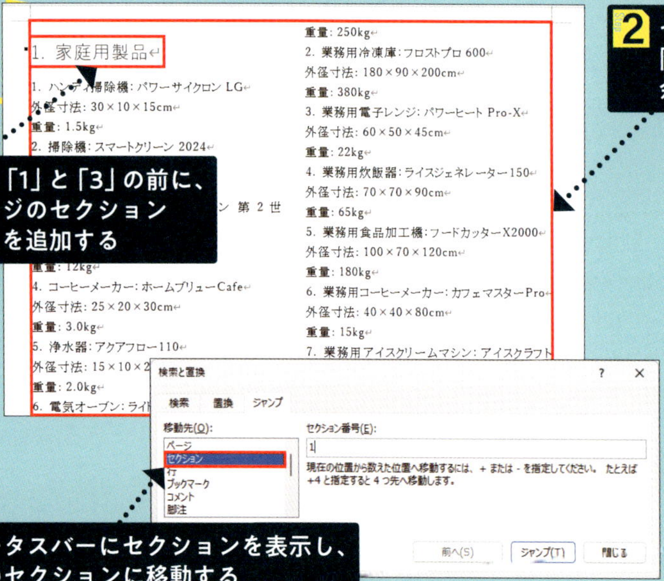

1 見出し「1」と「3」の前に、改ページのセクション区切りを追加する

2 セクション2のみ「2段組」かつ「やや狭い」余白に設定する

3 ステータスバーにセクションを表示し、対象のセクションに移動する

Hint ［レイアウト］タブの［区切り］→［セクション区切り］から設定する

セクションを設定する場合は、区切る位置にカーソルを合わせ、［レイアウト］タブの［区切り］→［セクション区切り］のなかから指定のものを選択します。セクションで区切ったあとはその内容にあわせたページ設定をしましょう。

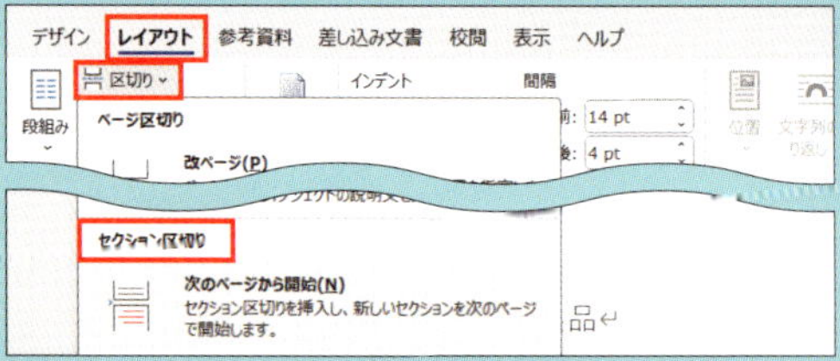

1回目 □ 2回目 □

Step 1 見出し「1」と「3」の前に、改ページのセクション区切りを追加する

この文書では、「1.家庭用製品」「2.業務用製品」の範囲のみ、ページ設定を変更させます。そのため、それらの前後でセクションを区切り、全3セクションに分割しましょう。

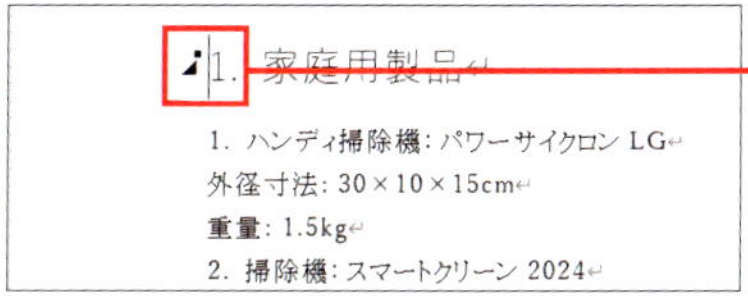

❶セクションを区切る位置にカーソルを合わせる

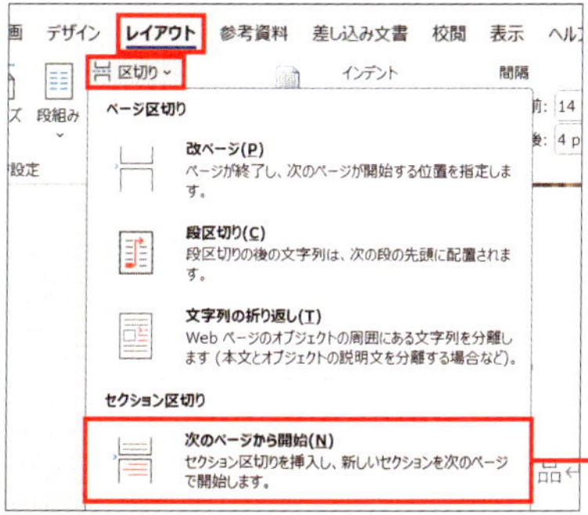

❷［レイアウト］タブの［区切り］→［セクション区切り］の［次のページから開始］をクリック

Memo

セクション区切りには、「次のページから開始」「現在の位置から開始」「偶数ページから開始」「奇数ページから開始」の4種類があります。適当な区切りの種類を選択するようにしましょう。

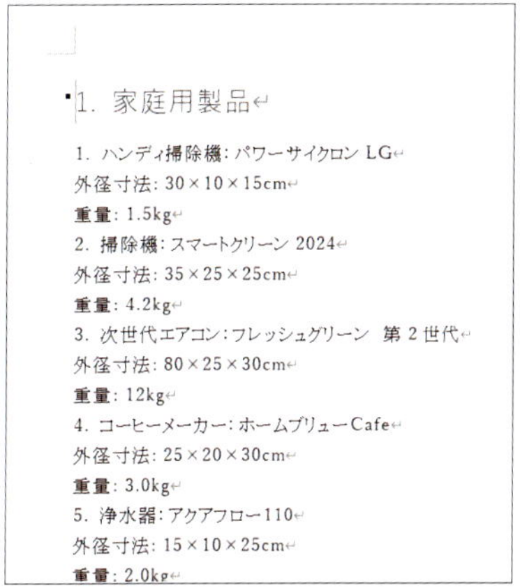

❸文書にセクションが追加された

Memo

セクション区切りの種類を「次のページから開始」をしたので、セクションが分割されたと同時に改ページされました。

❹同様に「3. お問い合わせ」の前の位置でも手順❶❷の操作でセクションを分ける

Point

ここまでの操作で、下図のように3つのセクションに分かれました。次のStepでは、セクション2のみページ設定を変更していきます。

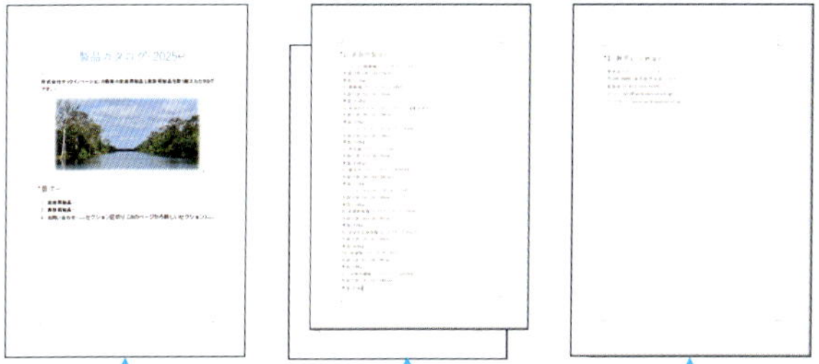

セクション1　セクション2　セクション3

1回目 □　2回目 □

Step 2 セクション2のみ「2段組」かつ「やや狭い」余白に設定する

セクション2のみ、文量が多いので、2段組にして見やすくします。また、段組の設定した場合は、余白をすこし狭くすると、本文エリアが広がり見やすくなるのであわせて設定しておきましょう。

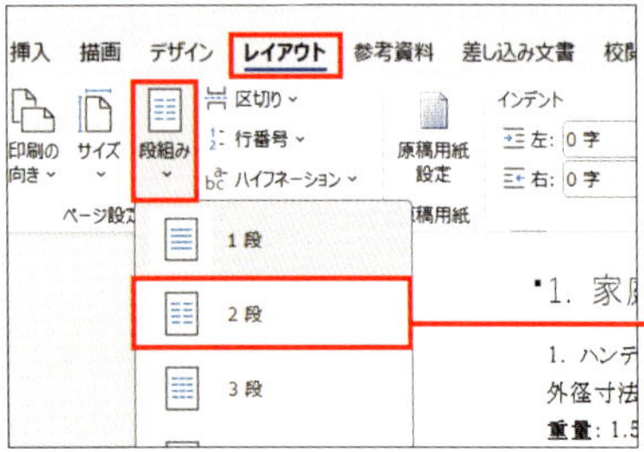

まずは段組みの設定をします。

❶セクション2の文中にカーソルを置く

❷［レイアウト］タブの［段組み］→［2段］をクリック

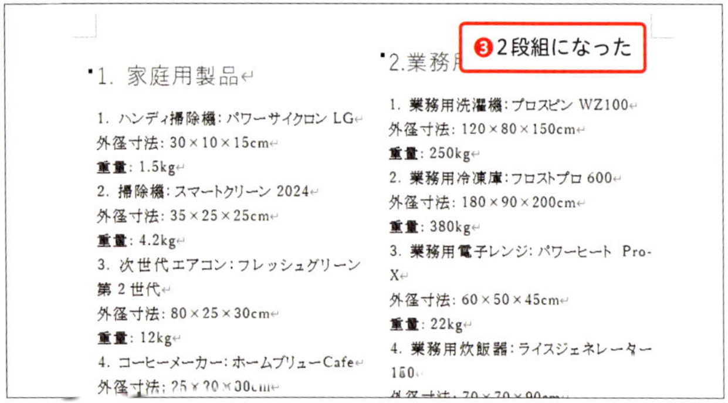

❸2段組になった

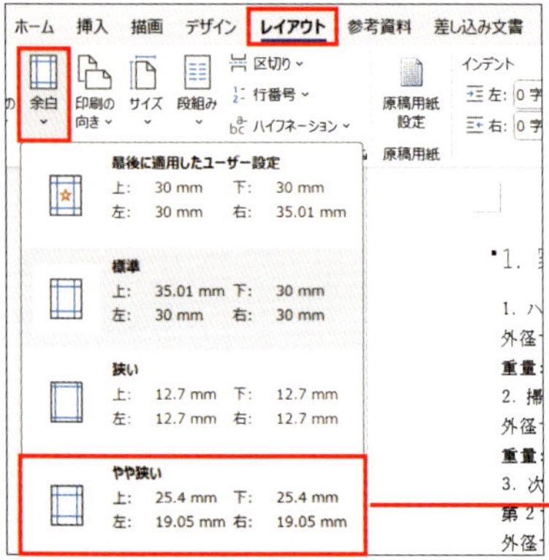

続いて、余白の設定を変えます。

❹カーソルの位置を変えずに、［レイアウト］タブの［余白］→［やや狭い］をクリック

❺余白の設定がされた

Point

セクションで区切ると、セクションごとに異なるページ設定ができます。設定できるのは主に次の項目です。

・文字列の方向
・用紙サイズ
・余白
・段組　など

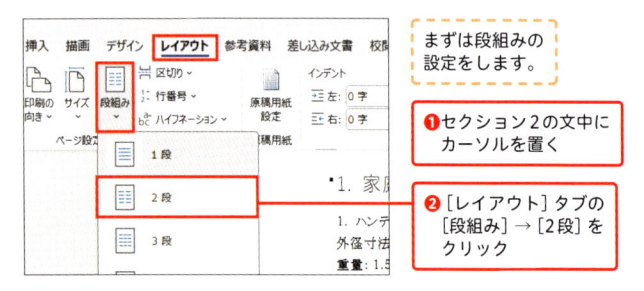

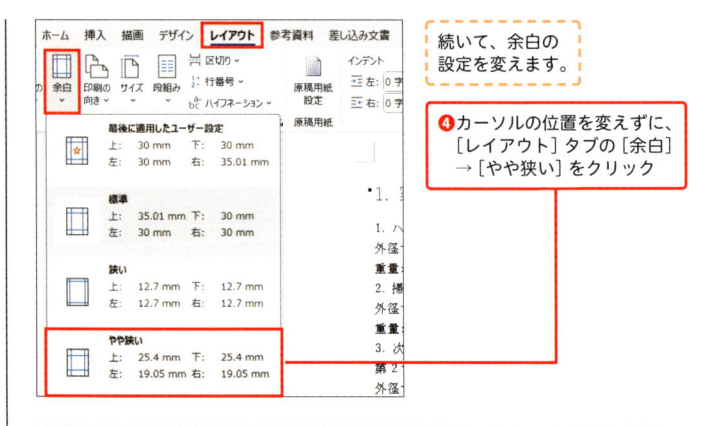

1回目 □ 2回目 □

Step 3 ステータスバーにセクションを表示し、対象のセクションに移動する

Wordの初期設定では、セクションを設定しても「どこからどのセクションであるか」が表示されません。そこで、ステータスバーにセクションの表示をする設定も紹介しておきます。

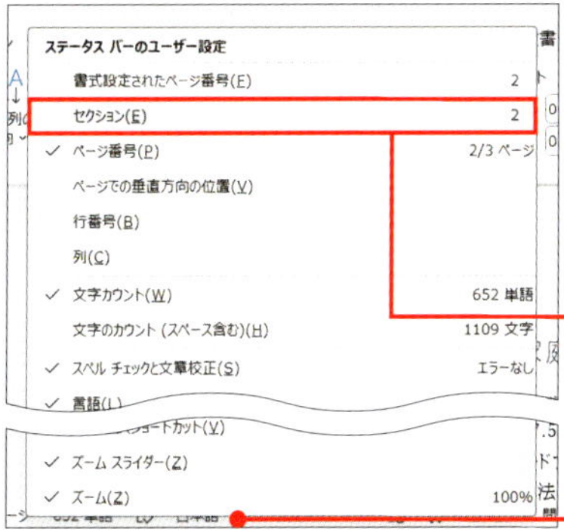

まずはステータスバーにセクションを表示させます。

❶ステータスバーを右クリック

❷表示されたダイアログの［セクション］をクリック

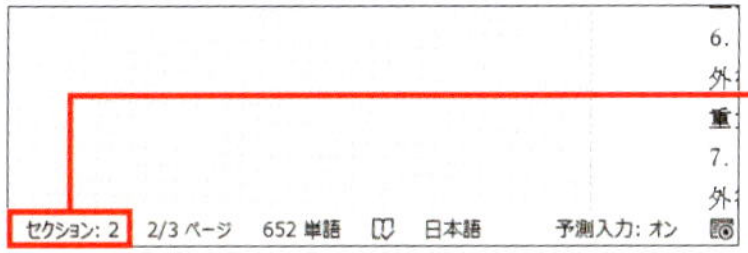

❸ステータスバーにセクション番号が表示されるようになった

Memo

セクションだけでなく、ステータスバーに表示させておきたい項目がある場合、手順❶のように設定できます。たとえば、文字数や書式設定されたページ番号なども表示させておくと便利な項目です。

続いて、セクションにカーソルをすばやく移動させます。

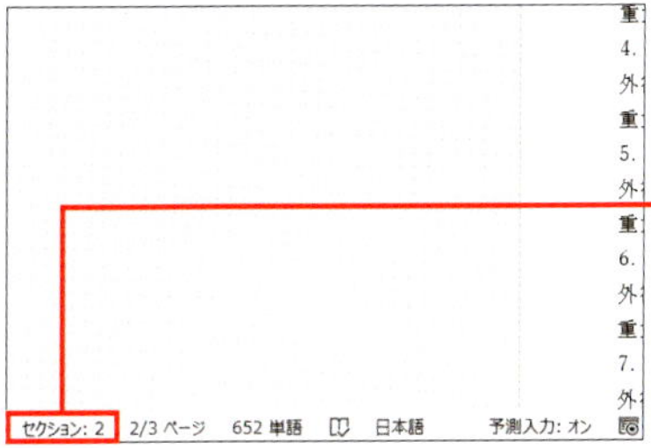

❹ステータスバーの［セクション］をクリック

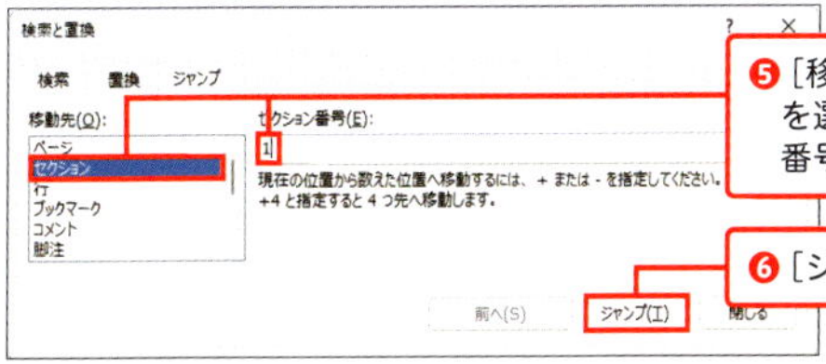

❺［移動先］に［セクション］を選択し、［セクション番号］に「1」と入力

❻［ジャンプ］をクリック

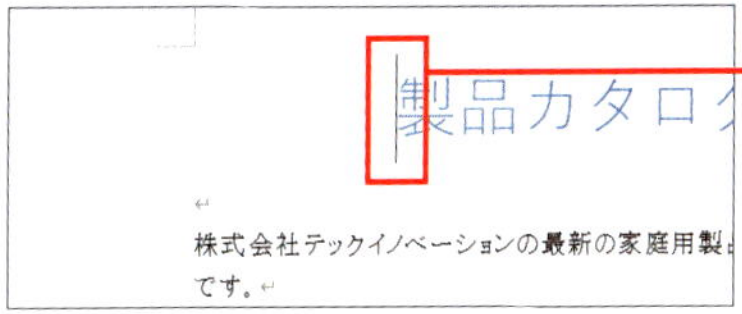

❼カーソルがセクション1の開始位置に移動した

セクション区切りの確認と削除

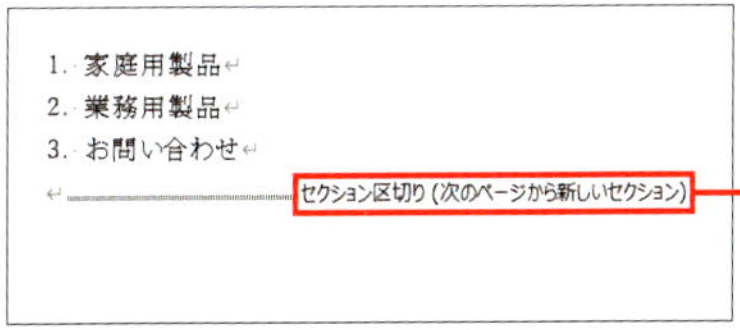

［ホーム］タブの［編集記号の表示／非表示］をクリックすると、「セクション区切り」の記号が表示される。これを選択し、Delete キーを押すと、削除できる

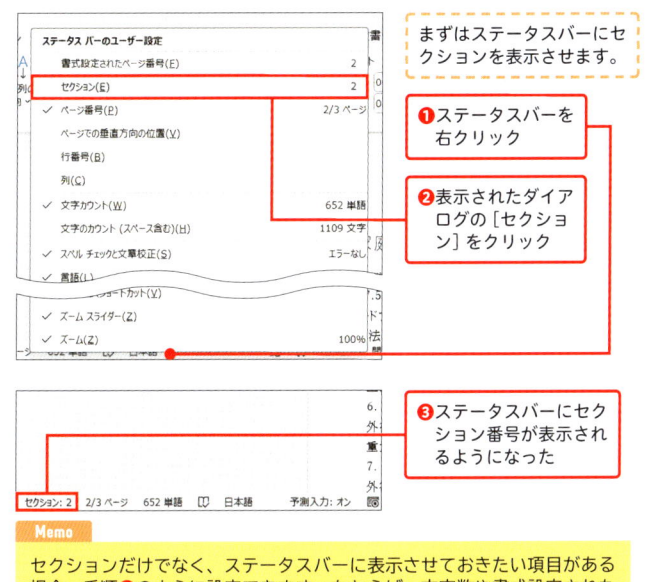

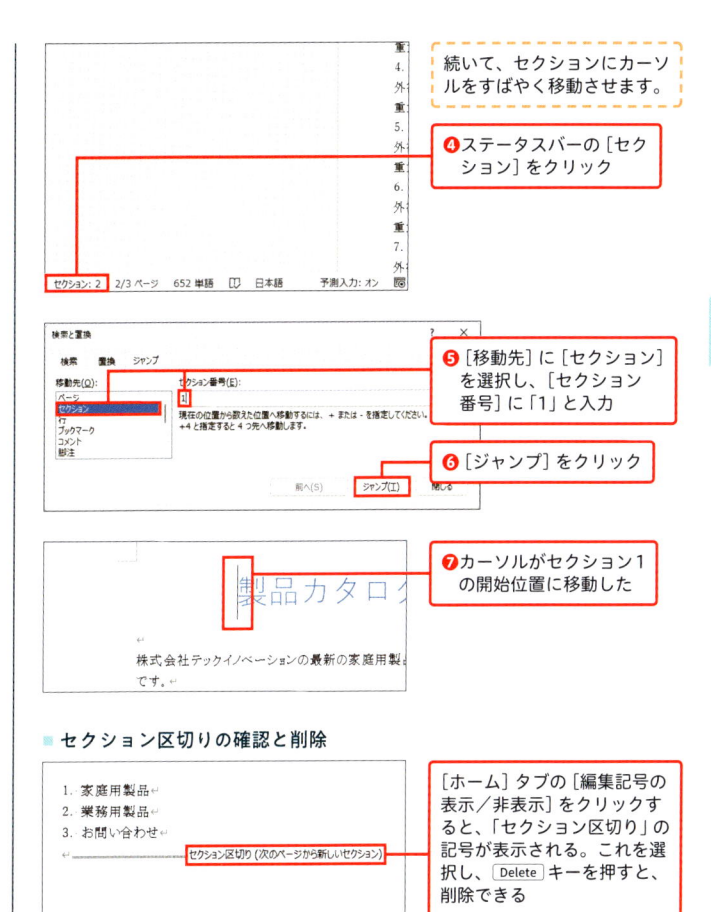

Drill
20
ch3-20.docx
月　日

ナビゲーションウィンドウ　# 目次

文書の全体構造を把握できるようにする

ナビゲーションウィンドウは、非常に便利な機能で、Wordを使うなら必須で出しておきたいウィンドウです。文書構造の把握に役立ちますし、特定の見出しにジャンプもできるので、文書内の移動にも役立ちます。ここでは、ナビゲーションウィンドウと目次の基本的な操作を練習していきます。

Let's Try!

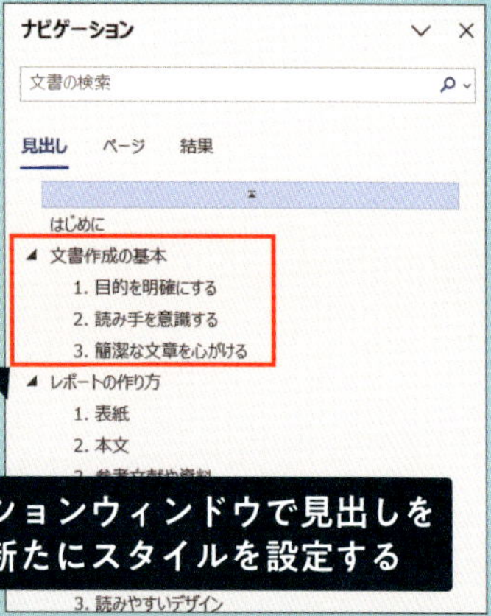

1 ナビゲーションウィンドウで見出しを表示し、新たにスタイルを設定する

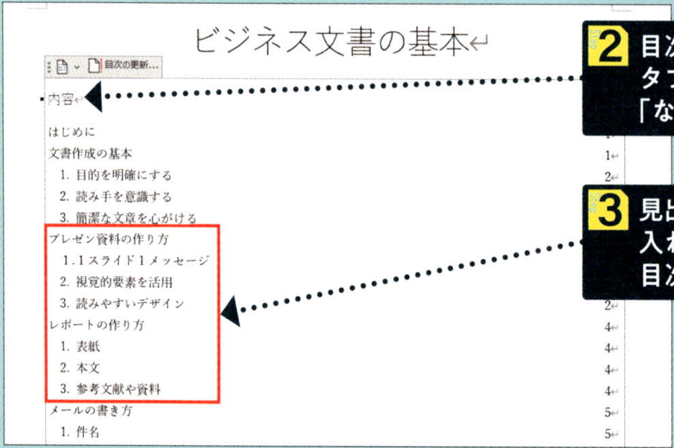

2 目次を作成し、タブリーダーを「なし」にする

3 見出しの順番を入れ替えて、目次も更新する

Hint　設定したスタイルごとに目次を作成する

目次を設定するには、まずはスタイルを設定して、文章を構造化しておくことが必要です（P.74）。設定が完了すると、ナビゲーションウィンドウに見出し一覧が表示され、目次も簡単に作成できます。目次を設定する場合は、［参考資料］タブの［目次］から設定、編集が可能です。

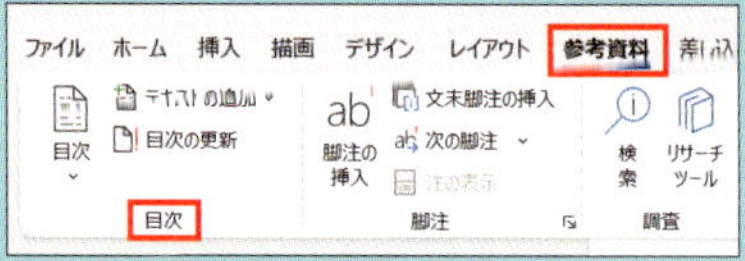

1回目 □ 2回目 □

Step 1 ナビゲーションウィンドウで見出しを表示し、新たにスタイルを設定する

ナビゲーションウィンドウでは見出しが一覧表示されるので、ほかの見出しへの移動や構成変更が簡単にできます。目次と異なる点としては、ページ内ではなくサイドバーに見出しが表示されることです。

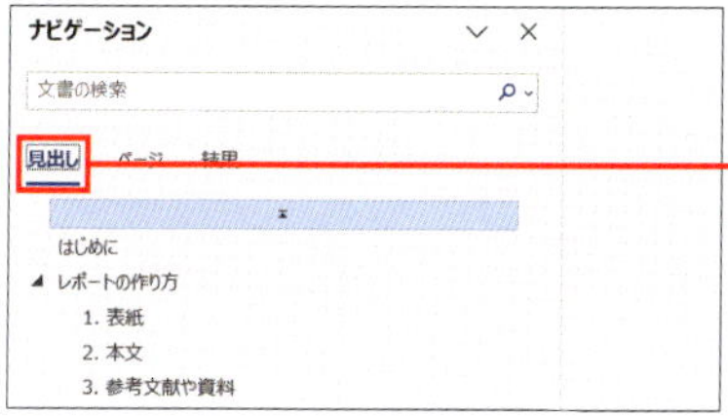

❶ Ctrl + F キーを押す

❷画面左側にナビゲーションウィンドウが表示されるので［見出し］をクリック

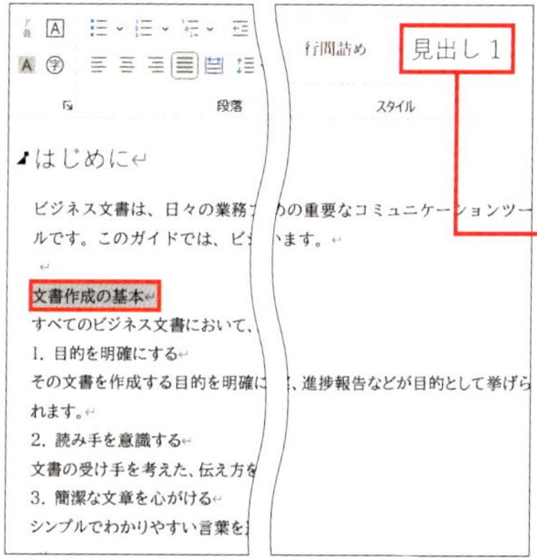

続いて、目次を設定したい箇所にスタイルを設定します。

❸文中の「文書作成の基本」を選択した状態で、［ホーム］タブの［スタイル］→［見出し1］をクリック

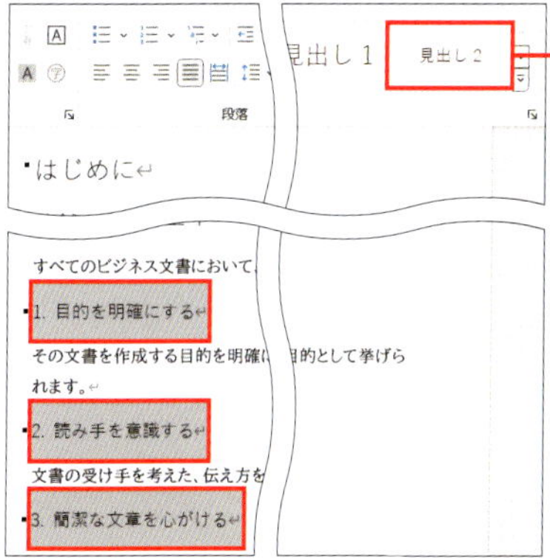

❹文中の「1.目標を～」「2.読み手を～」「3.簡潔な～」の3箇所をすべて選択した状態で、［ホーム］タブの［スタイル］→［見出し2］をクリック

このサンプルでは、それ以外の見出しには事前にスタイルを設定しています。

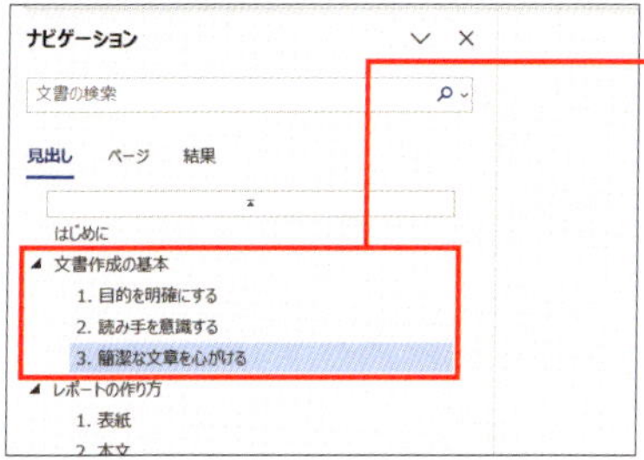

❺手順❸❹で設定した見出しが表示された

Memo

見出しの先頭にある◢をクリックすると、下のランクの見出しを表示／非表示できます。

■ ナビゲーションウィンドウを利用してカーソルを移動する場合

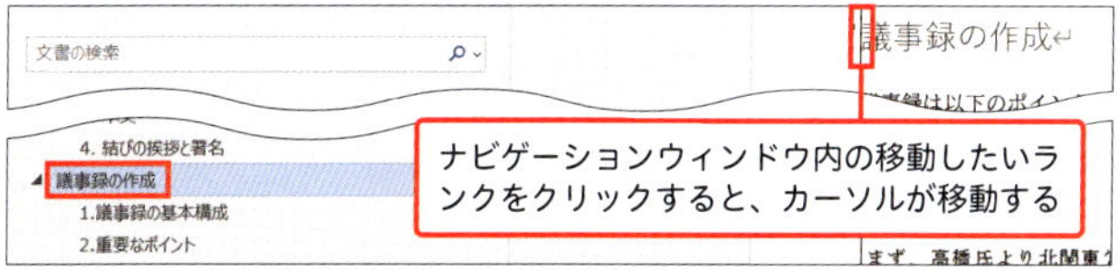

ナビゲーションウィンドウ内の移動したいリンクをクリックすると、カーソルが移動する

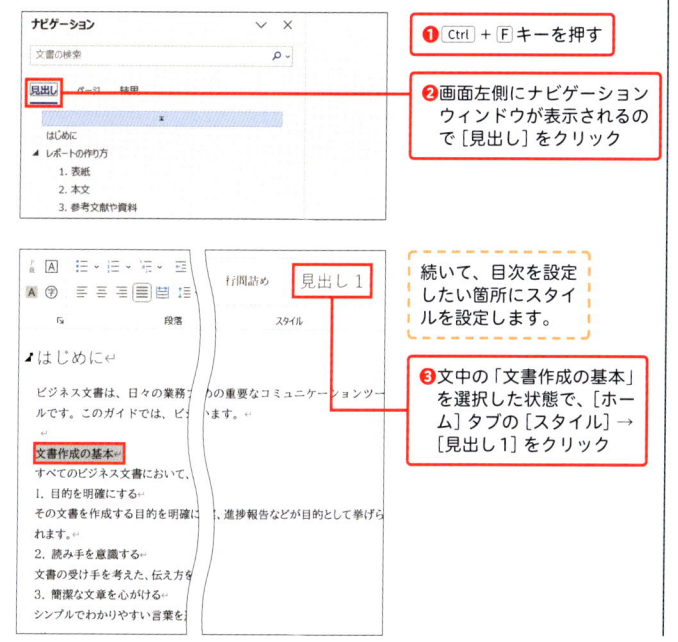

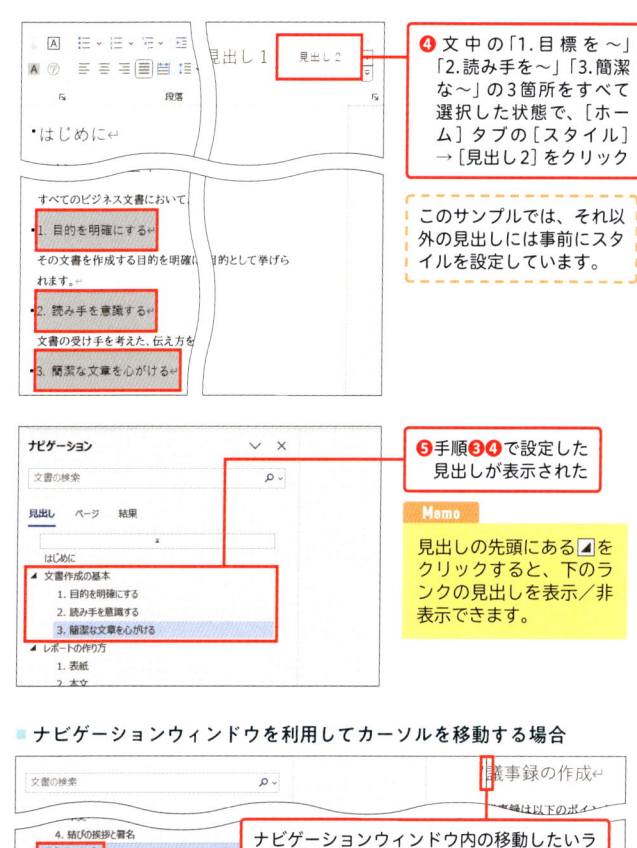

1回目 □ 2回目 □

Step 2 目次を作成し、タブリーダーを「なし」にする

Step1で文書のスタイルを設定したので、次は、文書冒頭に入れる目次を、Wordの「目次」機能で自動生成しましょう。さらに、目次の書式も変更し、視覚的に読みやすくなるよう調整していきます。

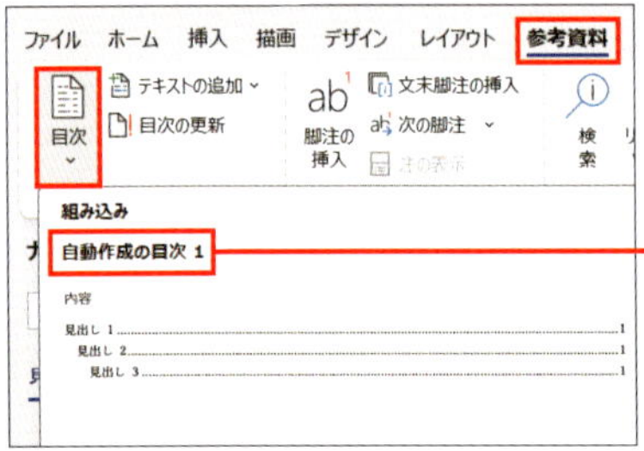

❶目次を挿入する位置にカーソルを合わせる

❷［参考資料］タブの［目次］→［自動作成の目次1］をクリック

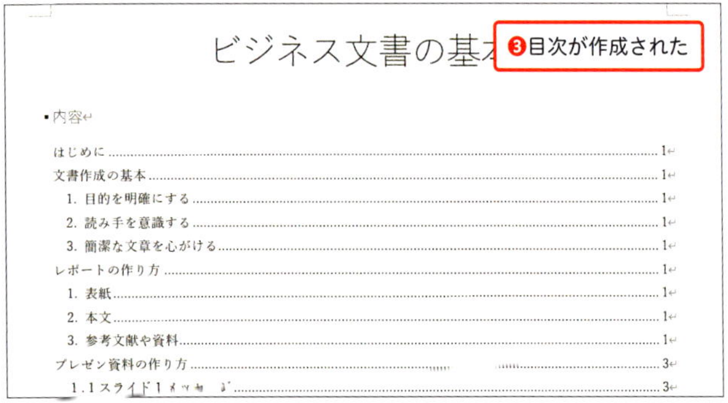

❸目次が作成された

続いて、目次の書式を編集します。

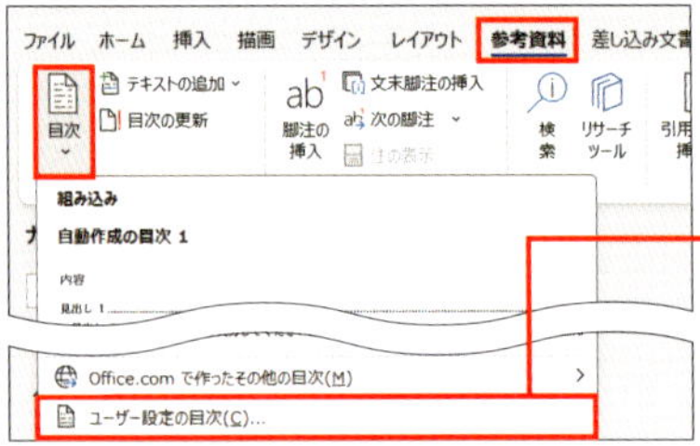

❹［参考資料］タブの［目次］→［ユーザー設定の目次］をクリック

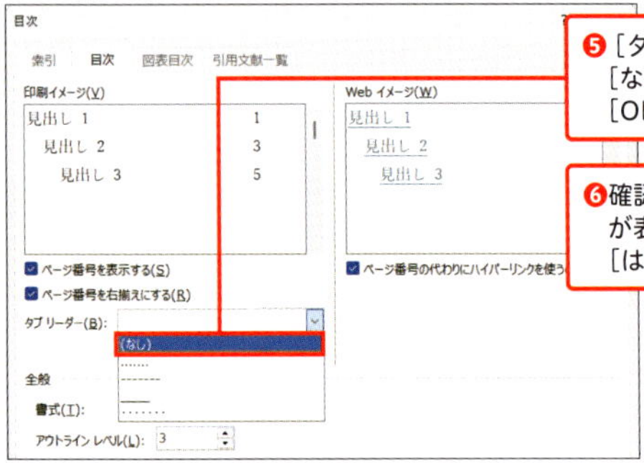

❺［タブリーダー］の［なし］を選択し、［OK］をクリック

❻確認のダイアログが表示されるので、［はい］をクリック

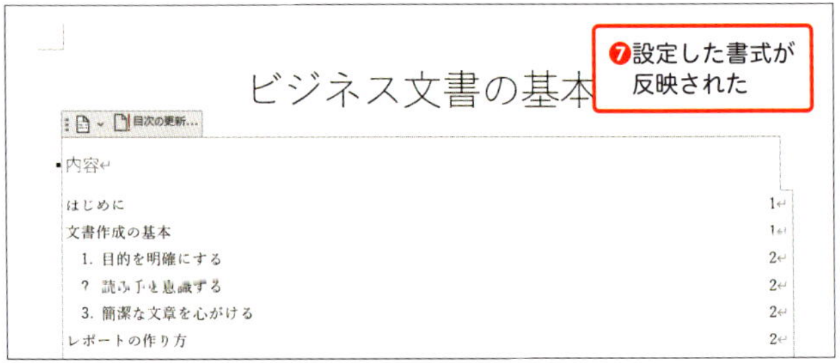

❼設定した書式が反映された

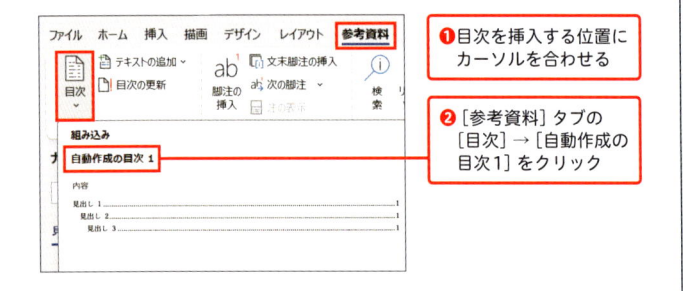

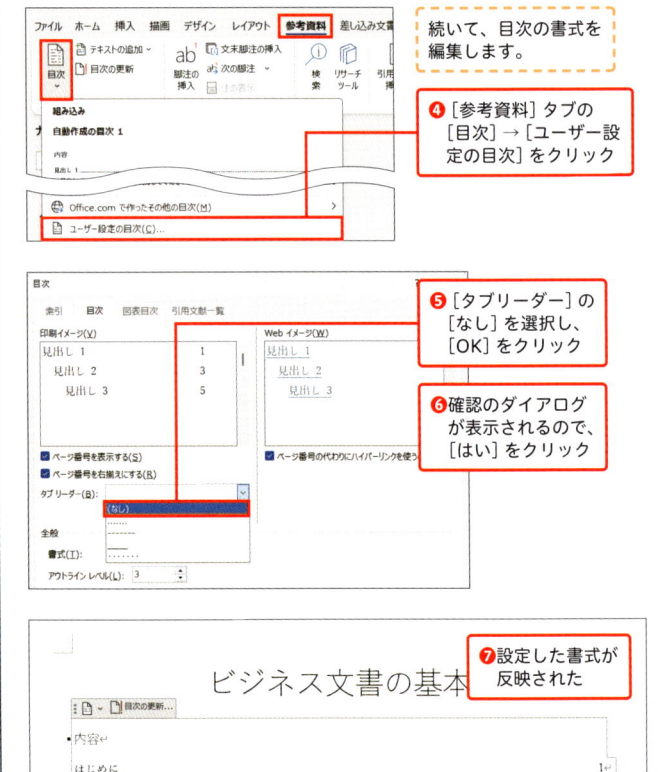

1回目 □　2回目 □

Step 3 見出しの順番を入れ替えて、目次も更新する

記事の入れ替えなどを行いたいときは、ナビゲーションウィンドウを利用すると簡単です。なお、ページの変動や見出しテキストの変更があった場合も、目次はボタン１つで更新できます。

ここでは、「レポートの作り方」の記事を「プレゼン資料の作り方」の位置に移動します。

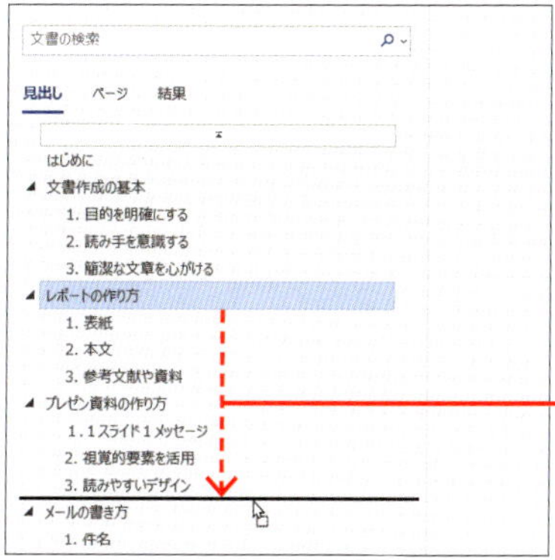

❶「レポートの作り方」をドラッグして、「3. 読みやすいデザイン」の下に移動する

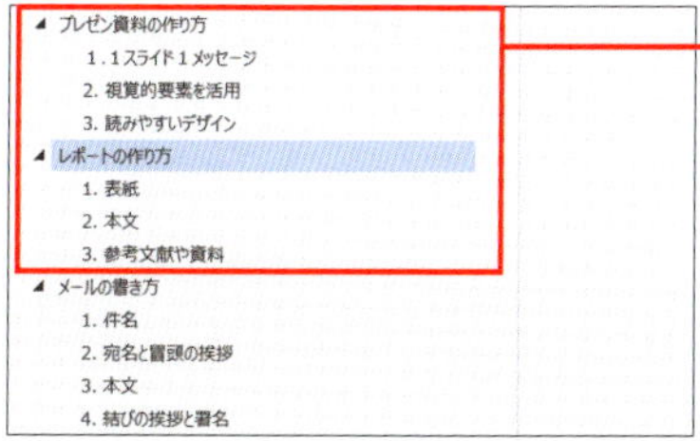

❷記事が移動した

続いて、目次を更新します。

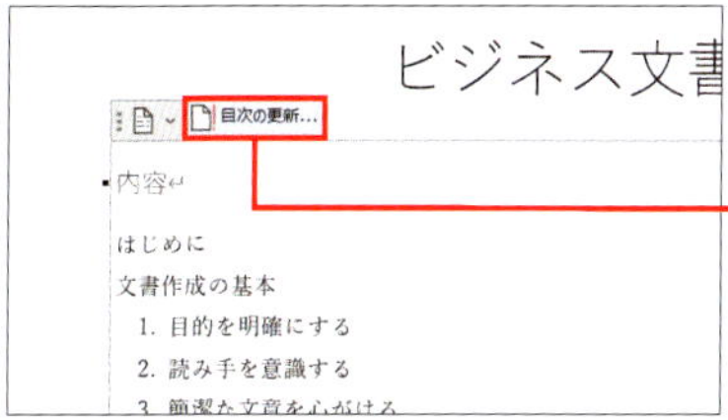

❸目次を選択すると、表示される［目次の更新］をクリック

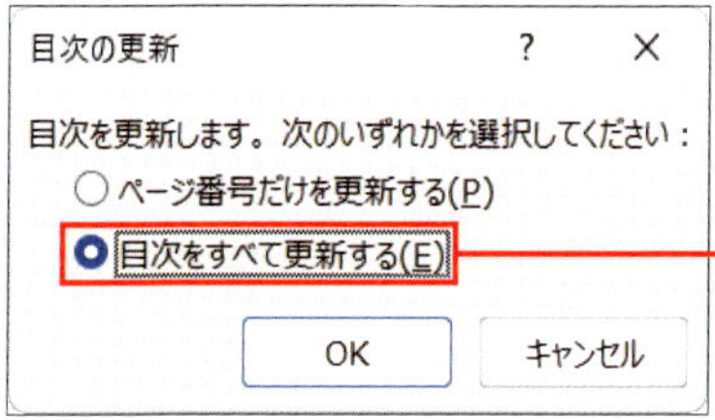

❹［目次をすべて更新する］→［OK］をクリック

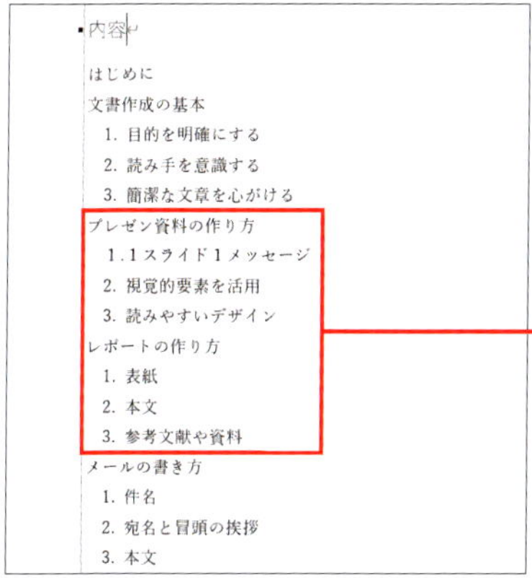

❺目次の順番が更新された

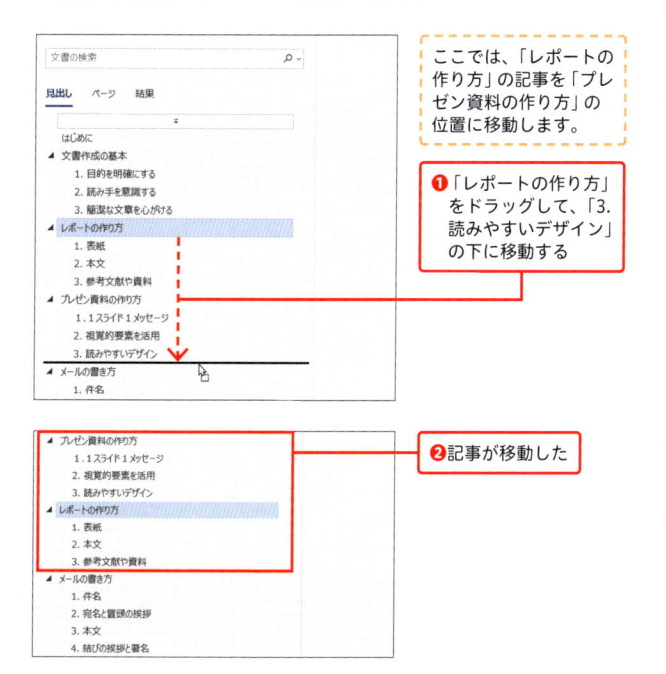

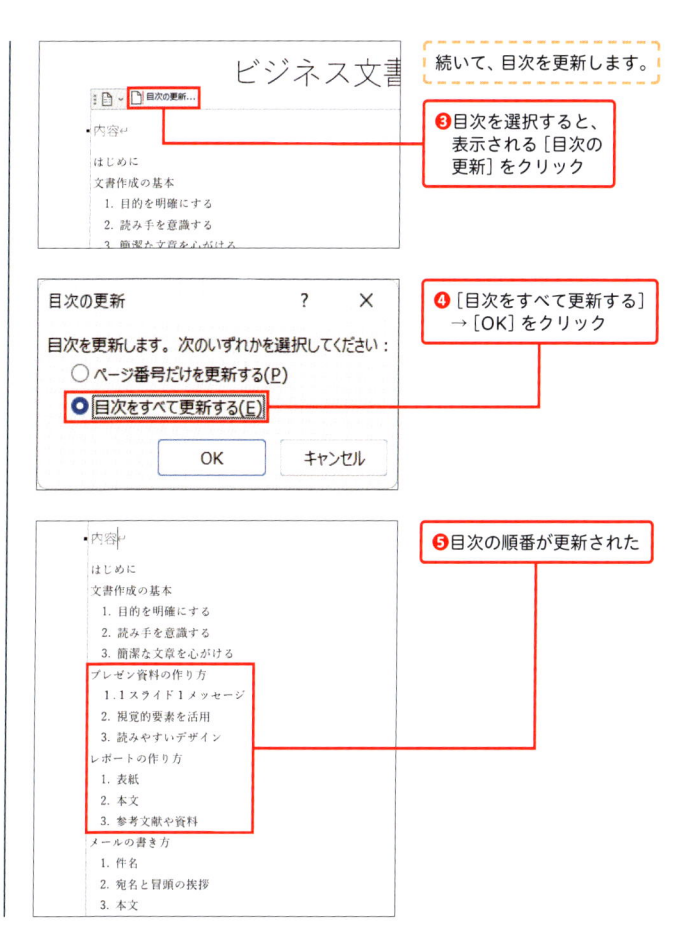

Drill 21

ch3-21.docx

月　日

脚注

補足情報を脚注として入力する

脚注を使うと、補足情報を本文から分けて記載できるため、話の流れを妨げずに読みやすい文書が作れます。たとえば、参考文献や引用元を示す際に使うことが多いです。ここでは、脚注の挿入、配置位置の変更、番号書式変更といった基本操作を練習しましょう。

Let's Try!

Step 1 脚注をページの末尾に入力する

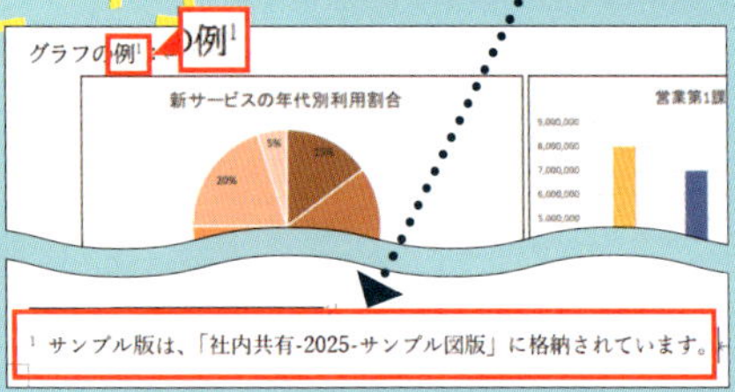

Step 2 ページごとに入れた脚注を文書末尾にまとめる

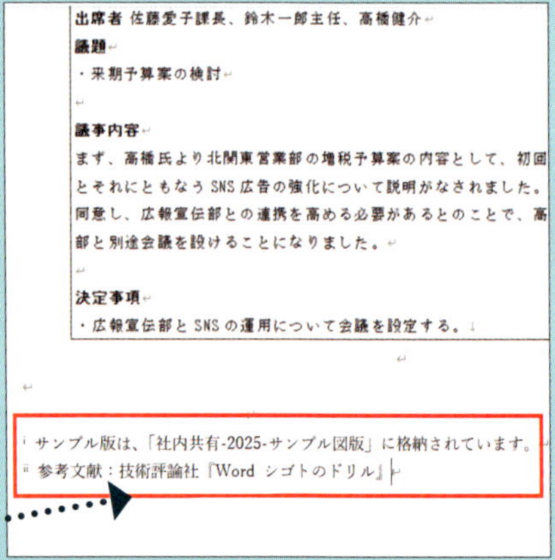

Step 3 番号書式の変更と、1つ目の脚注を削除する

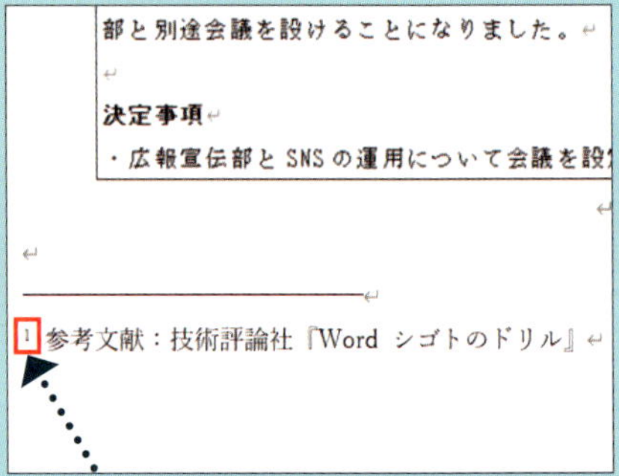

Hint ［参考資料］タブの［脚注の挿入］から設定する

脚注の設定は、［参考資料］タブの［脚注の挿入］から設定できます。［脚注の挿入］をクリックすると、その脚注のあるページの末尾に挿入されます。また、［脚注と文末脚注］ダイアログでは、脚注の位置や番号書式などを変更できます。

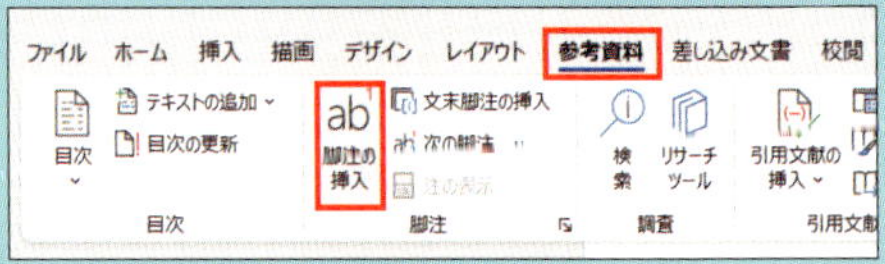

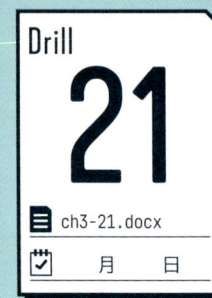

1回目 □ 2回目 □

Step 1 脚注をページの末尾に入力する

まずは、ページの末尾に脚注を挿入しましょう。参考文献が多い場合は文書の最後にまとめることが多いですが、少量であればページごとに入れてもよいでしょう。

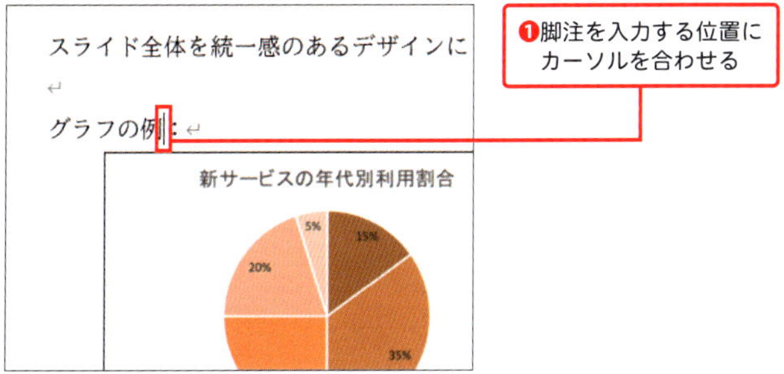

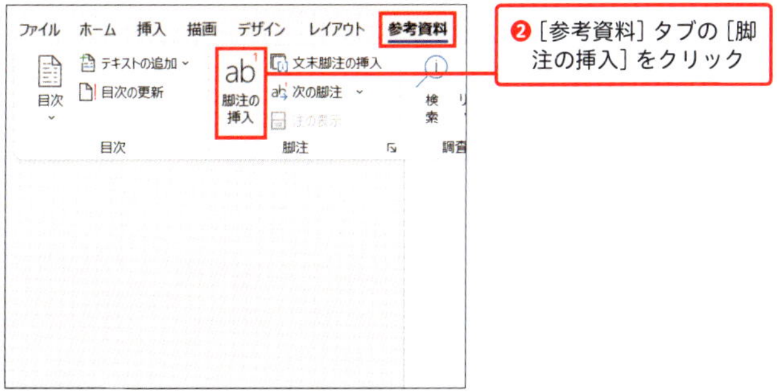

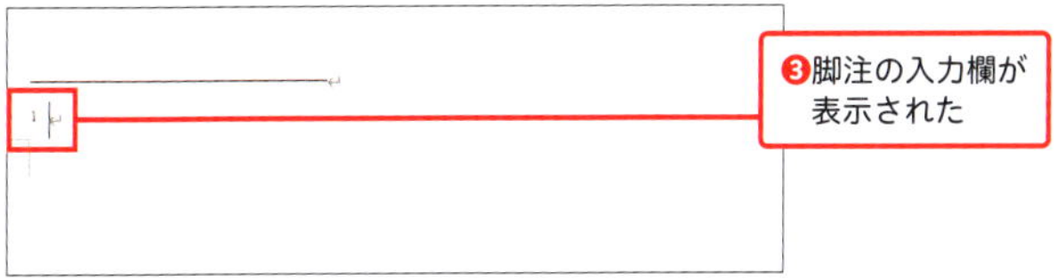

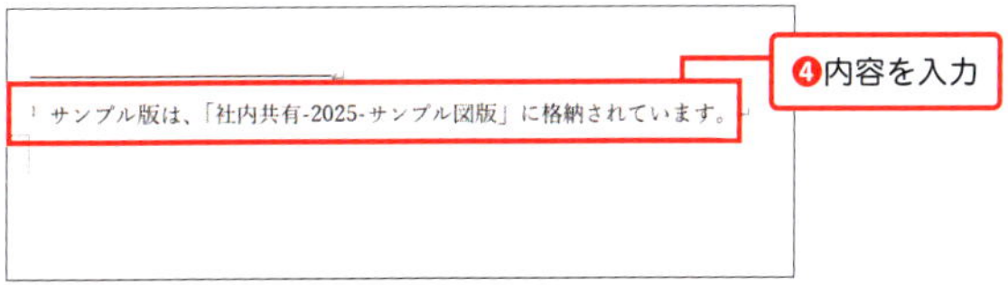

Memo

脚注を複数入れた場合、［参考資料］タブの［次の脚注］をクリックすると、次の脚注にカーソルが移動します。

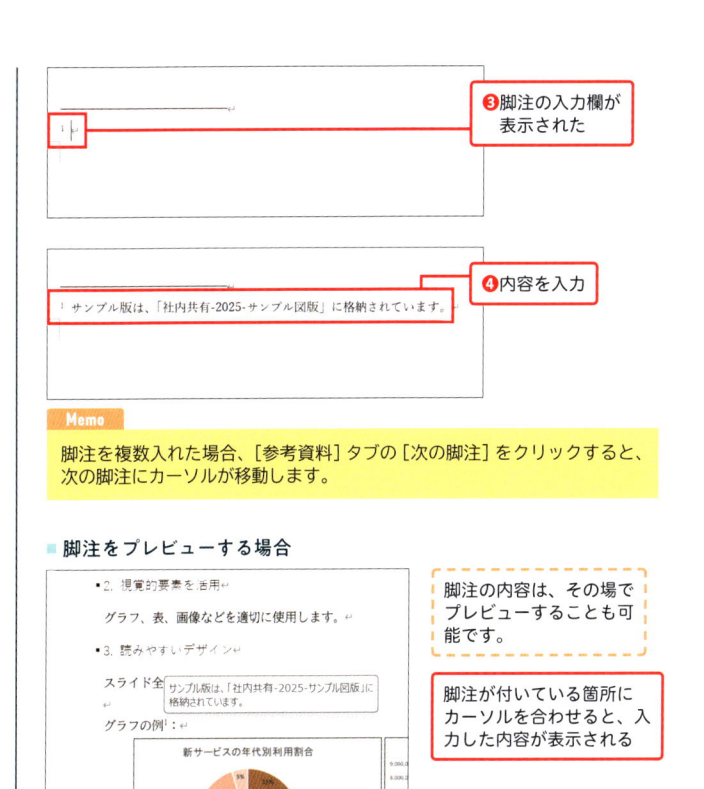

脚注をプレビューする場合

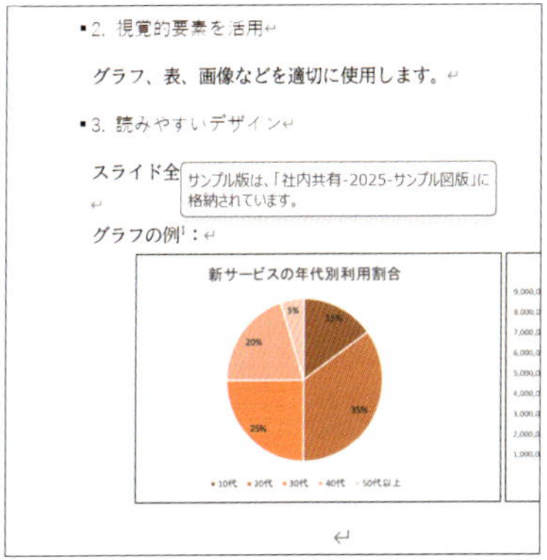

脚注の内容は、その場でプレビューすることも可能です。

脚注が付いている箇所にカーソルを合わせると、入力した内容が表示される

1回目 □ 2回目 □

Step 2 ページごとに入れた脚注を文書末尾にまとめる

論文やレポートのように、長い文書の場合は、それぞれのページ末に注釈があるよりも、その文書の最後にまとまってあるほうがわかりやすいです。Step1で挿入した注釈を文末脚注に変更しましょう。

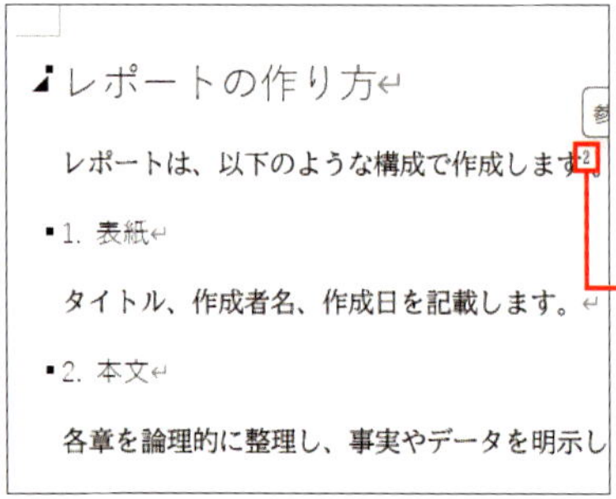

サンプルファイルには、すでに１つの脚注が挿入されています。まずは、その脚注の位置だけ確認しておきましょう。

❶4ページ目の注釈を確認

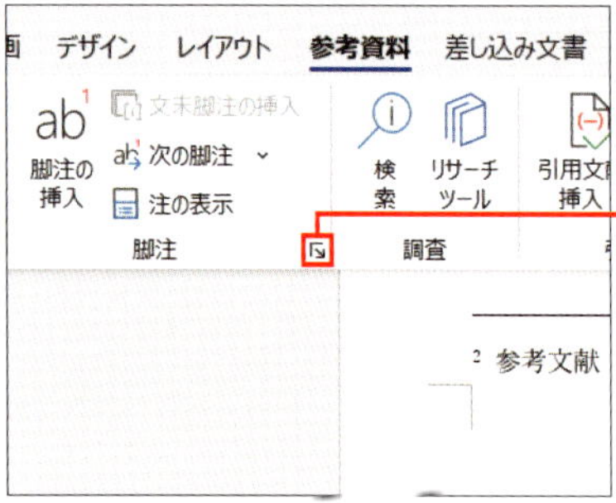

続いて、ページ末尾の脚注を文末脚注に変換します。

❷［参考資料］タブの［脚注］グループにある をクリック

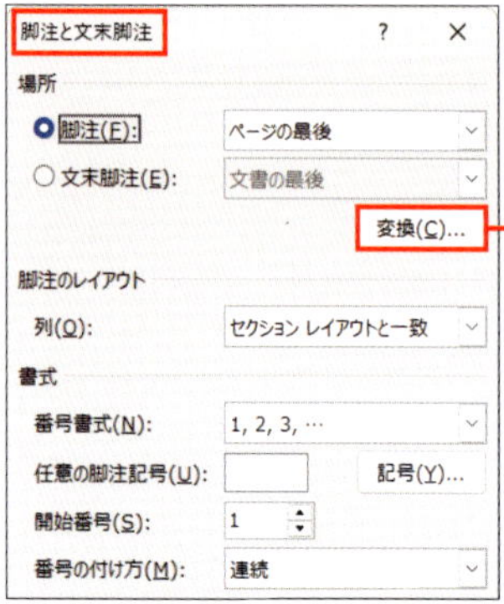

❸表示された［脚注と文末脚注］ダイアログの［変換］をクリック

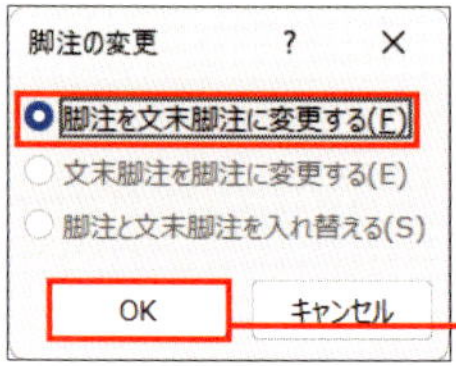

❹［脚注を文末脚注に変更する］が選択されていることを確認し、［OK］をクリック

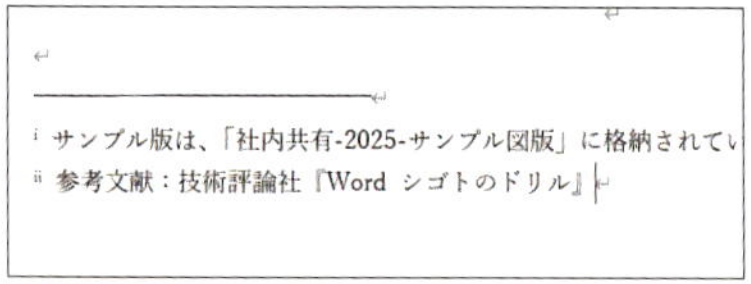

❺脚注がページ末から、文書の末尾に移動した

Memo

文末脚注での書式番号は、ローマ数字が初期設定となっているため、ページ末尾から脚注を変更すると、番号書式がアラビア数字から自動で切り替わります。しかし、脚注が２桁以上になるとローマ数字は読みづらく見えるので、次のStepで番号書式の変更の操作手順を押さえておきましょう。

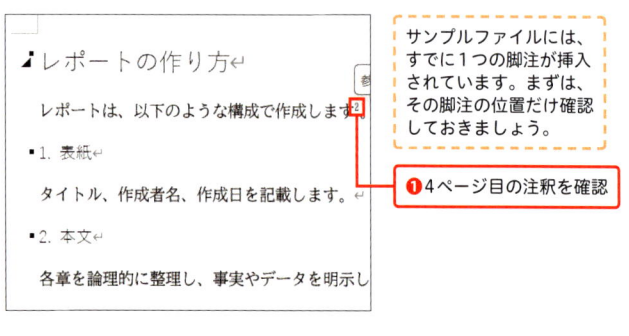

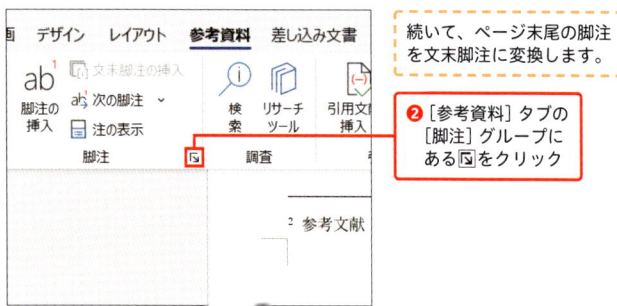

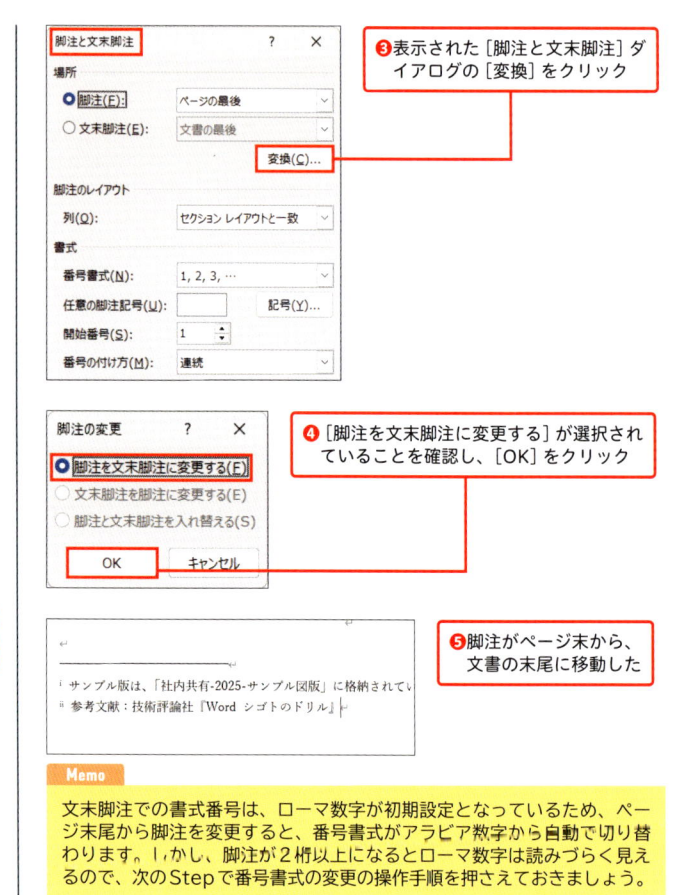

1回目 □ 2回目 □

Step 3 番号書式の変更と、1つ目の脚注を削除する

番号書式をアラビア数字でなくローマ数字にするなど、資料ごとに書式の指定があるケースもあるので、自由に変更できるように練習しましょう。さらに、ここでは脚注の削除の操作も練習します。

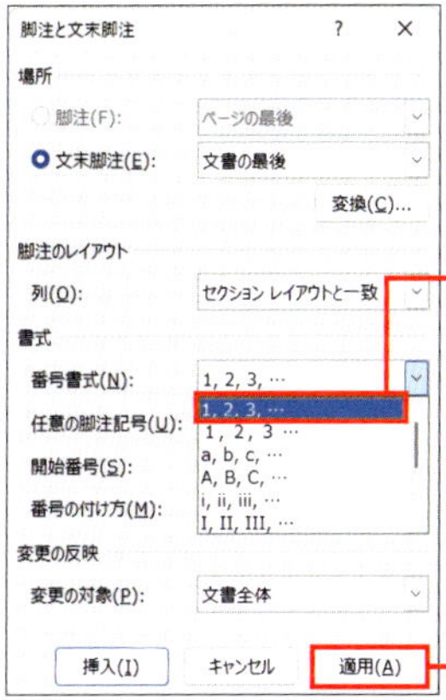

まずは、番号書式を変更するために、文末脚注にカーソルを合わせた状態で、［脚注と文末脚注］ダイアログを表示しておきます。

❶［番号書式］から、「1,2,3, ...」をクリック

❷［適用］をクリック

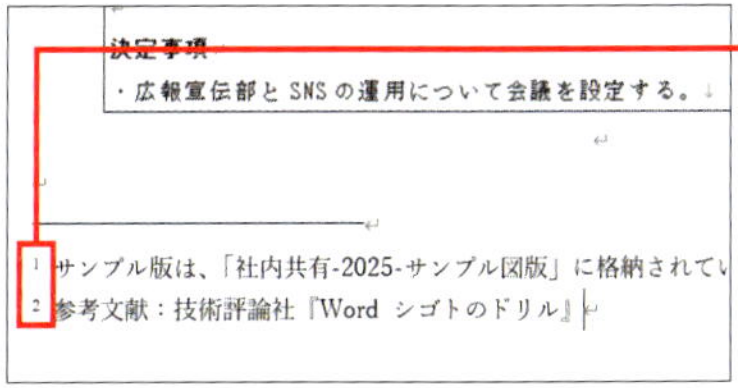

❸番号書式が変更された

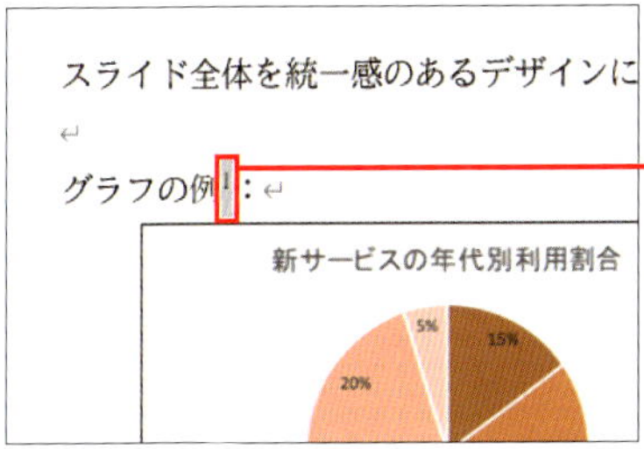

続いて、脚注を削除します。

❹1つ目の脚注を選択し、Delete キーを押す

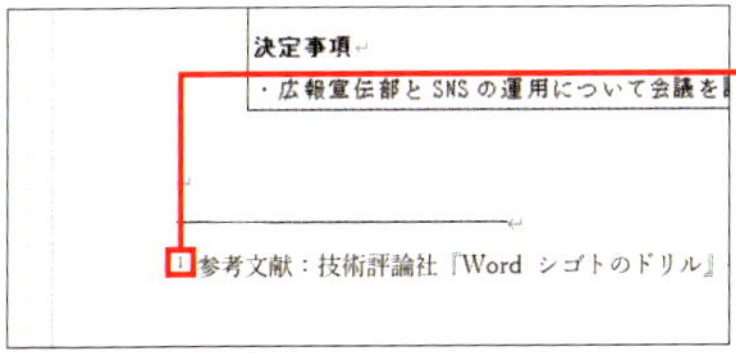

❺脚注が削除され、番号書式も自動で1つ前に詰まった

Memo

脚注の文書自体をカットしても脚注は削除されません。脚注元の番号を削除しましょう。

Point

脚注の番号は、文書の初めから自動で付番されます。そのため、任意の番号から振りたい場合は、［脚注と文末脚注］ダイアログの［開始番号］で指定して［適用］をクリックします。またセクションごとに振り直したい場合は、［番号の付け方］の［セクションごとに振り直し］を選択します。

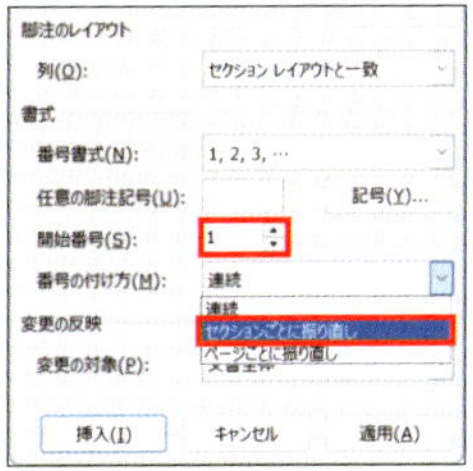

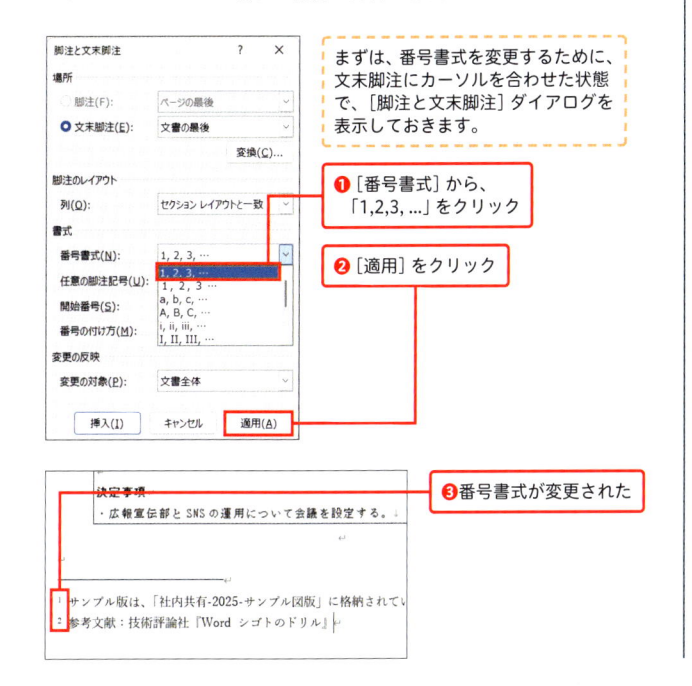

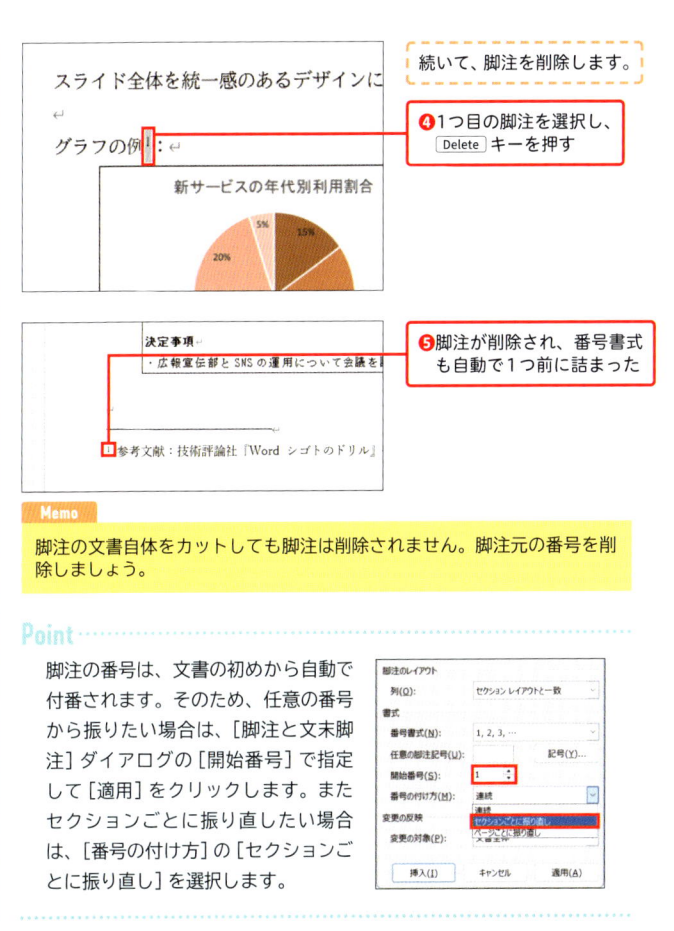

Drill
22
ch3-22.docx
月　日

ページの色　# 透かし文字

背景色などの文書デザインを設定する

イベントのお知らせなどの文書では、背景色のデザインを設定すると印象的な仕上がりになり、読み手の目に止まりやすくなります。ここでは、背景色やハイライトの設定、水平線の追加、透かし文字の挿入の操作を練習します。これらの設定によって、ほかの文書との差別化を簡単に演出できます。

Let's Try!

Step 1 ページの背景色を設定する

Step 2 文字列にハイライトを引く

Step 3 水平線を引いて文書を区切る

Step 4 ページの背景に透かし文字を入れる

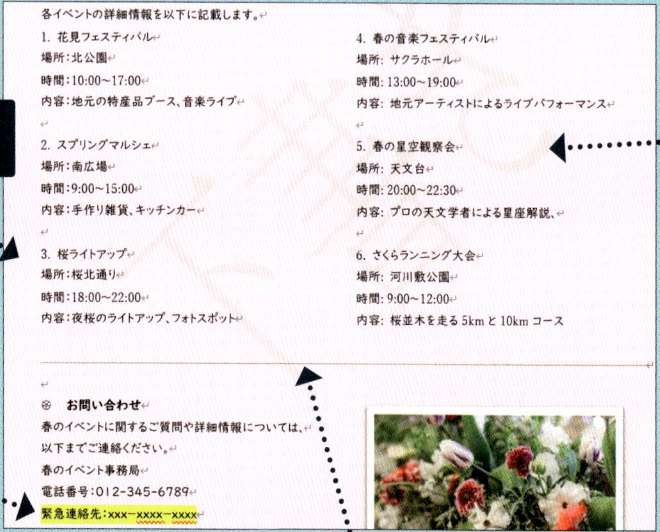
各イベントの詳細情報を以下に記載します。

1. 花見フェスティバル
場所：北公園
時間：10:00～17:00
内容：地元の特産品ブース、音楽ライブ

2. スプリングマルシェ
場所：南広場
時間：9:00～15:00
内容：手作り雑貨、キッチンカー

3. 桜ライトアップ
場所：桜北通り
時間：18:00～22:00
内容：夜桜のライトアップ、フォトスポット

4. 春の音楽フェスティバル
場所: サクラホール
時間: 13:00～19:00
内容: 地元アーティストによるライブパフォーマンス

5. 春の星空観察会
場所: 天文台
時間: 20:00～22:30
内容: プロの天文学者による星座解説、

6. さくらランニング大会
場所: 河川敷公園
時間: 9:00～12:00
内容: 桜並木を走る 5km と 10km コース

お問い合わせ
春のイベントに関するご質問や詳細情報については、
以下までご連絡ください。
春のイベント事務局
電話番号：012-345-6789
緊急連絡先：xxx－xxxx－xxxx

Hint ［デザイン］タブから設定する

ページ全体に関わる書式設定は、［デザイン］タブから設定できるものが多いです。

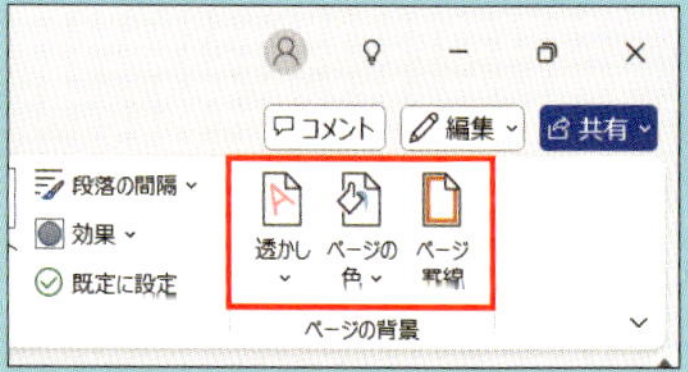

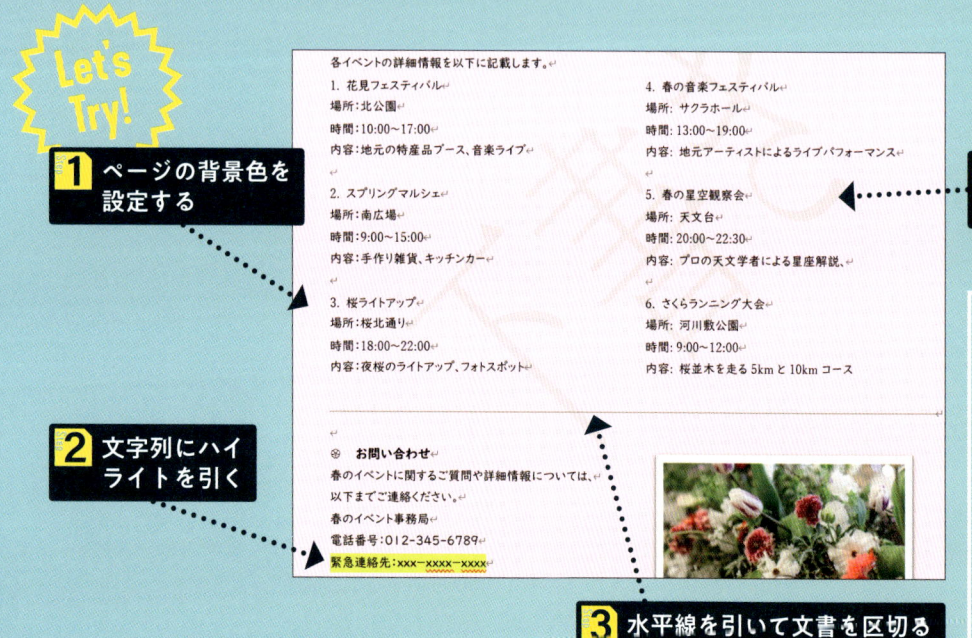

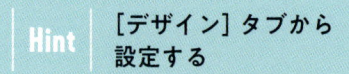

1回目 □ 2回目 □

Step 1 ページの背景色を設定する

まずは、ページの背景色を設定します。イベントの案内文書や長い文書の表紙ページなど、意外と使いどころがある書式設定です。なお、背景色の印刷には注意が必要なので、P.157もあわせて確認してください。

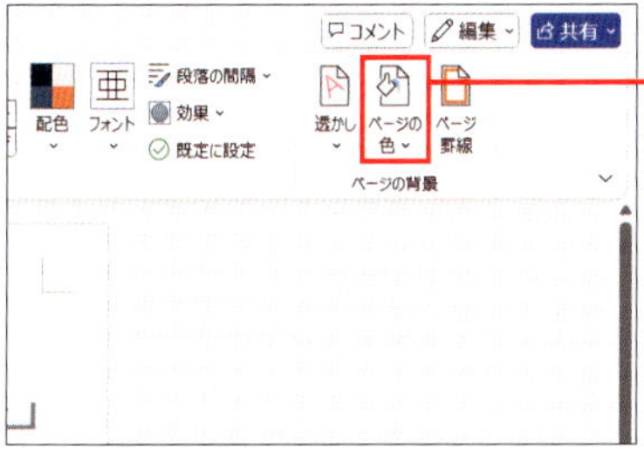

❶［デザイン］タブの［ページの色］をクリック

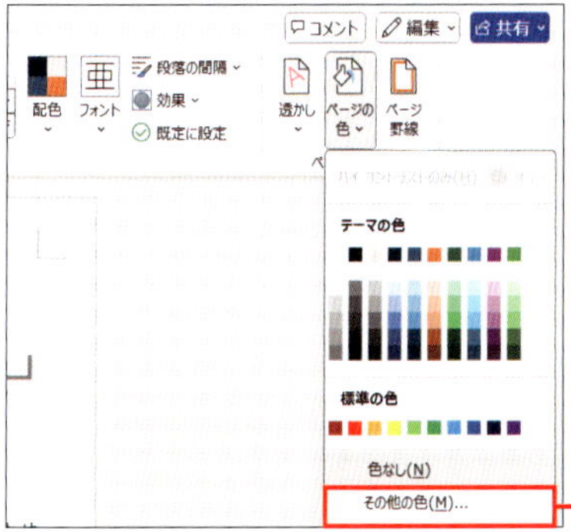

❷［その他の色］をクリック

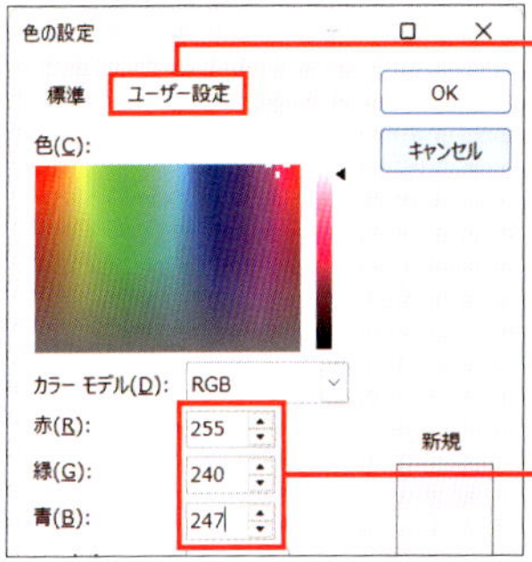

❸［ユーザー設定］タブをクリック

❹ここでは、［赤］に「255」、［緑］に「240」、［青］に「247」と入力し、［OK］をクリック

❺ページに背景色が設定された

Point

ステータスバーに、「アクセシビリティ：検討が必要です」と表示されることがあります。これは、視覚障害者などを含むすべての読み手にとって、読みやすい状態であるかを判定した結果です。たとえば、フォントに読みづらい色を使用していたり、画像に代替テキストなどを設定していなかったりする場合などに表示されます。

ステータスバーの［検討が必要です］をクリックすると、画面右側に［ユーザー補助アシスタント］が表示され、改善が必要な部分とその方法についてのヒントが示されます。これらの調整は必須ではありませんが、多くの読み手に配慮した文書を作成するために、可能な範囲の改善をおすすめします。

1回目 □ 2回目 □

Step 2 文字列にハイライトを引く

Wordでは、文字列にハイライトを引くことができます。これは、あとで見返したい箇所や、読み手に特に注意してほしい情報を目立たせる場合などに便利です。

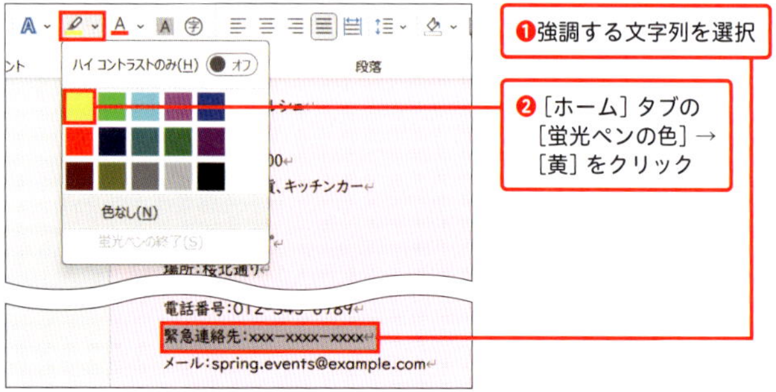

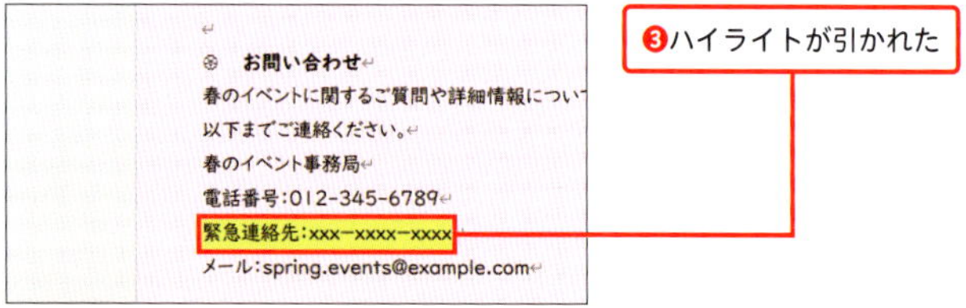

Memo

手順❶の画像内の［ハイコントラストのみ］をオンにすると、読み手が読みやすいと感じやすい色のみ表示されます。

1回目 □ 2回目 □

Step 3 水平線を引いて文書を区切る

文書内で複数の話題などが分かれている場合、区切りを明確にするために、水平線などを活用するのも有効な手です。区切り線があることで、文書全体の構造が伝わりやすくなるメリットもあります。

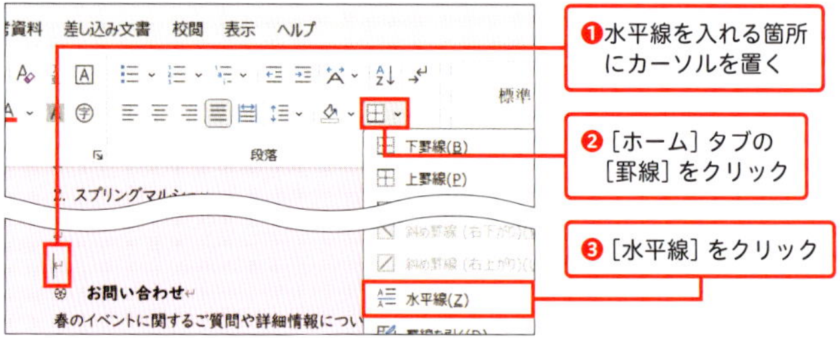

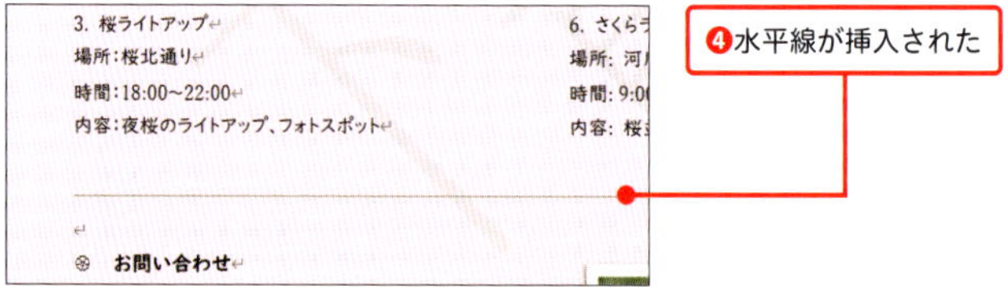

Memo

オートコレクト（P.37）をオンにしている場合は、「-」（ハイフン）を3つ入力して Enter キーを押すと、実線が引かれます。罫線として文書を区切る役割は同様ですが、水平線の場合は、オブジェクト（図形）として認識されているので、マウスで位置を移動したり、デザインを変更したりすることもできます。

1回目 □ 2回目 □

Step 4 ページの背景に透かし文字を入れる

最後に、ページの背景に透かし文字を入れましょう。よく利用するのは、「社外秘」「ドラフト」などです。背景に薄く配置されるため、本文の内容を邪魔することなく、文書の性質を示せます。

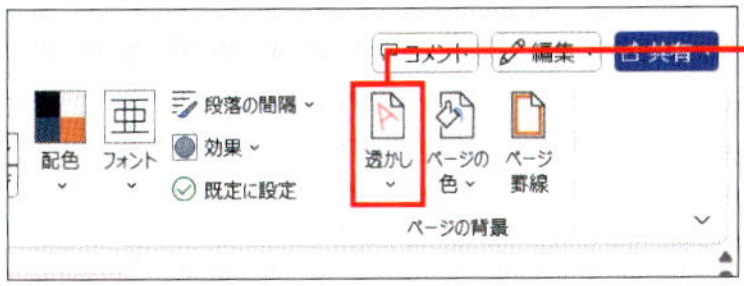

❶［デザイン］タブの［透かし］をクリック

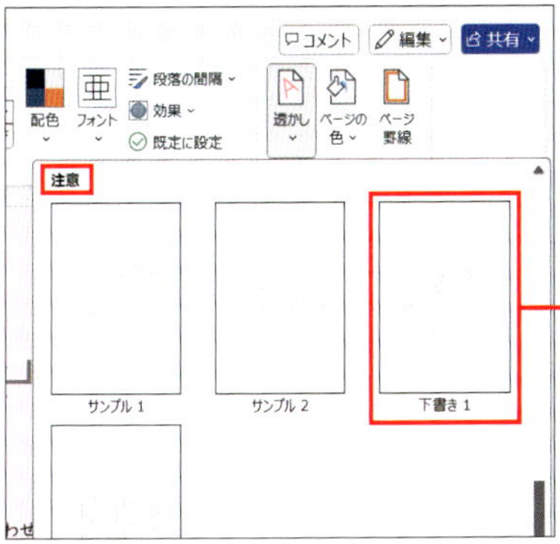

❷［注意］の［下書き 1］をクリック

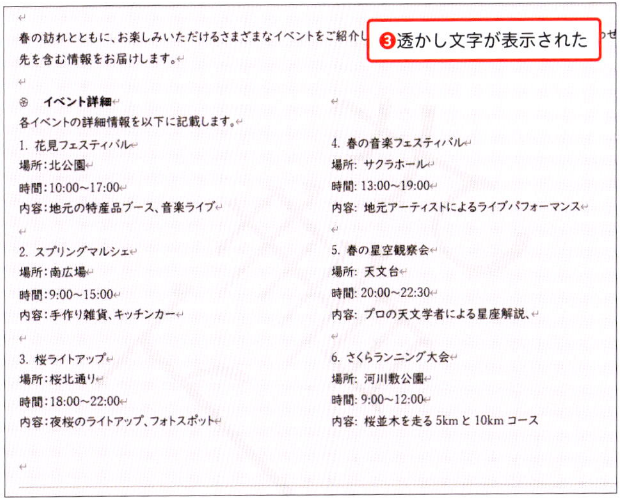

❸透かし文字が表示された

Point

手順❷の画面の下のほうに［ユーザー設定の透かし］項目があります。これをクリックすると、［透かし］ダイアログが表示されます。このダイアログからは、背景に透かし画像を入れたり、自由にテキストを変更できたりします。

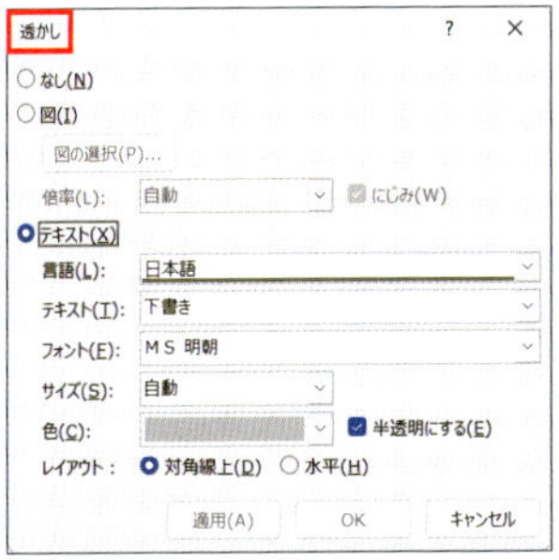

Memo

設定した透かし文字を削除したい場合は、手順❷の画面で下に表示される［透かしの削除］をクリックします。

Drill
23

ch3-23.docx

月　日

フォーマルな文書に合う縦書きレイアウト

日本語の場合、縦書きを使用することでフォーマルな印象を与えることができます。式典の案内状や公式通知など、公で配布する文書を作る場合は、縦書きにするのも1つの方法です。ここでは、横書きから縦書きへの変換の基本操作から、縦書きに合わせた書式設定までを練習していきます。

Let's Try!

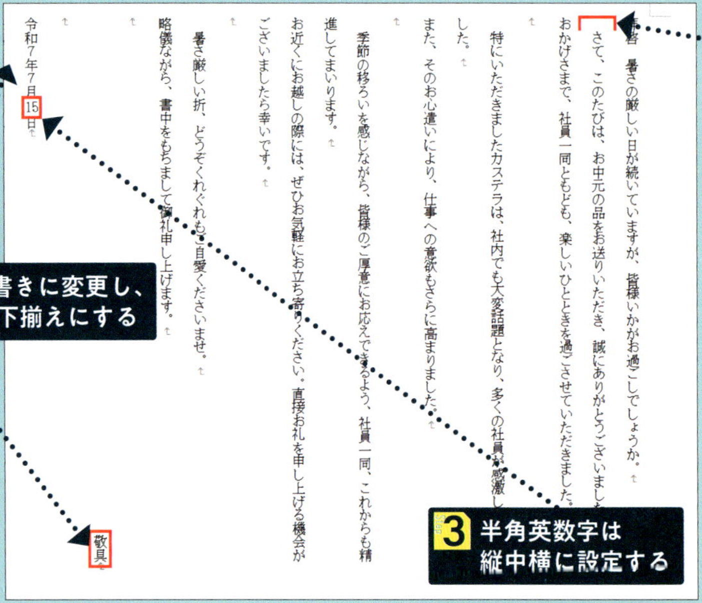

拝啓　暑さの厳しい日が続いていますが、皆様いかがお過ごしでしょうか。
さて、このたびは、お中元の品をお送りいただき、誠にありがとうございまし
おかげさまで、社員一同ともども、楽しいひとときを過ごさせていただきました。
特にいただきましたカステラは、社内でも大変話題となり、多くの社員が感激し
した。
また、そのお心遣いにより、仕事への意欲もさらに高まりました。
季節の移ろいを感じながら、皆様のご厚意にお応えできるよう、社員一同、これからも精進してまいります。
お近くにお越しの際には、ぜひお気軽にお立ち寄りください。直接お礼を申し上げる機会がございましたら幸いです。
暑さ厳しい折、どうぞくれぐれもご自愛くださいませ。
略儀ながら、書中をもちまして御礼申し上げます。
敬具
令和7年7月15日

Step 1 文書を縦書きに変更し、「敬具」を下揃えにする

Step 2 行間を「1.5行」、フォントを等幅のものに設定する

Step 3 半角英数字は縦中横に設定する

Hint ［レイアウト］タブの［文字列の方向］から設定する

Wordの基本設定は、印刷の向きは縦、文字列の方向は横になっています。この文字列の方向を縦書きに変えることで、印刷の向きも自動で横に切り替わります。［レイアウト］タブの［文字列の方向］から設定しましょう。

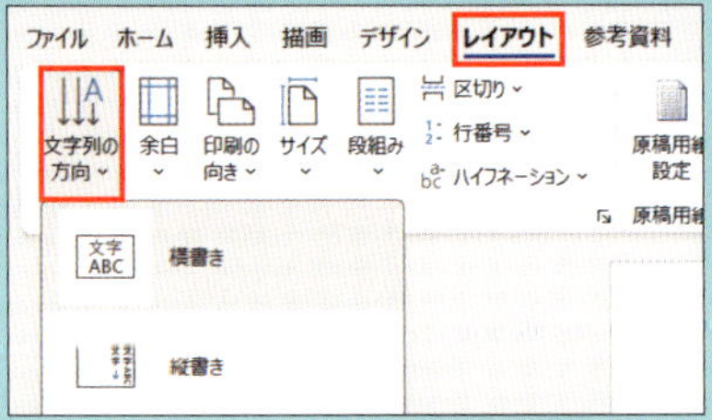

1回目 □　2回目 □

Step 1 文書を縦書きに変更し、「敬具」を下揃えにする

ここでは、横書きで書かれた文書を縦書きに変更します。縦書きへの変換操作は手順❶の操作のみですが、一部の文章の配置を変更するといった、調整もあわせて行うようにしましょう。

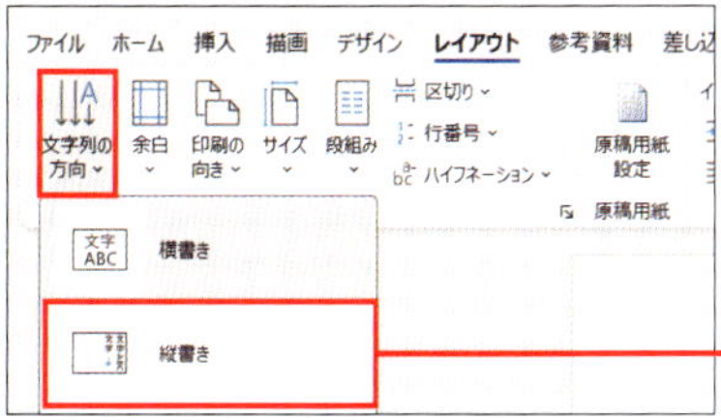

❶［レイアウト］タブの［文字列の方向］→［縦書き］をクリック

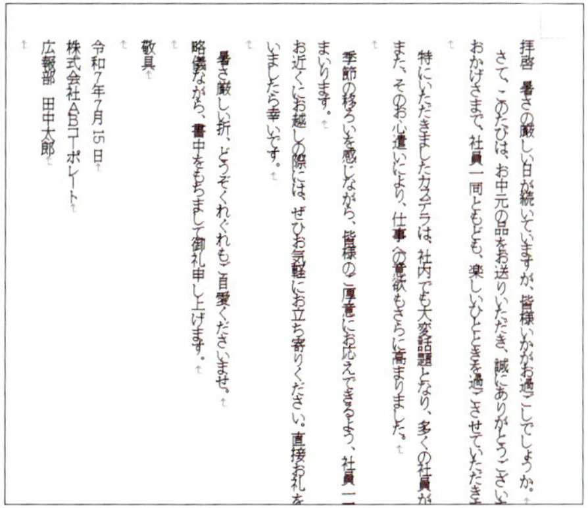

❷文書が縦書きに設定された

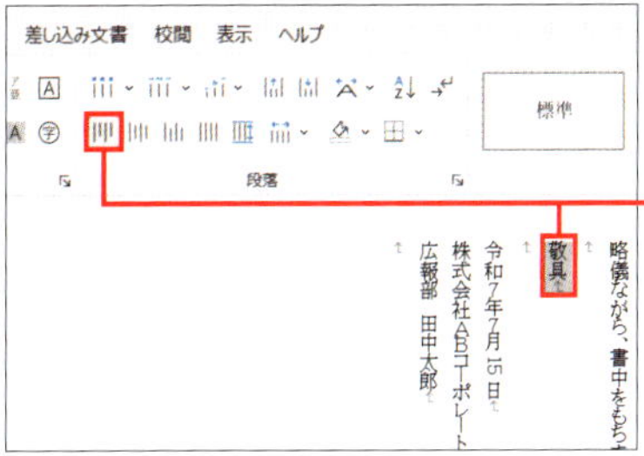

文書内の「敬具」を下揃えに調整します。

❸文字列を選択し、［ホーム］タブの［下揃え］をクリック

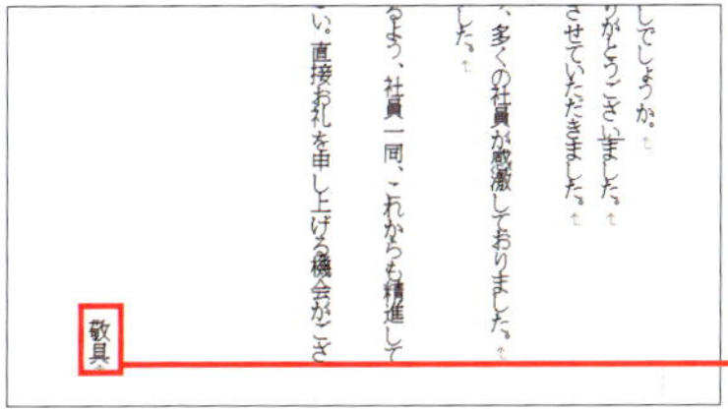

❹文書の下側に移動した

Memo

手順❸のアイコンは、横書きの状態では、［右揃え］と表示されていましたが、縦書きに設定したことにより、ボタンが［下揃え］に自動で切り替わりました。

Point

Wordの設定では、同一ページ内に横書きと縦書きの設定を両立することはできません。同じページ内で、一部のみ縦書きにして強調したい場合などは、テキストボックスを利用しましょう。対象部分を選択した状態で、［挿入］タブ→［テキストボックス］→［縦書きテキストボックスの描画］をクリックすると、選択した文字列がテキストボックスに変換されます（P.127）。

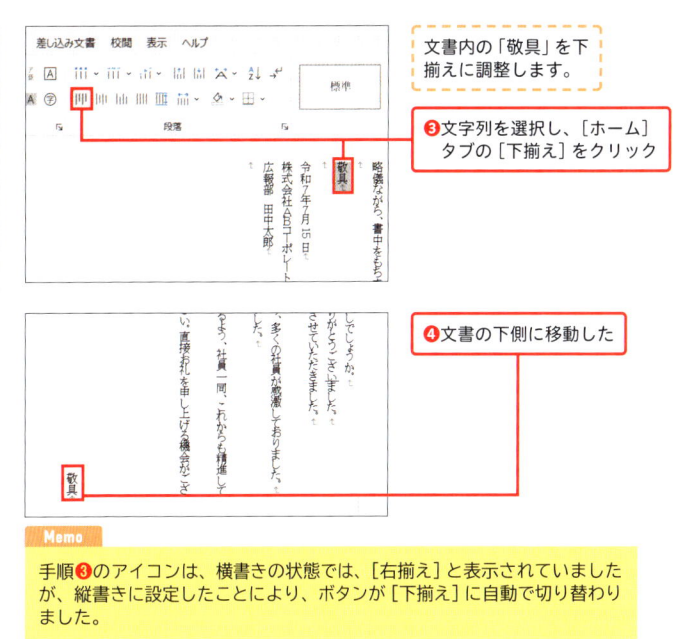

1回目 ☐　2回目 ☐

Step 2 行間を「1.5行」、フォントを等幅のものに設定する

Ste1の段階では、行間が詰まっていたり、行全体の文字間隔が不均一になったりすることがあります（プロポーショナルフォントの場合）。ここで、縦書きを読みやすくするための調整を行います。

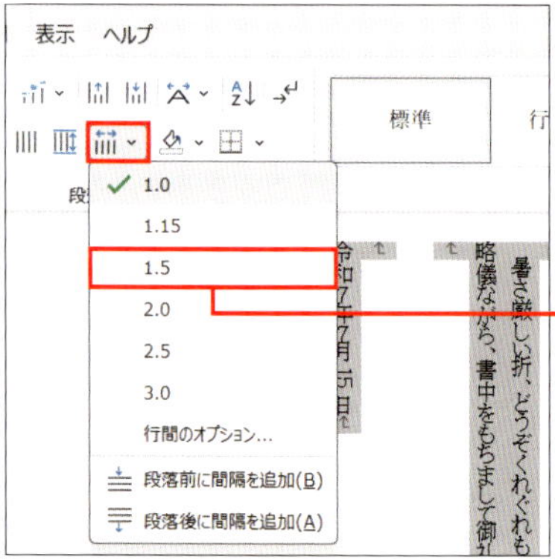

まずは、行間の設定を行います。

❶ Ctrl ＋ A キーを押して文書を全選択

❷［ホーム］タブの［行と段落の間隔］→［1.5］をクリック

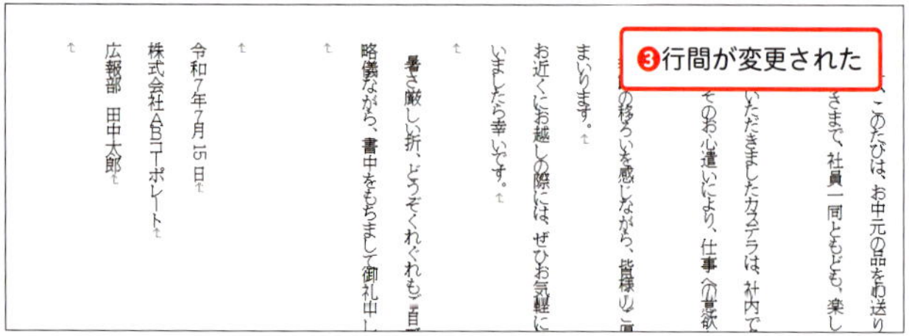

❸行間が変更された

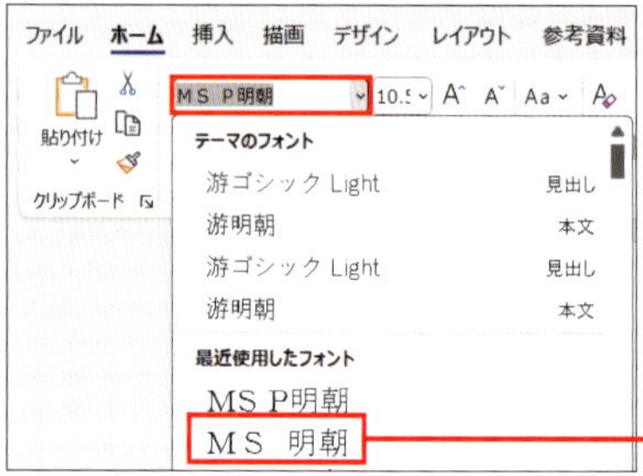

続いて、フォントを設定します。

❹ Ctrl ＋ A キーを押して文書を全選択する

❺［ホーム］タブの［フォント］から［MS 明朝］をクリック

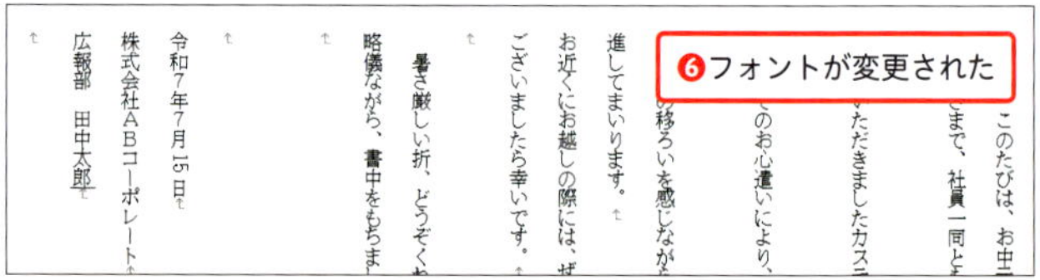

❻フォントが変更された

Memo

プロポーショナルフォントは横書き用のフォントのため、縦書きにすると、文字の大きさが不揃いに見えることがあります。なお、ここでは、「MS 明朝」に設定しましたが、等幅フォントであれば、ほかのものでも問題ありません。

Point

Word文書は、原稿用紙の表示にも切り替えられます。［レイアウト］タブ→［原稿用紙設定］をクリックし、表示された［原稿用紙設定］ダイアログの［スタイル］を［マス目付き原稿用紙］→［OK］をクリックすると原稿用紙の表示になります。元に戻すときは、［原稿用紙設定］ダイアログの［スタイル］を［原稿用紙の設定にしない］の設定にします。

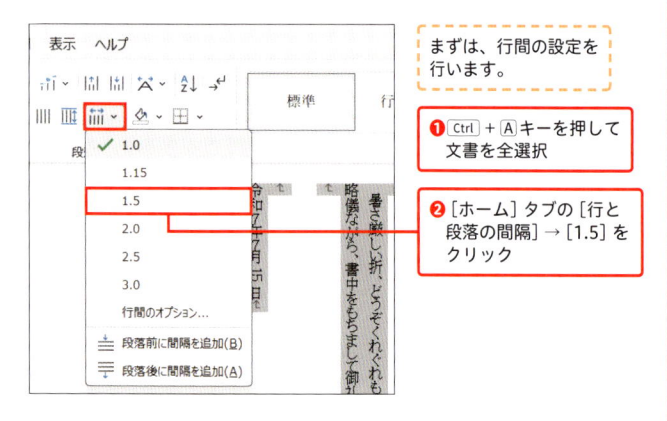

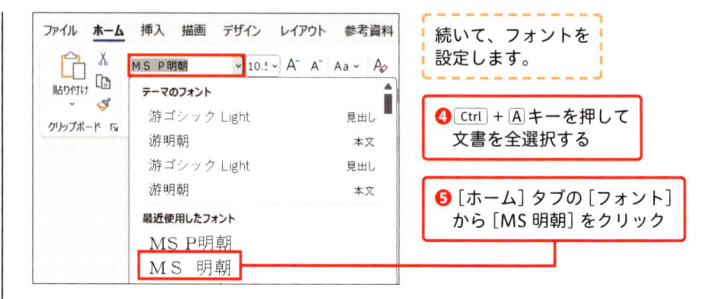

1回目 □　2回目 □

Step 3 半角英数字は縦中横に設定する

全角の英数字は縦書きにすると自動で縦向きになりますが、半角の英数字はそのまま横向きに表示されます。そのため、該当する文字に「縦中横」を適用して、文字を縦向きに揃えましょう。

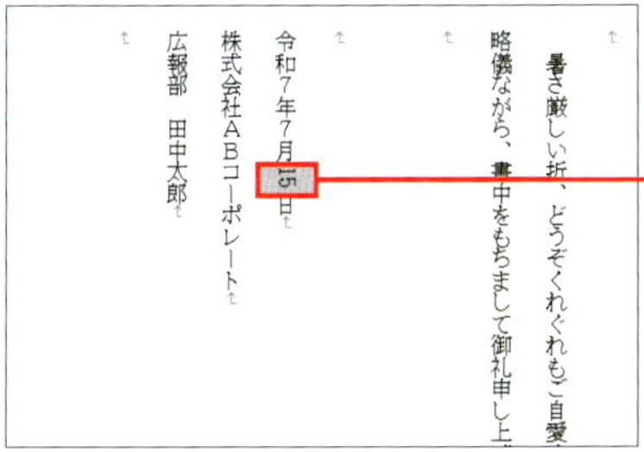

❶半角英数字の2桁（ここでは「15」）を選択

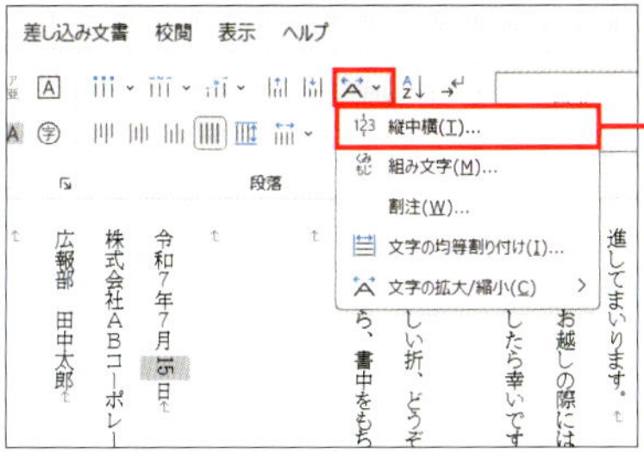

❷［ホーム］タブの［拡張書式］→［縦中横］をクリック

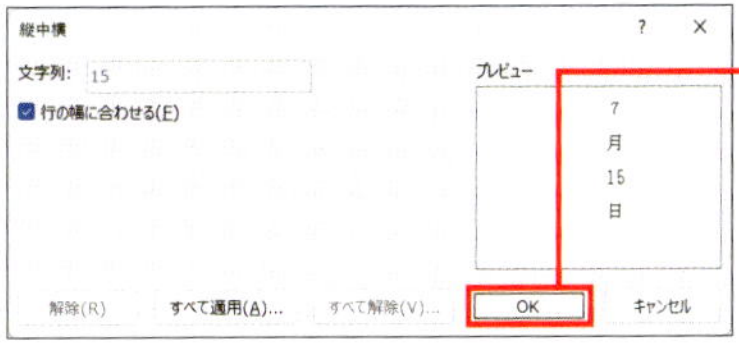

❸［縦中横］ダイアログの［OK］をクリック

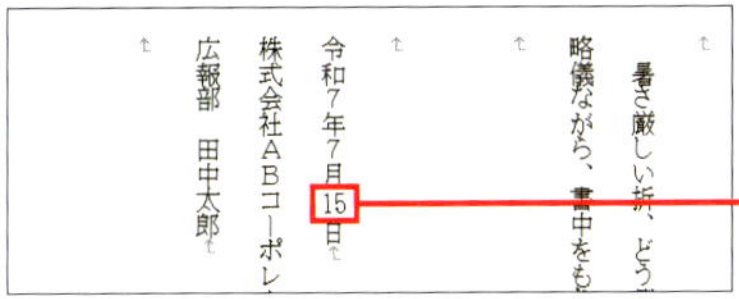

❹半角英数字が縦書きになった

Point

横書きの文書では上詰めになるのと同様に、縦書きの文書では右詰めになります。1ページに対して文字量が適切な場合は特に気にする必要はありません。しかし、文字量が少なく、左側に空白が目立つ場合は、文書をページの中央に配置するとバランスがよくなります。

これを行うには、［ページ設定］ダイアログを開き（P.80）、［その他］タブの［垂直方向の配置］を［中央寄せ］に設定してください。

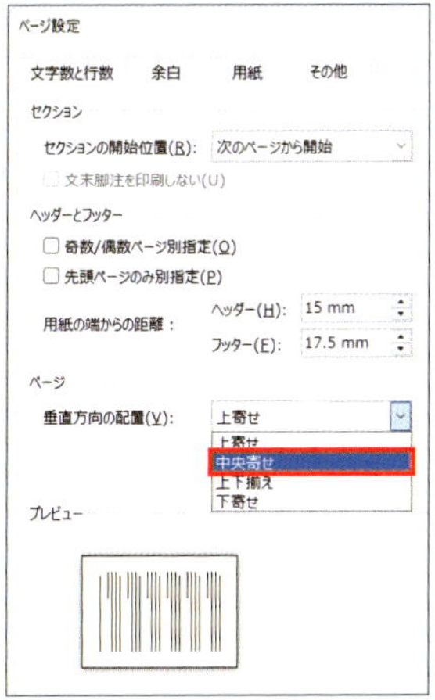

Memo

縦中横とは、縦書きの文書に半角英数字を横並びで表示する機能のことです。

Drill 24

ch4-24.docx

月　日

#表

表を作成する

Wordには、表作成機能も用意されています。ここでは、表の２種類の作成方法と、表内のカーソル移動やテキストの入力といった基本操作を練習します。Excelの表とは操作が異なるので、Word特有の操作方法をマスターしましょう。

Let's Try!

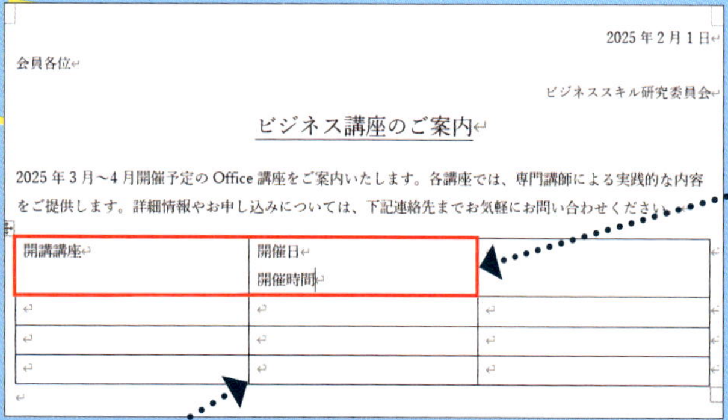
2025年2月1日

会員各位

ビジネススキル研究委員会

ビジネス講座のご案内

2025年3月～4月開催予定のOffice講座をご案内いたします。各講座では、専門講師による実践的な内容をご提供します。詳細情報やお申し込みについては、下記連絡先までお気軽にお問い合わせください。

開講講座	開催日 開催時間	

Step 2 セル内をすばやく移動し 文字入力とセル内改行をする

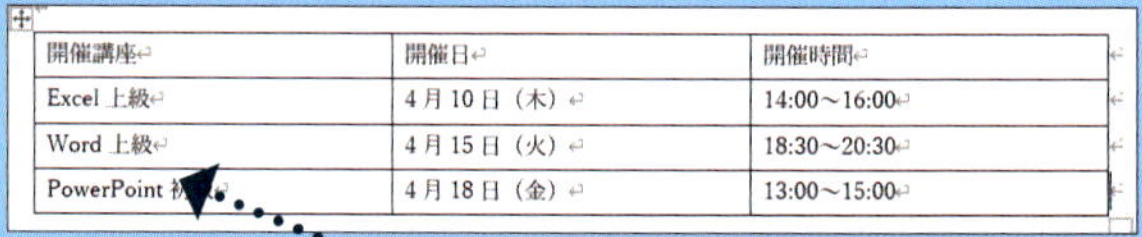

開催講座	開催日	開催時間
Excel 上級	4月10日（木）	14:00～16:00
Word 上級	4月15日（火）	18:30～20:30
PowerPoint 初[illegible]	4月18日（金）	13:00～15:00

Step 1 新しい表（3列×4行）を挿入する

Step 3 文字列を表に変換する

Hint　［挿入］タブの［表］から作成する

表を作成するには、［挿入］タブの［表］から指定のものを選択することで、表の枠組みを挿入できます。Wordには、６種類の表の作成方法がありますが、ここでは、使用頻度が高い「表の挿入」（Step1）と、［文字列を表にする］（Step3）の方法で表を作成します。

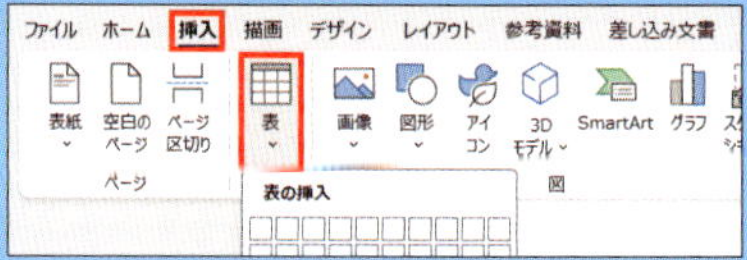

1回目 □ 2回目 □

Step 1 新しい表（3列×4行）を挿入する

Wordには、Excelと違ってセルがないため、表の罫線を先に引いてから、内容を記入すると、表を作りやすいです。ここでは、まず文書の空白箇所に表を作成しましょう。

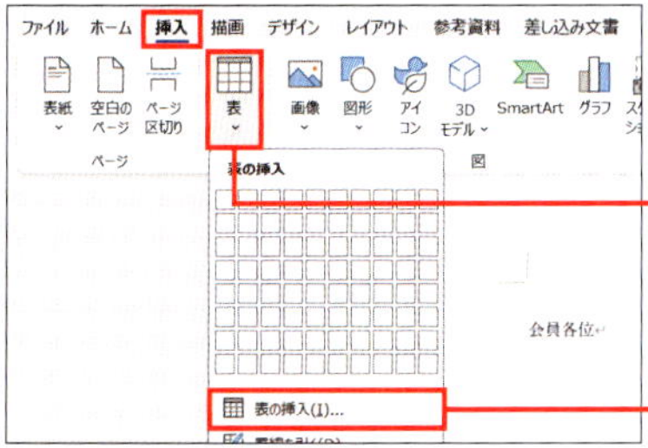

❶表の挿入位置にカーソルを移動する

❷［挿入］タブの［表］をクリック

❸［表の挿入］をクリック

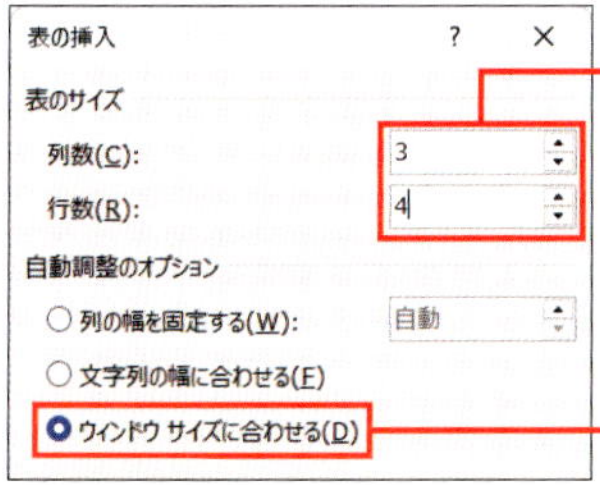

❹［列数］に「3」、［行数］に「4」を入力

❺［ウィンドウサイズに合わせる］にチェックを付け、［OK］をクリック

Memo

［ウィンドウサイズに合わせる］を選択すると、表の横幅がWordの1ページの横幅にあわせて作成されます。余白を狭めた場合も自動調整されます。

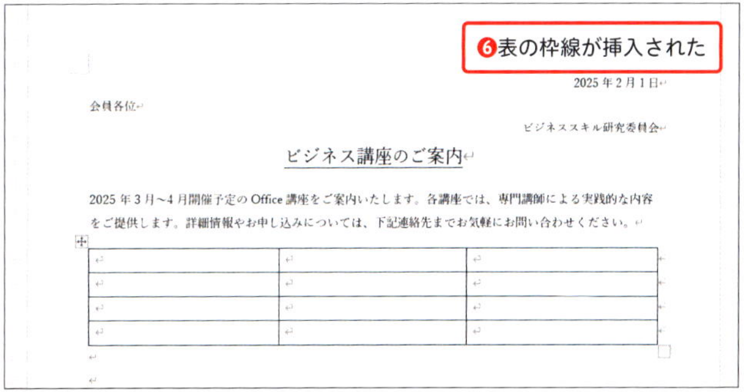

❻表の枠線が挿入された

■ マス目を使って表を挿入する場合

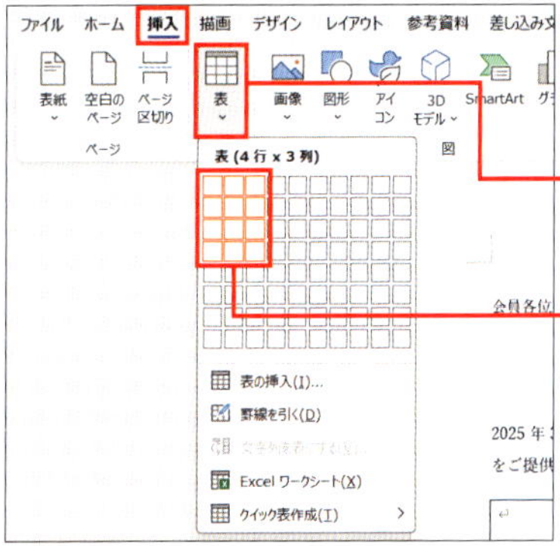

マス目を使って直感的に表を挿入することも可能です。

❶［挿入］タブの［表］をクリック

❷ドラッグして、列3、行4の箇所にポインターを合わせてクリック

❸表が挿入される

Memo

表示されるマス目の数には上限があるため、それより大きな表を作成したい場合は、左図の手順か、一度マス目で最大の表を作ったあとに必要な行列を追加します（P.115）。

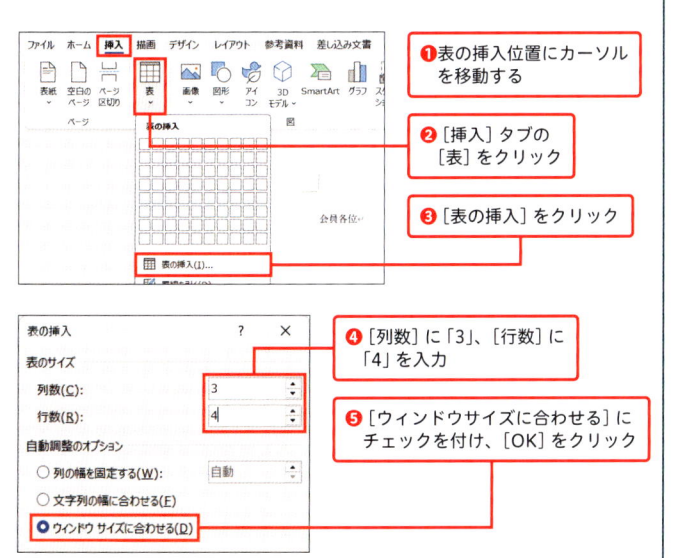

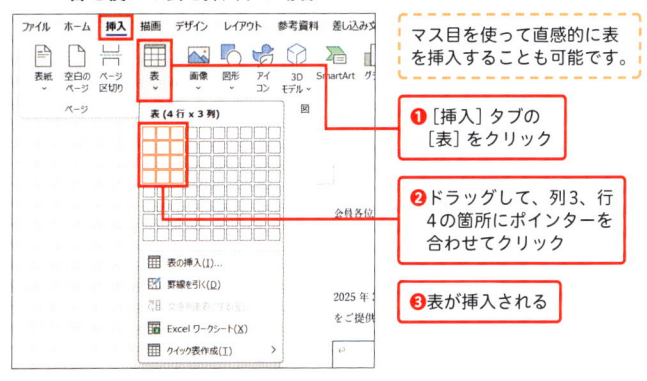

1回目 □　2回目 □

Step 2 セル内をすばやく移動し文字入力とセル内改行をする

続いて、マウスを使わずにセル内をすばやく移動しながらテキストを入力してきましょう。なお、表内の文字列には、本文の書式（フォント、サイズ）が適用されます。

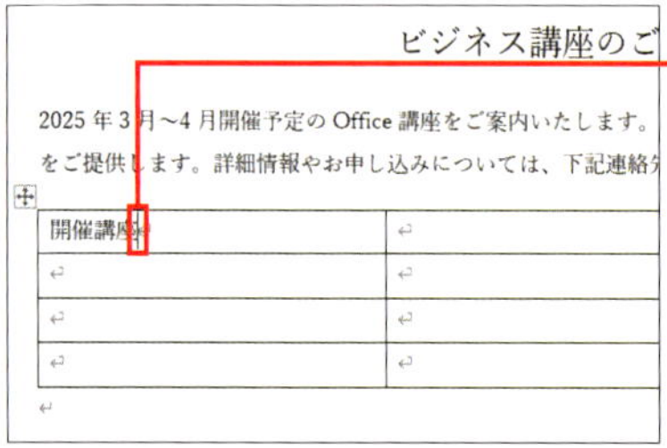

❶左上のセルにカーソルを合わせる

❷「開催講座」と入力し、Tab キーを押す

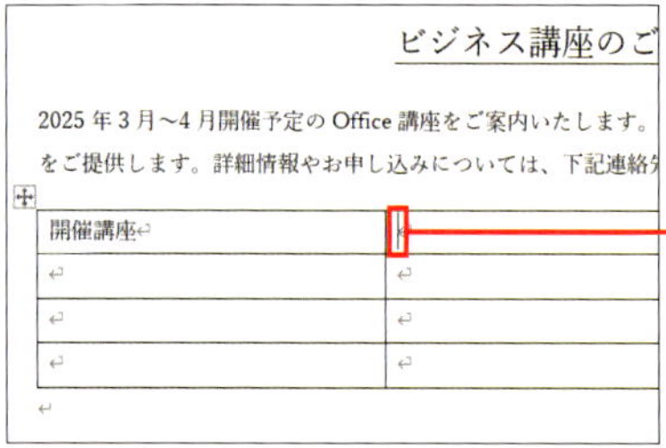

❸右横のセルにカーソルが移動した

Memo

方向キー（↑↓←→）でも自由に表内をカーソル移動できます。また、逆方向（右）に移動したい場合は、Shift ＋ Tab キーを押します。

続いて、セル内で改行して文字列を入力します。

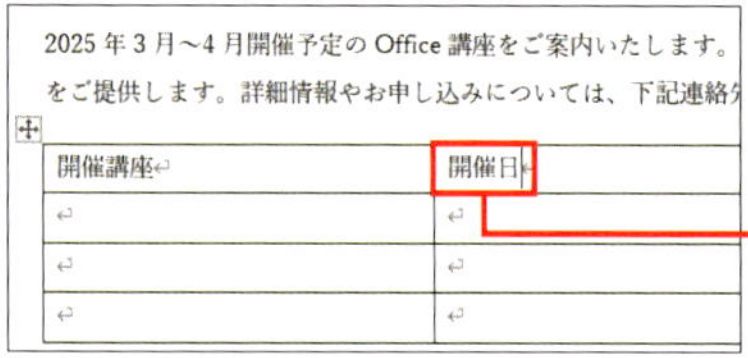

❹「開催日」と入力し、Enter キーを押す

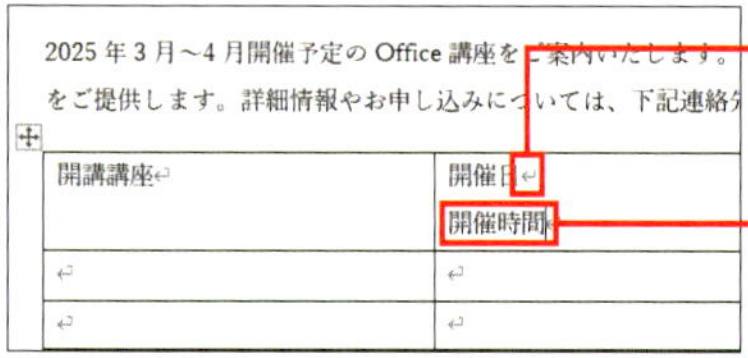

❺セル内で改行された

❻「開催時間」と入力

Short Cut

Tab　表の右方向にカーソルを移動する

Point

ここでは、Enter キーを押して改行しました。Enter キーの改行は、厳密には「改段落」であり、新しい段落を作成しています。
一方、Shift ＋ Enter キーを押すと、同様にカーソルが次の行に送られ、見た目上はこちらも改行されます。実はWord上では後者のショートカットが正確な意味での「改行」であり、次の行の文字列も前の行と同じ段落として扱われます。そのため、段落内にカーソルがある状態で、左揃えなどの設定を変更すると、段落単位で反映されます。
一般的に改行は Enter キーで行う人が多いでしょう。それで基本的には問題ありませんが、一部の操作では結果が異なるので、このショートカットの違い自体は知っておくとよいでしょう。

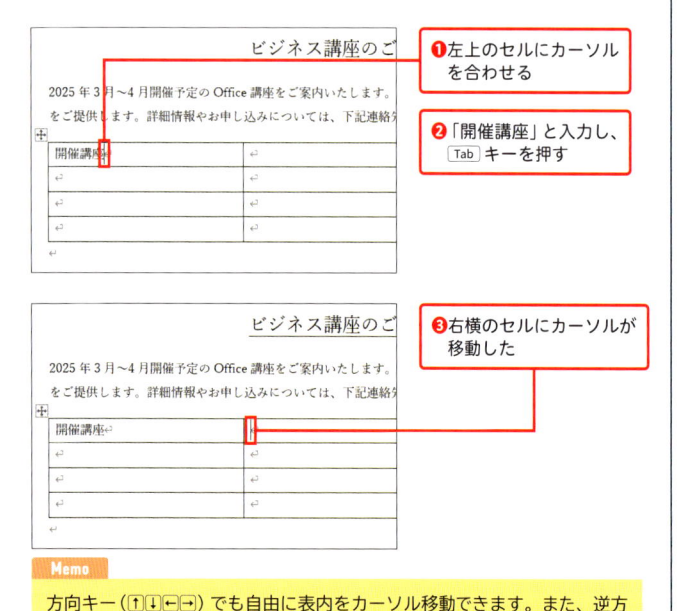

1回目 □ 2回目 □

Step 3 文字列を表に変換する

入力済みの文字列を表に変換する場合は、[文字列を表にする]機能を使うと便利です。ただし、表に変換できる文字列は、タブやカンマ区切りなど、特定のルールに則って入力されている必要があります。

ここでは、タブ区切りで入力されている文字列を表にします。

❶表にしたい範囲をドラッグして選択

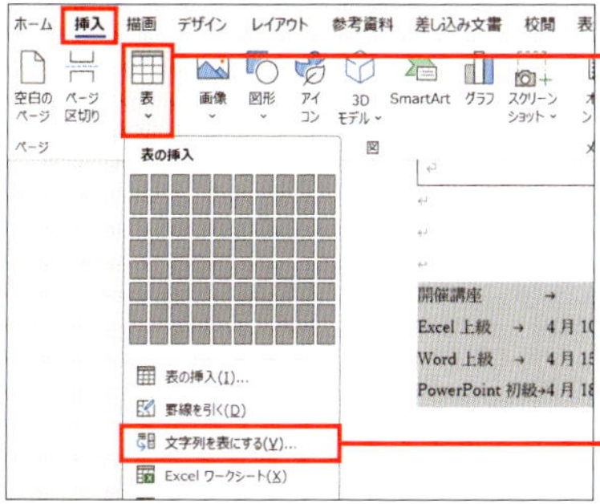

❷[挿入]タブの[表]をクリック

❸[文字列を表にする]をクリック

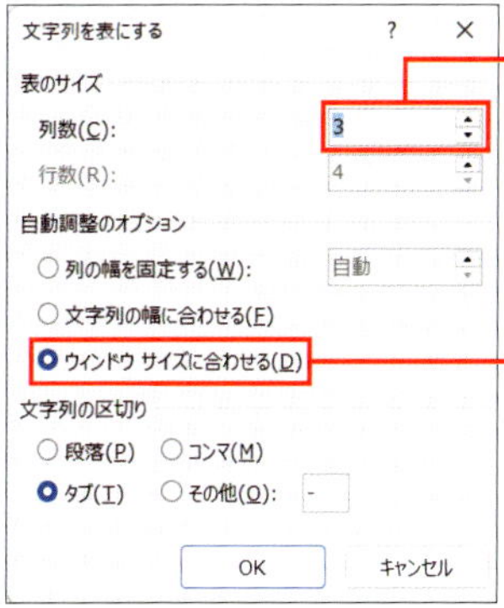

❹[列数]に[3]と入力されていることを確認

❺[ウィンドウサイズに合わせる]にチェックを付け、[OK]をクリック

❻選択した文字列が表に変換された

Memo

タブで区切りを挿入するときは、編集記号をオンにしておくとわかりやすくなります（P.47）。

Point

ここでは、[文字列を表にする]ダイアログの[文字列の区切り]には[タブ]が選択されていました。これは、入力済みのデータの区切りの種類にあわせて自動で項目（カンマ、段落など）が選択されたためです。

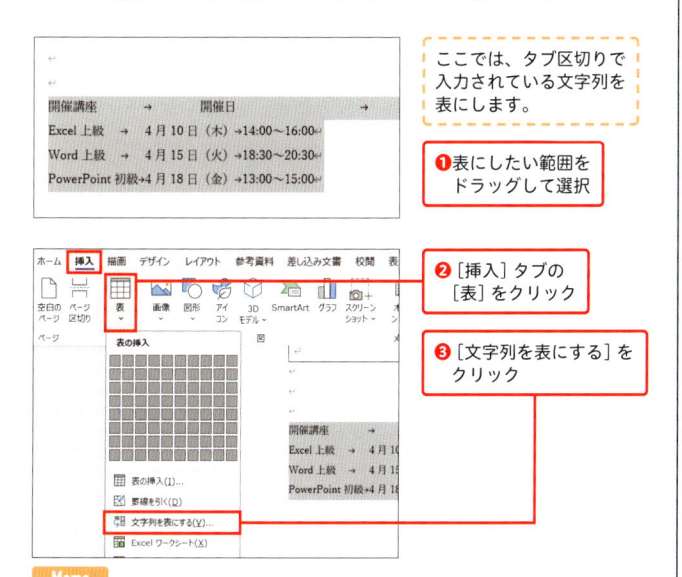

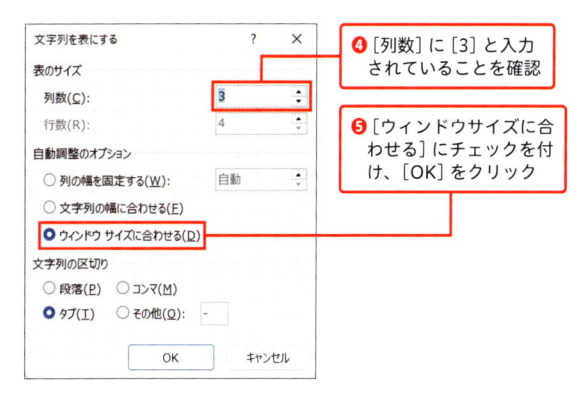

Drill

25

ch4-25.docx

月　　日

表

表を自由に操作・編集する

Drill24では、表の枠組みと表内のテキスト入力方法を練習しました。ここでは、表の編集として絶対に覚えておきたい操作である、行列の挿入・削除、高さや幅の調整、さらにセルの結合・分割などの手順を練習していきましょう。

Let's Try!

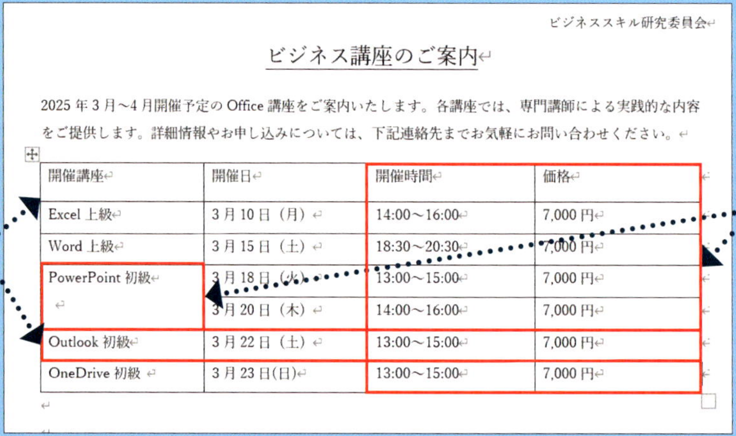

ビジネススキル研究委員会

ビジネス講座のご案内

2025 年 3 月～4 月開催予定の Office 講座をご案内いたします。各講座では、専門講師による実践的な内容をご提供します。詳細情報やお申し込みについては、下記連絡先までお気軽にお問い合わせください。

開催講座	開催日	開催時間	価格
Excel 上級	3 月 10 日（月）	14:00～16:00	7,000 円
Word 上級	3 月 15 日（土）	18:30～20:30	7,000 円
PowerPoint 初級	3 月 18 日（火）	13:00～15:00	7,000 円
	3 月 20 日（木）	14:00～16:00	7,000 円
Outlook 初級	3 月 22 日（土）	13:00～15:00	7,000 円
OneDrive 初級	3 月 23 日(日)	13:00～15:00	7,000 円

Step 1 行を削除・挿入する

Step 2 セルを結合・分割する

Step 3 行の高さを「8mm」、列の幅を「44mm」に設定する

Hint　表のレイアウトは［テーブルレイアウト］タブから設定する

表のレイアウト関連の設定は、表を選択または表内にカーソルを移動すると表示される［テーブルレイアウト］タブに集結しています。

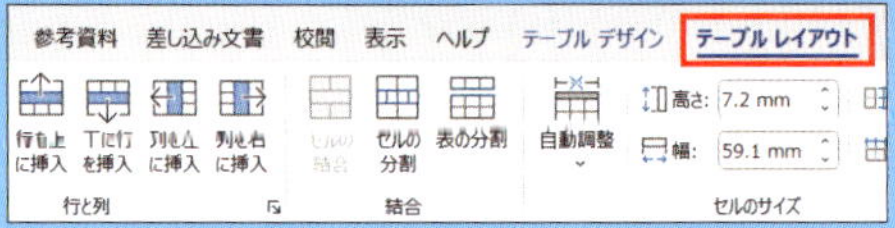

1回目 □ 2回目 □

Step 1 行を削除・挿入する

表に一通り入力したあとに、1行抜けていたので挿入したい、この行は不要なので削除したい、ということはよくあるでしょう。行（列）の挿入・削除は［テーブルレイアウト］タブから操作できます。

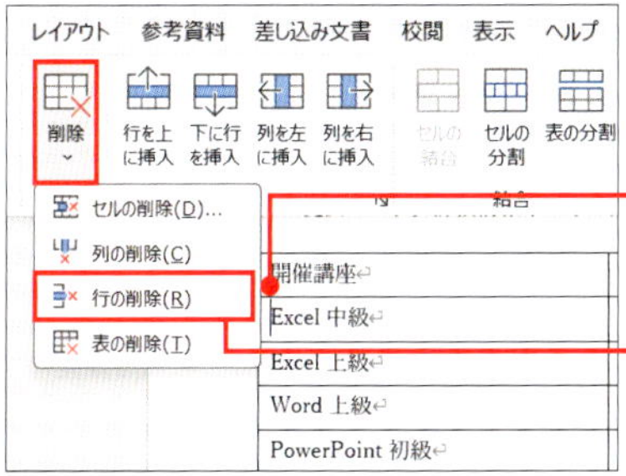

まずは、1番上の行を削除します。

❶「Excel中級」のセルにカーソルを移動する

❷［テーブルレイアウト］タブの［削除］→［行の削除］をクリック

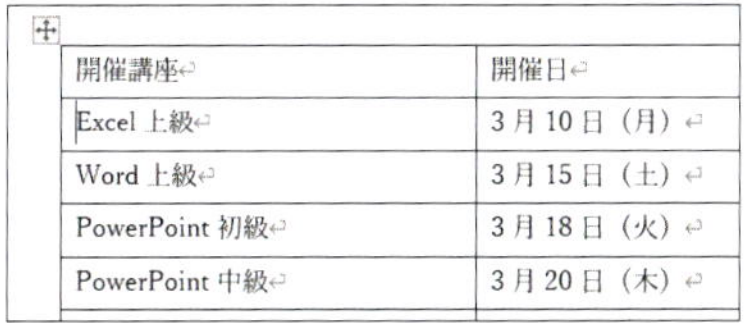

❸行が削除された

Memo

カーソルのある位置で右クリック→［表の行 / 列 / セルの削除］をクリックし、［行全体を削除後、上に詰める］または［列全体を削除後、左に詰める］をクリックすることでも行列を削除できます。

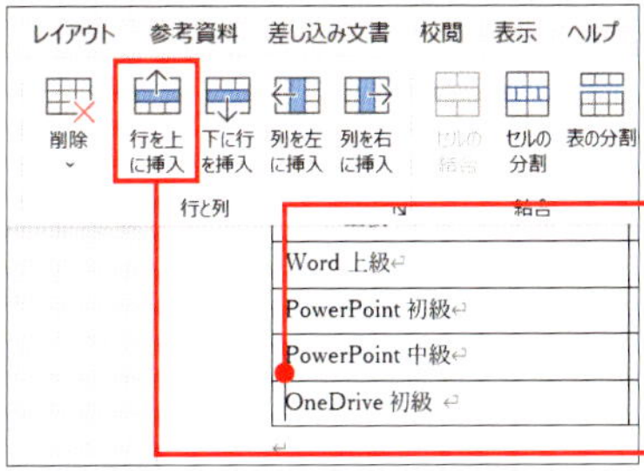

続いて、下から2行目に行を挿入します。

❹「OneDrive初級」のセルにカーソルを移動する

❺［テーブルレイアウト］タブの［行を上に挿入］をクリック

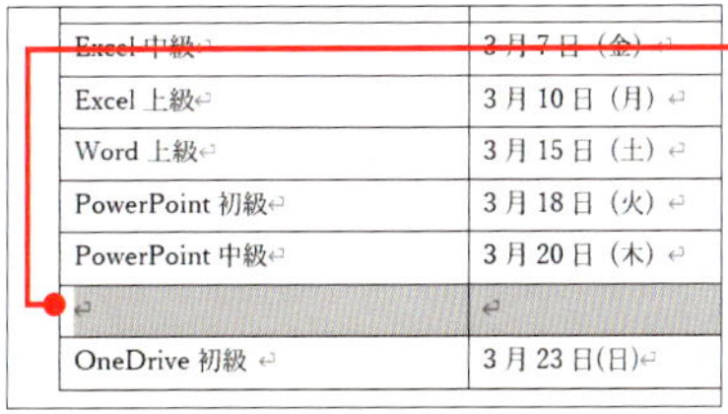

❻空白の行が挿入された

挿入された行の左のセルから順に「Outlook初級」「3月22日（土）」「13:00〜15:00」と入力しておきましょう。

Memo

表内にカーソルを移動し、右クリック→［挿入］からも行列が挿入できます。さらに、行列の端にマウスポインターを合わせると、⊕が表示されるので、それをクリックしても簡単に行列の挿入が可能です。

表を削除する場合

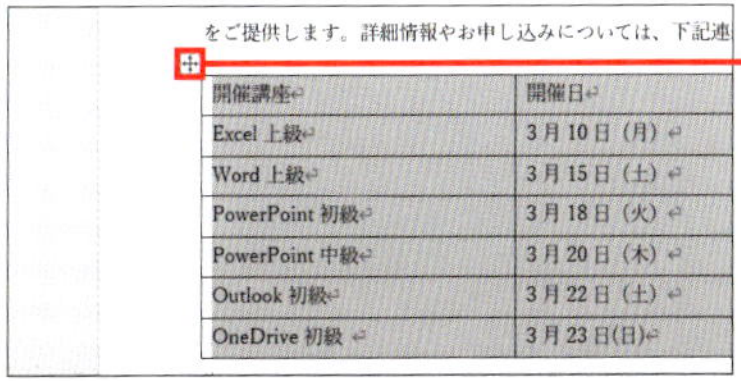

❶⊞をクリックすると、表全体が選択される

❷Back spaceキーを押して表を削除する

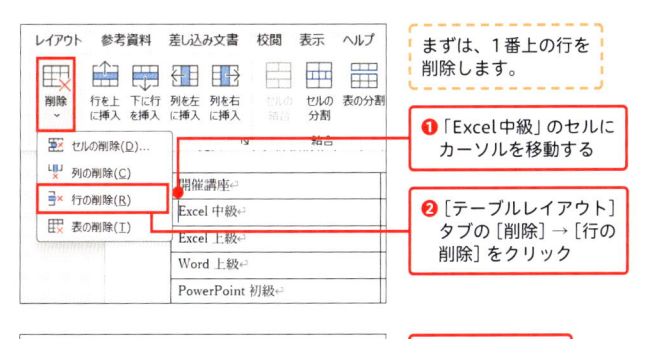

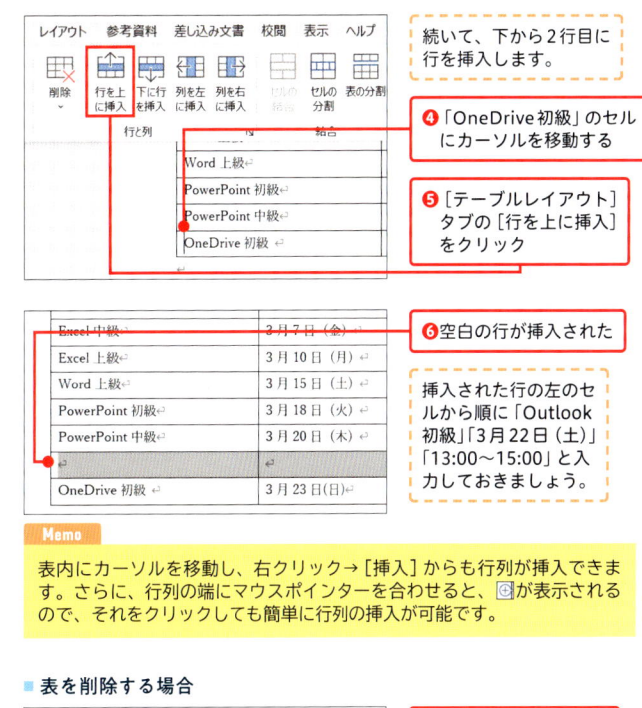

1回目 □　2回目 □

Step 2 セルを結合・分割する

Excelの場合は、データの集計や並べ替えなどができなくなるので、セル結合は推奨されていませんが、Wordの場合は数値を利活用するわけではないので、セルを結合してもそこまで影響はありません。

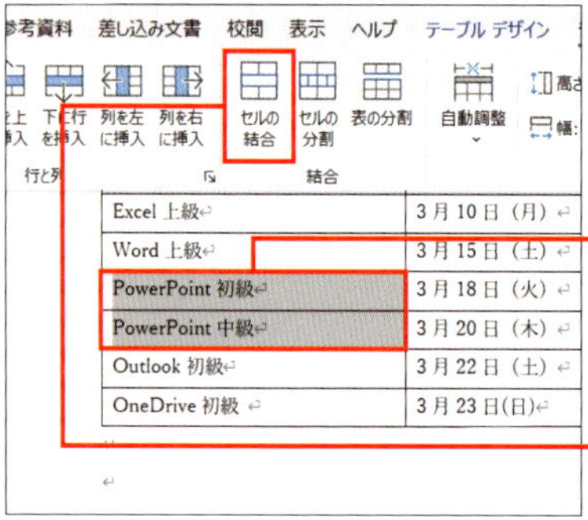

ここでは、PowerPoint初級、中級の2つのセルを1つに結合します。

❶「PowerPoint初級」「PowerPoint中級」のセルを選択

❷［テーブルレイアウト］タブ→［セルの結合］をクリック

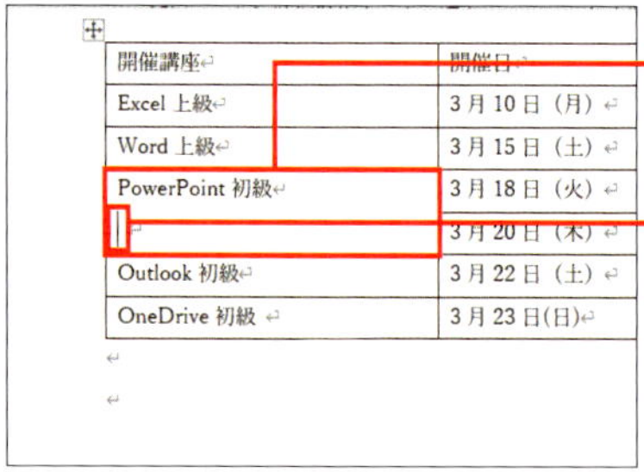

❸選択したセルが結合された

❹「PowerPoint中級」のテキストを削除する

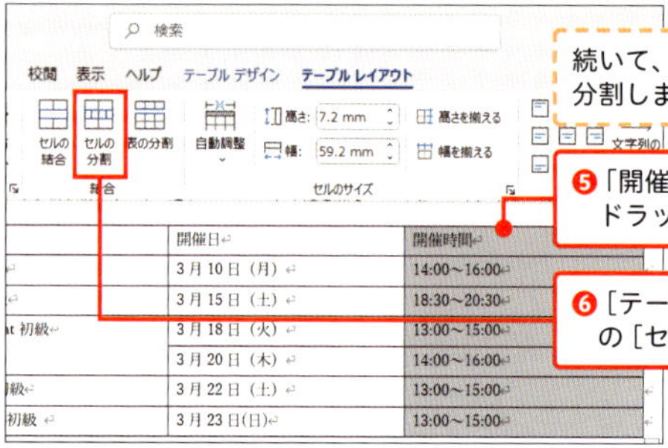

続いて、行を2つに分割します。

❺「開催時間」の列をドラッグして選択

❻［テーブルレイアウト］タブの［セルの分割］をクリック

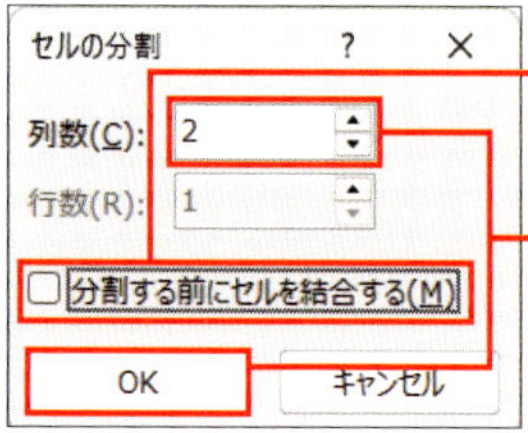

❼［分割する前にセルを結合する］のチェックを外す

❽［列数］に「2」が選択されていることを確認し、［OK］をクリック

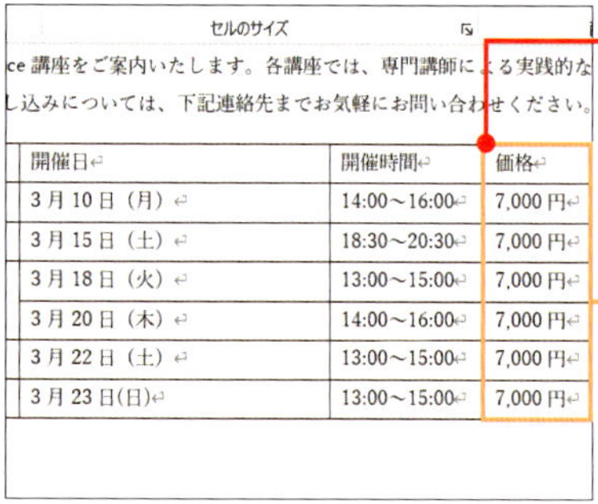

❾セルが2つに分割された

次のStepで利用するので、見出し行に「価格」、それ以降のセルにすべて「7,000円」と入力しておきましょう。

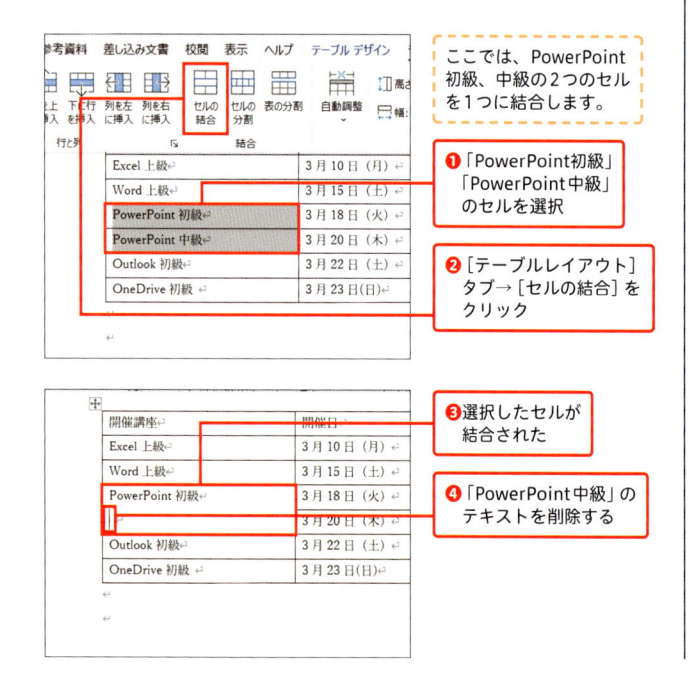

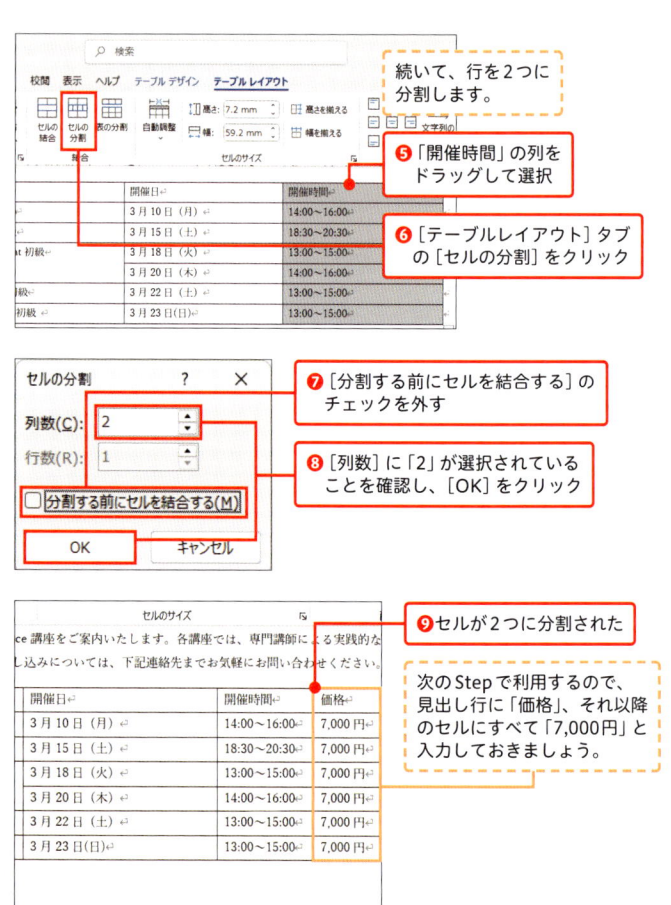

1回目 □ 2回目 □

Step 3 行の高さを「8mm」、列の幅を「44mm」に設定する

表の行の高さ・列の幅は、ユーザーの指定の大きさに設定できます。サイズの数値を設定すると明確ですが、少しだけ見出し行を広げたい、というときはマウスをドラッグするだけで簡単に変更可能です。

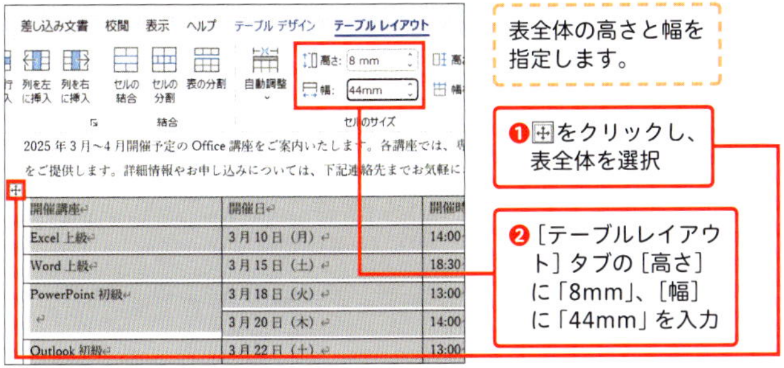
差し込み文書 校閲 表示 ヘルプ テーブル デザイン テーブル レイアウト
高さ: 8 mm
幅: 44mm
セルのサイズ
表全体の高さと幅を指定します。
❶ をクリックし、表全体を選択
❷［テーブルレイアウト］タブの［高さ］に「8mm」、［幅］に「44mm」を入力

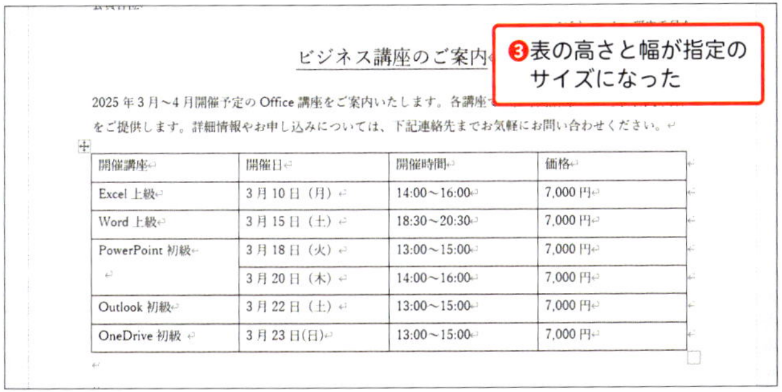
ビジネス講座のご案内
❸表の高さと幅が指定のサイズになった

■ ドラッグで行の高さを調整する場合

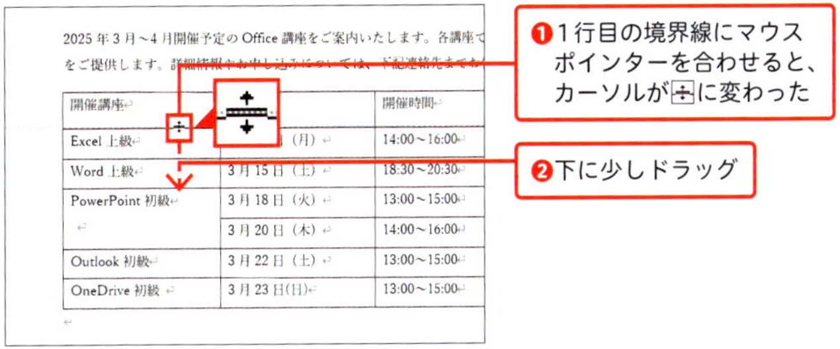
❶1行目の境界線にマウスポインターを合わせると、カーソルが に変わった
❷下に少しドラッグ

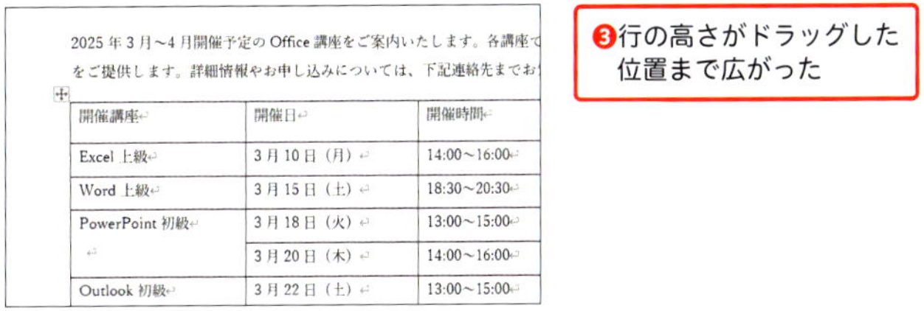
❸行の高さがドラッグした位置まで広がった

Point

列幅は自動調整することもできます。項目は、［テーブルレイアウト］タブの［自動調整］から選択可能です。

種類	説明
文字列の幅に自動調整	入力した文字量に応じて列の幅が変動する
ウィンドウ幅に合わせる	表の横幅がWordの１ページの横幅と揃う
列の幅を固定する	入力した文字量にかかわらず列の幅は固定される。列幅を超える場合は、文字列が折り返して表示される

Drill

26

ch4-26.docx

月　日

表

見栄えよく表をデザインする

表を目立たせたい場合は、表のデザインを工夫するとよいでしょう。表の最後のDrillとして、ここでは見出し行の色付けや文字列の配置設定、罫線の調整方法を学びます。さらに、操作が難しい2つの表を横並びにするテクニックも紹介します。

Let's Try!

Step 1 見出し行を色付けし、「中央揃え」にする

Step 2 縦罫線は削除し、見出し行には二重線を引く

Step 3 2つの表を左右に並べる

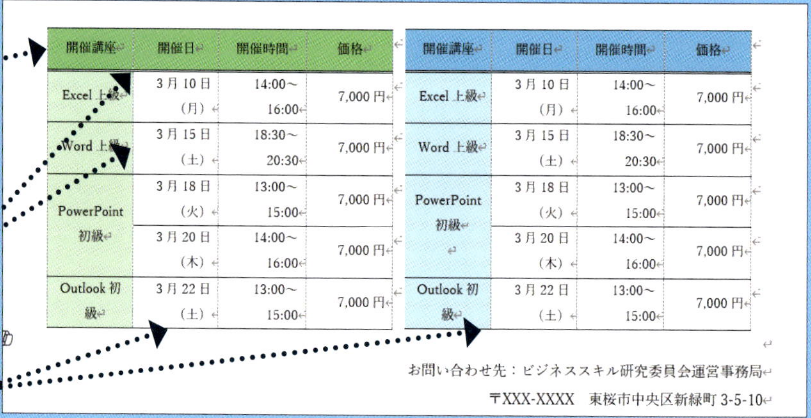

開催講座	開催日	開催時間	価格
Excel 上級	3月10日（月）	14:00～16:00	7,000円
Word 上級	3月15日（土）	18:30～20:30	7,000円
PowerPoint 初級	3月18日（火）	13:00～15:00	7,000円
	3月20日（木）	14:00～16:00	7,000円
Outlook 初級	3月22日（土）	13:00～15:00	7,000円

開催講座	開催日	開催時間	価格
Excel 上級	3月10日（月）	14:00～16:00	7,000円
Word 上級	3月15日（土）	18:30～20:30	7,000円
PowerPoint 初級	3月18日（火）	13:00～15:00	7,000円
	3月20日（木）	14:00～16:00	7,000円
Outlook 初級	3月22日（土）	13:00～15:00	7,000円

お問い合わせ先：ビジネススキル研究委員会運営事務局

〒XXX-XXXX　東桜市中央区新緑町 3-5-10

Hint ［テーブルデザイン］タブまたは［テーブルレイアウト］タブから設定する

表のデザインやレイアウト関連の操作は、表を選択しているときのみ表示される、［テーブルデザイン］タブまたは［テーブルレイアウト］タブに集結されています。

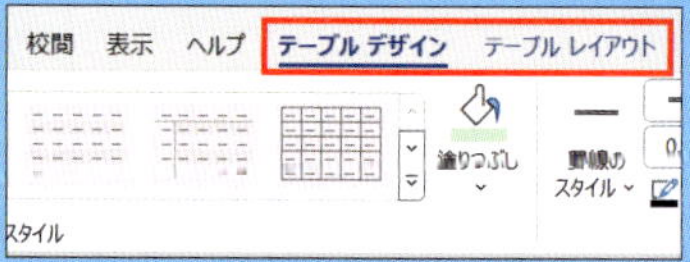

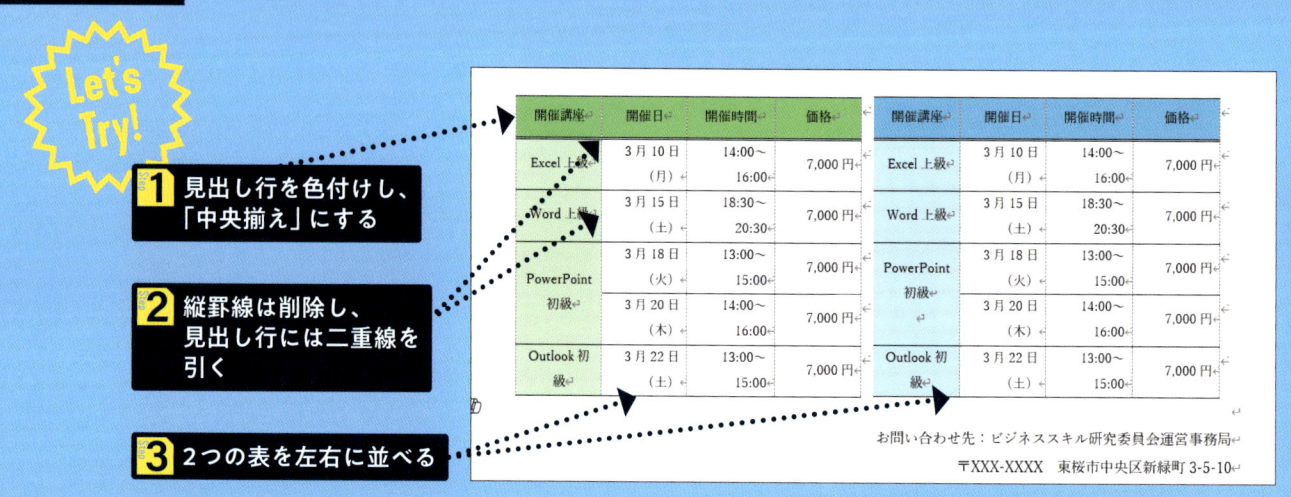

1回目 □ 2回目 □

Step 1 見出し行を色付けし、「中央揃え」にする

表の見出し行や列に色を付けるだけで、表の見栄えは格段によくなります。さらに見出し行のテキスト配置を中央揃えにすると、より見やすい表になります。

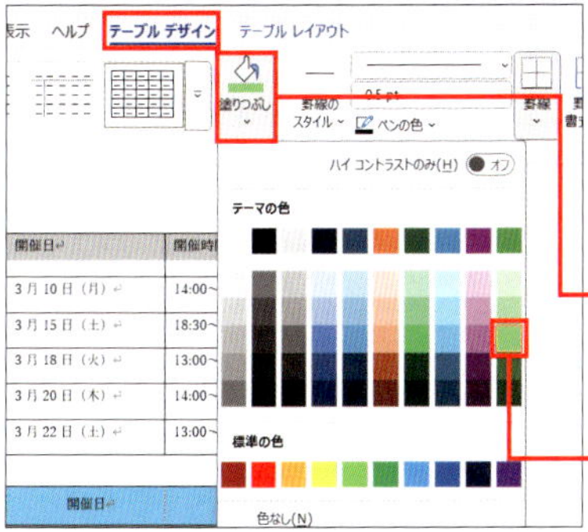

まずは見出し行に色を付けます。

❶見出し行を選択

❷［テーブルデザイン］タブの［塗りつぶし］をクリック

❸カラーパレットから［緑、アクセント6、白＋基本色40%］をクリック

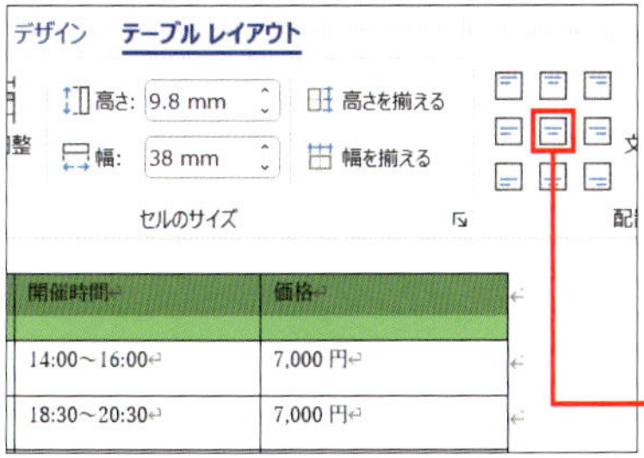

❹見出し行に色が付いた

続いて、見出し行のテキストの配置を調整します。

❺見出し行を選択

❻［テーブルレイアウト］タブ→［中央揃え］を選択

Memo

一般的に、表は見出しが「中央揃え」、文字列が「左揃え」、数値が「右揃え」で配置されることが多いです。これらの設定が読みやすいとされています。

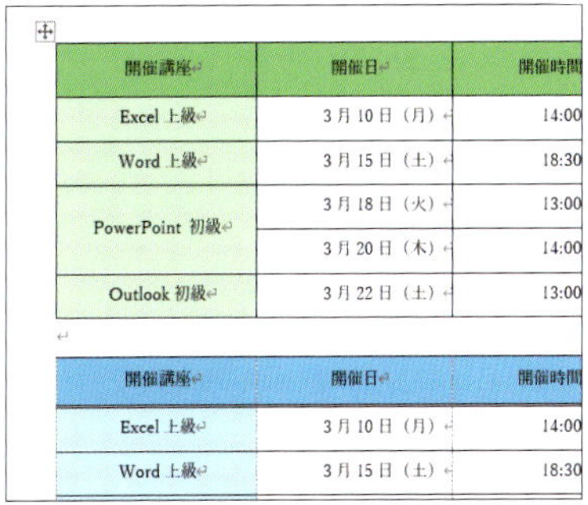

❼文字列が中央揃えになった

見出し列も❶～❻の手順で色と配置を設定しておきましょう。カラーは、［緑、アクセント6、白＋基本色80%］にします。

見出し行・列以外の表内の文字列をすべて選択し、［テーブルレイアウト］タブの［中央揃え（右）］をクリックします。

Point

Wordには、表を簡単に見栄えのよいデザインにするために、テーブルレイアウトが用意されています。ここから設定するのもおすすめです。

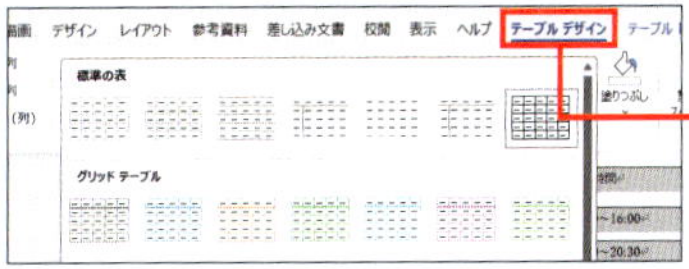

❶表を選択し、［テーブルデザイン］タブの［表のスタイル］▽から適当なものを選択

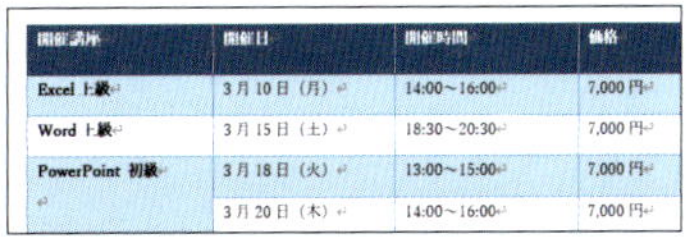

❷デザインが適用された

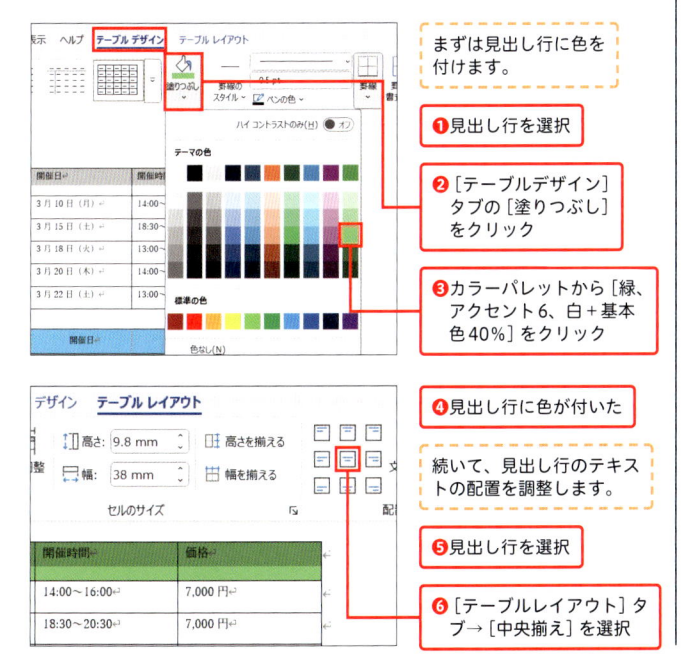

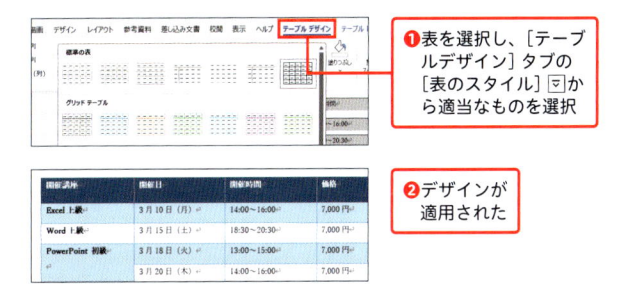

1回目 □ 2回目 □

Step 2 縦罫線は削除し、見出し行には二重線を引く

縦の罫線を削除すると表がすっきりとして見やすくなります。さらに、見出し行のみ二重線にして強調することで、データの区切りが明確になります。

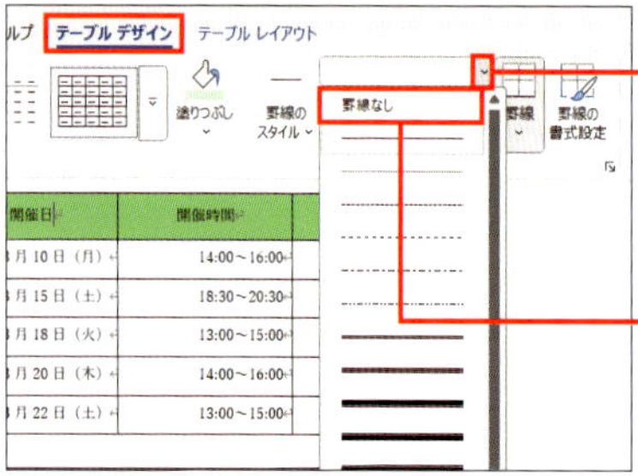

❶表内を選択

❷［テーブルデザイン］タブの［ペンのスタイル］のプルダウンをクリック

❸［罫線なし］をクリック

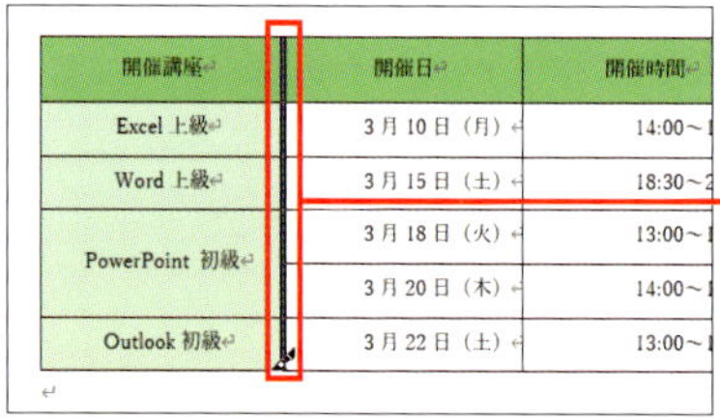

❹縦罫線をなぞるようにドラッグ

Memo

「ペンのスタイル」とは、表の罫線を手動で描写できる機能です。表の一部の罫線だけ種類を変更したいときなどに使われます。

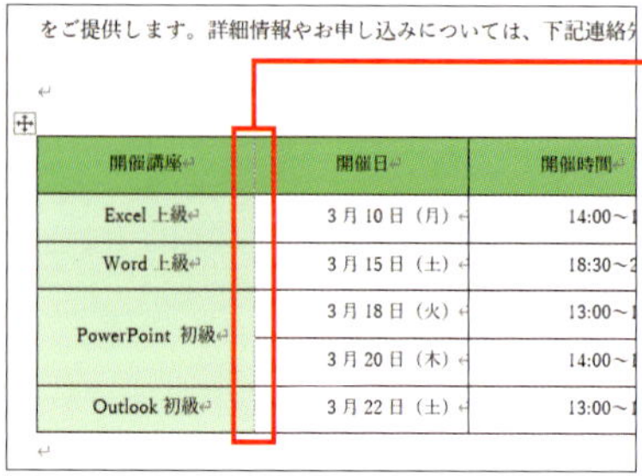

❺なぞった縦罫線が削除された

残りの罫線もなぞって削除しておきましょう。

Memo

点線で罫線が表示されていますが、印刷すると罫線は削除されています。

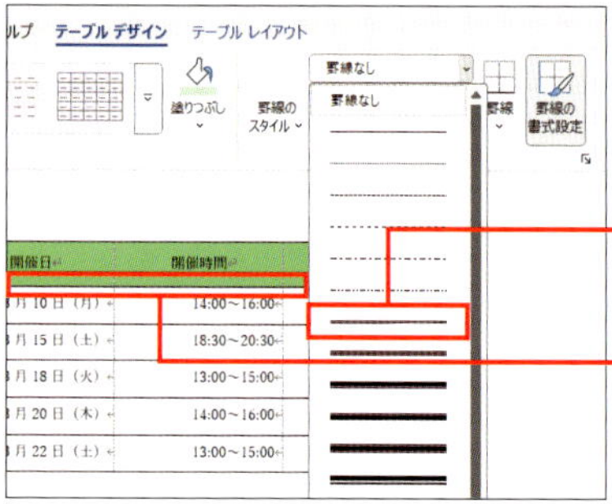

続いて、見出し行と内容の区別を強調するように、二重線を引きます。

❻手順❷の［ペンのスタイル］から［二重線］を選択

❼見出し行の罫線をなぞるようにドラッグ

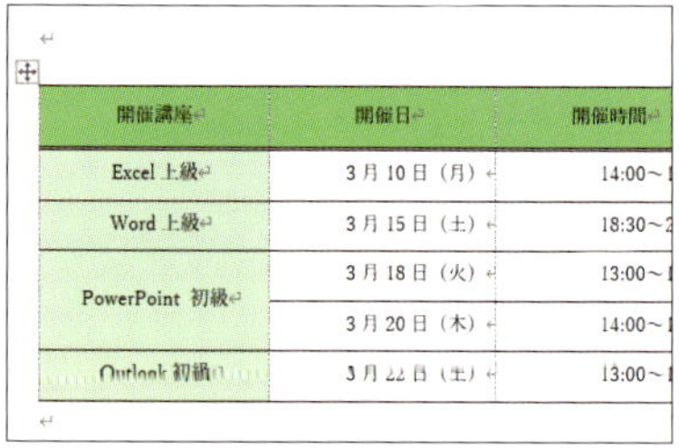

❽二重線になった

❾ Esc キーを押して、ペンモードを解除する

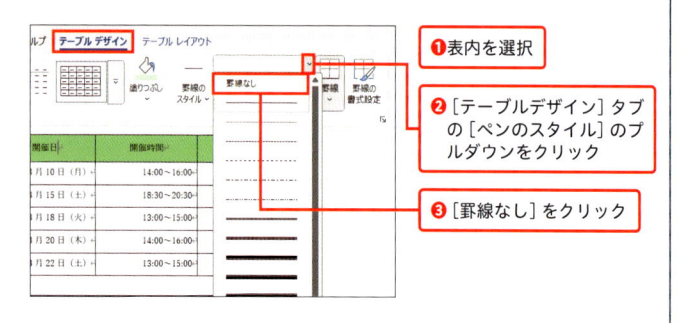

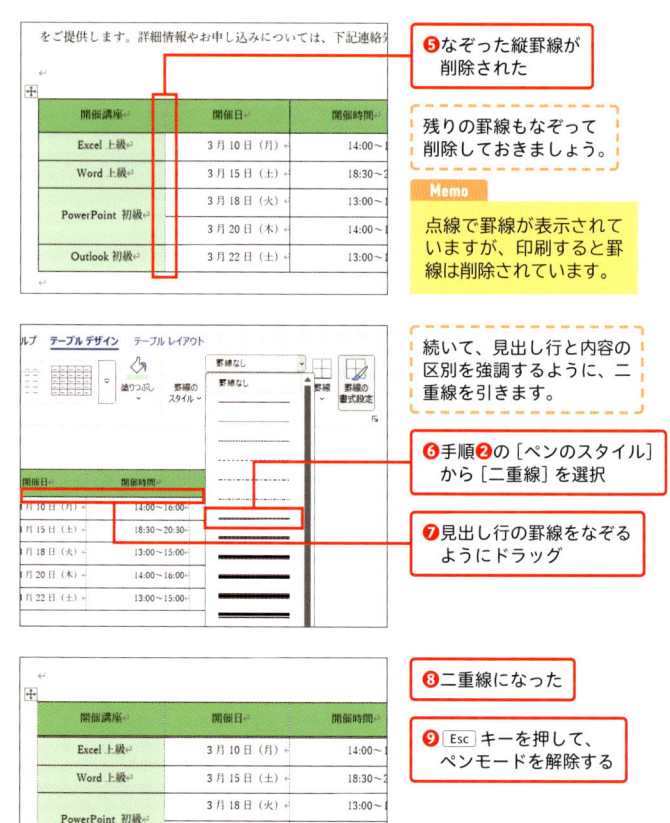

1回目 □ 2回目 □

Step 3 2つの表を左右に並べる

月別の講座一覧のような2つの表がある場合、横並びに配置することで、情報を比較しやすくなるだけでなく、スペースの節約にもなります。意外と難しい操作なのでしっかりと手順を確認しましょう。

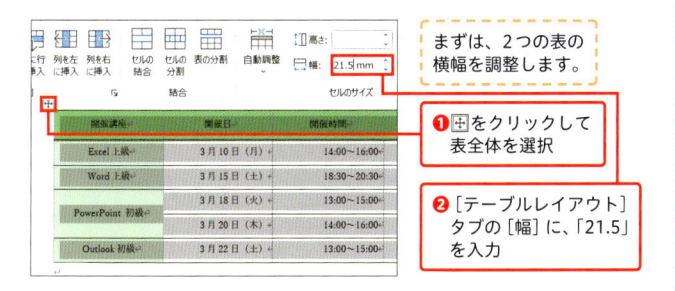

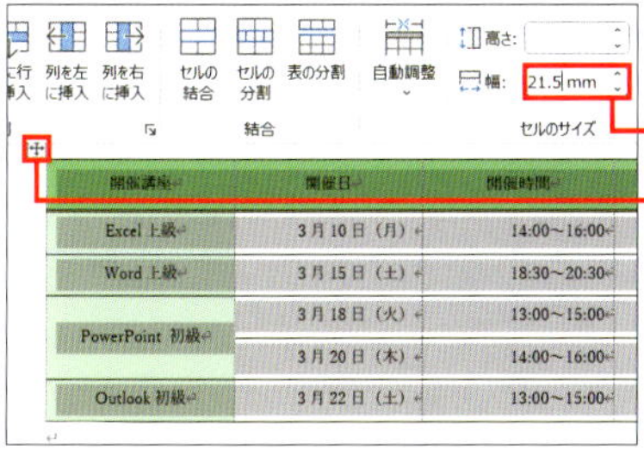

まずは、2つの表の横幅を調整します。

❶ をクリックして表全体を選択

❷［テーブルレイアウト］タブの［幅］に、「21.5」を入力

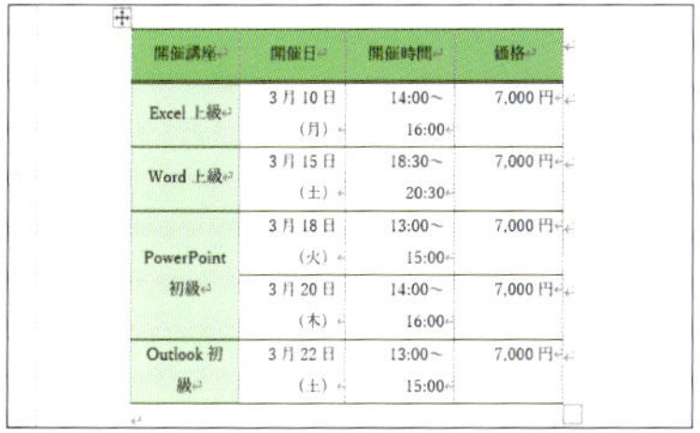

❸セルの横幅が調整された

❹下の表も、同じ手順で幅を「21.5」に調整する

Memo

2つの表が1ページの横幅に収まるように、表の幅を狭めておきましょう。また上下の表の間に空白行を1行入れておく必要があります。

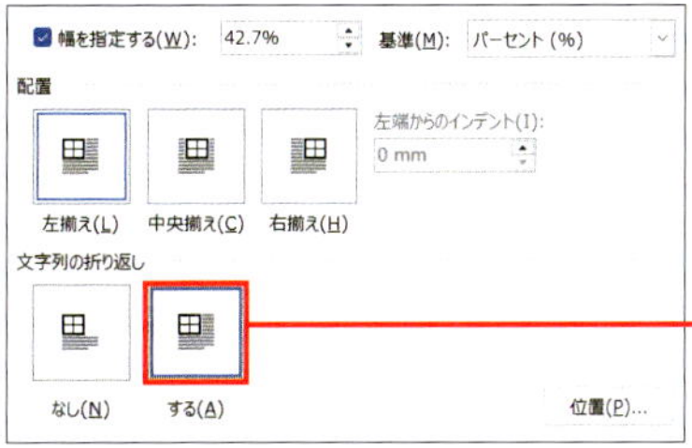

❺上の表を選択した状態で、［テーブルレイアウト］タブの［プロパティ］をクリック

❻［文字列の折り返し］の［する］を選択し、［OK］をクリック

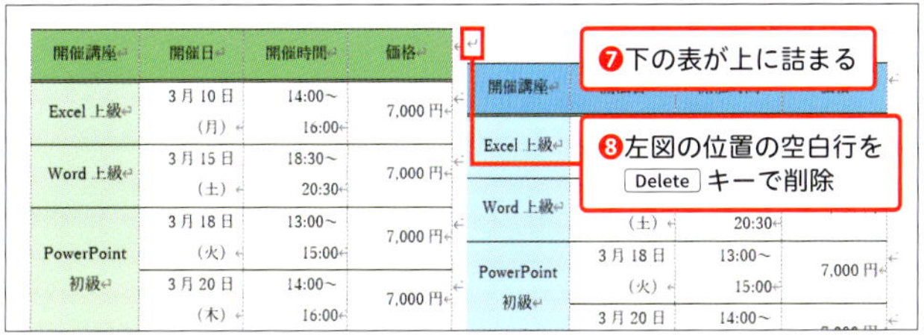

❼下の表が上に詰まる

❽左図の位置の空白行を Delete キーで削除

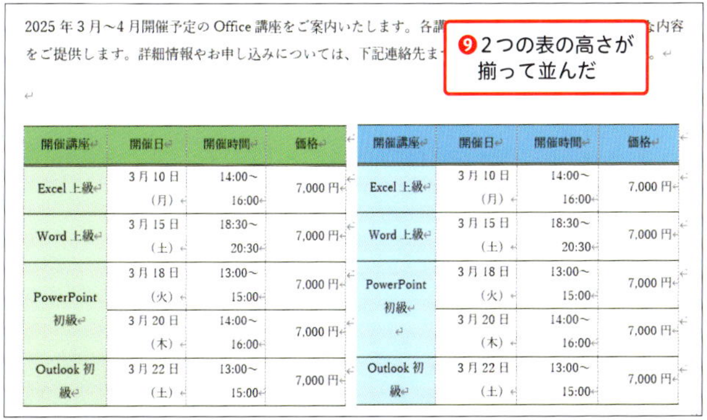

❾2つの表の高さが揃って並んだ

Drill 27

ch4-27.docx
画像1.png

月　日

画像の基本操作をマスターする

文書に文字だけだと味気ないですが、画像を挿入することで一気に視覚効果が高まります。たとえば、イベントの案内文書などに画像を入れると、読み手が内容をイメージしやすくなるため効果的です。ここでは、画像の挿入から、不要な部分を切り取るトリミング、さらに配置調整までを学んでいきます。

Let's Try!

Step 1 「画像1」を挿入する

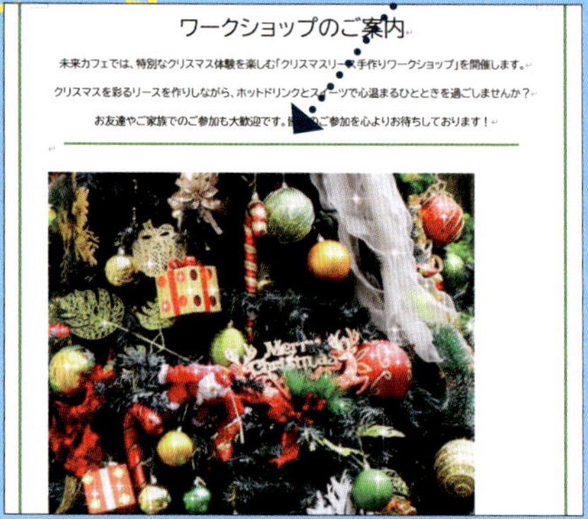

Step 2 不要な部分はトリミングする

Step 3 元の比率を保持したまま画像を縮小する

Hint ［挿入］タブの［画像］から挿入する

Wordに画像を挿入する場合は、［挿入］タブの［画像］から設定できます。ここでは、すでに用意してある画像を利用するので［このデバイス］を選択します。

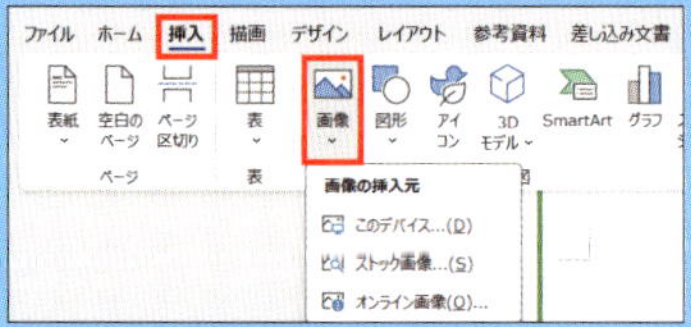

1回目 □ 2回目 □

Step 1 「画像1」を挿入する

ここでは、練習ファイルとしてご用意している「画像1」を文書に挿入します。まずは、画像を挿入したい位置にカーソルを移動し、[挿入] タブの [画像] から画像を挿入してみましょう。

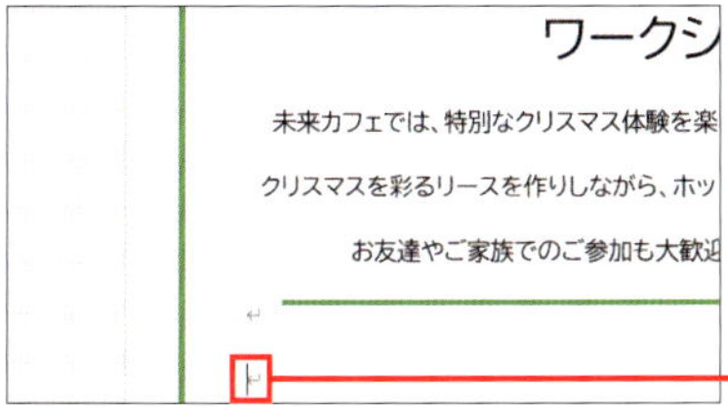

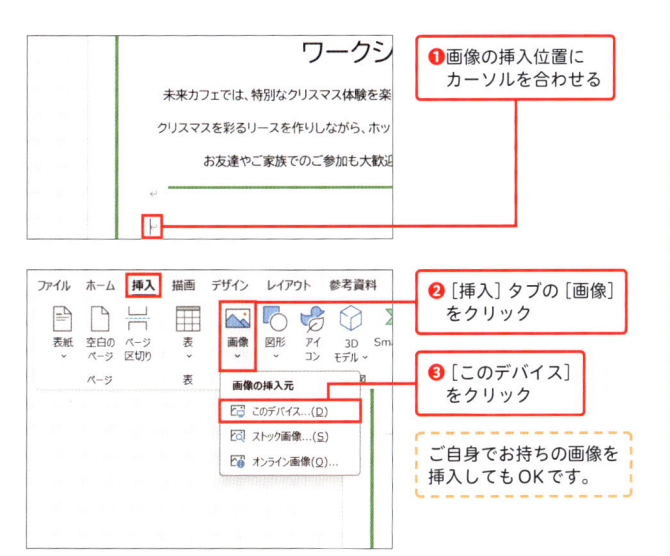

❶画像の挿入位置にカーソルを合わせる

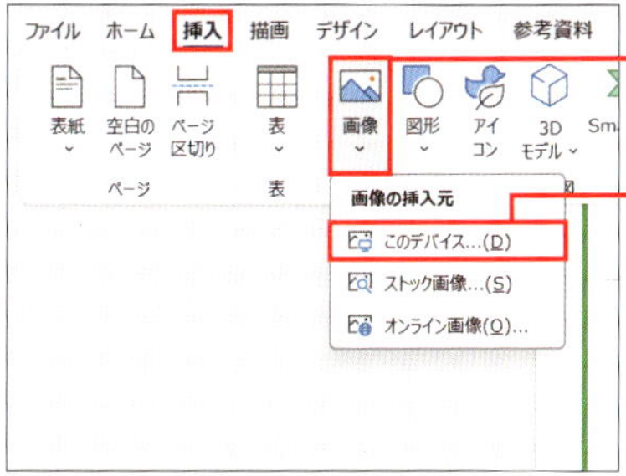

❷ [挿入] タブの [画像] をクリック

❸ [このデバイス] をクリック

ご自身でお持ちの画像を挿入してもOKです。

Memo

画像ファイルをフォルダから文書の挿入したい位置までドラッグ&ドロップすることでも、挿入できます。

[図の挿入] ダイアログが表示されます。

❹挿入する画像(「画像1.png」)をクリックして選択

❺ [挿入] をクリック

❻選択した画像が挿入された

Point

複数の画像を挿入したい場合は、[図の挿入] ダイアログで Ctrl キーを押しながらクリックして選択します。[挿入] をクリックすると、文書内に複数の画像が挿入されます。

1回目 □　2回目 □

Step 2 不要な部分はトリミングする

続いて、挿入した画像の編集を行いましょう。事前に画像のトリミング処理をしなくとも、Word上で画像の使用範囲を自由に切り出すことが可能です。

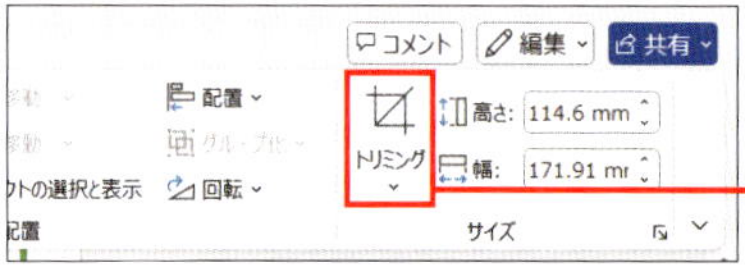

❶画像をクリックして選択

❷［図の形式］タブの［トリミング］をクリック

❸四隅と上下左右の中央に黒いバーが表示される

❹右中央のバーを内側にドラッグ

❺カットされた範囲はグレーで表示される

❻ほかのバーも同様に内側にドラッグして調整

❼ Enter キーを押す

❽画像がトリミングされた

Memo

画像をクリックして選択し、右クリック→［トリミング］をクリックすることでも、トリミングメニューを利用できます。

Point

［図の形式］タブの［トリミング］→［図形に合わせてトリミング］をクリックし、任意の図形を選択すると、図形に合わせて画像をトリミングできます。

■［楕円］を選択してトリミングした場合

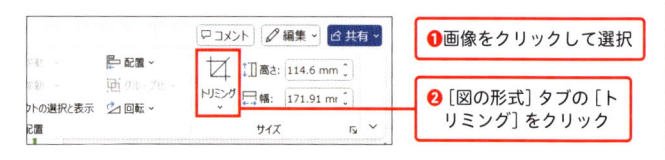

Step 3 元の比率を保持したまま画像を縮小する

画像を適当に拡大・縮小すると元の画像の縦横比が崩れ、不自然にゆがんで見えます。画像のサイズを変更したいときは、元の比率を保持したまま調整するようにしましょう。

❶画像をクリックして選択

❷四隅右下の［○］を内側にドラッグ

❸元の比率が保持された状態で画像が縮小された

Memo

上下左右中央の［○］をドラッグすると、比率を保持して拡大・縮小はできません。

サイズを指定して拡大・縮小する場合

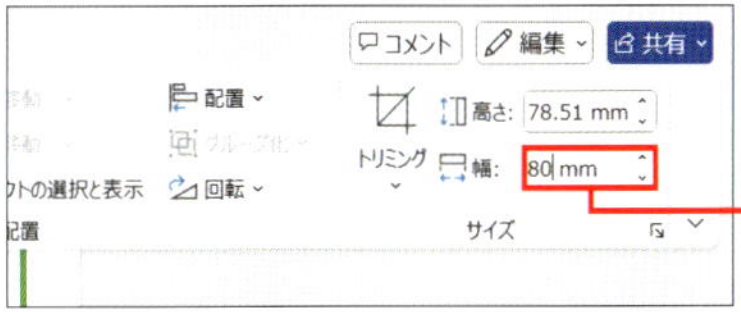

❶画像をクリックして選択

❷［図の形式］タブの［幅］の入力欄に「80」と入力し、Enter キーを押す

❸指定された横幅に拡大された。縦幅も比例して拡大される

Point

［図の形式］タブの［サイズ］グループにあるをクリックし、［サイズ］タブで［リセット］→［OK］をクリックすると、拡大・縮小された画像を元のサイズに戻すことができます。

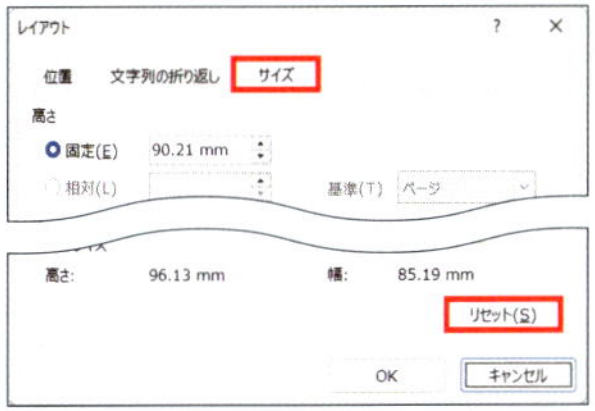

Drill
28

ch4-28.docx

月　日

テキストボックスの基本操作をマスターする

テキストボックスを使うと、テキストを文章内の自由な位置に配置できます。また、画像や図形の上にテキストを重ねることも可能です。ここでは、テキストボックスの挿入方法、書式の設定、配置方法といった操作を練習していきましょう。

Let's Try!

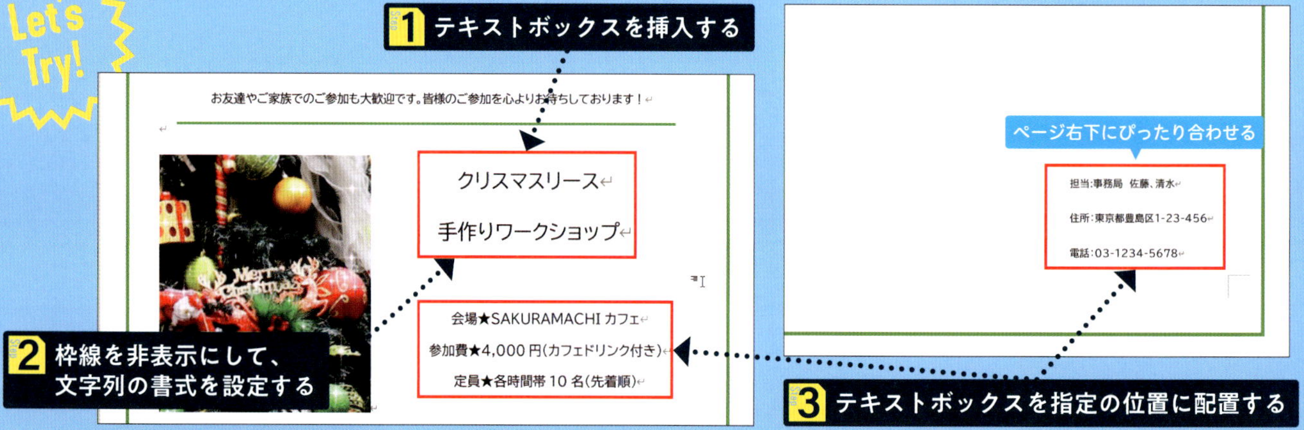

Hint ［挿入］タブの［テキストボックス］から挿入する

テキストボックスは、［挿入］タブの［テキストボックス］から指定の種類のものを選択することで文書内に挿入できます。ここでは、横書きのテキストボックスを利用しますが、縦書きのテキストボックスの挿入や、入力済みの文字をテキストボックスに変換することなども可能です。

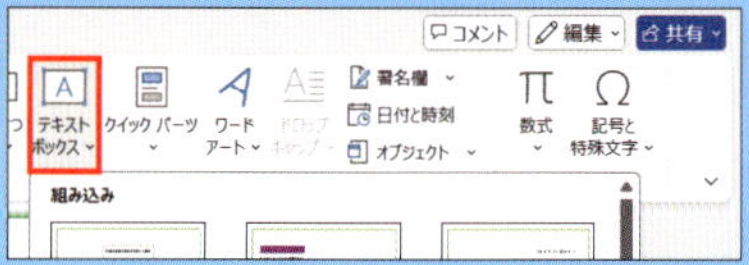

1回目 □ 2回目 □

Step 1 テキストボックスを挿入する

テキストボックスは、文書の好きな位置に配置できるテキスト専用のパーツ（オブジェクト）です。まずは、文書内をドラッグしてテキストボックスを描画してみましょう。

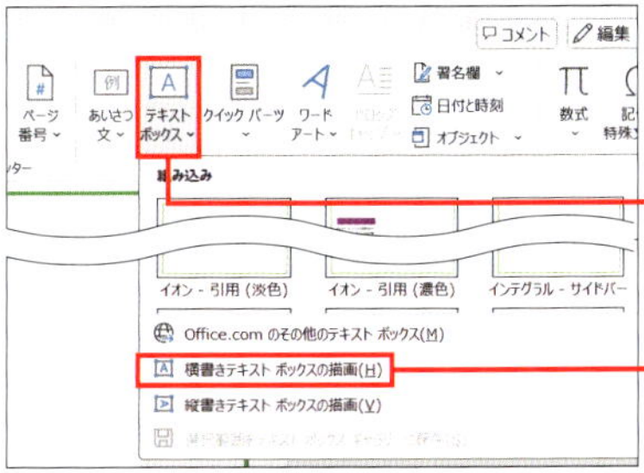

画像の右隣にテキストボックスを挿入します。

❶［挿入］タブの［テキストボックス］をクリック

❷［横書きテキストボックスの描画］をクリック

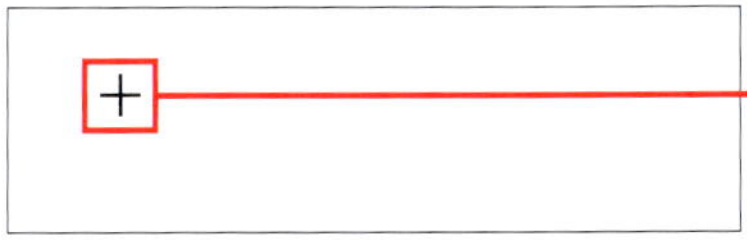

❸ポインターの形状が十字に変わったら、テキストボックスを挿入する位置に合わせ、クリック

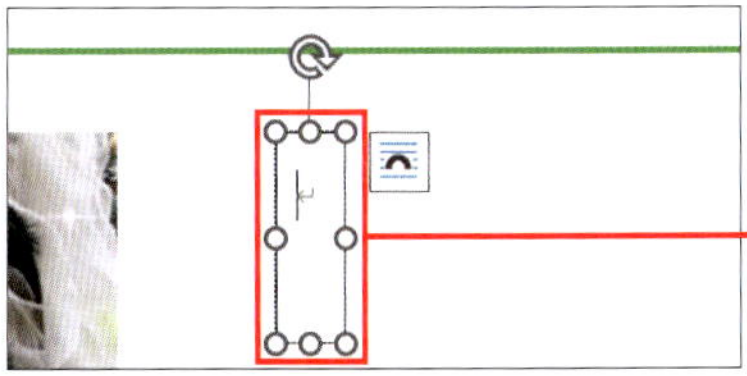

❹テキストボックスが挿入された

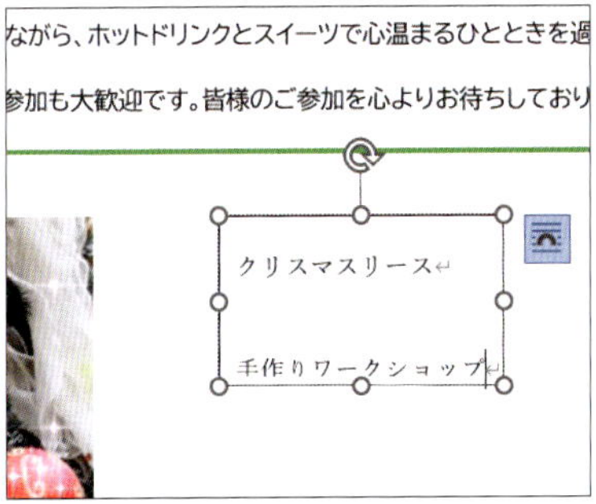

❺「クリスマスリース手作りワークショップ」と入力

Memo

「クリスマスリース」の後に改行を入れます。

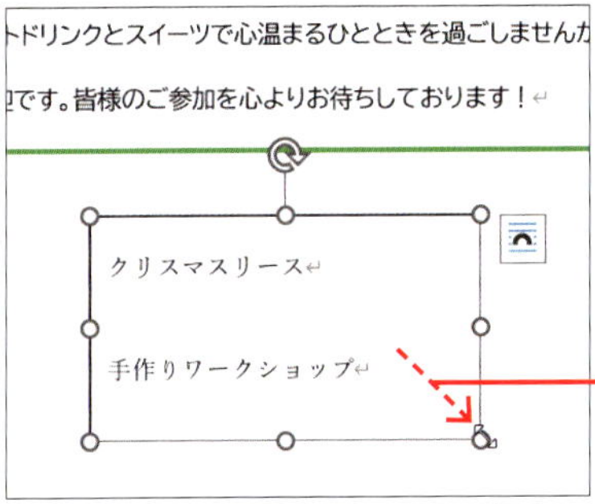

❻文字がすべて表示されるようにテキストボックスをドラッグして高さを調整する

Point

通常の文字入力とテキストボックスとの違いとして、テキストボックスは独立したパーツとして扱われるという点があります。通常の文字入力では、行間や段組み、余白など文書全体の設定に影響を受ける一方で、テキストボックスであれば、文書の設定に影響は受けず、テキストボックスごとに自由な設定を適用することができます。

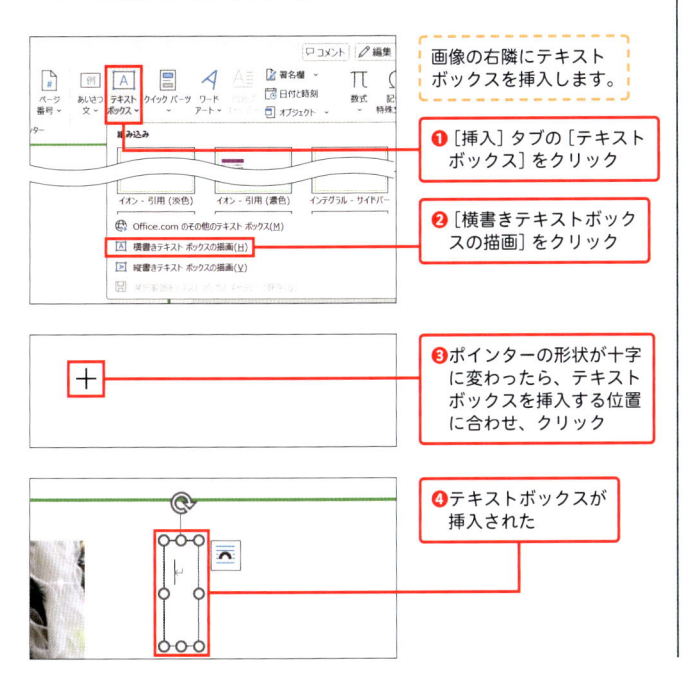

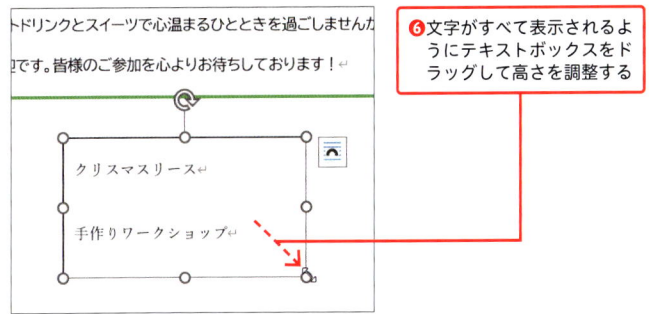

1回目 □ 2回目 □

Step 2 枠線を非表示にして、文字列の書式を設定する

テキストボックスの挿入直後は枠線が表示されているので、見栄えをよくするためにも非表示にしましょう。また、フォントの種類や文字の大きさといった書式も設定し、文書に合うよう調整しましょう。

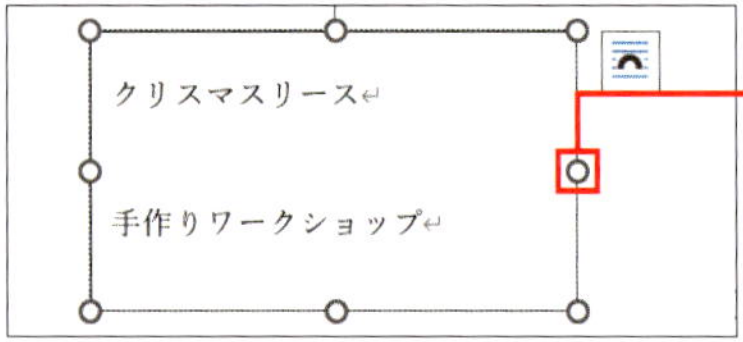

❶Step1で挿入したテキストボックスの枠線部分をクリック

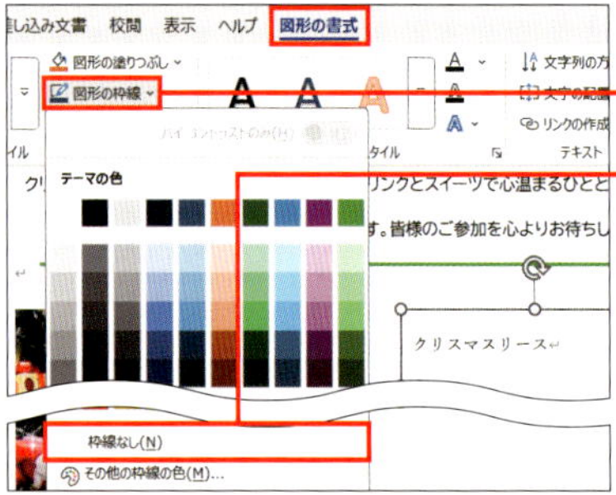

❷［図形の書式］タブの［図形の枠線］をクリック

❸［枠線なし］をクリック

❹テキストボックスの枠線が非表示になる

Memo

手順❶で枠線をクリックすると、テキストボックス自体を選択した状態になります。この状態であれば、テキストボックスと内部の文字列、どちらに対しても書式を設定できます。

続いて、テキストの書式を設定します。

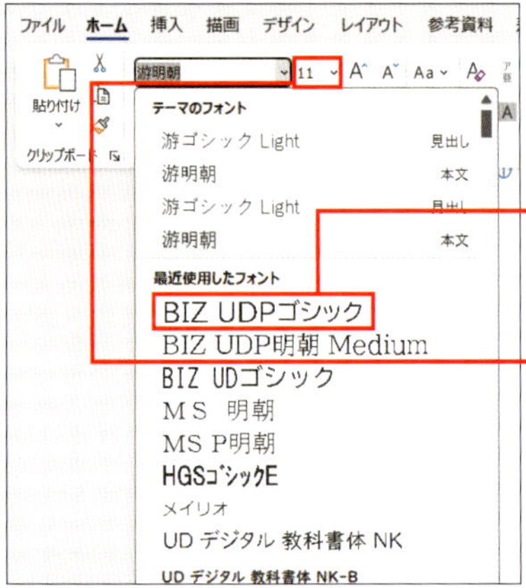

❺テキストボックスを選択したまま、［ホーム］タブの［フォント］の一覧から［BIZ UDP ゴシック］を選択

❻［フォントサイズ］の一覧から［18］を選択

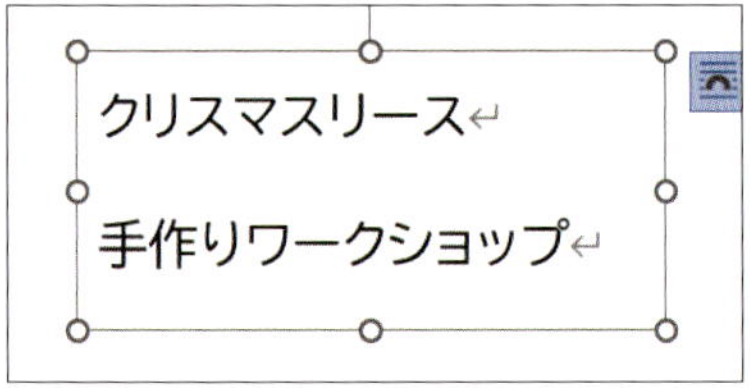

❼フォントの種類と大きさが設定された

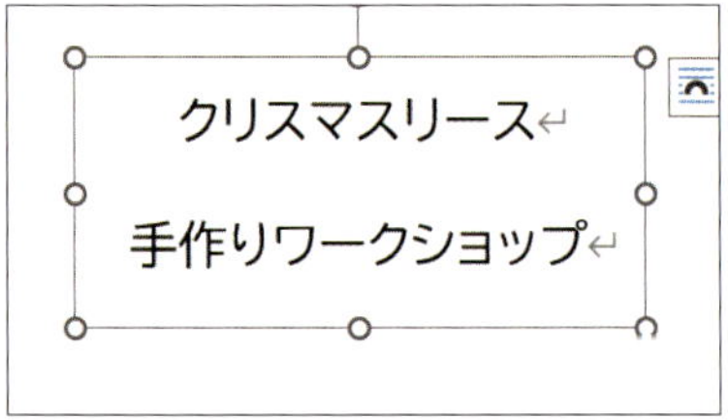

❽［ホーム］タブの［中央揃え］をクリック

❾文字が中央揃えになった

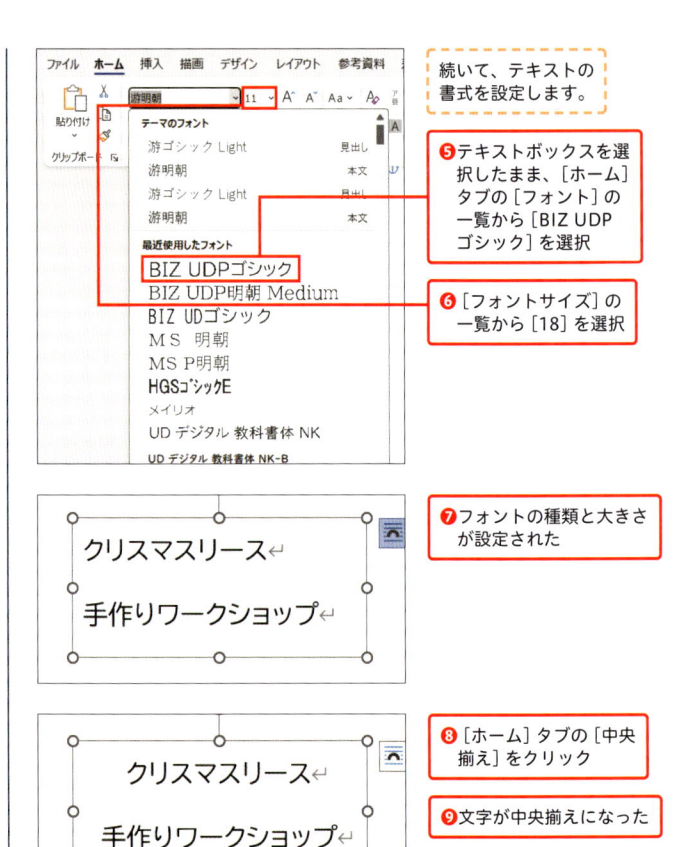

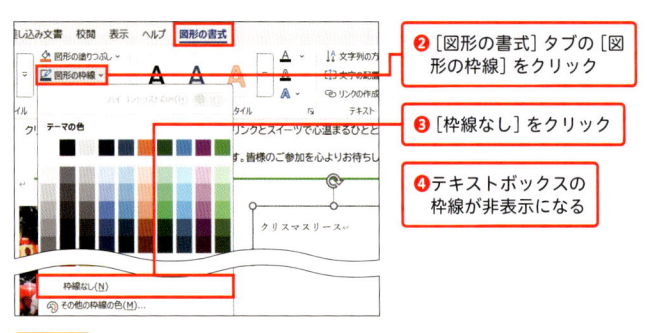

1回目 □ 2回目 □

Step 3 テキストボックスを指定の位置に配置する

一度挿入したテキストボックスは、そのあといつでも自由に配置を移動できます。マウスで場所を指定したり、文書の右下など特定の場所に移動させたりする操作を練習しましょう。

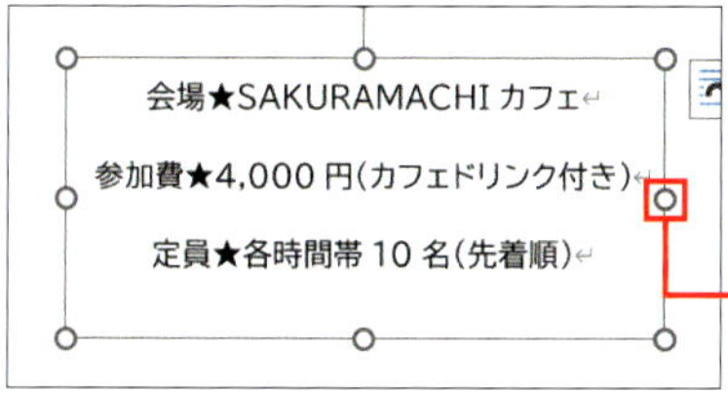

ここではすでに文書の下側に2つのテキストボックスを用意しています。操作するものを選択して使用しましょう。

❶テキストボックスを選択

❷画像の右側までそのまま枠線をドラッグして移動

Memo

テキストボックスは、画像や図形などほかのオブジェクトの上にも配置できます(P.133)。

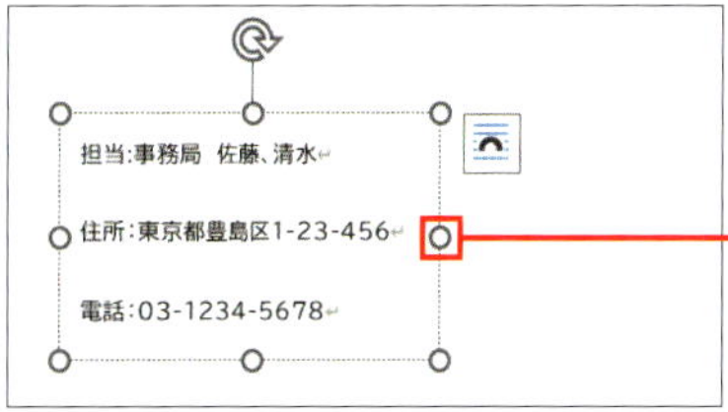

❸もう1つのテキストボックスを選択

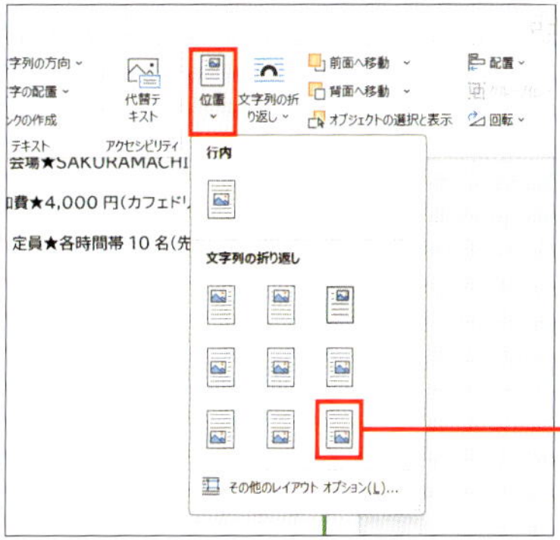

❹［図形の書式］タブの［位置］→［右下］を選択

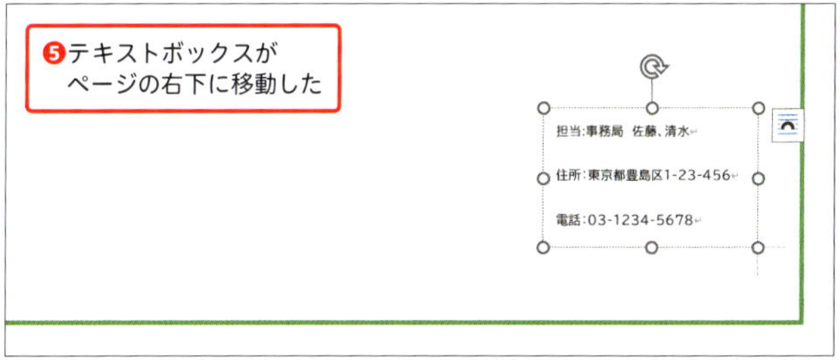

❺テキストボックスがページの右下に移動した

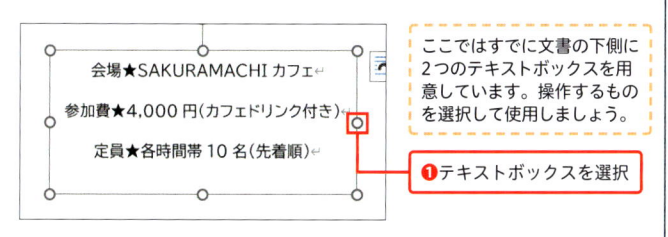

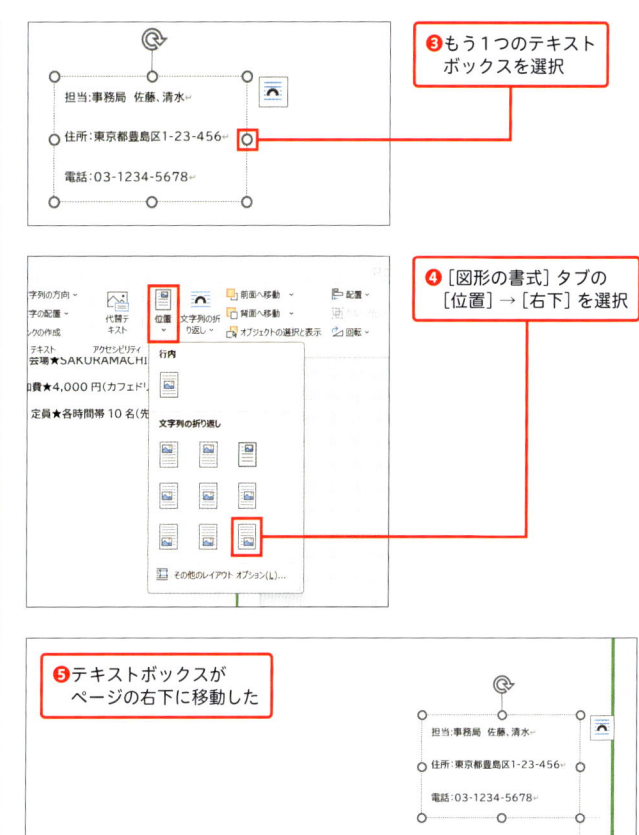

Drill

29

ch4-29.docx

月　日

画像の編集テクニック

Wordでは、挿入した画像を加工・調整することも可能です。明るさやアート効果を調整して画像の雰囲気を変えたり、複数のサイズ違いの画像を横並びにして配置したり、画像の上にテキストを配置したりなど、ひと手間加えるだけで文書のデザイン性が向上します。ここでは、これらの画像加工を練習しましょう。

Let's Try!

Step 1 画像の［明るさ/コントラスト］と［アート効果］を調整する
（［明るさ：－40% コントラスト：+20%］、［十字模様：エッチング］）

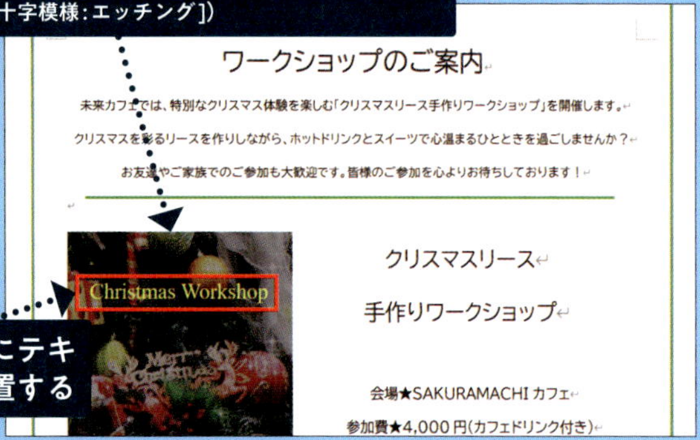

Step 2 複数画像を上下中央揃えで並べる

Step 3 画像の上にテキストを配置する

Hint　画像を選択して［図の形式］タブから編集する

画像を選択すると、リボンに［図の形式］タブが表示されます。ここに、明るさやアート効果、配置の指定などの調整機能が集まっています。

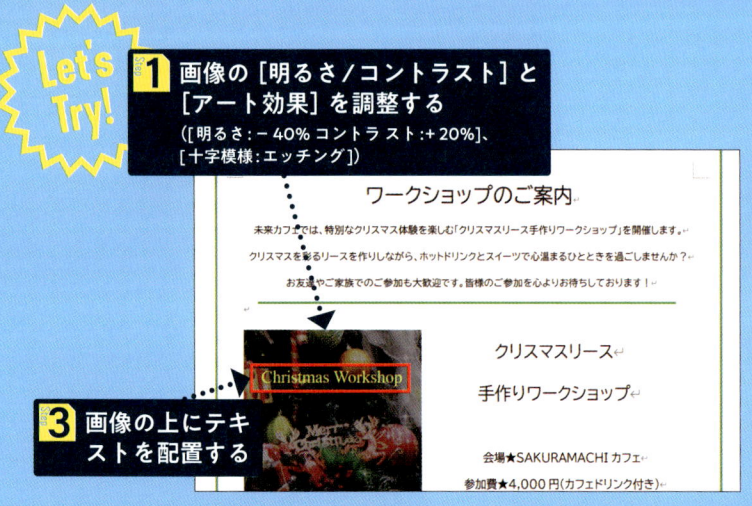

1回目 □ 2回目 □

Step 1 画像の［明るさ／コントラスト］と［アート効果］を調整する

簡単な加工であれば、専用の画像加工ソフトなどなくとも、Word上で対応可能です。ここでは、画像の明るさの調整とアート効果の適用を練習してみましょう。

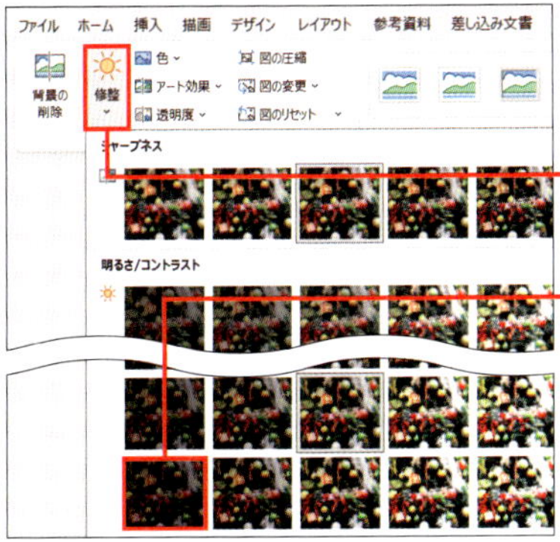

まずは、明るさを設定します。

❶画像を選択し、［図の形式］タブの［修整］をクリック

❷［明るさ：−40% コントラスト：+20%］をクリック

Memo

Step3で画像の上に文字を置くため、ここでは暗めに修整しています。

❸画像の明るさが変更された

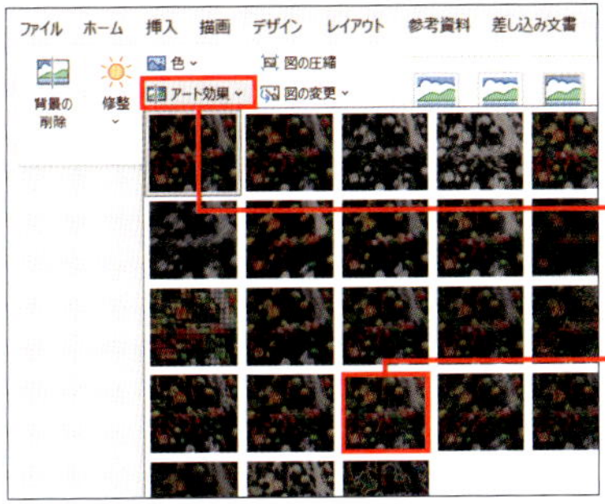

続いて、画像にアート効果を設定します。

❹画像を選択し、［図の形式］タブの［アート効果］をクリック

❺［十字模様：エッチング］をクリック

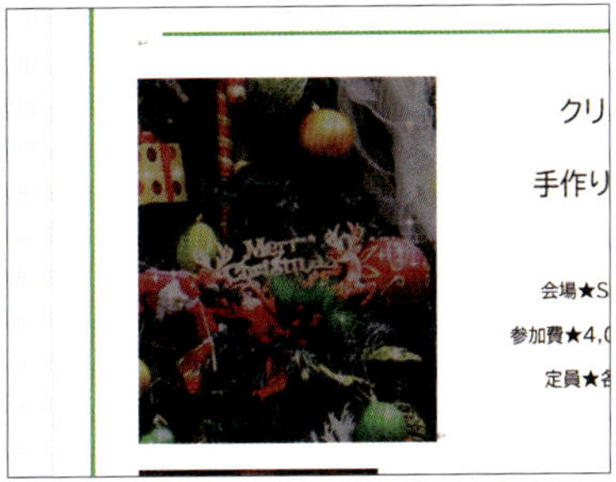

❻アート効果が設定された

Point

画像に加えた加工を初期状態に戻したい場合は、［図の形式］タブの［図のリセット］をクリックしましょう。

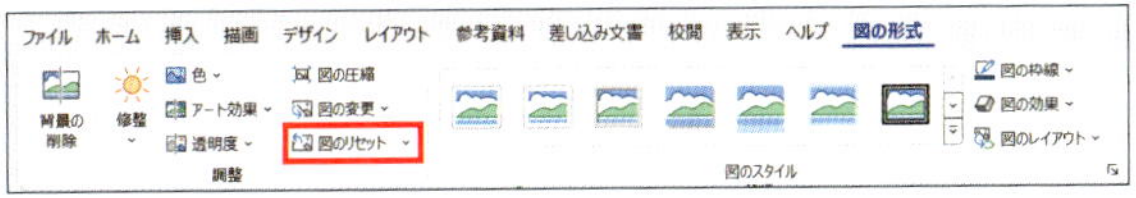

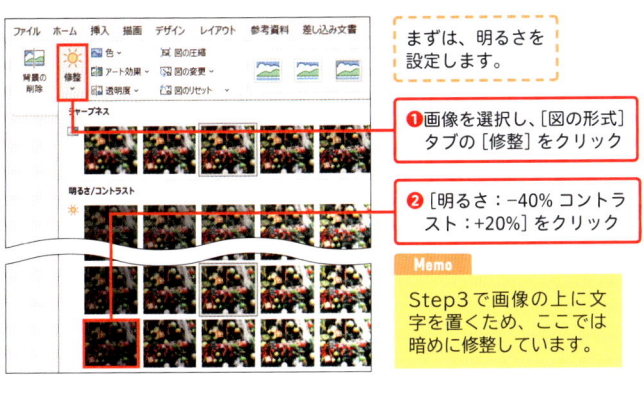

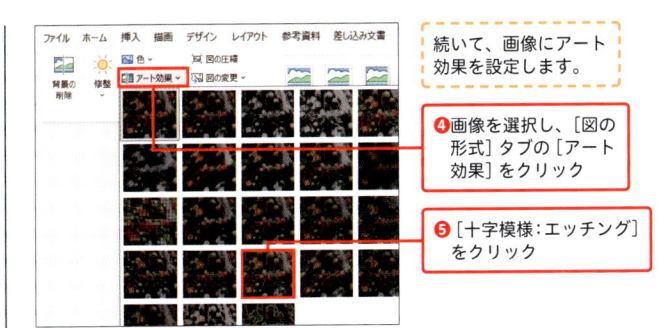

1回目 □　2回目 □

Step 2 複数画像を上下中央揃えで並べる

複数画像の位置を手動で揃えようとすると、どうしてもズレてしまいます。そんなときは、[文字列の折り返し] と [オブジェクトの配置] 機能を使って、上下中央揃えにしましょう。

❶「画像2」を選択し、[図の形式] タブの [高さ] に「45」と入力し、Enter キーを押して大きさを変更

❷「画像3」も手順❶と同様に設定する

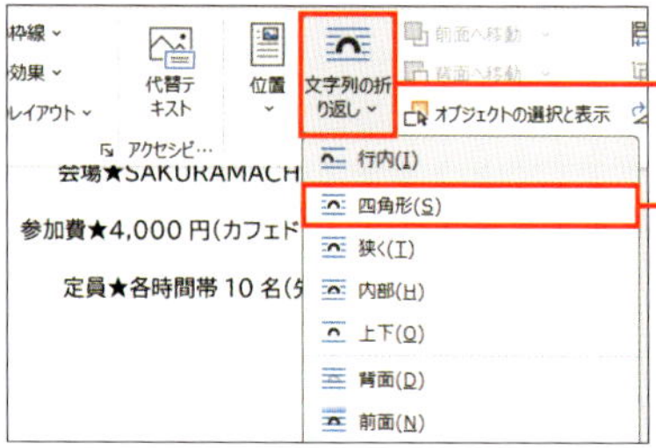

❸「画像2」を選択し、[図の形式] タブの [文字列の折り返し] をクリック

❹ [四角形] をクリック

❺「画像3」にも、同様に文字列の折り返しを設定

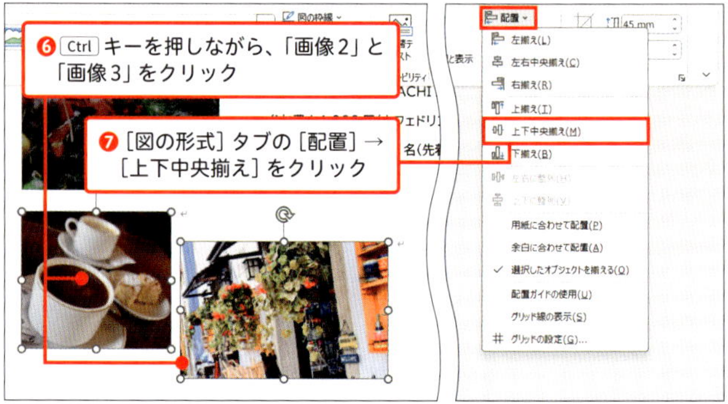

❻ Ctrl キーを押しながら、「画像2」と「画像3」をクリック

❼ [図の形式] タブの [配置] → [上下中央揃え] をクリック

❽画像が横並びに整列された

❾ Shift キー＋ドラッグで、高さは変えずに、2枚の画像を見やすい位置に移動させる

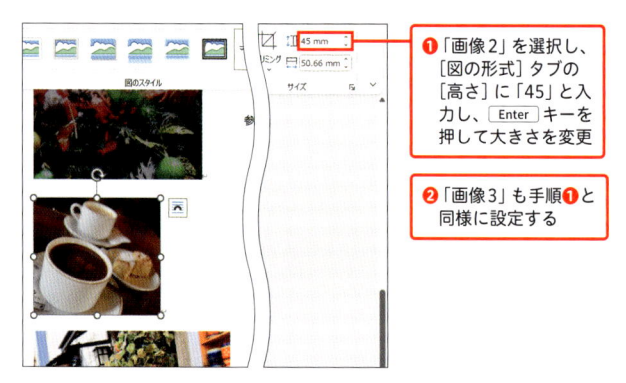

1回目 □　2回目 □

Step 3 画像の上にテキストを配置する

明るさを落とした画像の上にテキストを配置すると、コントラストが強調されてテキストが読みやすくなります。Step1の画像を活用し、デザインの手法でもよく使われるテクニックを実践してみましょう。

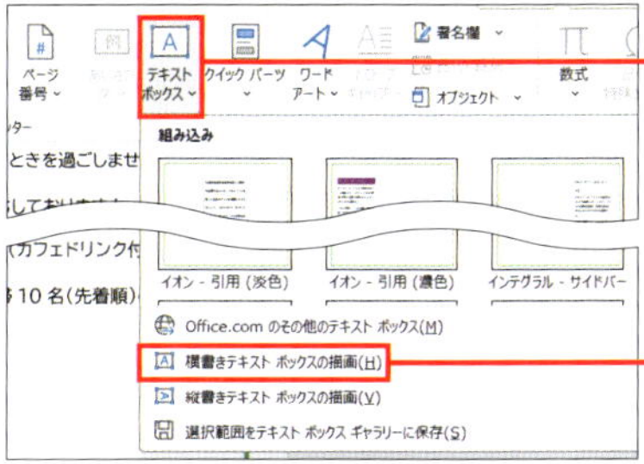

❶［挿入］タブの［テキストボックス］をクリック

❷［横書きテキストボックスの描画］をクリック

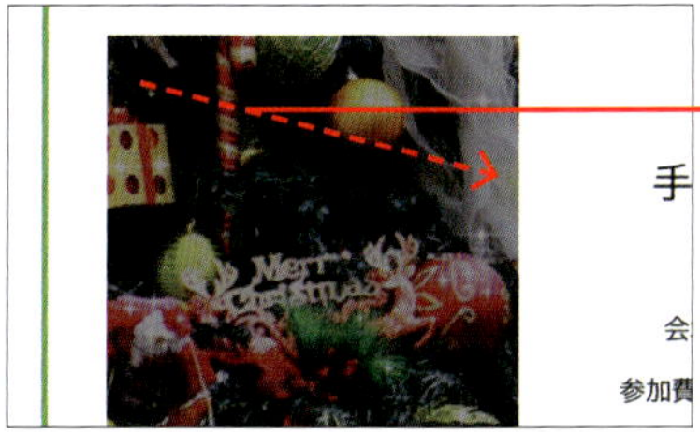

❸画像の上にポインターを合わせ、斜め右下にドラッグしてテキストボックスを描画する

Memo

暗くした画像の上に配置するテキストの色は、白・黄色などの明るい色を選択すると、視認性が高まります。

❹「Christmas Workshop」と入力

❺フォントを「Times New Roman」、大きさを「18」、色を「黄」に設定する

❻［図形の書式］タブの［図形の塗りつぶし］をクリック

❼［塗りつぶしなし］をクリック

❽テキストボックスの塗りつぶしが消えた

さらに、［図形の書式］タブの［図形の枠線］→［枠線なし］をクリックして、テキストボックスの枠線を非表示にしておきましょう。

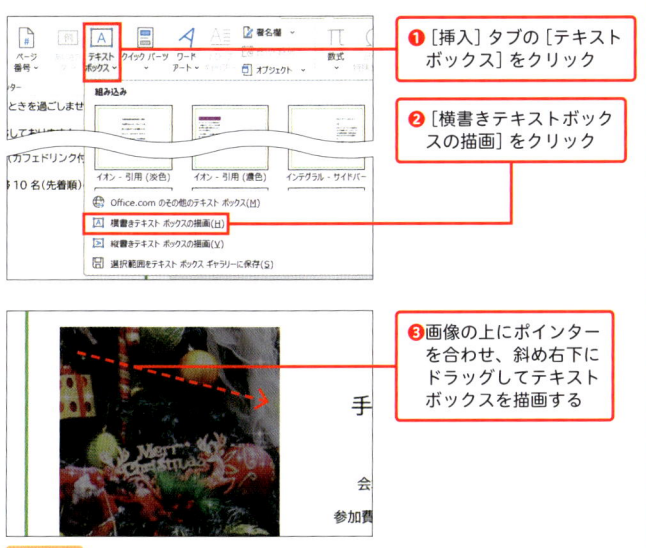

Drill
30

ch4-30.docx

月 日

図形の基本的な活用方法

Wordの基本的な図形の活用方法を学ぶために、ここではフローチャートを作成します。ビジネスでよく使う図は、SmartArtで簡単に作成することも可能ですが（Drill31）、自分で図形を設定することで、目的や内容に応じて柔軟な対応が可能です。ここでは、一連の操作をStep1からStep3まで順を追って設定していきます。

Let's Try!

Step 1 必要な図形と矢印を挿入し、スタイルを変更する

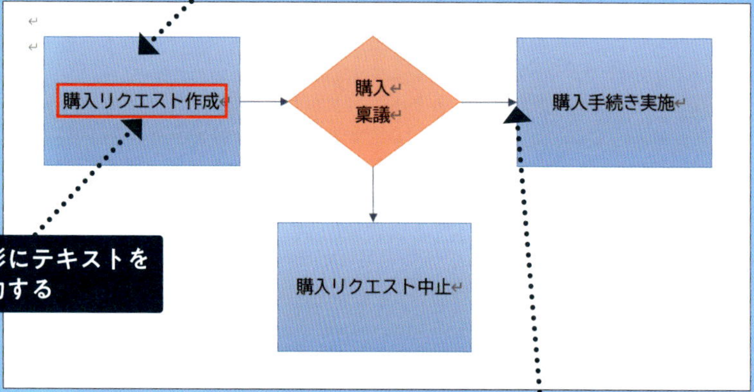

Step 2 図形にテキストを入力する

Step 3 すべての図形をグループ化して矢印でつなぐ

Hint ［挿入］タブの［図形］から挿入する

［挿入］タブの［図形］をクリックすると、図形の一覧が表示されます。挿入したい図形を選択し、文書内でドラッグすると図形が挿入されます。図形は、テキストを入力したり、書式を変更したりといった編集が可能です。

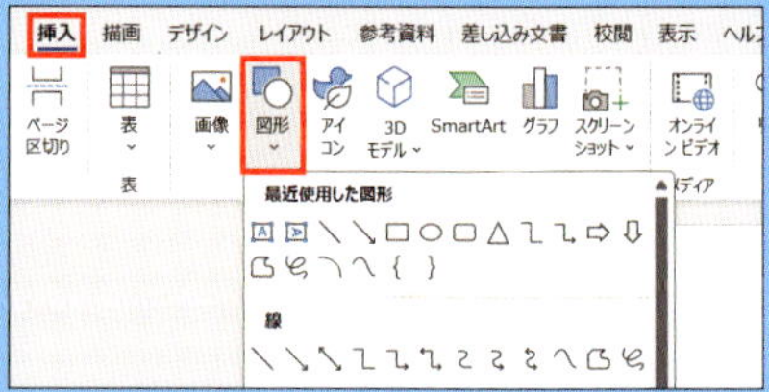

1回目 □ 2回目 □

Step 1 必要な図形と矢印を挿入し、スタイルを変更する

まずは、フローチャートに利用する図形をすべて文書内に挿入します。ここでは、四角形［フローチャート：処理］、菱形［フローチャート：判断］と、フローの流れを示す矢印、３種類の図形を挿入します。

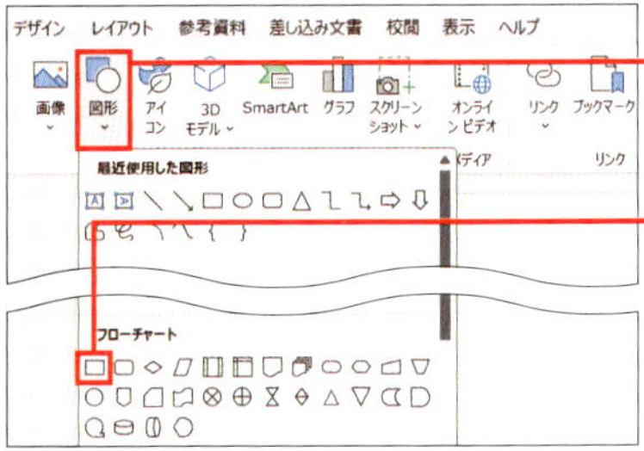

❶［挿入］タブの［図形］をクリック

❷図形の一覧から［フローチャート：処理］をクリック

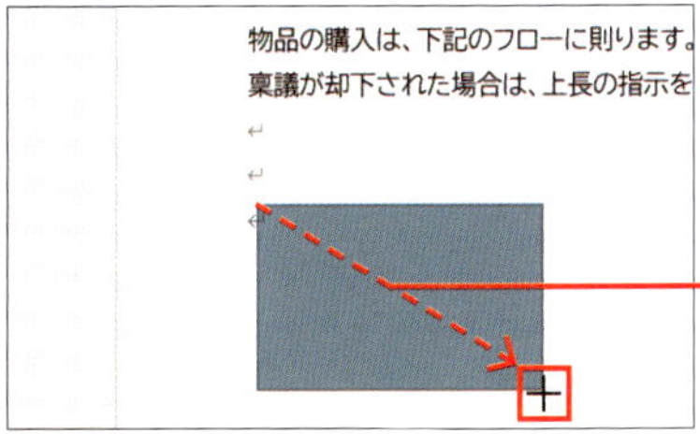

❸ポインターの形状が十字に変わったら、図形を挿入する位置でドラッグ

Memo

図形の描画中に Shift キーを押しながらドラッグすると、縦横比を維持したまま図形を描画できます。

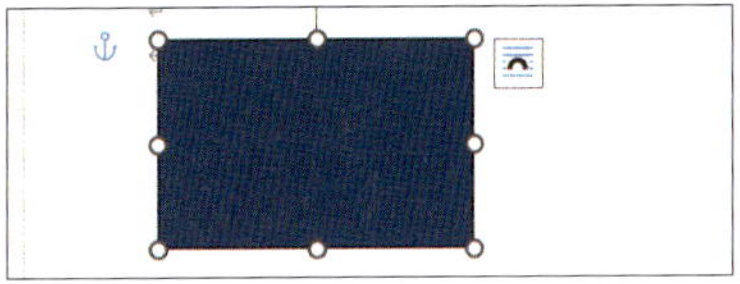

❹図形が描画された

図形のスタイルを変更します。

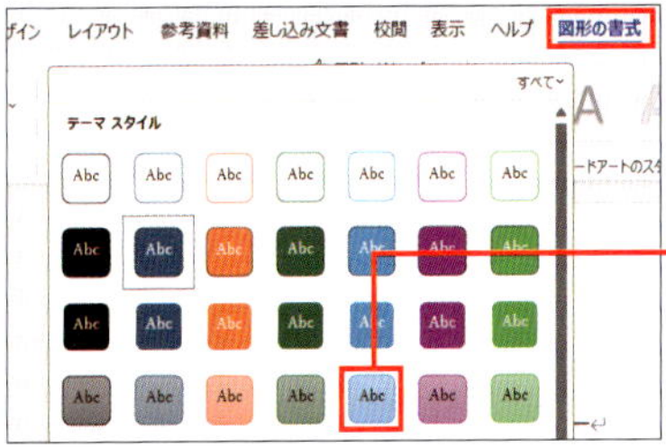

❺図形を選択した状態で、［図形の書式］タブの［図形のスタイル］グループの［クイックスタイル］→［パステル - 水色、アクセント 4］を選択

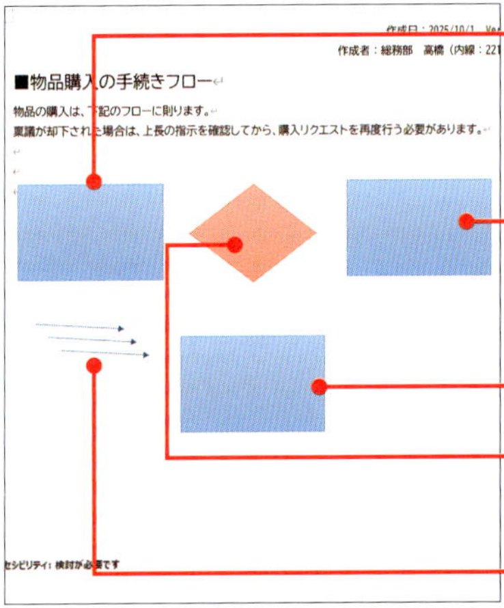

❻図形のテーマが変更された

続いて、ほかの図形も挿入します。

❼［フローチャート：処理］を２つコピーし、左図の位置にペーストする

❽［フローチャート：判断］図形を挿入し、左図の位置に配置。［パステル - オレンジ、アクセント 2］のスタイルを設定

❾［線矢印］を３つ挿入

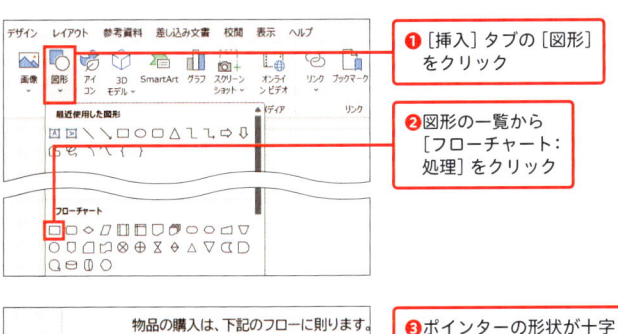

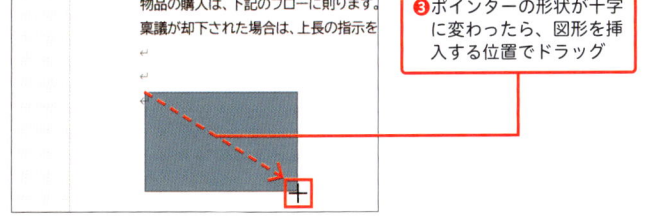

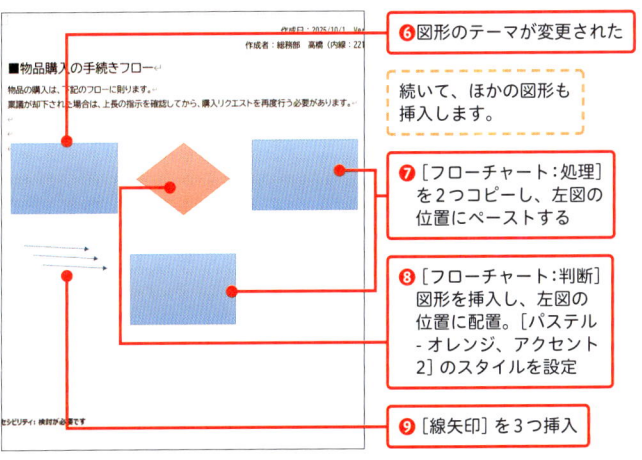

1回目 □ 2回目 □

Step 2 図形にテキストを入力する

挿入した図形は、テキストボックスのように図形内にテキストを入力できます。図形とテキストを別々に配置しなくてよいため、文書を効率的にレイアウト可能です。

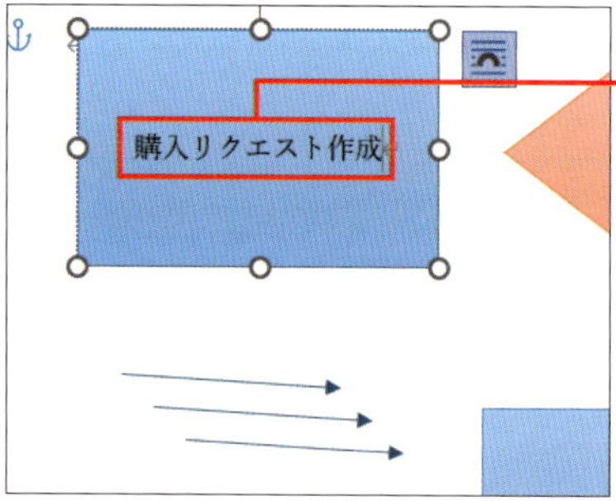

❶図形を選択し、そのまま「購入リクエスト作成」と入力

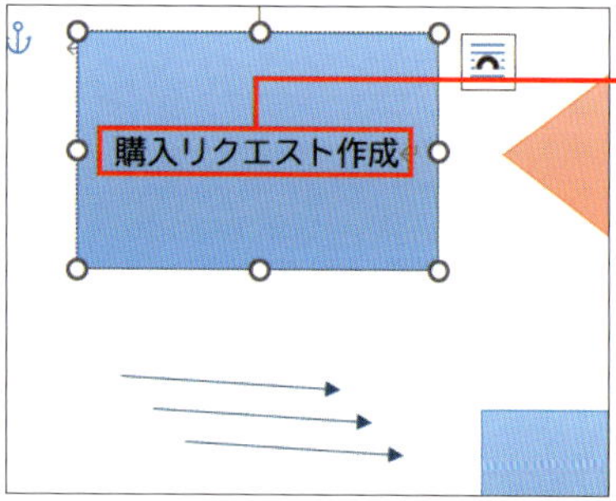

❷フォントを「BIZ UDゴシック」、フォントサイズを「12」に設定

書式の設定の仕方は本文と同様です。

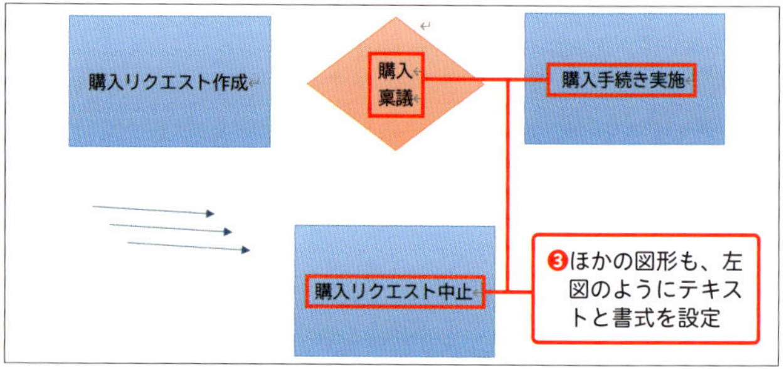

Memo

テキストが図形からはみ出たりする場合や、逆に余白が大きすぎたりする場合は、図形の枠線を右クリックして［図形の書式設定］をクリックし、［文字のオプション］タブの［レイアウトとプロパティ］→［テキストに合わせて図形のサイズを調整する］をクリックすると調整されます。

Point

複数の図形を整列させたい場合は、図形を選択（Shift キー＋クリック）した状態で、［図形の書式］タブの［配置］から指定のものを選択します。たとえばここでは、上3つの図形を選択して、［上下中央揃え］の設定をして図形をきれいに配置しています。

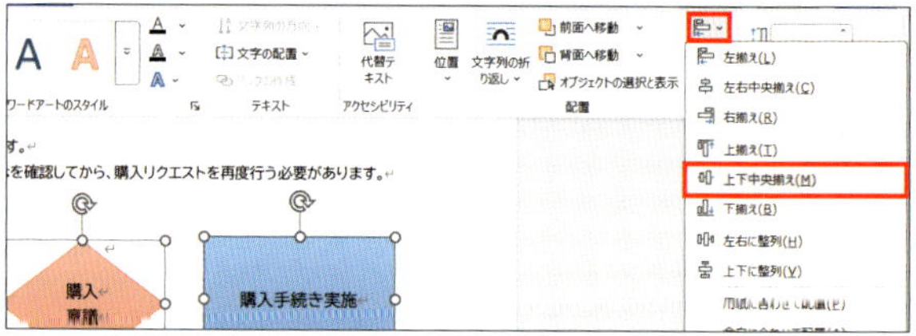

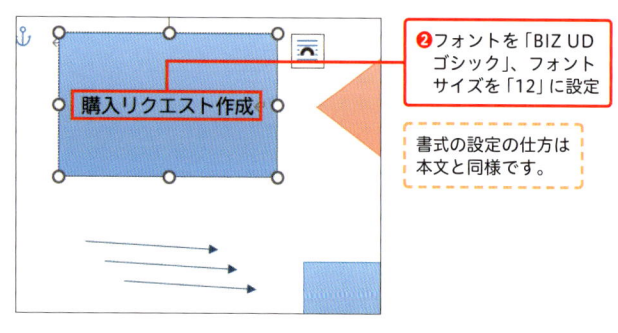

1回目 □　2回目 □

Step 3 すべての図形をグループ化して矢印でつなぐ

最後に、図形間を矢印でつなぎます。複数の図形を矢印でつなぐには、それらをグループ化しておく必要があります。操作が少しややこしいので、ここでの手順とPointをしっかり確認してください。

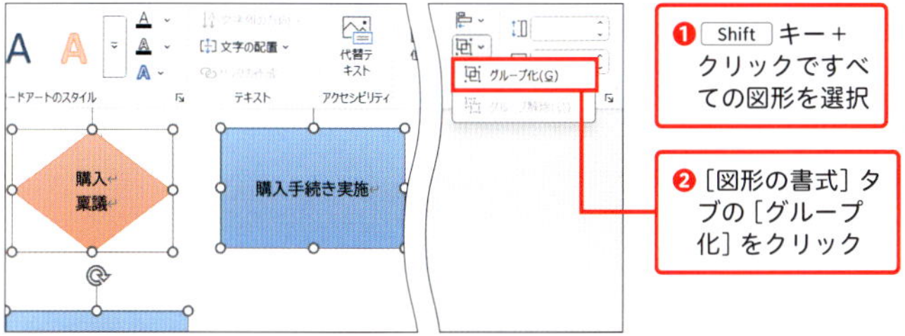

グループ化(G)
購入稟議
購入手続き実施
❶ Shift キー＋クリックですべての図形を選択
❷［図形の書式］タブの［グループ化］をクリック

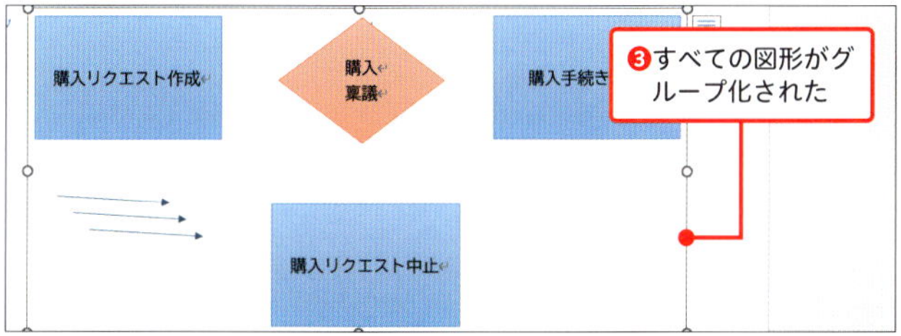

購入リクエスト作成
購入稟議
購入手続き
購入リクエスト中止
❸すべての図形がグループ化された

Memo

複数の図形をグループ化すると、それらは1つの図形のように扱われます。グループ内の図形の配置を保ったまま、まとめて移動したり、サイズ変更したりといった操作ができるようになります。

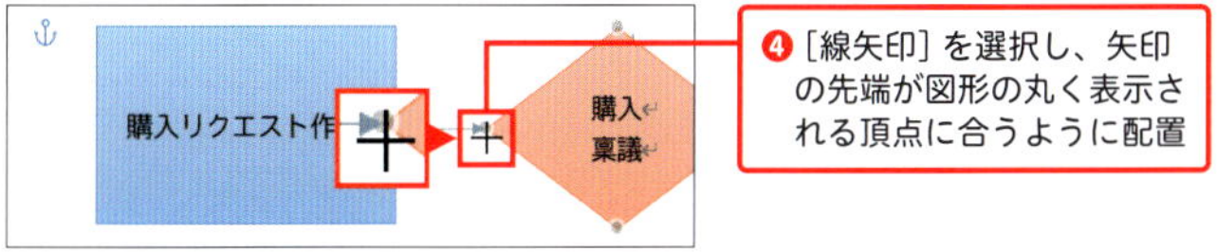

購入リクエスト作
購入稟議
❹［線矢印］を選択し、矢印の先端が図形の丸く表示される頂点に合うように配置

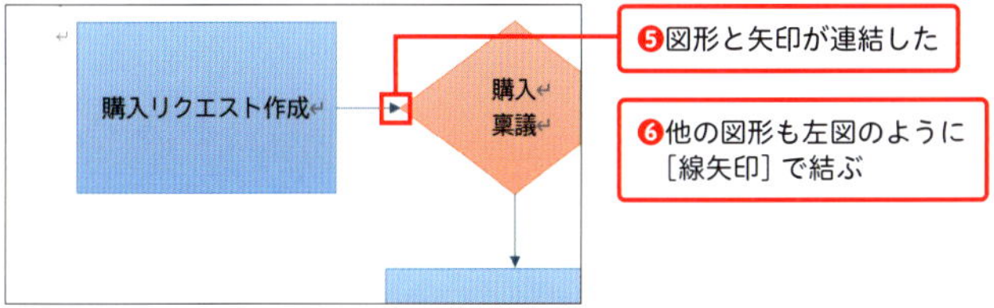

購入リクエスト作成
購入稟議
❺図形と矢印が連結した
❻他の図形も左図のように［線矢印］で結ぶ

Point

［線］の図形のうち、下図の囲み内の図形は「コネクタ」という機能をもち、グループ化されている図形間を連結できます。連結する際は、矢印の両端を、両方の図形の丸く表示される頂点に合わせましょう。これにより、図形を移動しても線は接続した状態を保ち、再配置する際に線をつなぎ直す手間が省けます。

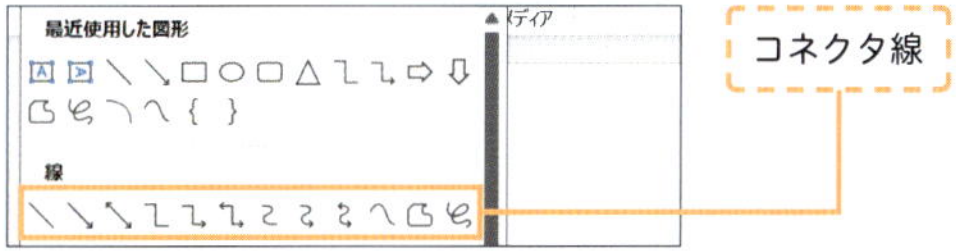

最近使用した図形
線
コネクタ線

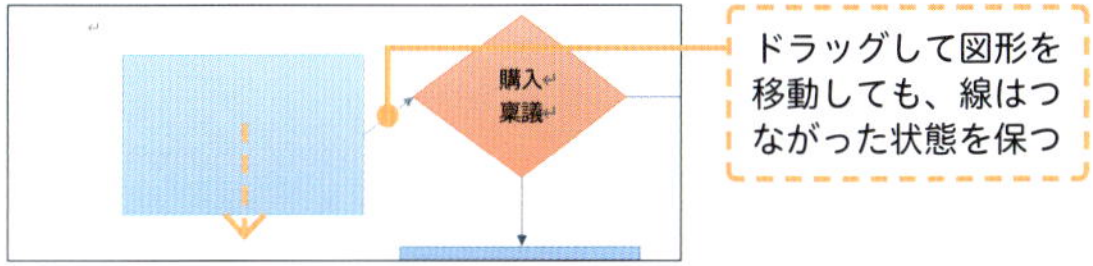

購入稟議
ドラッグして図形を移動しても、線はつながった状態を保つ

Drill
31
ch4-31.docx
月　日

#SmartArt

SmartArt で組織図を作成する

ビジネスでよく利用する概念やデータを作図したい場合は、「SmartArt」機能を活用しましょう。テンプレートが豊富に用意されていて、簡単に図式化することができます。ここでは、SmartArtで組織図を作成する練習を通して、SmartArtの基本を理解しましょう。

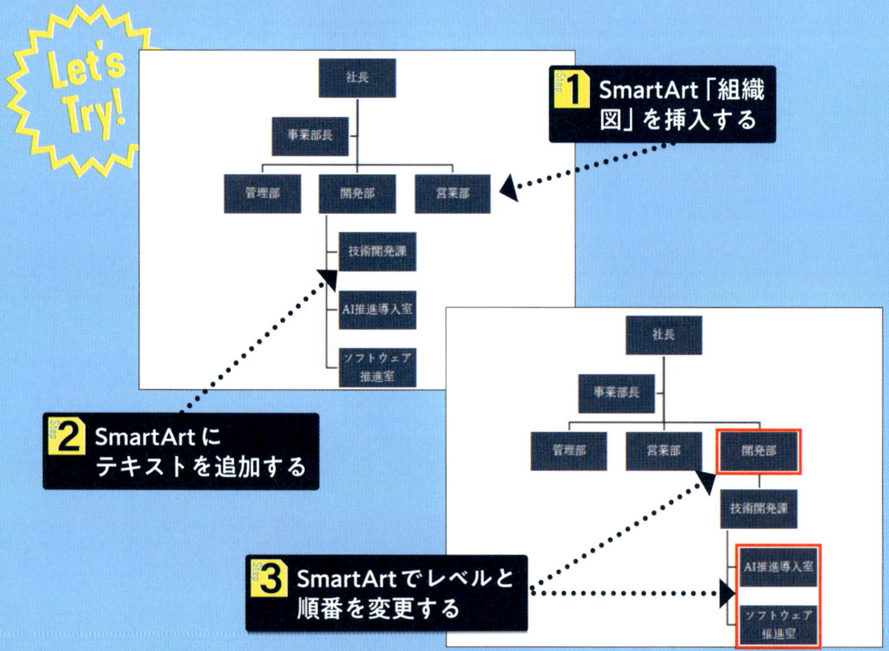

Hint ［挿入］タブの［SmartArt］から作成する

WordのSmartArtには、手順や階層構造など数多くのレイアウトが用意されています。［挿入］タブの［SmartArt］をクリックして指定のものを挿入しましょう。

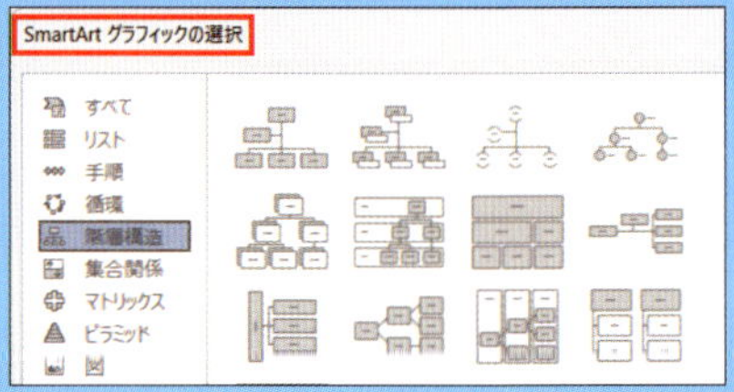

1回目 □ 2回目 □

Step 1 SmartArt「組織図」を挿入する

SmartArtは、目的ごとにさまざまな図が用意されています。ここでは、企業や組織の内部構造を視覚的に表現できる組織図のSmartArtを挿入してみましょう。

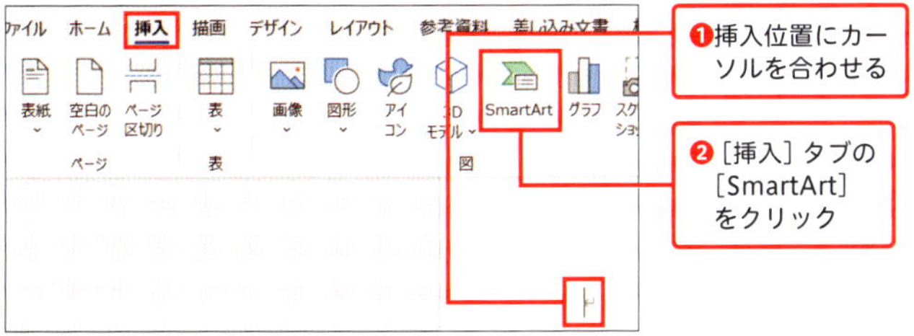

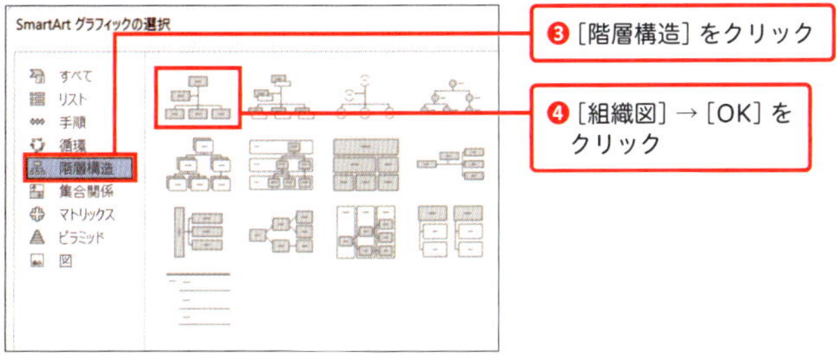

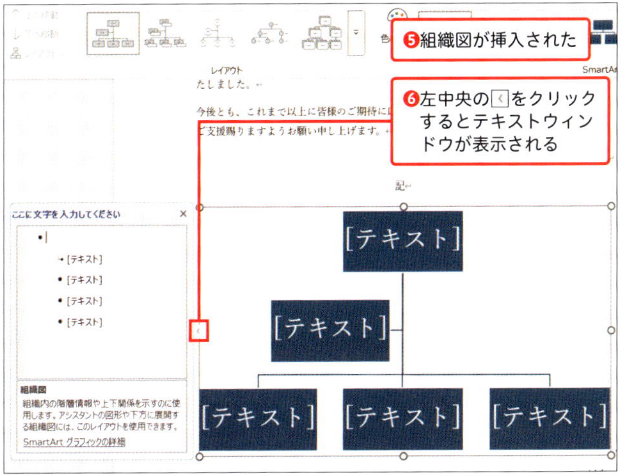

Memo

Wordで作成したSmartArtは、ExcelやPowerPointなどほかのアプリでも利用できます。

Point

SmartArtでほかにもよく使う図のカテゴリとして、いくつかおすすめのものを紹介します。カテゴリ内でどの図を使用するかは、内容に対応するものを選択しましょう。

SmartArtの種類	説明	例
手順	順番や手順を視覚的に示す図	プロジェクトの業務ステップ（企画→テスト→市場投入→改善）
循環	循環するプロセスを示す図	PDCAサイクル（計画→実行→評価→改善）
ピラミッド	階層構造や優先順位を示す図	スキル構築の段階説明（基礎→応用→専門）

1回目 □ 2回目 □

Step 2 SmartArtにテキストを追加する

SmartArtの図形にテキストを入力するには、SmartArtの左側に表示されているテキストウィンドウを活用します。上から順にテキストを入力し、用意されている図形だけでは足りない場合は、図形を追加しましょう。

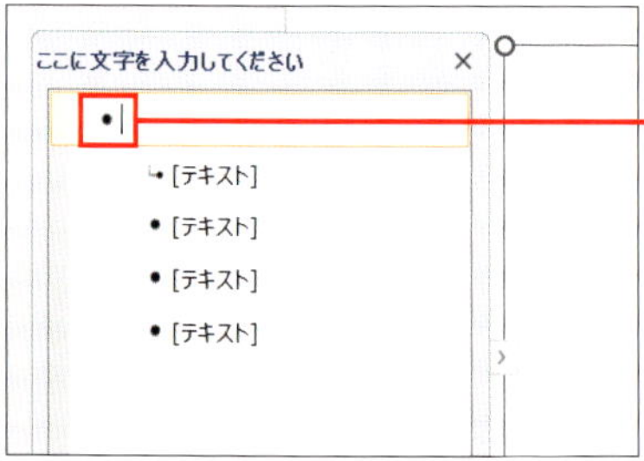

❶テキストウィンドウの最上段にある［テキスト］をクリック

❷「社長」と入力

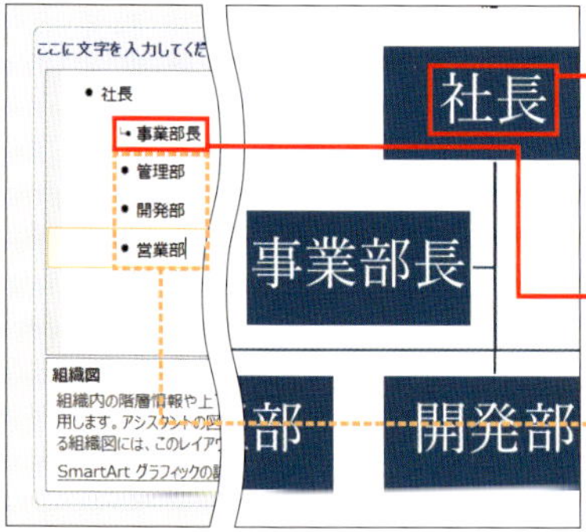

❸図形にも「社長」が反映された

❹↓キーを押して1つ下の項目に移動

❺「事業部長」と入力

左図を参考にして、手順❹❺を繰り返し、ほかのテキストも入力しましょう。

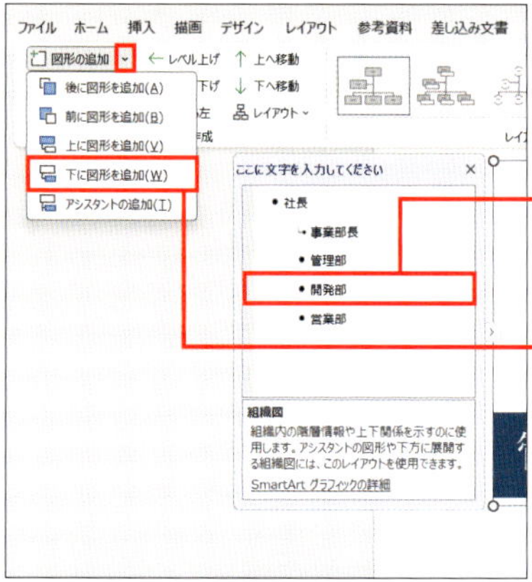

続いて、階層を増やして図形を追加し、テキストを入力しましょう。

❻テキストウィンドウの「開発部」にカーソルを移動

❼［SmartArtのデザイン］タブの［図形の追加］の ⌄ →［下に図形を追加］をクリック

Memo

テキスト入力後、Enterキーを押しても、同じランク内のテキストボックスが追加されます。

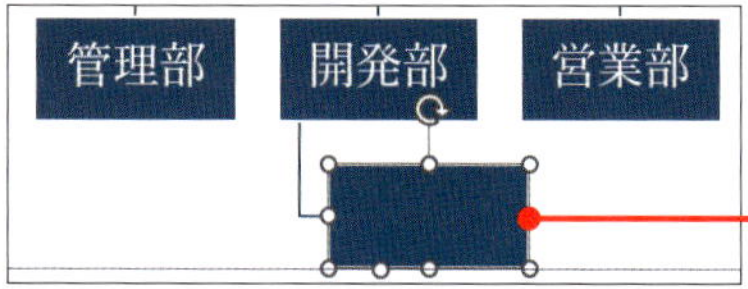

❽「開発部」の階層下に図形が追加された

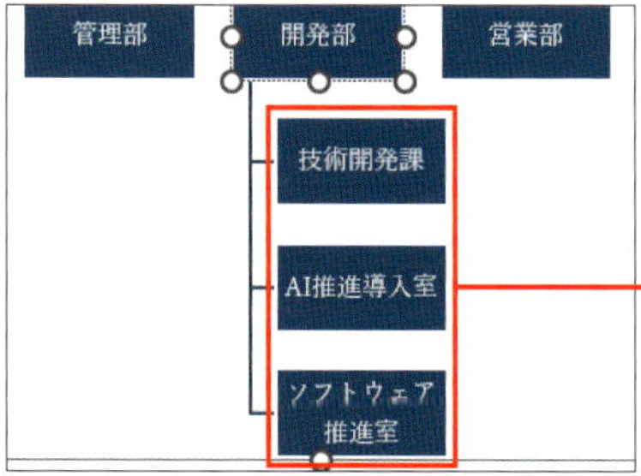

❾図のように「技術開発課」「AI推進導入室」「ソフトウェア推進室」と入力

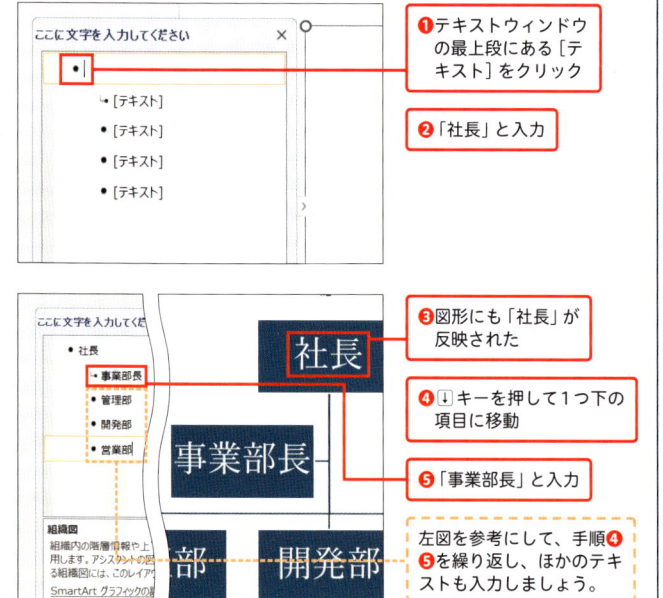

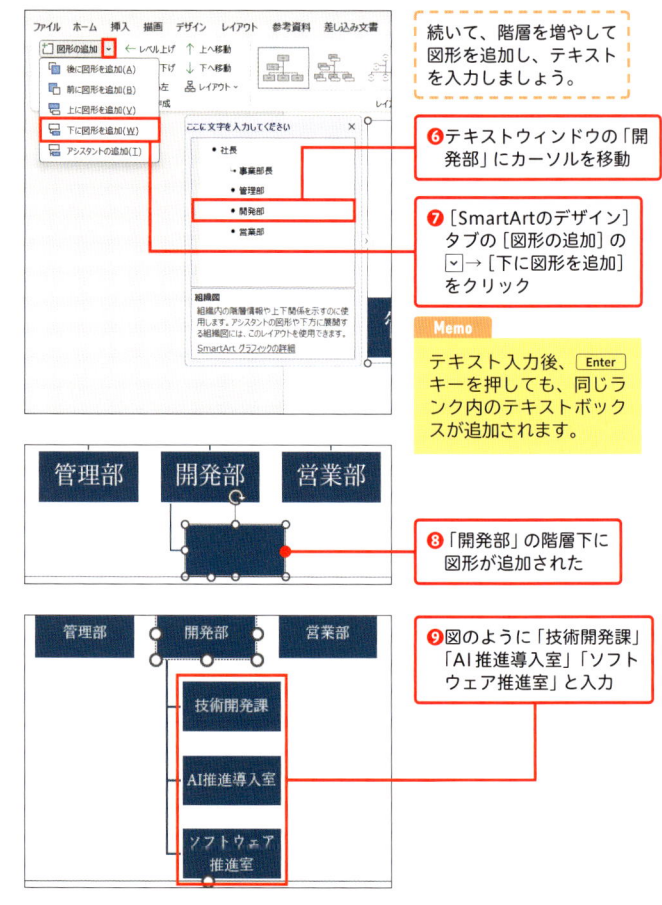

1回目 □ 2回目 □

Step 3 SmartArtでレベルと順番を変更する

一度入力した図形のレベル（階層）や配置はあとから自由に変更可能です。リボンの項目名が実際の操作との関連が見えづらく、少しわかりづらいので、ここでの操作と挙動をよく確認しましょう。

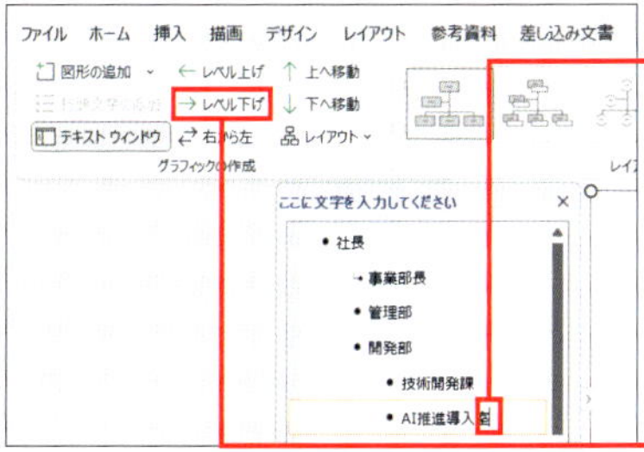

❶テキストウィンドウの「AI推進導入室」にカーソルを移動

❷［SmartArtのデザイン］タブの［レベル下げ］をクリック

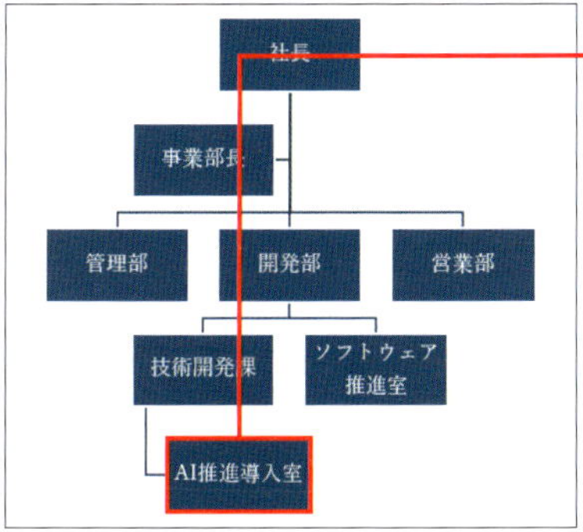

❸「AI推進導入室」のレベルが1つ下がった

❹「ソフトウェア推進室」も同様にレベルを1つ下げる

Memo

手順❷で Tab キーを押してもレベルを下げられます。レベルを上げるには Shift ＋ Tab キーを押します。

続いて、SmartArtの図形の順番を変更します。

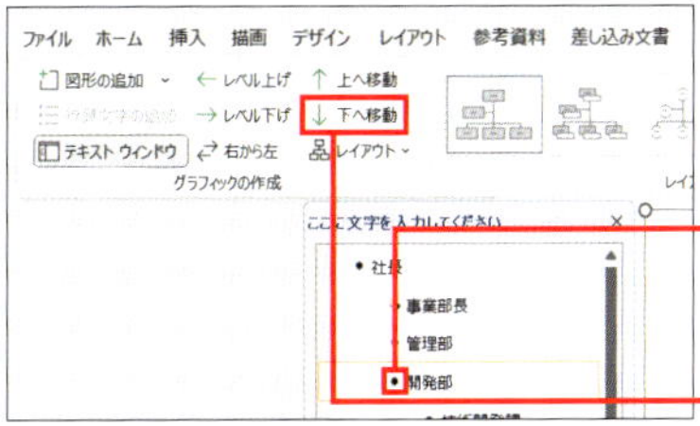

❺テキストウィンドウの「開発部」にカーソルを移動

❻［SmartArtのデザイン］タブの［下へ移動］をクリック

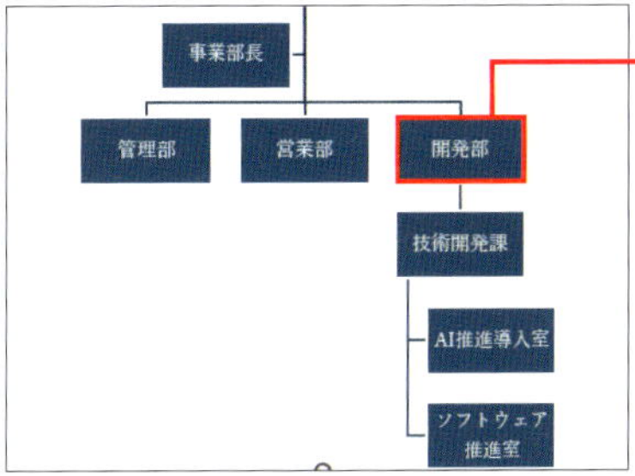

❼「開発部」の順番が移動し、右側に移動した

Point

内容が確定したあとは、デザインを指定するとよりよいでしょう。［SmartArtのデザイン］タブからはさまざまな設定が可能です。部署ごとに図形の色を分けたり、図形の大きさに強弱を付けたり、伝わりやすいデザインになるよう色々試してみてください。

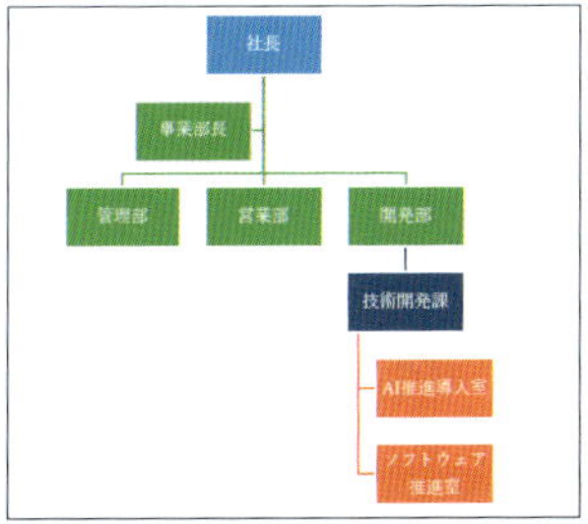

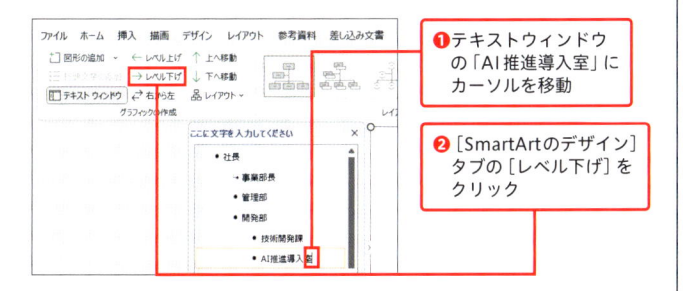

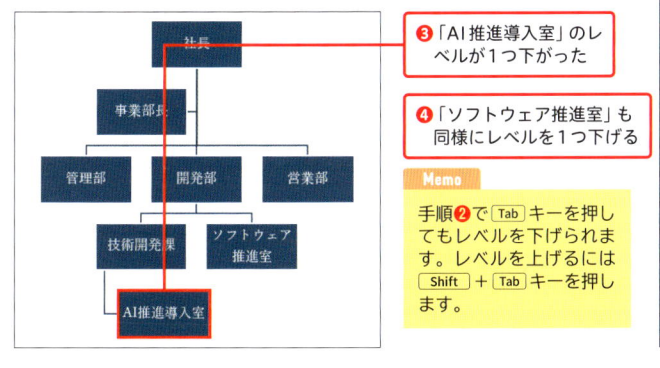

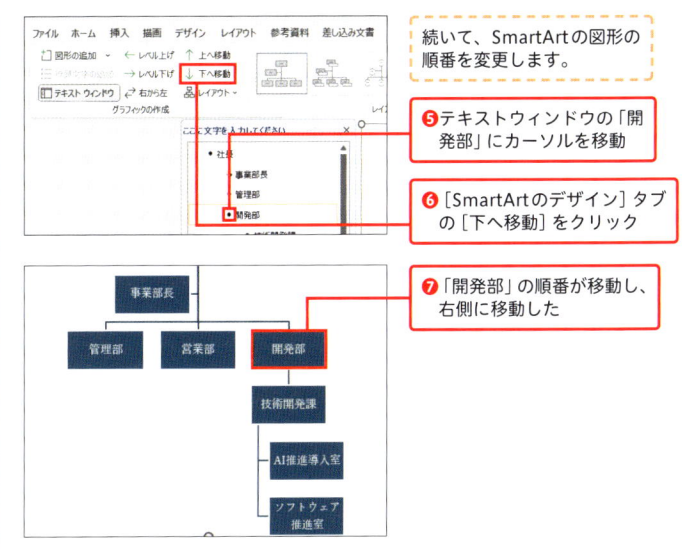

Drill
32

ch4-32.docx
ch4-32.xlsx

月　日

Excelの表やグラフをWordで利用する

Wordにも基本的な表作成機能はありますが（Drill24～26）、売上表などは表計算ソフトであるExcelで作成・管理することが多いです。そのため、ビジネス文書ではExcelで作成した表をWordに貼り付ける方法をよく用います。ここでは、Excelの表とグラフのコピペ方法を練習していきましょう。

Let's Try!

Step 1 Excelの表を元の書式を保持して貼り付ける

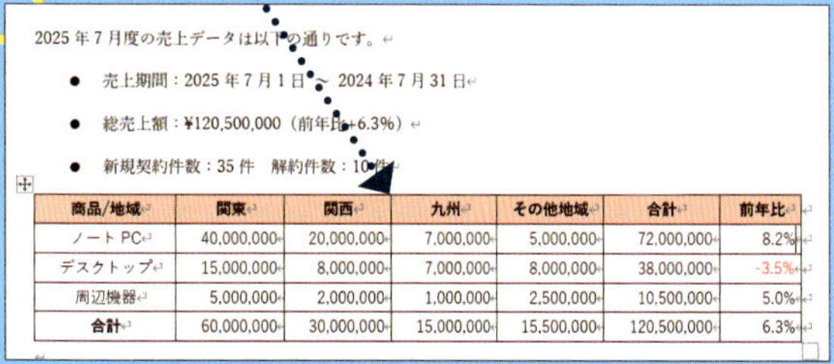
2025年7月度の売上データは以下の通りです。

- 売上期間：2025年7月1日～2024年7月31日
- 総売上額：¥120,500,000（前年比+6.3%）
- 新規契約件数：35件　解約件数：10件

商品/地域	関東	関西	九州	その他地域	合計	前年比
ノートPC	40,000,000	20,000,000	7,000,000	5,000,000	72,000,000	8.2%
デスクトップ	15,000,000	8,000,000	7,000,000	8,000,000	38,000,000	-3.5%
周辺機器	5,000,000	2,000,000	1,000,000	2,500,000	10,500,000	5.0%
合計	60,000,000	30,000,000	15,000,000	15,500,000	120,500,000	6.3%

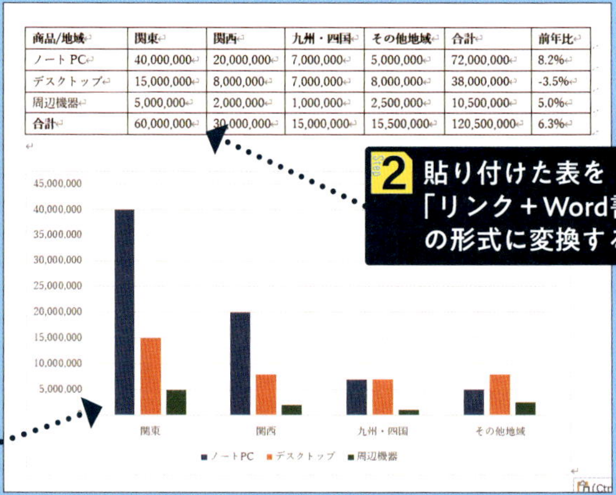
商品/地域	関東	関西	九州・四国	その他地域	合計	前年比
ノートPC	40,000,000	20,000,000	7,000,000	5,000,000	72,000,000	8.2%
デスクトップ	15,000,000	8,000,000	7,000,000	8,000,000	38,000,000	-3.5%
周辺機器	5,000,000	2,000,000	1,000,000	2,500,000	10,500,000	5.0%
合計	60,000,000	30,000,000	15,000,000	15,500,000	120,500,000	6.3%

Step 2 貼り付けた表を「リンク＋Word書式」の形式に変換する

Step 3 Excelのグラフを貼り付け先テーマを使用しブックを埋め込む

Hint　コピペしてから貼り付けの種類を指定のものに変更する

表やグラフであっても、通常のテキストのように、Ctrl＋C→Ctrl＋Vでコピペ可能です。ただし、貼り付けたあと、目的に応じた貼り付け方法を、［貼り付けのオプション］から設定するようにしましょう。

1回目 □　2回目 □

Step 1 Excelの表を元の書式を保持して貼り付ける

コピーしたExcelの表をそのままWordに貼り付ける場合は、「元の書式を保持」形式が適用されます。この形式で貼り付けると、Excelの書式を保持した状態の表になります。

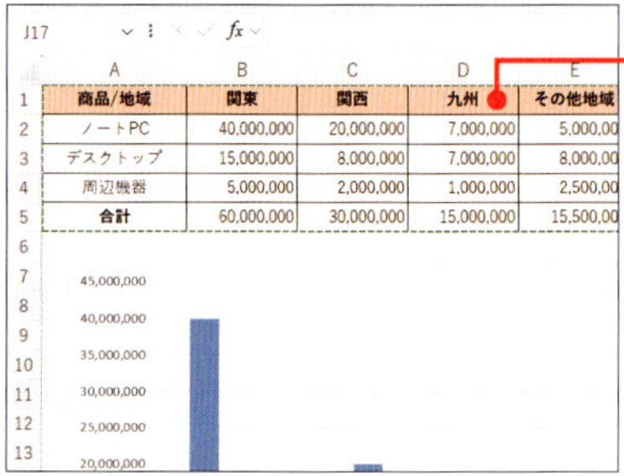

❶Excelファイルを開き、ドラッグして表を選択

❷ Ctrl ＋ C キーを押してコピー

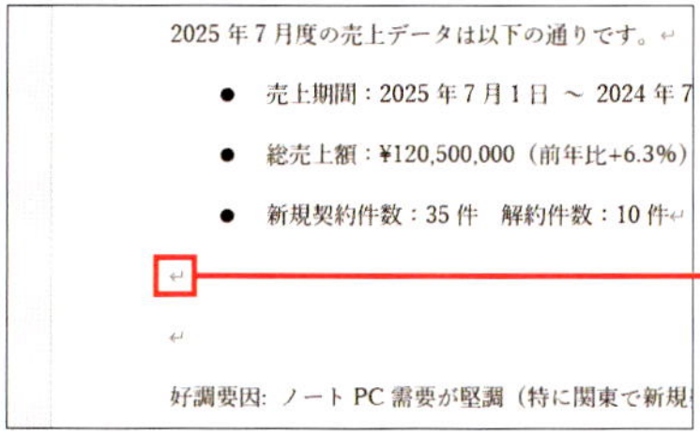

❸Word文書を開き、表を挿入する位置にカーソルを合わせ、Ctrl ＋ V キーを押す

Memo

セル内部に設定された計算式はWordに貼り付けられません。

2025 年 7 月度の売上データは以下の通りです。

- 売上期間：2025 年 7 月 1 日 ～ 2024 年 7 月 31 日
- 総売上額：¥120,500,000（前年比+6.3%）
- 新規契約件数：35 件　解約件数：10 件

商品/地域	関東	関西	九州	その他地域	合計	前年比
ノート PC	40,000,000	20,000,000	7,000,000	5,000,000	72,000,000	8.2%
デスクトップ	15,000,000	8,000,000	7,000,000	8,000,000	38,000,000	-3.5%
周辺機器	5,000,000	2,000,000	1,000,000	2,500,000	10,500,000	5.0%
合計	60,000,000	30,000,000	15,000,000	15,500,000	120,500,000	6.3%

❹Excelの表が貼り付けられた

Point

Step2ではWordとのリンク貼り付けを設定しています。この方法では、元のExcelの内容が更新されると、Wordにも反映されるので便利な一方で、ファイルの読み込みが遅くなったり、リンクのエラーがでたり、不都合もあります。貼り付け以降、表に変更が入らないことが確定しているのであれば、Step1の貼り付け方法や、図として貼り付けるほうがよいでしょう。なお、Excelの表をWordに貼り付ける方法は、下記の6種類があります。

種類	説明
[元の書式を保持]	Excelの書式をそのまま貼り付ける
[貼り付け先のスタイルを使用]	Wordの書式を適用して貼り付ける
[リンク(元の書式を保持)]	Excelの書式を保持した状態でデータをリンクする
[リンク(貼り付け先のスタイルを使用)]	Wordの書式を適用してデータをリンクする
[図]	図として貼り付ける
[テキストのみ保持]	書式を適用せず表のテキストのみ貼り付ける

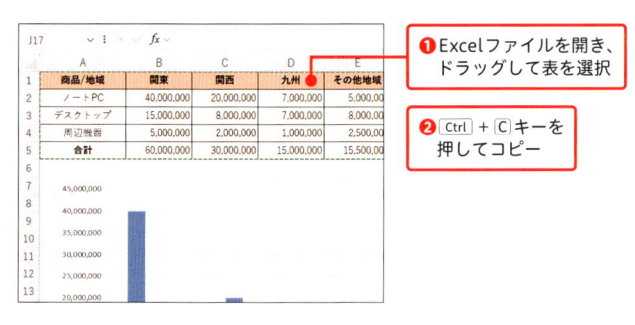

1回目 □　2回目 □

Step 2 貼り付けた表を「リンク＋Word書式」の形式に変換する

続いて、リンク形式の貼り付けに変更します。この貼り付け方法では、Excel上で表が更新されると、Wordにもそのデータが反映されるので、ここではその挙動も確認します。

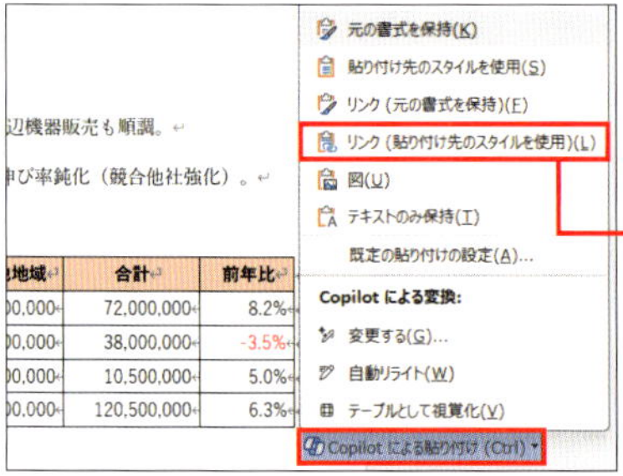

Step1の続きから操作を開始します。

❶［Copilotによる貼り付け（Ctrl）］→［リンク（貼り付け先のスタイルを使用）］をクリック

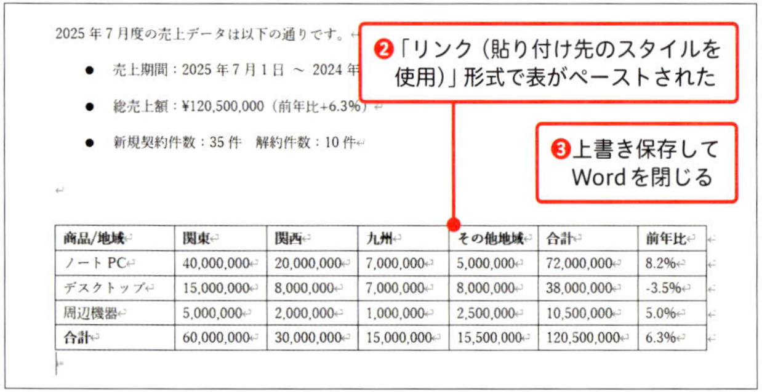
2025 年 7 月度の売上データは以下の通りです。

- 売上期間：2025 年 7 月 1 日 ～ 2024 年
- 総売上額：¥120,500,000（前年比+6.3%）
- 新規契約件数：35 件　解約件数：10 件

商品/地域	関東	関西	九州	その他地域	合計	前年比
ノート PC	40,000,000	20,000,000	7,000,000	5,000,000	72,000,000	8.2%
デスクトップ	15,000,000	8,000,000	7,000,000	8,000,000	38,000,000	-3.5%
周辺機器	5,000,000	2,000,000	1,000,000	2,500,000	10,500,000	5.0%
合計	60,000,000	30,000,000	15,000,000	15,500,000	120,500,000	6.3%

❷「リンク（貼り付け先のスタイルを使用）」形式で表がペーストされた

❸上書き保存してWordを閉じる

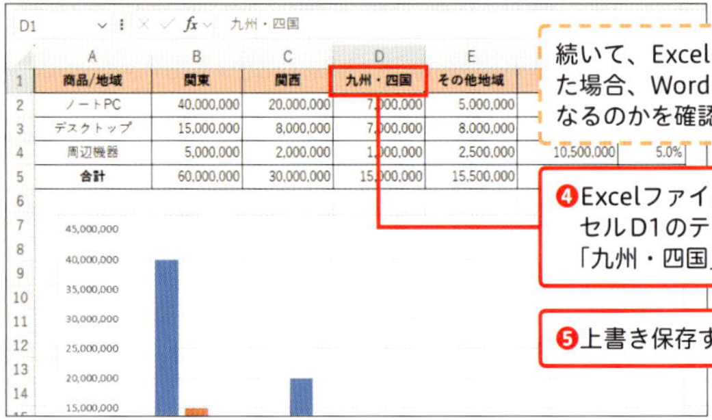

商品/地域	関東	関西	九州・四国	その他地域		
ノートPC	40,000,000	20,000,000	7,000,000	5,000,000		
デスクトップ	15,000,000	8,000,000	7,000,000	8,000,000		
周辺機器	5,000,000	2,000,000	1,000,000	2,500,000	10,500,000	5.0%
合計	60,000,000	30,000,000	15,000,000	15,500,000		

続いて、Excelの表を更新した場合、Wordの表示がどうなるのかを確認してみます。

❹Excelファイルを開き、セルD1のテキストを、「九州・四国」に修正

❺上書き保存する

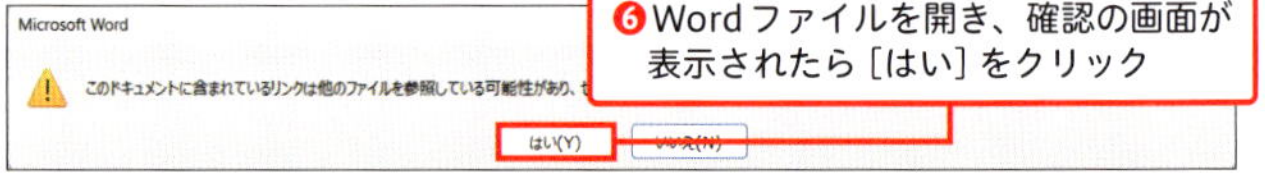

❻Wordファイルを開き、確認の画面が表示されたら［はい］をクリック

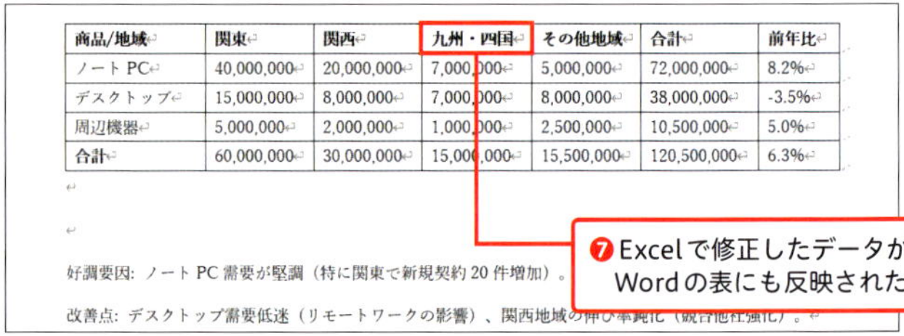

商品/地域	関東	関西	九州・四国	その他地域	合計	前年比
ノート PC	40,000,000	20,000,000	7,000,000	5,000,000	72,000,000	8.2%
デスクトップ	15,000,000	8,000,000	7,000,000	8,000,000	38,000,000	-3.5%
周辺機器	5,000,000	2,000,000	1,000,000	2,500,000	10,500,000	5.0%
合計	60,000,000	30,000,000	15,000,000	15,500,000	120,500,000	6.3%

好調要因: ノート PC 需要が堅調（特に関東で新規契約 20 件増加）。

改善点: デスクトップ需要低迷（リモートワークの影響）、関西地域の伸び率鈍化（競合他社強化）。

❼Excelで修正したデータがWordの表にも反映された

Point

WordとExcelでリンクさせている場合、うっかりWordファイルのみ取引先に送るなどすると、表が見られなくなってしまうので注意しましょう。基本的に、リンク先のファイル名と保存場所は変更しないほうが安全です。

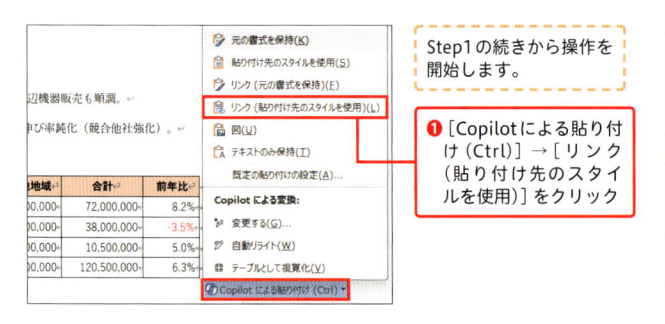

1回目 □　2回目 □

Step 3 Excelのグラフを貼り付け先テーマを使用しブックを埋め込む

Excelのグラフを Wordに貼り付ける場合も、表と同じように形式を指定して貼り付けできます。ここでは、Excelのグラフを［貼り付け先のテーマを使用しブックを埋め込む］形式で貼り付けましょう。

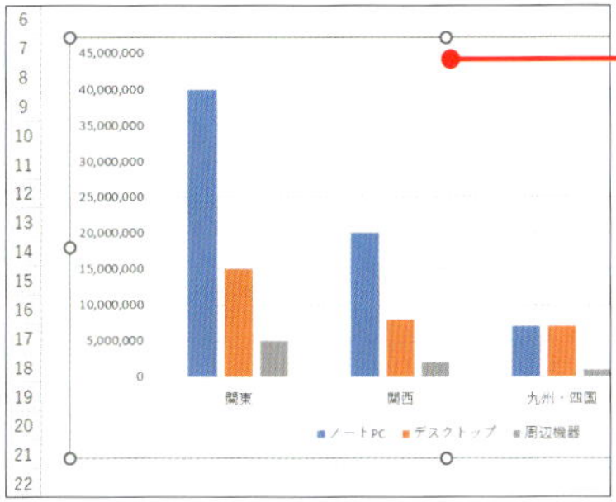

❶ Excelファイルを開き、グラフをクリックして選択

❷ Ctrl ＋ C キーを押してコピー

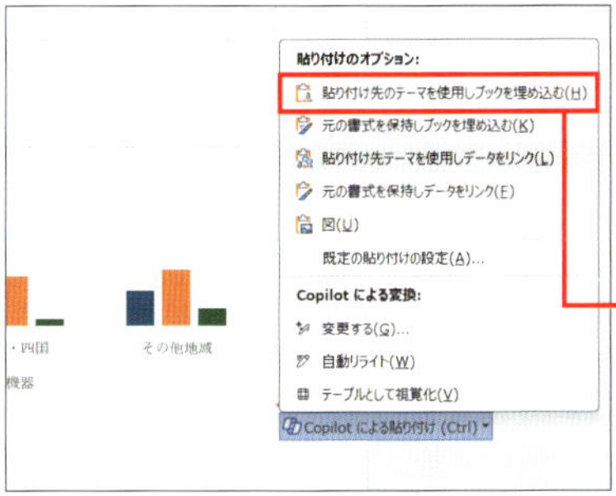

❸ Wordファイルを開き、表の下にカーソルを合わせ、Ctrl ＋ V キーを押してペースト

❹［Copilotによる貼り付け（Ctrl）］→から［貼り付け先テーマを使用しブックを埋め込む］をクリック

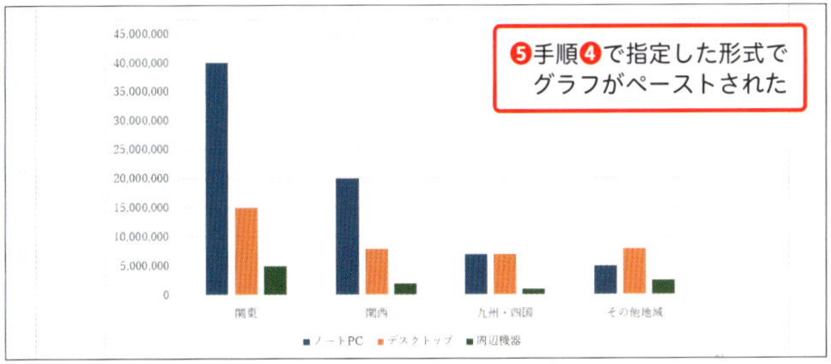

❺ 手順❹で指定した形式でグラフがペーストされた

グラフのデザインを変更する場合

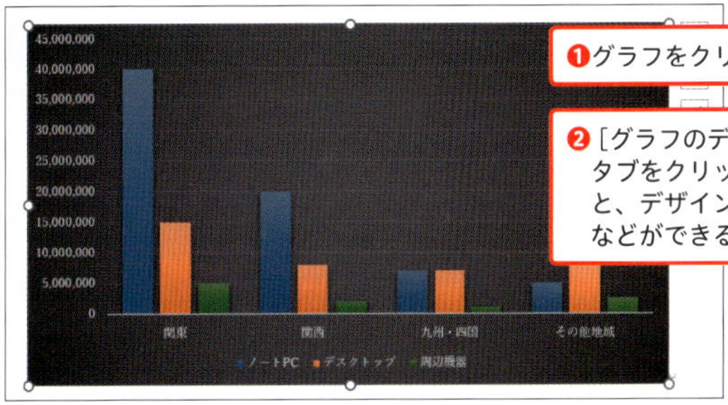

❶ グラフをクリック

❷［グラフのデザイン］タブをクリックすると、デザインの変更などができる

Point

「貼り付け先のテーマ」を選択した場合はWord側、「元の書式」を選択した場合はExcel側の書式が適用されます。また、「データをリンク」を選択した場合は、Excelのグラフが更新されると、Wordにも反映されます（更新されない場合はグラフを選択して F9 キーを押す）。「ブックを埋め込む」の場合、Excelとの互換性はありませんが、Word側でデザインを変更するなど、グラフの編集は可能です。

Drill 33

ch5-33.docx

月　日

文章校閲　# コメント

校閲とコメント機能をマスターする

どんなに注意して文書を作成しても、誤字や脱字といったミスはつきものです。そのため、作成後には再度のチェックを習慣付けましょう。また、文書をほかの人に確認してもらう場合、申し送り事項などをコメントに記載しておくと、スムーズなコミュニケーションが図れます。ここでは、校閲とコメントの基本操作を練習します。

Let's Try!

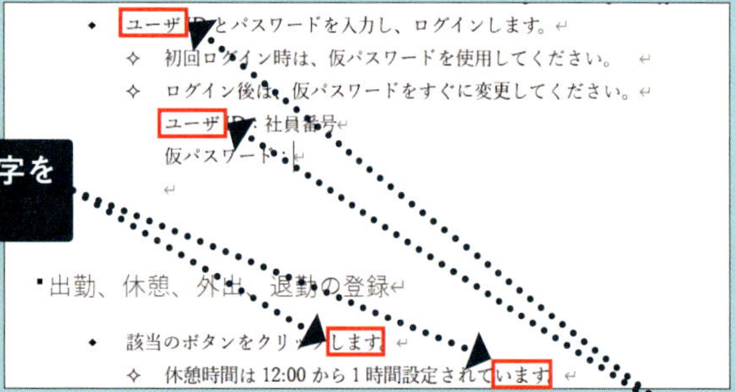

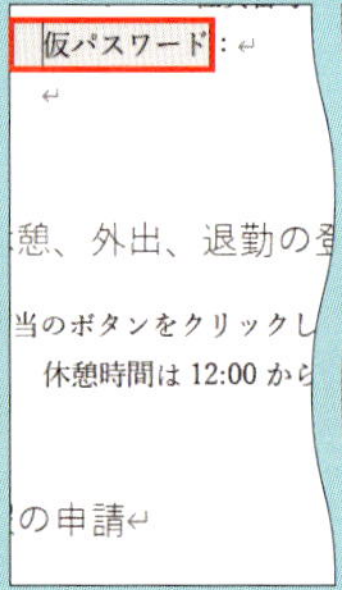

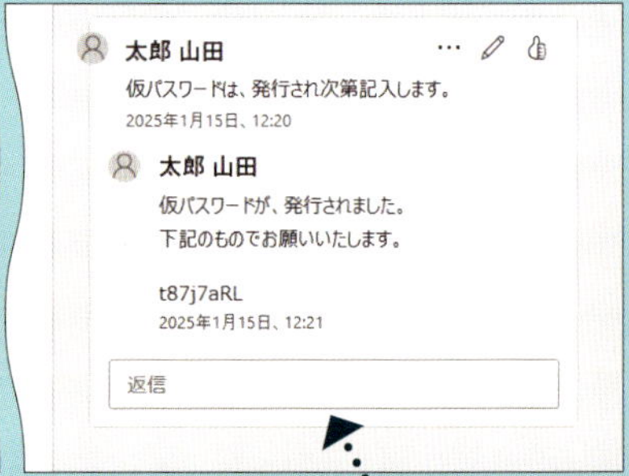

1 誤字や脱字を修正する

2 エディターウィンドウから表記揺れを整える

3 コメントの追加と返信機能を使う

Hint ［校閲］タブから確認やコメントの挿入をする

Wordでは誤字や脱字を入力した際に、自動で色付きの下線が表示されるのですぐに個別の対応が可能です。もし、それらをまとめて確認したい場合は、［校閲］タブの［エディター］をクリックすると表示される［エディター］ウィンドウから確認できます。なお、文書に添えるコメントは［校閲］タブから挿入できます。

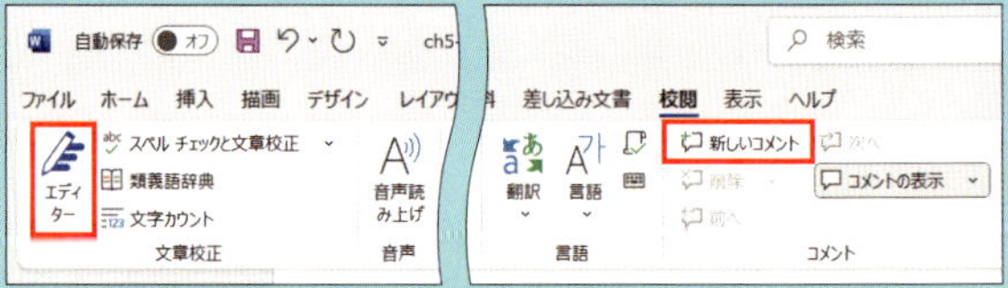

1回目 □　2回目 □

Step 1 誤字や脱字を修正する

Wordでは、入力時に誤字や脱字がある場合、自動で強調表示されます。テキストに引かれた赤波線や青二重線は見覚えがある人が多いでしょう。強調表示された箇所は必要に応じて修正してください。

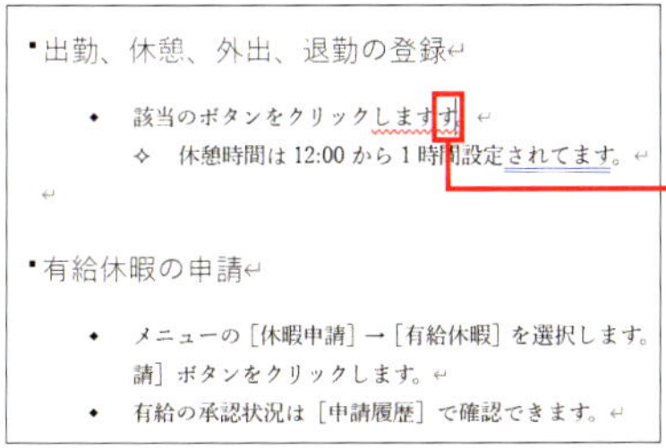

まずは、「しますす」という誤字を修正します。

❶「す」を1つ削除

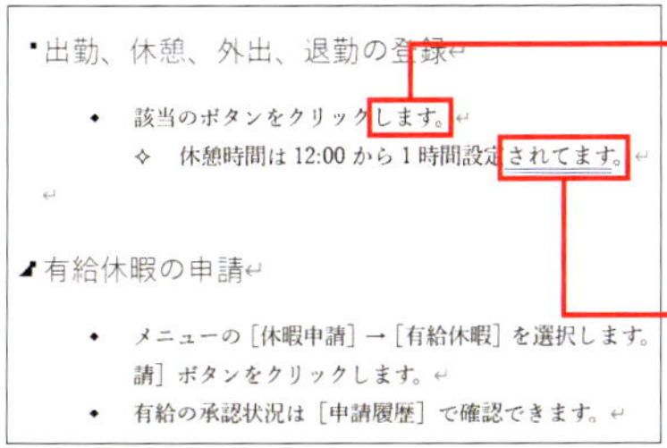

❷赤い波線が消えた

続いて、「されてます」という脱字を修正します。

❸「て」のうしろに「い」を挿入

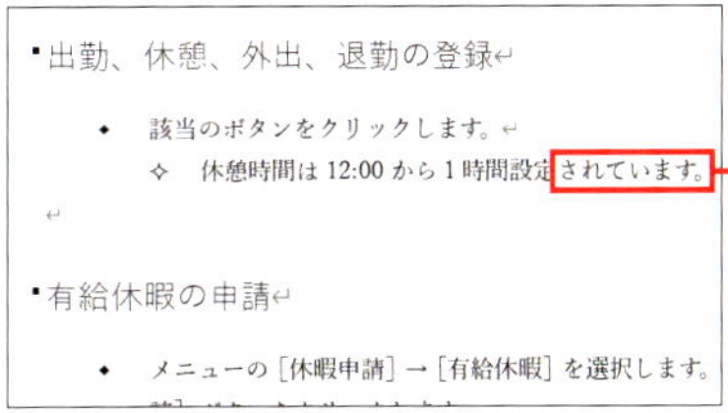

❹強調表示が消えた

Memo

赤い波線は文法や入力のミス、辞書にない単語等に、青い二重線は「ら抜き」「い抜き」言葉や表記揺れした単語等に表示されます。

修正提案から修正する場合

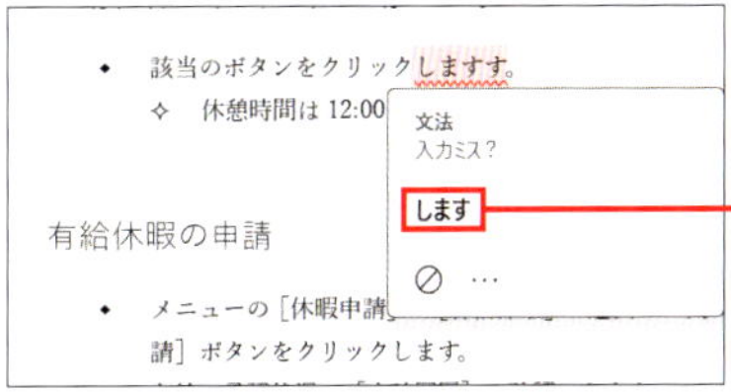

強調表示されている箇所をクリックすると、Wordから修正の提案が表示される。ここでは、「します」をクリックすると、文書に反映される

Point

入力時に毎回強調表示されるのがわずらわしいと感じる場合は、この機能をオフにすることも可能です。［ファイル］タブの［その他］→［オプション］→［文章構成］→［Wordのスペルチェックと文章校正］の［入力時にスペルチェックを行う］、［自動文章校正］のチェックを外すと、これらの表示が消えます。

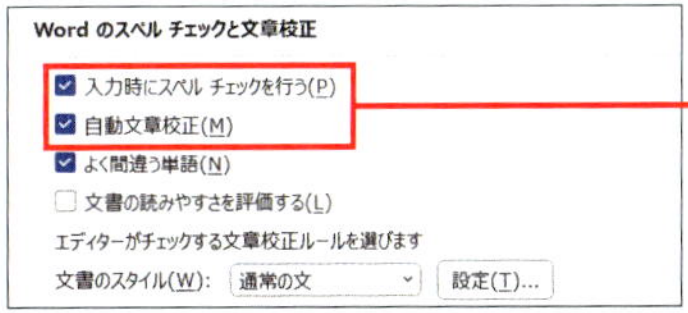

チェックを外す

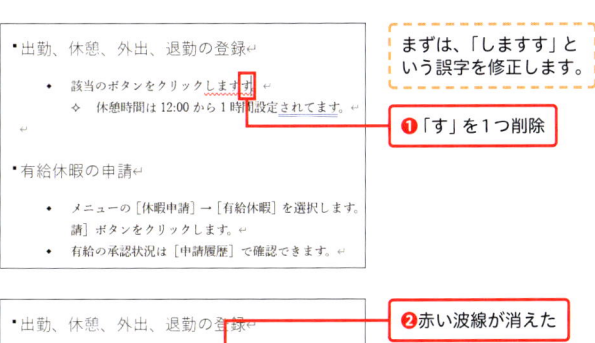

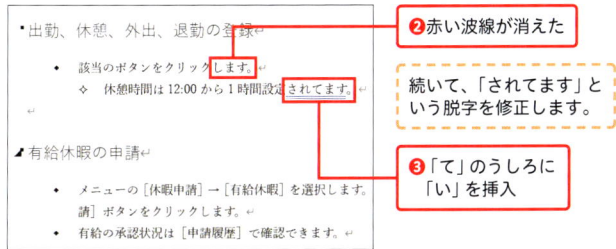

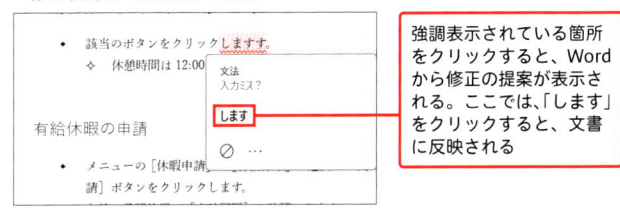

1回目 □　2回目 □

Step 2 エディターウィンドウから表記揺れを整える

強調表示を見落としたり、修正を後回しにしたりすることもあるでしょう。そのため、文書を一通り書き終わったら、エディターウィンドウで、最終チェックをすることをおすすめします。

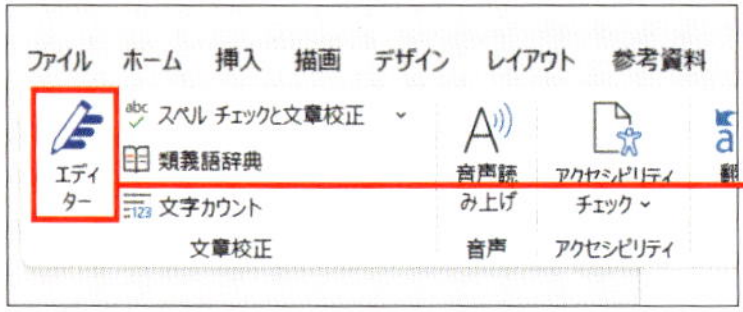

❶［校閲］タブの［エディター］をクリック

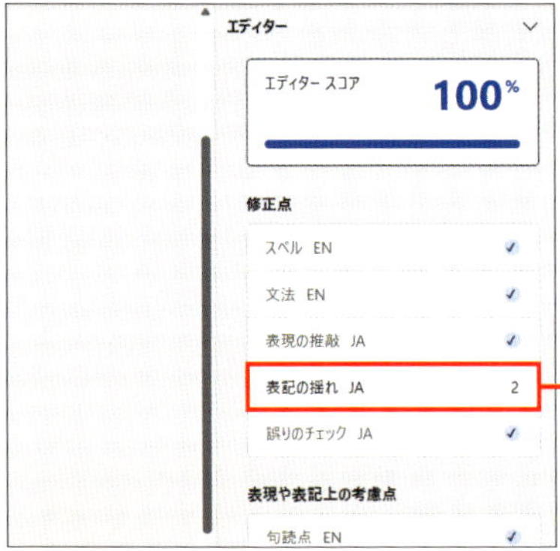

❷画面右側に［エディター］ウィンドウが表示された

❸［表記の揺れ］をクリック

Memo

表記などに問題がある場合のみ、［修正点］の一覧に修正点数が表示されます。

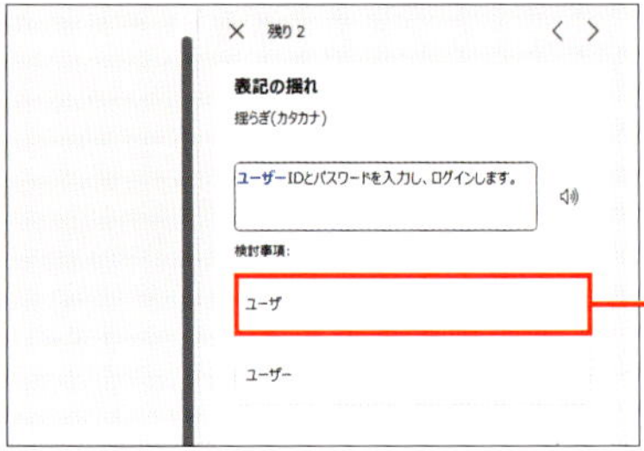

❹表示された［検討事項］から表記を統一するほうを選択

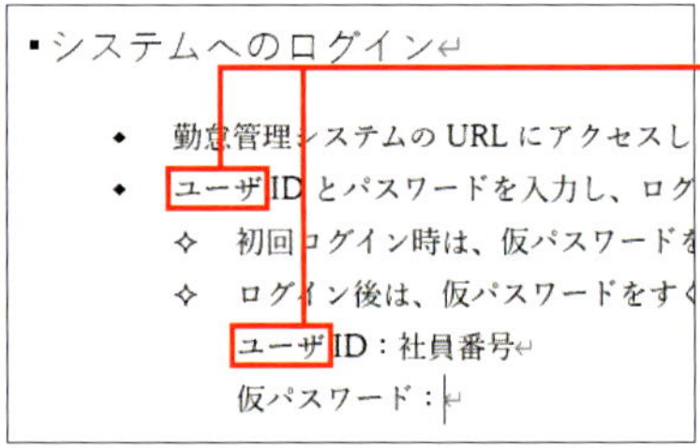

❺文書に表記統一が反映された

Point

エディターウィンドウでは、文書の種類を指定できます。「フォーマル」は文語体の文書、「プロフェッショナル」はビジネス文書、「口語体」は口語体の文書のことを指します。基本は、「フォーマル」か「プロフェッショナル」を選択しておくとよいでしょう。

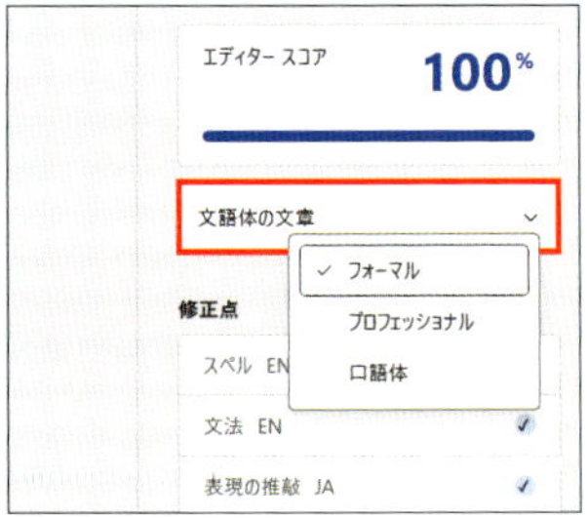

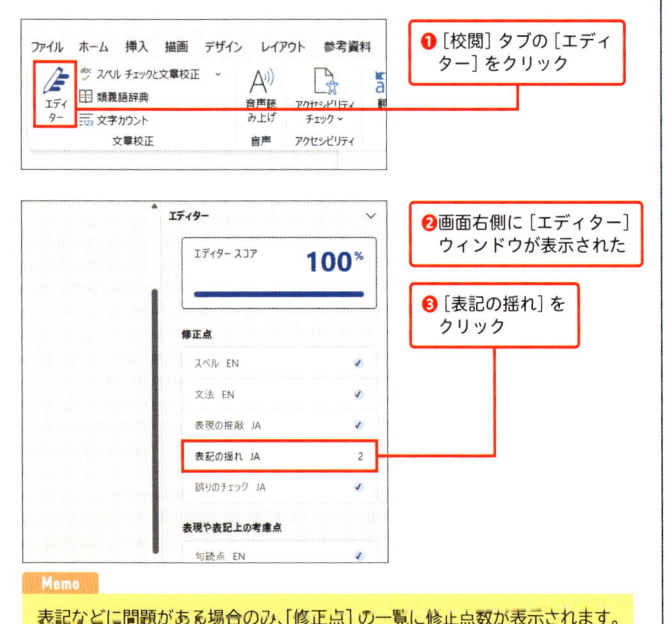

1回目 □　2回目 □

Step 3 コメントの追加と返信機能を使う

コメントは、文書に指摘を入力したり、文書をほかの人に見せるときの申し送り事項としたり、といった使い勝手のいい機能です。ここで、基本的なコメントの利用方法を練習しましょう。

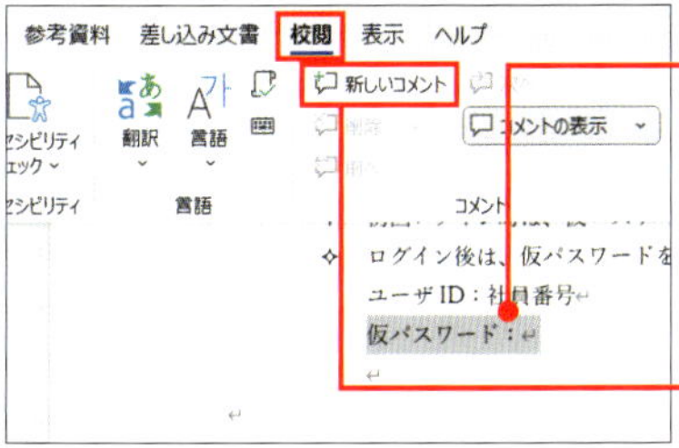

❶コメントを入れる箇所を選択

❷［校閲］タブの［新しいコメント］をクリック

❸文書の右側にコメントが表示された

❹入力欄に、左図の通りテキストを入力

❺ ▷ をクリックすると、コメントが投稿される

Memo

コメントは、Ctrl＋Enterキーを押しても投稿できます。

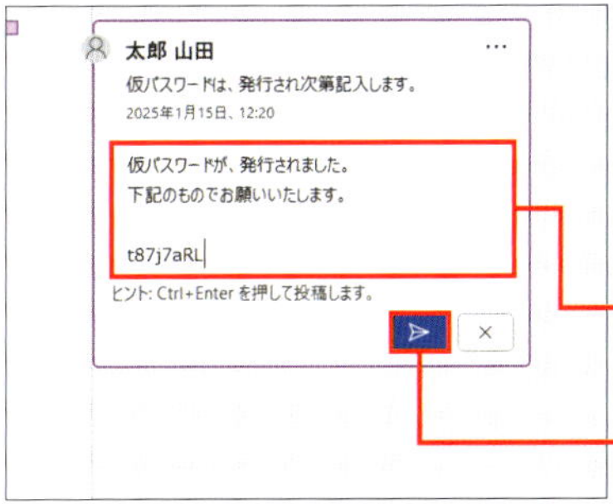

続いて、コメントに返信します。本来は別の人が行うべきことですが、ここでは練習のため、返信の操作も自分で行ってみましょう。

❻返信入力欄に左図の通りテキストを入力

❼ ▷ をクリックして、コメントを送信

❽スレッドとしてコメントが表示された

Point

チームで文書をやりとりする際は、確認済みのコメントを残すか削除するかは、最初に決めておくとよいでしょう。スレッドの…をクリックすると、［スレッドを解決する］、［スレッドの削除］が選択できます。前者では、スレッドはグレーアウトされますが、後者の場合は、完全にスレッドが削除されます。

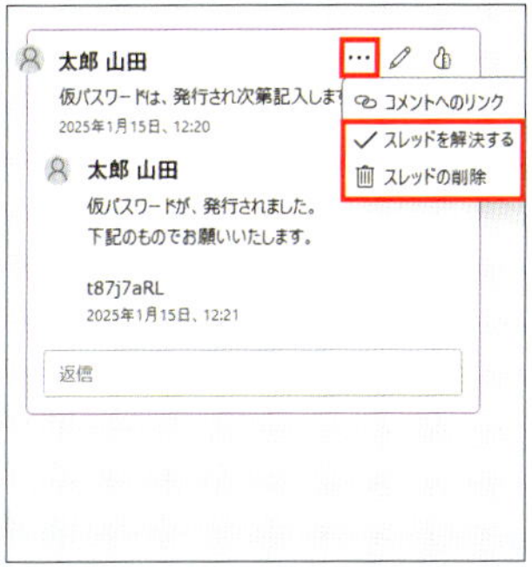

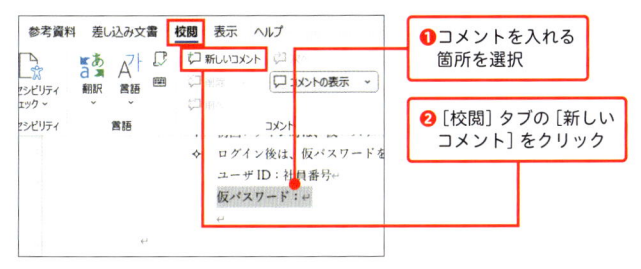

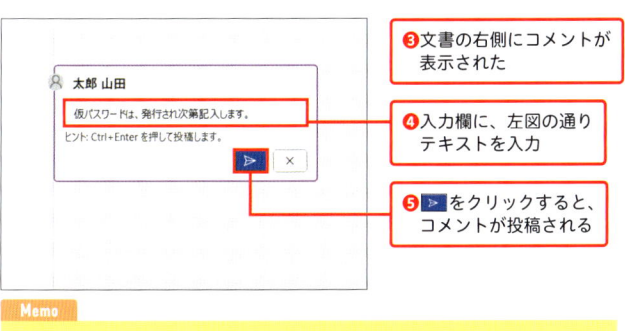

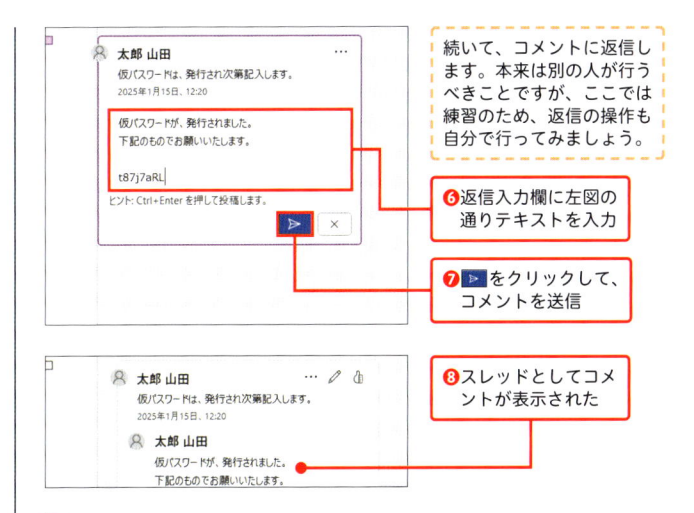

Drill

34

ch5-34.docx
ch5-34dif.docx

月　日

変更履歴　# 比較

文書をチームでやりとりする際のテクニック

たとえば、会社のチームなどで文書のチェックをする場合、頼まれた文章にそのまま修正を加えると、「どこをどのように修正したのか」がわからなくなってしまいます。そんなときは、Wordの「変更履歴」機能を使って、編集した履歴が残るようにするとよいでしょう。

Let's Try!

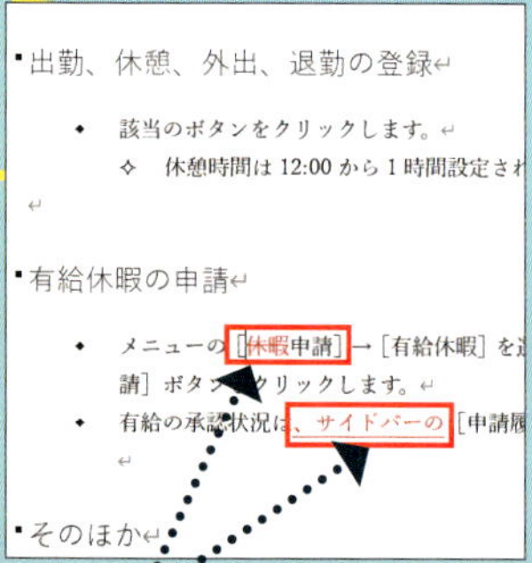

出勤、休憩、外出、退勤の登録
該当のボタンをクリックします。
休憩時間は 12:00 から 1 時間設定さ
有給休暇の申請
メニューの［休暇申請］→［有給休暇］を
請］ボタンをクリックします。
有給の承認状況は、サイドバーの［申請履
そのほか

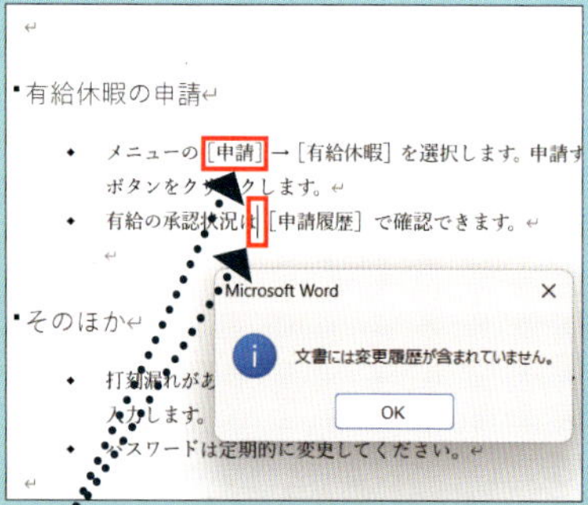

有給休暇の申請
メニューの［申請］→［有給休暇］を選択します。申請す
ボタンをクリックします。
有給の承認状況は［申請履歴］で確認できます。
そのほか
Microsoft Word
文書には変更履歴が含まれていません。
OK
パスワードは定期的に変更してください。

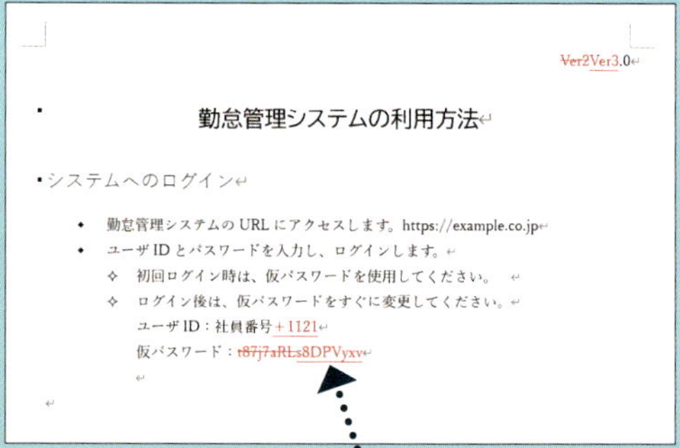

Ver2Ver3.0
勤怠管理システムの利用方法
システムへのログイン
勤怠管理システムの URL にアクセスします。https://example.co.jp
ユーザ ID とパスワードを入力し、ログインします。
初回ログイン時は、仮パスワードを使用してください。
ログイン後は、仮パスワードをすぐに変更してください。
ユーザ ID：社員番号＋1121
仮パスワード：t87j7aRLs8DPVyxv

1 変更履歴の記録を開始してから編集する

2 変更履歴を確認し［承諾］か［元に戻す］を選択する

3 2つの文書を比較して変更箇所を確認する
（「ch5-34.docx」「ch5-34dif.docx」を比較）

Hint ［校閲］タブの［変更履歴の記録］をオンにする

［校閲］タブの［変更履歴の記録］をオンにしてから文書を編集すると、変更した箇所が赤字で表示されます。文書の管理者は、その修正箇所を確認したうえで、変更を「承認」するのか［元に戻す］のかを選択しましょう。

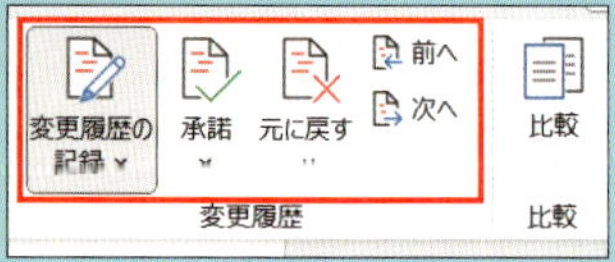

変更履歴の記録
承諾
元に戻す
前へ
次へ
変更履歴
比較
比較

1回目 □　2回目 □

Step 1 変更履歴の記録を開始してから編集する

変更履歴の記録を開始すると、その間に加えた修正すべてが赤字で表示されます。なお、文字を削除した場合も、赤い取消線が表示されるので安心して編集できます。

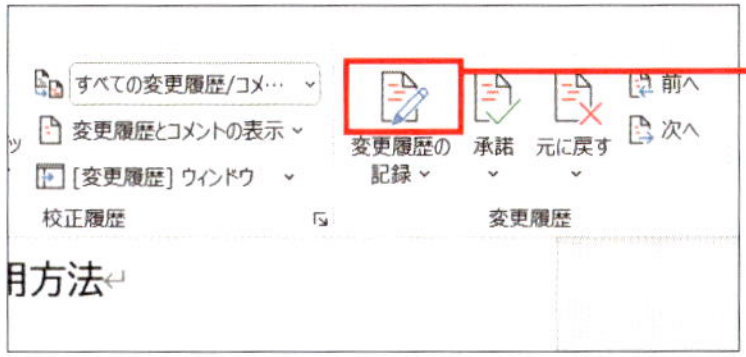

❶ [校閲] タブの [変更履歴の記録] をクリック

まずはテキストを追加します。

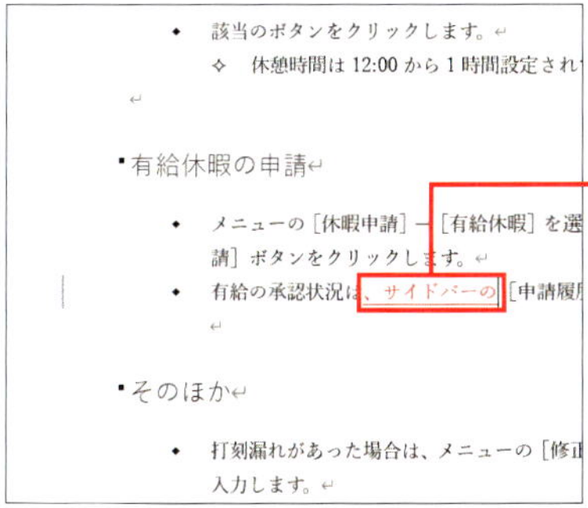

❷左図の通り、テキストを入力

Memo

追加で入力した箇所は、赤字で表示されます。また、変更が加えられた箇所には、左側にグレーの縦棒が表示されます。

続いて、テキストを削除します。

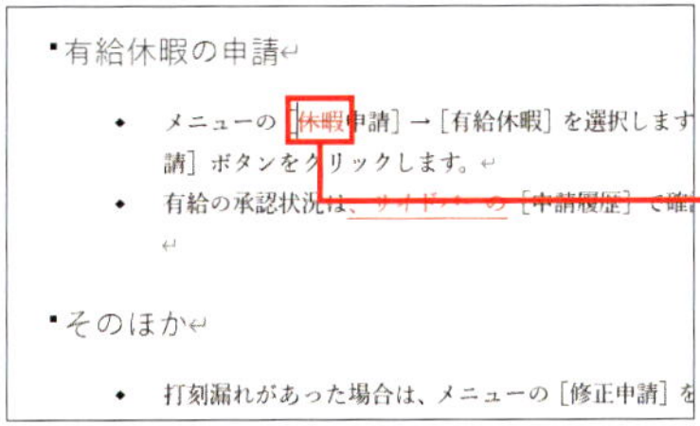

❸「休暇」を削除

変更が終了したら、変更履歴をオフにしておきます。

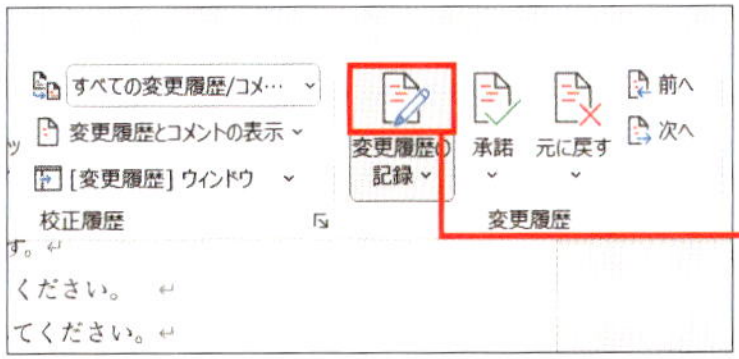

❹ [校閲] タブの [変更履歴の記録] をクリック

Memo

[校閲] タブの [すべての変更履歴 / コメント] をクリックすると、表示するレベルを切り替えることができます。

Point

変更履歴が表示されている箇所にマウスポインターを合わせると、詳細がプレビューとして表示されます。「誰が」「いつ」「どのように」変更したのかを確認できます。

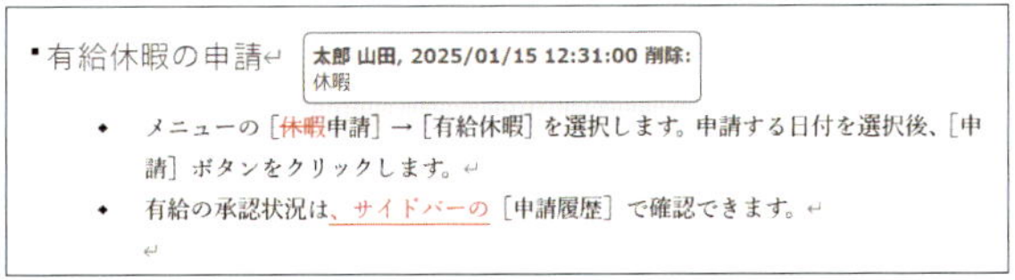

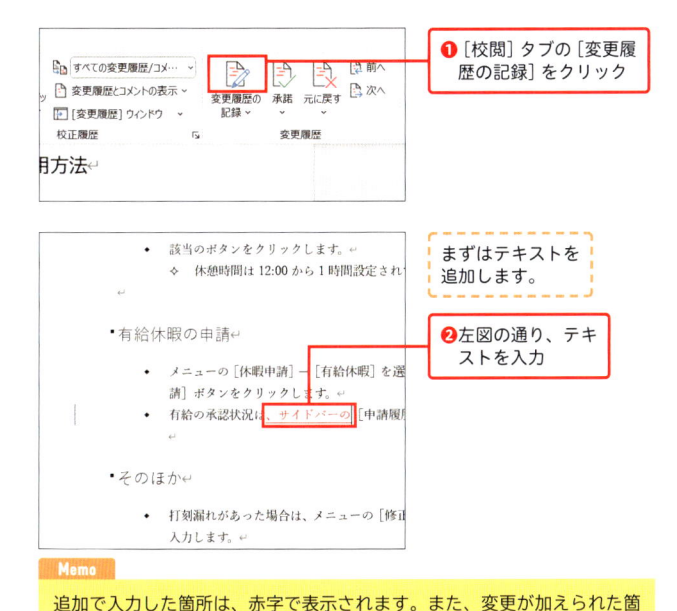

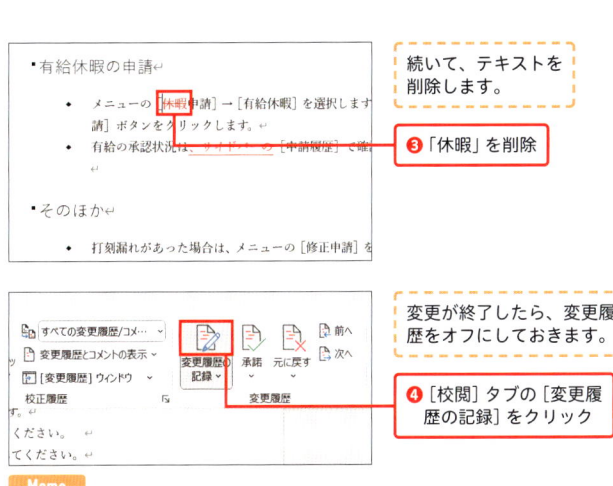

1回目 □　2回目 □

Step 2 変更履歴を確認し［承諾］か［元に戻す］を選択する

チームメンバーが確認時に加えた変更を、必ずしも元の文書に反映させる必要はありません。文書の管理者は変更履歴を確認して、その変更を反映させるかそうでないかを判断しましょう。

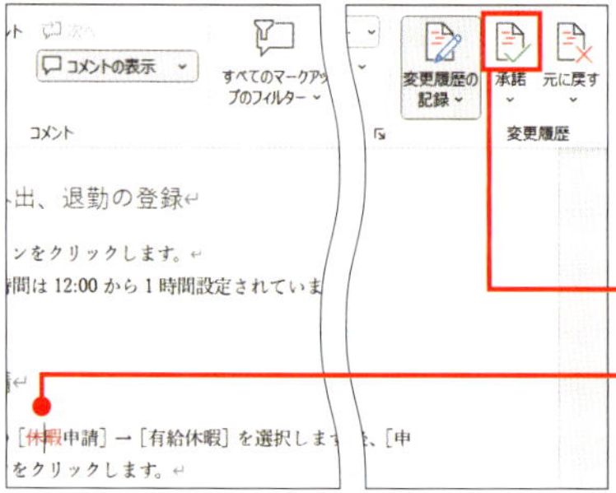

まずは、変更を承諾します。

❶変更を反映する位置にカーソルを合わせる

❷［校閲］タブの［承諾］をクリック

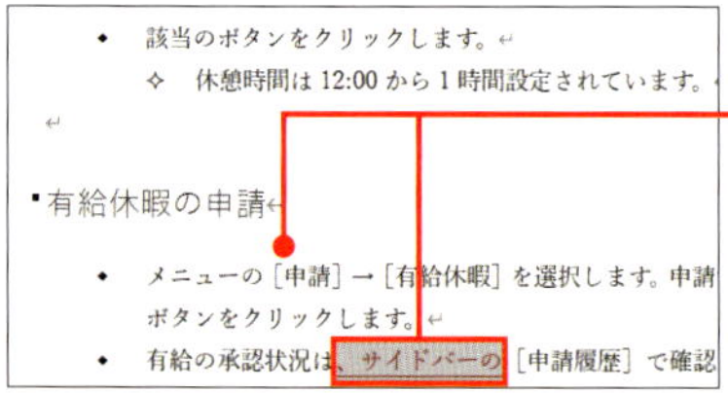

❸変更が承諾され、「休暇」の文字が削除された。さらにカーソルが次の変更位置に自動で移動した

Memo

追加された変更履歴をすべて一括で承認したい場合は、［校閲］タブの［承諾］のプルダウンから「すべての変更を反映」をクリックします。

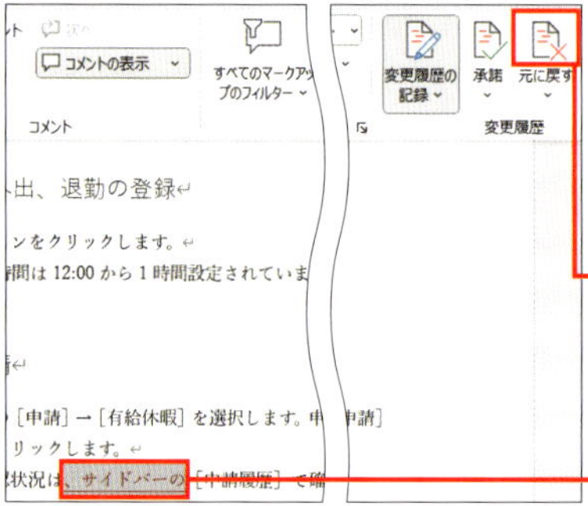

続いて、変更を元に戻します。

❹変更を却下する位置にカーソルを合わせる

❺［校閲］タブの［元に戻す］をクリック

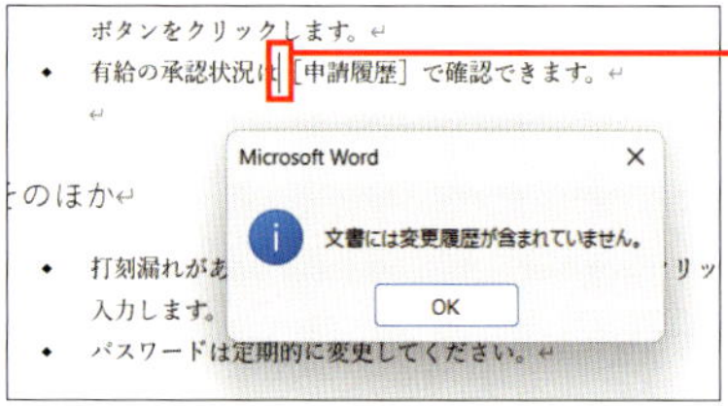

❻変更が却下され、元の状態に戻った

追加された変更履歴が最後の1個の場合、左図のダイアログが表示されます。［OK］をクリックしてダイアログを閉じましょう。

Point

［校閲］タブの［校正履歴］グループにある［変更履歴ウィンドウ］をクリックすると、画面左側に［変更履歴］ウィンドウが表示され、変更された箇所を一覧で表示されます。さっと変更箇所だけ確認したい際に便利です。

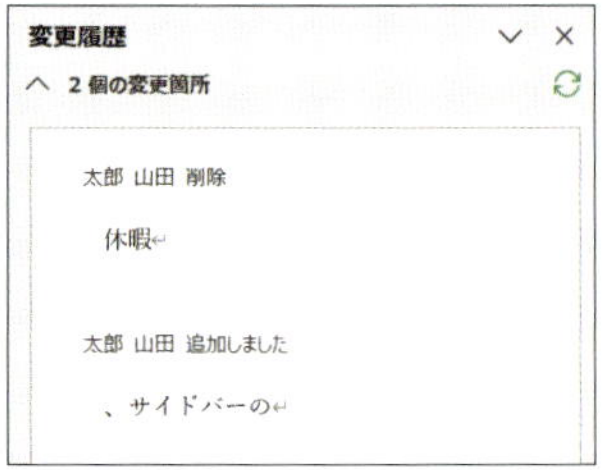

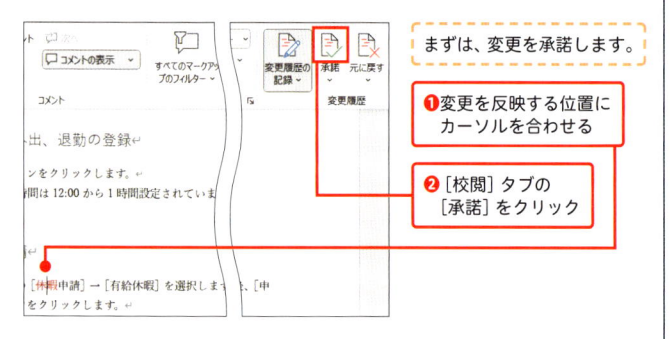

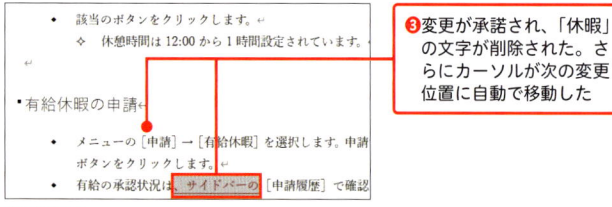

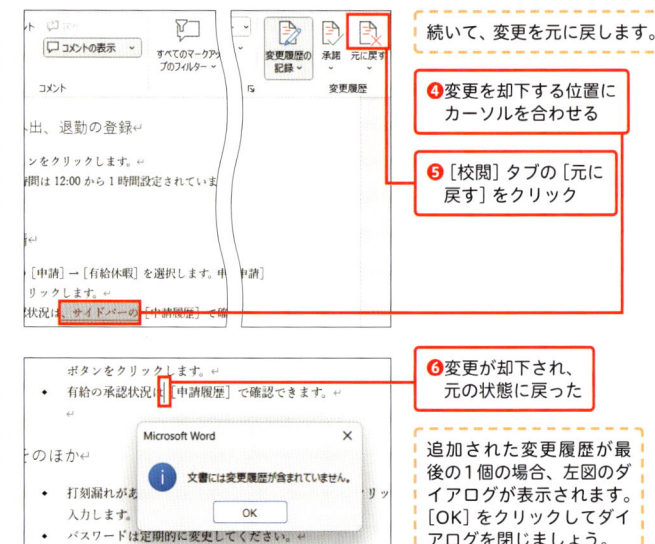

1回目 □ 2回目 □

Step 3 2つの文書を比較して変更箇所を確認する

最後に、うっかり変更履歴をオンにするのを忘れてしまった際の救済措置である「比較機能」を確認します。この機能により、2つの文書を比較して違いがある箇所を変更履歴のように赤字で表示できます。

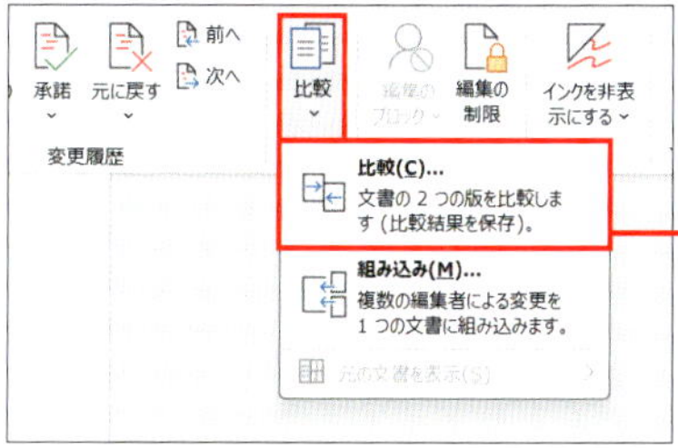

ここでは、「ch5-34.docx」「ch5-34dif.docx」の2ファイルを比較します。

❶［校閲］タブの［比較］→［比較］をクリック

❷［元の文書］の▽をクリックし、［ch5-34.docx］を選択

❸［変更された文書］の▽をクリックし、［ch5-34dif.docx］を選択し、［OK］をクリック

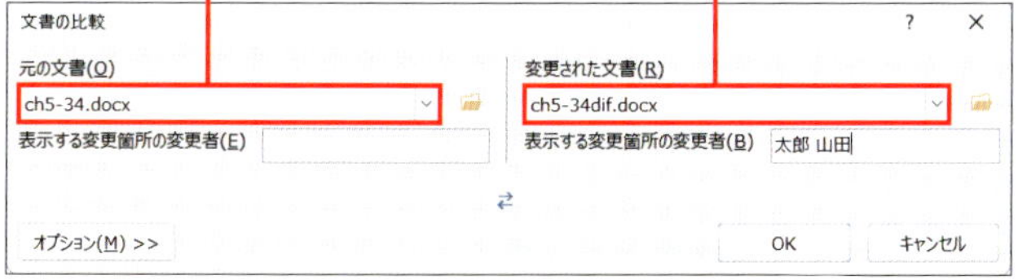

Memo

［元の文書］や［変更された文書］の▽をクリックしてもファイルが表示されないときは、📁をクリックして、ファイルを選択します。

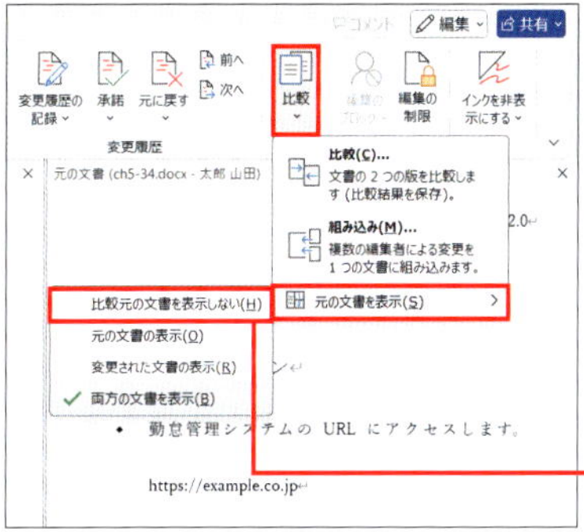

❹画面左側に［変更履歴］ウィンドウ、中央に［比較結果文書］、画面右側に［元の文書］と［変更された文書］の4エリアが表示された

表示されるウィンドウが多いので、不要なものは非表示にします。

❺［校閲］タブの［比較］→［元の文書を表示］→［比較元の文書を表示しない］をクリック

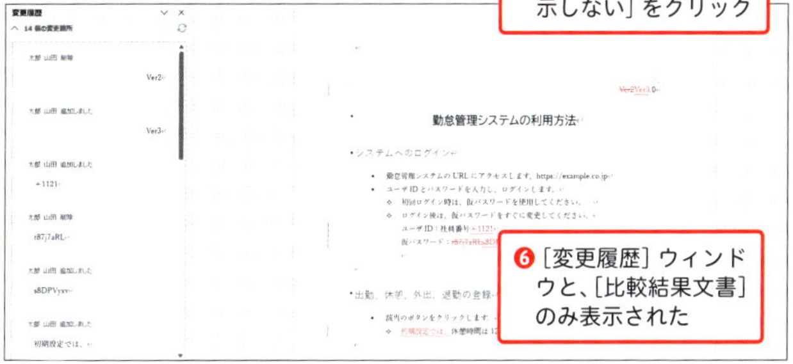

❻［変更履歴］ウィンドウと、［比較結果文書］のみ表示された

Point

手順❻で表示された変更履歴からは、Step2のように変更履歴の承諾や元に戻す操作が行えます。また、この文書は新規のWordファイル「結果の比較.docx」として作成されているので、変更を精査した文書を新たに保存したい場合は、［名前を付けて保存］から保存しましょう。

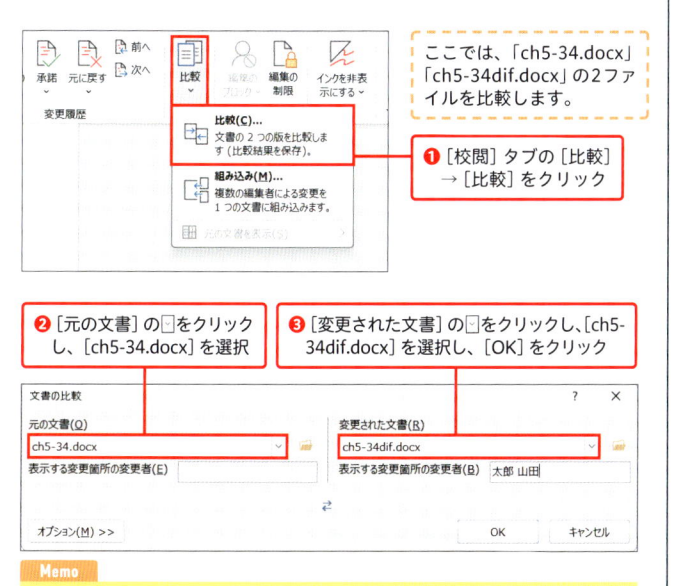

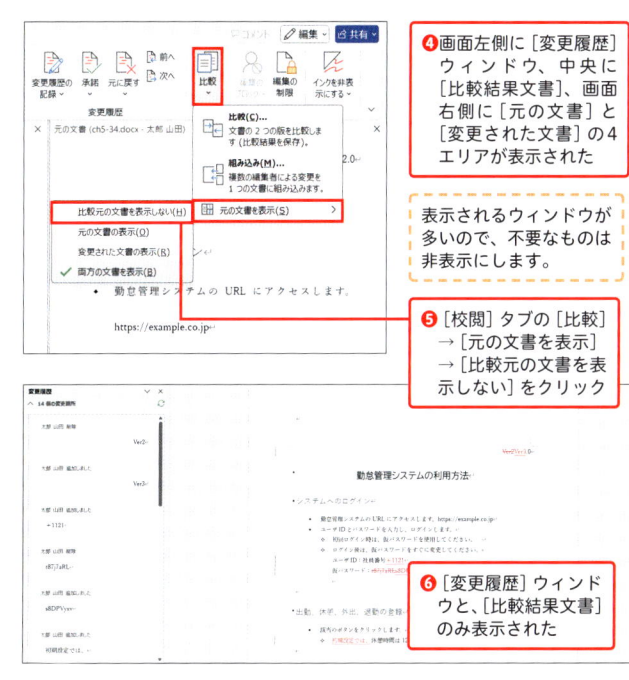

Drill

35

ch5-35.docx

月　日

イメージ通りに印刷するための基礎知識

文書によって用紙サイズを変更したかったり、確認のために1ページ目だけ印刷したかったりと、印刷設定は状況に応じて調整が必要なので、間違えやすいものです。そのため、ここでは印刷設定を練習していきましょう。用紙サイズの変更、印刷範囲の指定、両面印刷、部数単位の印刷などの操作を確認します。

Let's Try!

Step 1 コメントを非表示にし、A3の用紙サイズに拡大印刷する

Step 2 A4の用紙サイズに戻し、2ページまでを両面印刷する

Step 3 1枚に2ページを表示して「5部」印刷する

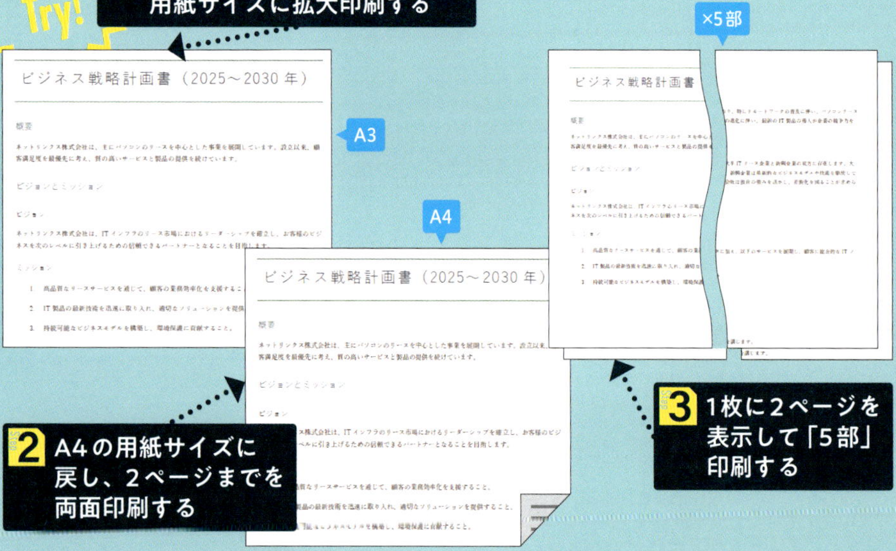

Hint ［印刷］画面の設定を指定する

［ファイル］タブの［印刷］をクリックすると、［印刷］画面が表示されます。画面左下に設定項目が一通り表示されているので、ここから指定のものを設定しましょう。

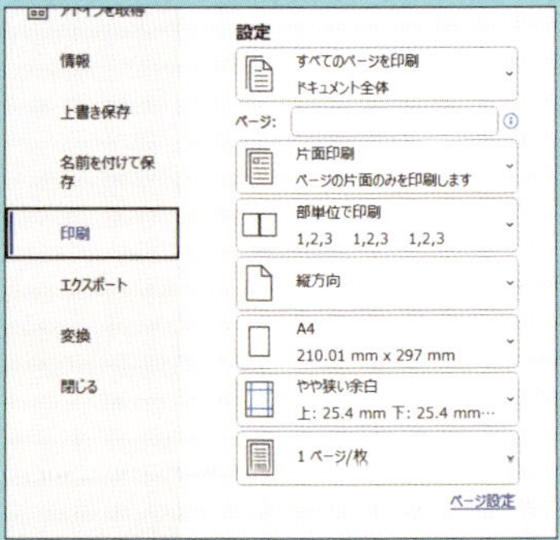

1回目 □　2回目 □

Step 1 コメントを非表示にし、A3の用紙サイズに拡大印刷する

ここでは、コメントを非表示のうえ、印刷の用紙サイズを変更して印刷します。Wordの設定では、設定を変更しない限りコメントも印刷されてしまうので、不要な場合は非表示にしておきましょう。

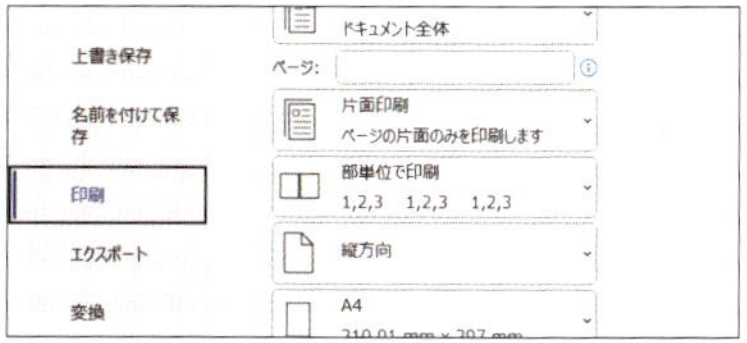

❶ Ctrl ＋ P キーを押して［印刷］画面を表示する

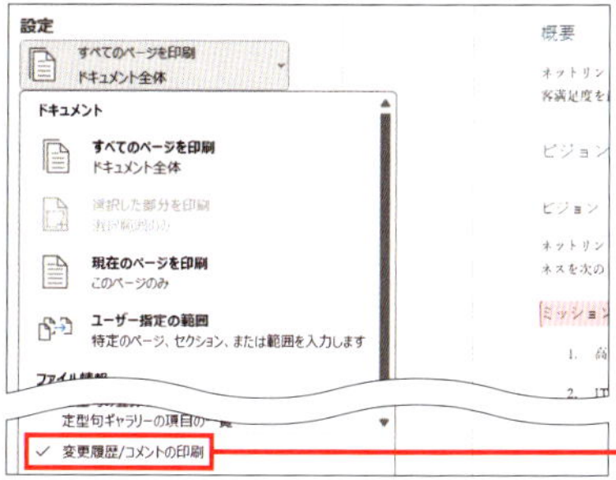

まずは、コメントを非表示にします。

❷［すべてのページを印刷］→［変更履歴/コメントの印刷］をクリック

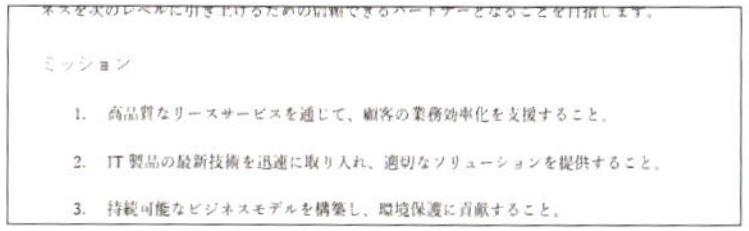

❸コメントが非表示になった

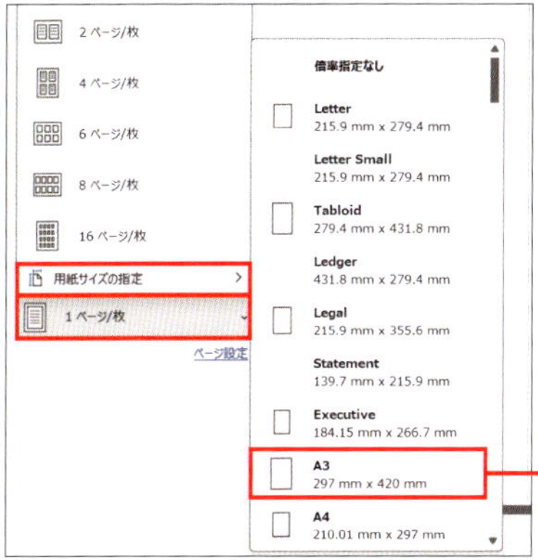

続いて、印刷の用紙サイズをA3サイズに設定します。なお、元の文章はA4サイズで作成されています。

❹［1ページ/枚］→［用紙サイズの指定］→［A3］をクリック

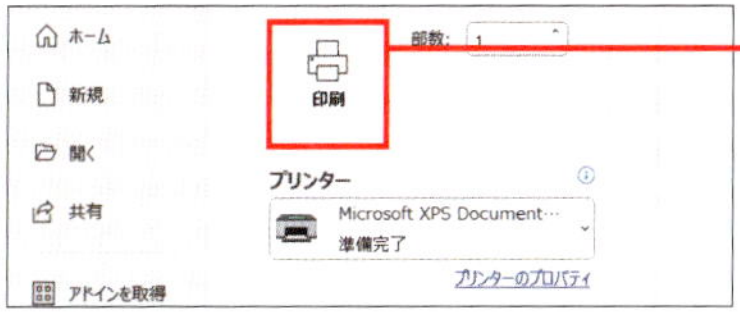

❺［印刷］をクリック

❻コメントが非表示の状態で、A3サイズに拡大印刷された

Short Cut

Crtl ＋ P　［印刷］画面を表示する

Point

右図の手順で変更すると、用紙サイズに合わせた内容の拡大・縮小はされないので、注意しましょう。

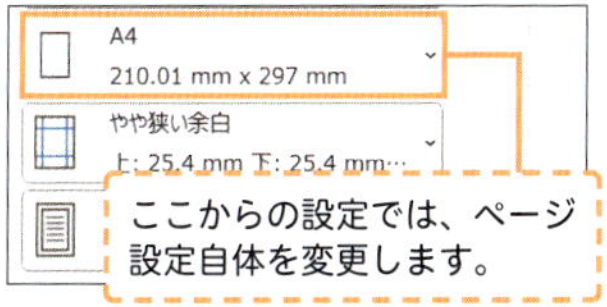

ここからの設定では、ページ設定自体を変更します。

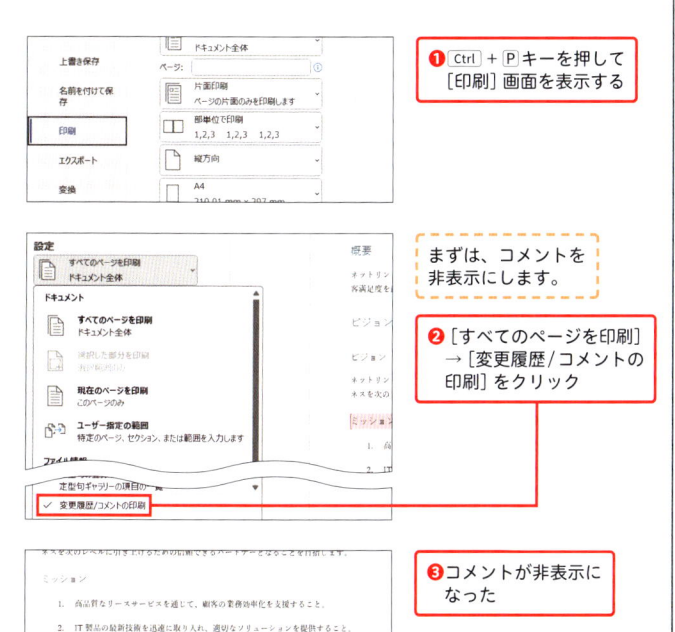

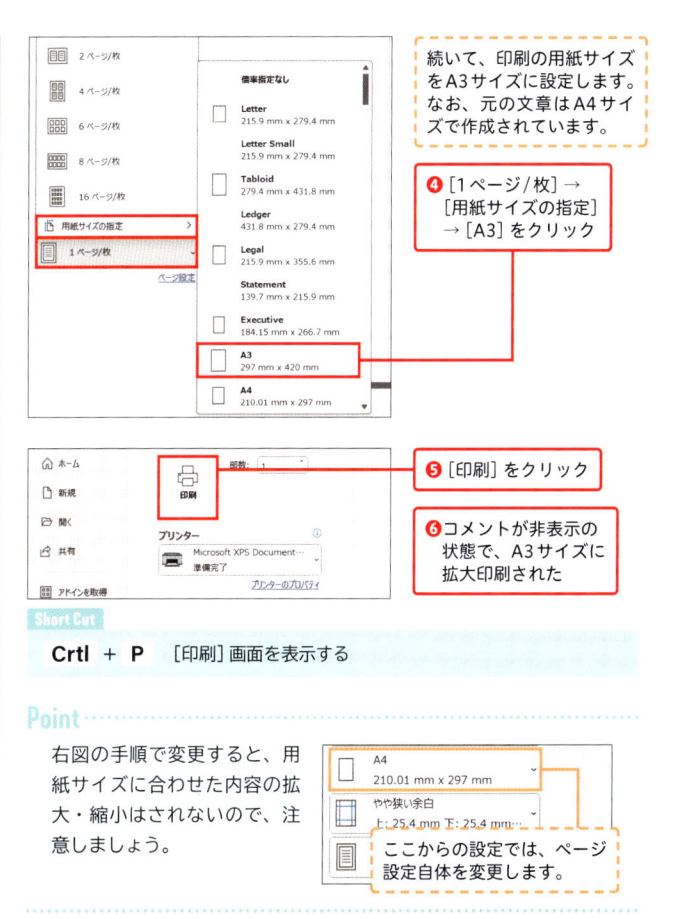

1回目 □　2回目 □

Step 2 A4の用紙サイズに戻し、2ページまでを両面印刷する

続いて、指定範囲のみ両面印刷します。想定通りに設定できているのか、試しに印刷して確認したいときなどに便利です。また、両面印刷では印刷の向きを間違えることもあるので、注意して設定しましょう。

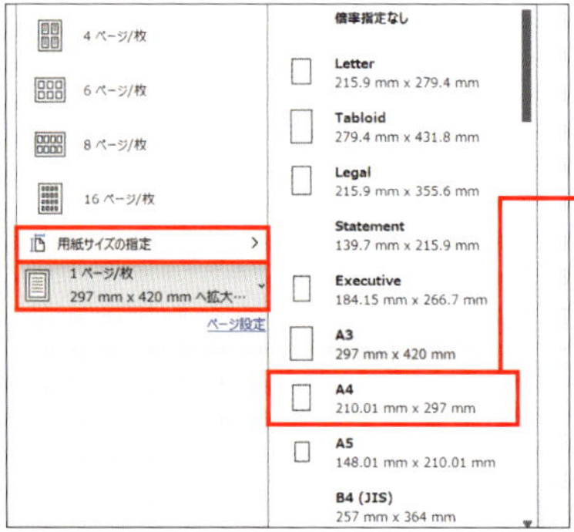

まずは、用紙サイズを「A4」に戻します。

❶［1ページ/枚］→［用紙サイズの指定］→［A4］をクリック

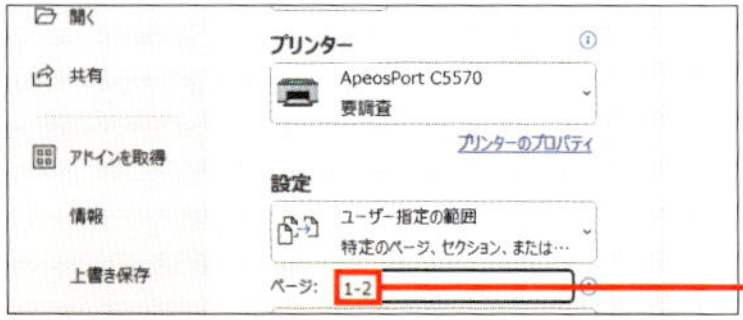

次に、印刷範囲を指定します。

❷［ページ］に「1-2」と入力

Memo

ページ番号を「-」でつなげると、指定したページの範囲内を、「,」で区切ると、指定したページのみを印刷します。

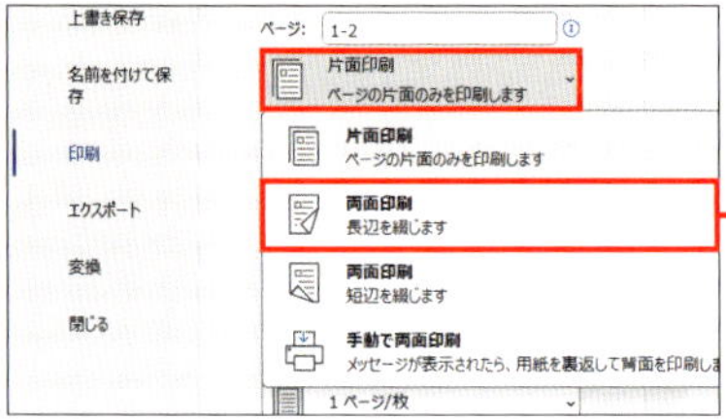

続いて、両面印刷の設定をします。

❸［片面印刷］→［両面印刷　長辺を綴じます］をクリック

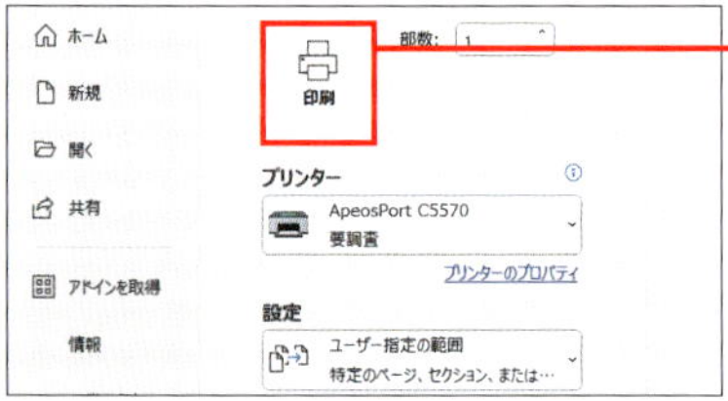

❹［印刷］をクリック

❺2ページまでの範囲が両面印刷された

Point

両面印刷には、「長辺を綴じる」「短辺を綴じる」の2種類の設定があります。ここでの設定を間違えると、印刷の向きが逆になるので注意しましょう。ビジネス文書は縦書きが多いので、その場合は「長編を綴じる」を設定します。

■ 長辺綴じ

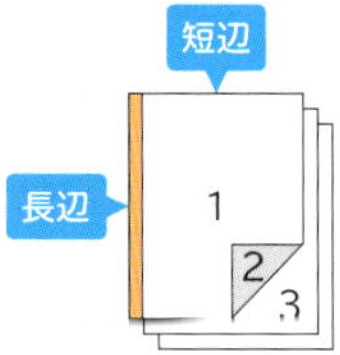

■ 短辺綴じ

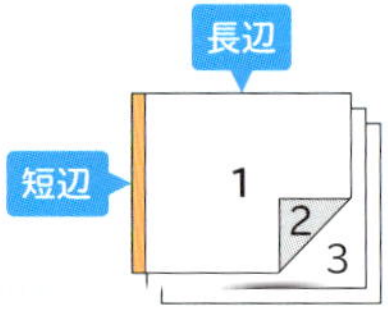

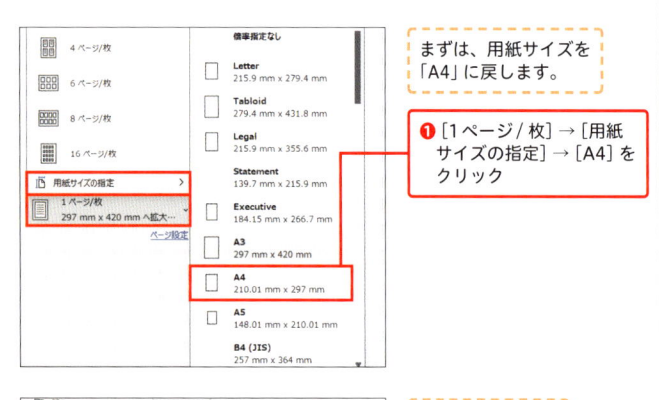

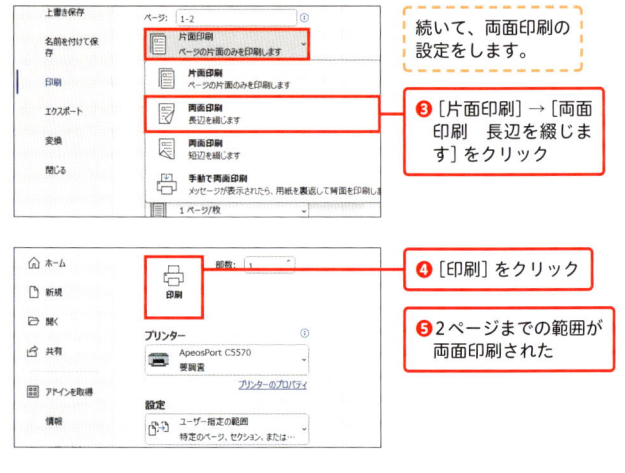

1回目 □ 2回目 □

Step 3 1枚に2ページを表示して「5部」印刷する

最後に、1枚あたりの表示ページ数の設定と、部単位での印刷をしましょう。部単位での印刷は、会議で出席人数分資料を印刷するときなどに、よく利用する設定です。

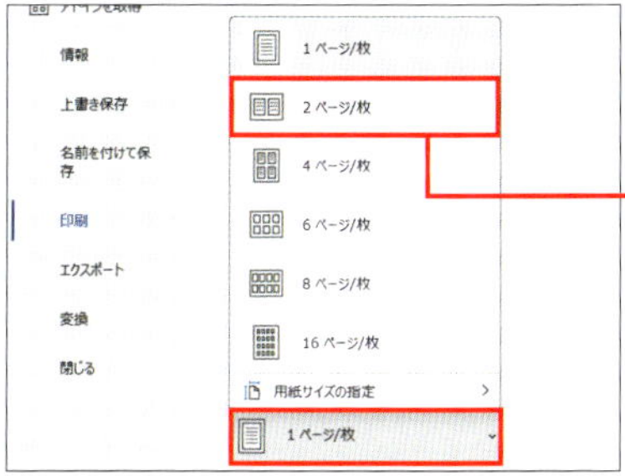

まずは、1枚あたりの表示ページ数を設定します。

❶［1ページ/枚］→［2ページ/枚］をクリック

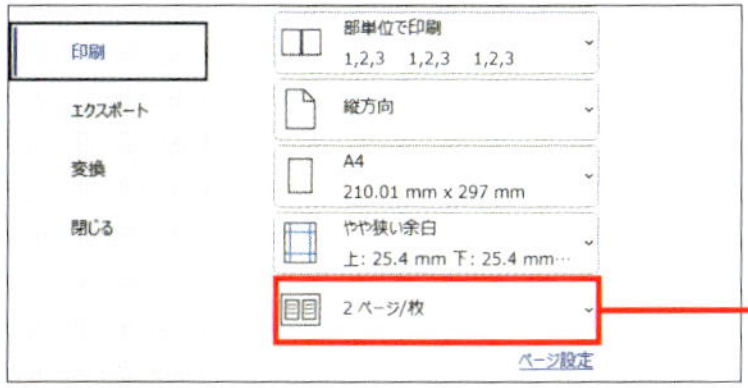

❷ページ設定が変更された

Memo

1枚あたりのページ数を変更しても、画面右側の印刷プレビューは変更されません。また、［2ページ/枚］のアイコンにも表示されているように、この設定では、用紙自体は横向きになります。

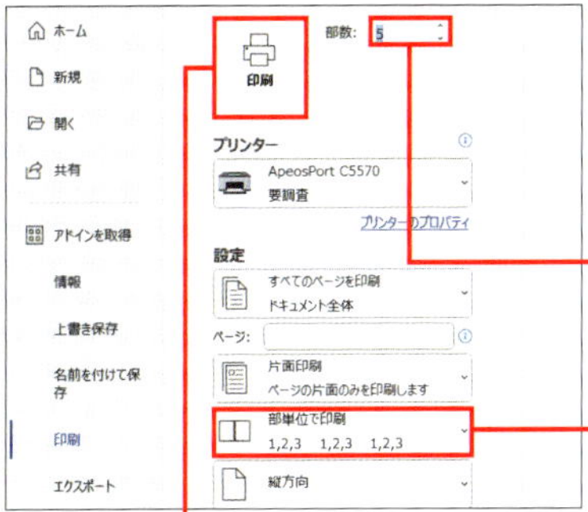

続いて、部数の設定をします。

❸［部単位で印刷］の設定になっていることを確認

❹［部数］に「5」と入力

❺［印刷］をクリック

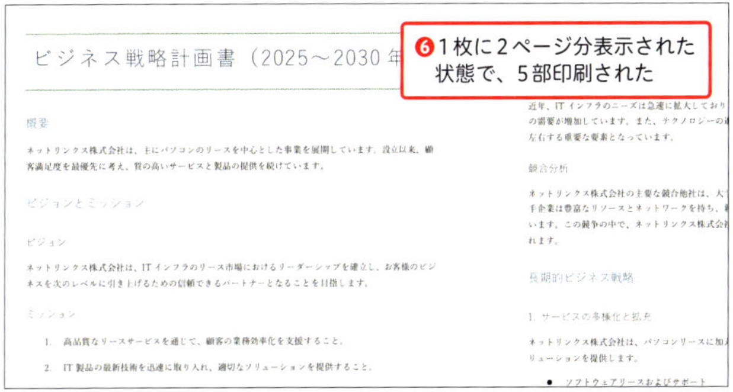

❻1枚に2ページ分表示された状態で、5部印刷された

Point

Wordの初期設定では、文書の背景色は印刷されません。そのため、背景色付きの文書を印刷するときには、［Wordのオプション］画面の［表示］→［印刷オプション］で［背景の色とイメージを印刷する］のチェックを付けておきましょう。

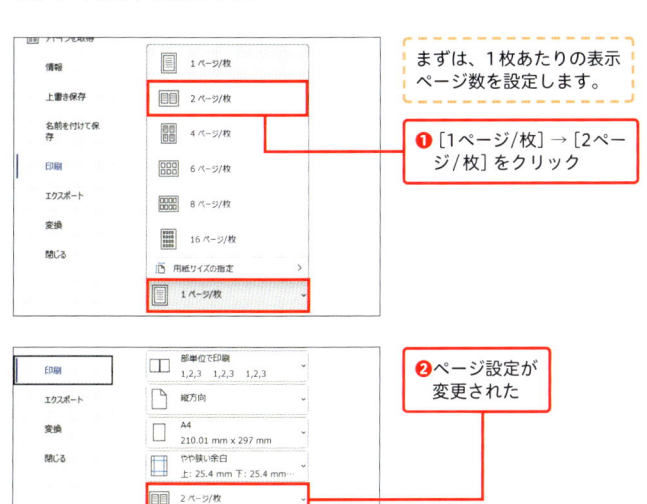

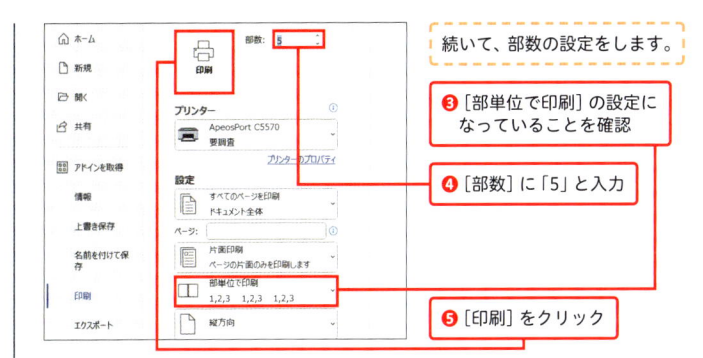

Drill 36

ch5-36.docx
ch5-36list.xlsx

月　日

差し込み印刷を利用して送付状を作成する

取引先別に一斉に送付状を印刷したい場合、会社名などのテキストを１件ずつ入力するのは時間がかかります。そのようなときは、差し込み印刷機能を活用しましょう。別途用意したExcelのリストを読み込むことで、個別の宛先ごとに印刷できます。必要な手順が多いので、Step1からStep3まで順番に設定していきましょう。

Let's Try!

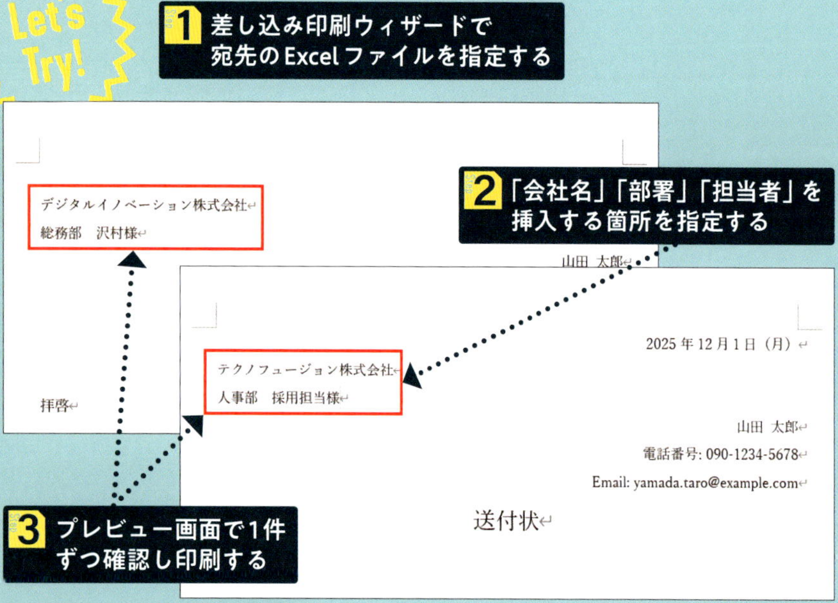
1 差し込み印刷ウィザードで宛先のExcelファイルを指定する
2 「会社名」「部署」「担当者」を挿入する箇所を指定する
3 プレビュー画面で1件ずつ確認し印刷する
デジタルイノベーション株式会社
総務部　沢村様
拝啓
山田 太郎
2025年12月1日（月）
テクノフュージョン株式会社
人事部　採用担当様
山田 太郎
電話番号: 090-1234-5678
Email: yamada.taro@example.com
送付状

Hint ［差し込み印刷ウィザード］から設定する

［差し込み文書］タブの［差し込み印刷の開始］→［差し込み印刷ウィザード］をクリックすると、画面右側に［差し込み印刷］画面が表示されます。基本的には、この画面に表示される指示に従って操作を進めます。

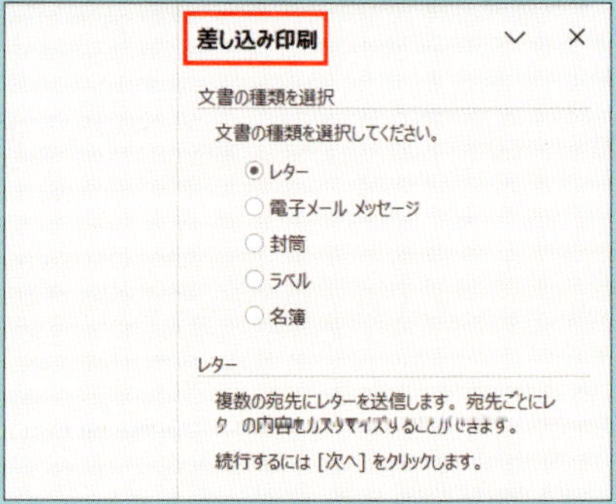
差し込み印刷
文書の種類を選択
文書の種類を選択してください。
レター
電子メール メッセージ
封筒
ラベル
名簿
レター
複数の宛先にレターを送信します。宛先ごとにレター の内容をカスタマイズすることができます。
続行するには［次へ］をクリックします。

1回目 □ 2回目 □

Step 1 差し込み印刷ウィザードで宛先のExcelファイルを指定する

差し込み印刷ウィザードとは、文書の文面・宛名・ラベル・年賀状などを効率的に作成できる機能です。Step1では、読み込むExcelファイルの指定まで進めましょう。

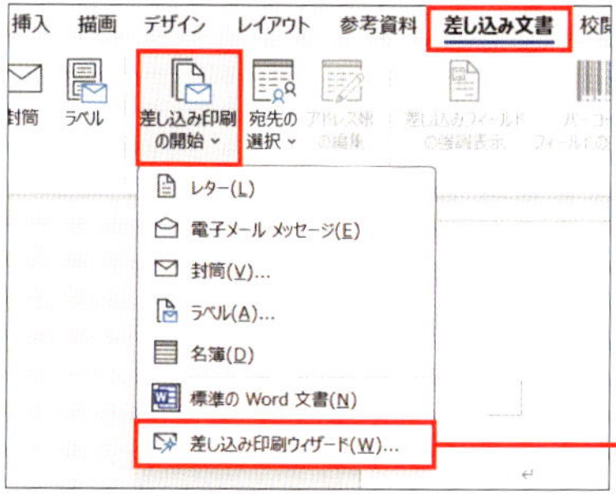

❶［差し込み文書］タブの［差し込み印刷の開始］→［差し込み印刷ウィザード］をクリック

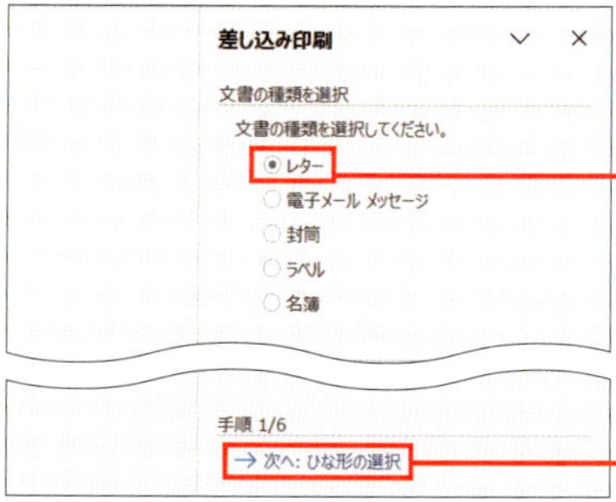

❷画面右側に差し込み印刷ウィザードが表示された

❸［レター］をクリック

❹［次へ：ひな形の選択］をクリック

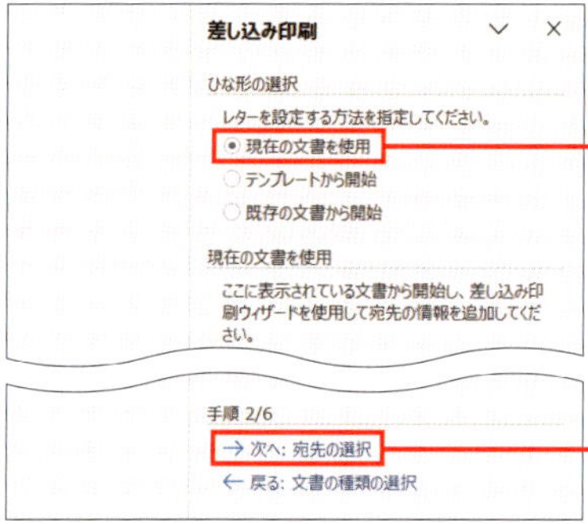

❺［現在の文書を使用］をクリック

❻［次へ：宛先の選択］をクリック

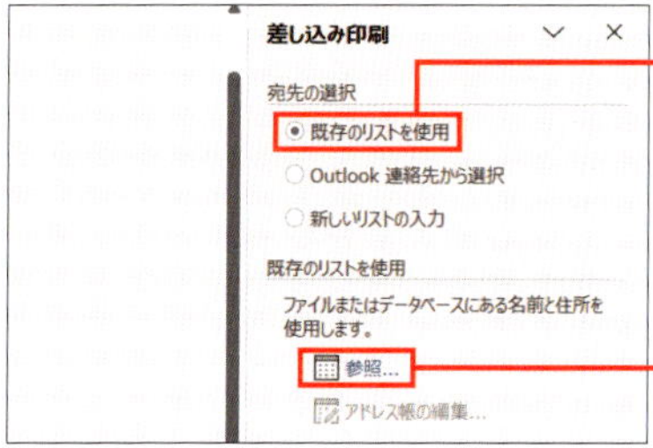

❼［既存のリストを使用］をクリック

❽［参照］をクリック

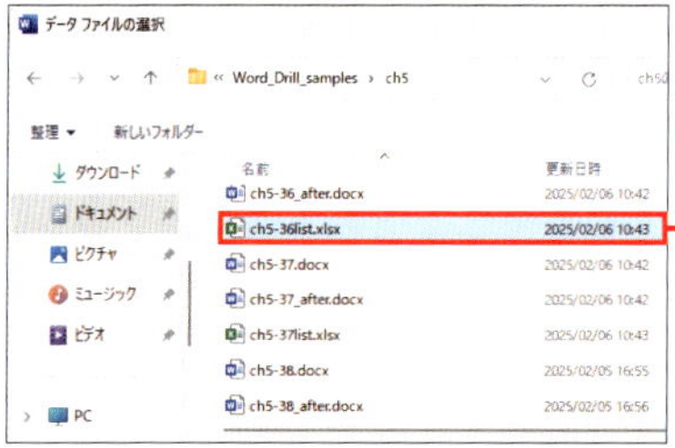

❾［データファイルの選択］ダイアログが開く

❿「ch5-36list.xlsx」を選択し、［開く］をクリック

Step2に続きます。

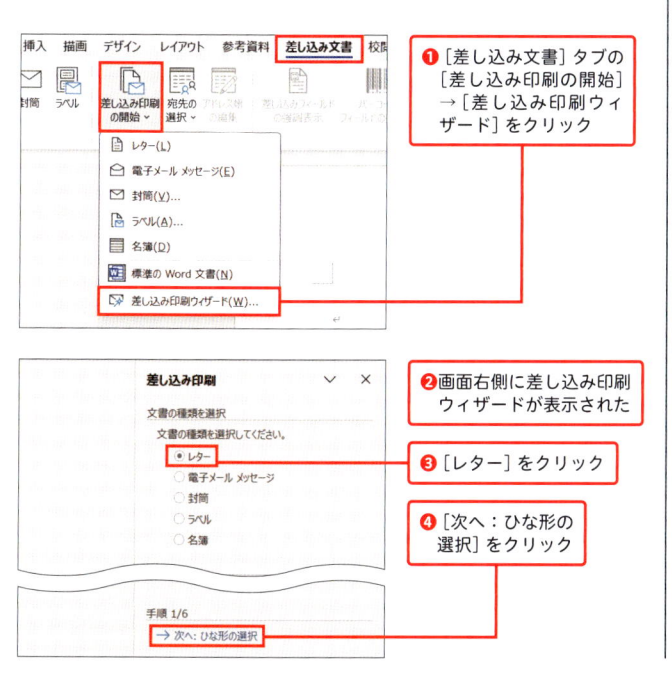

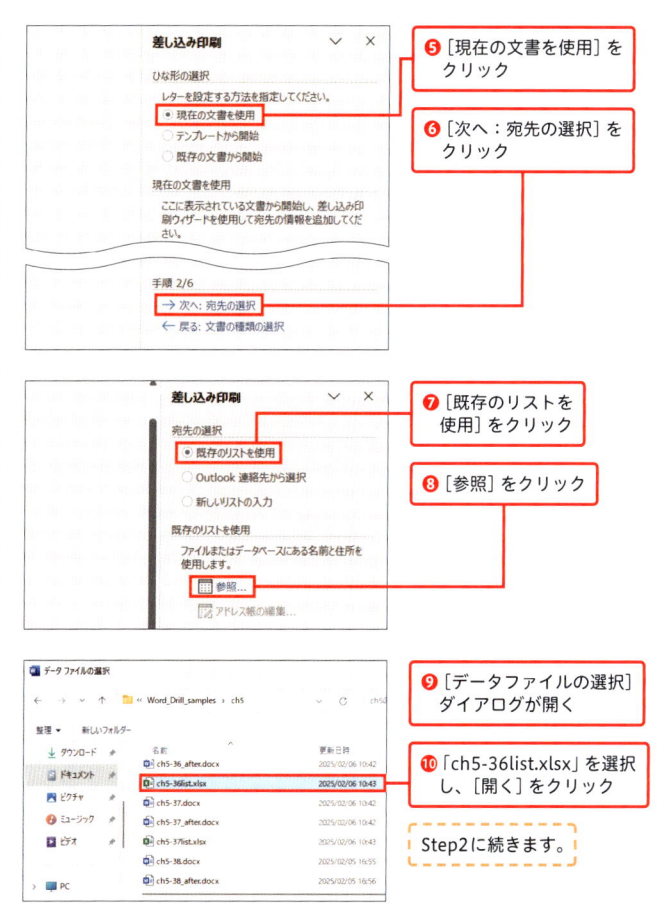

1回目 □　2回目 □

Step 2 「会社名」「部署」「担当者」を挿入する箇所を指定する

続いて、Step1で指定したExcelファイルの読み込みを完成させます。そのあと、Exceのリストから必要な項目のみを、Word文書の指定の位置に挿入しましょう。

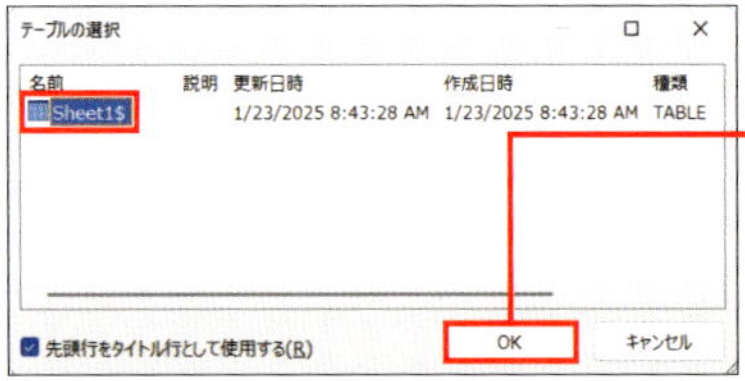

❶読み込むシートが選択されているか確認し、[OK]をクリック

Memo

Excelファイルに複数のシートがあるときは、ここから指定のものを選択します。

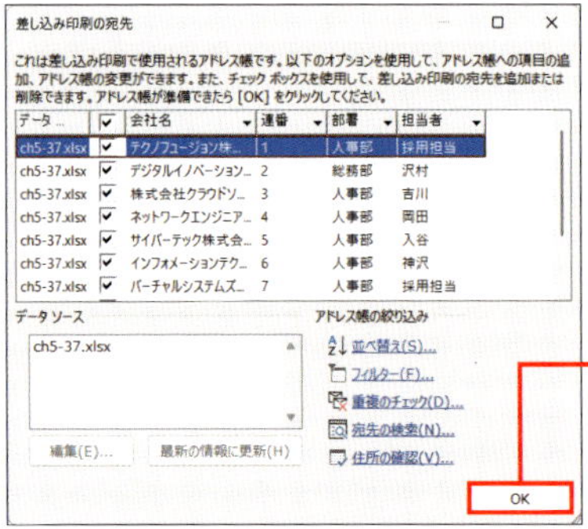

❷[OK]をクリック

この操作でExcelファイルの読み込みが完成します。

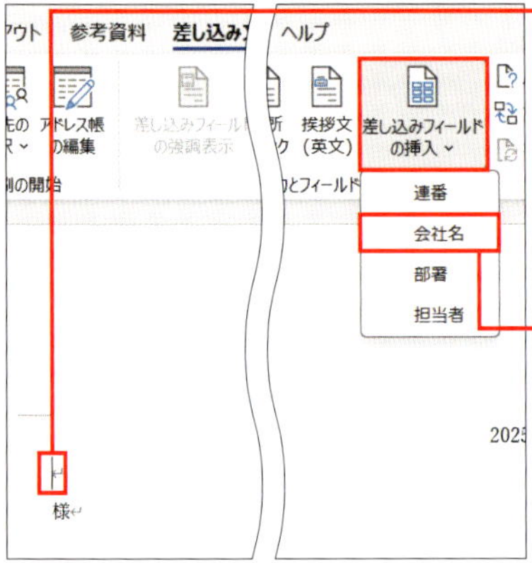

Word文書の指定の位置にExcelのリストの項目を指定します。

❸2行目にカーソルを合わせる

❹[差し込み文書]タブの[差し込みフィールドの挿入]の[会社名]をクリック

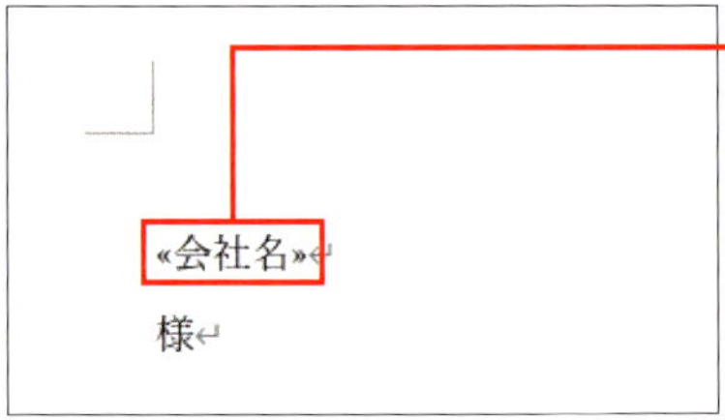

❺《会社名》と表示された

Memo

読み込んだExcelリストの見出しが、Wordの[差し込みフィールド]の項目として表示されます。

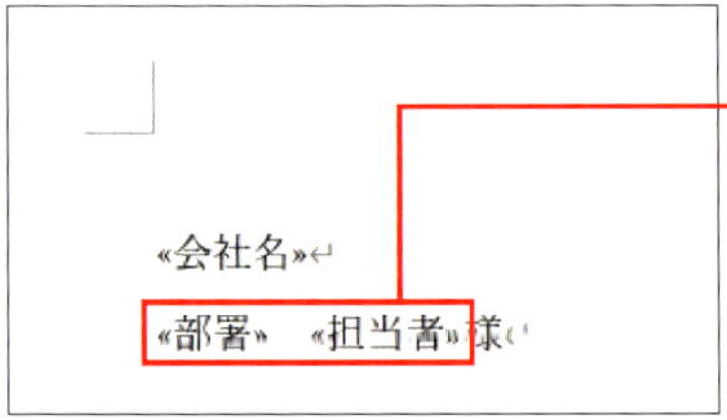

❻手順❹❺を繰り返し、図のように、「部署」と「担当者」を挿入

「部署」と「担当者」の間はスペースを1つ入れておきましょう。Step3に続きます。

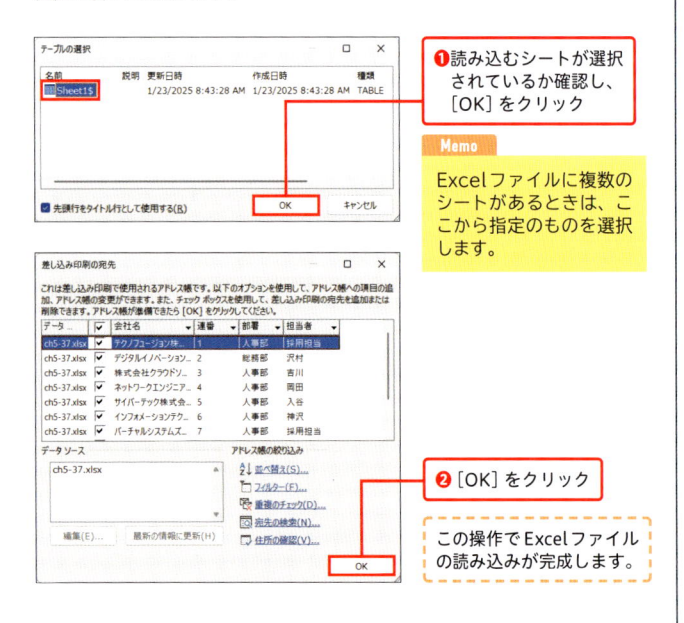

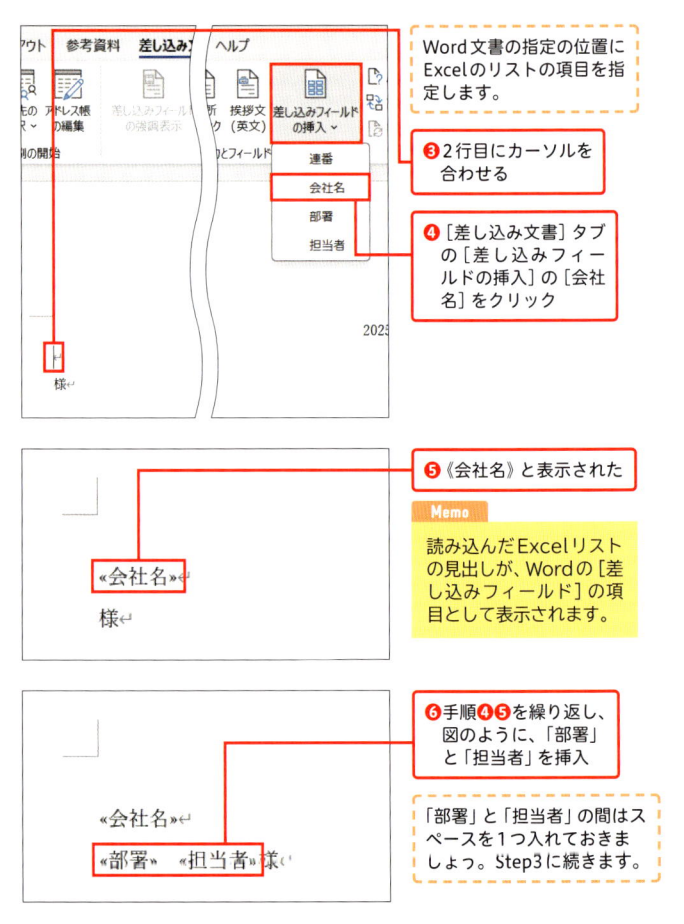

1回目 □ 2回目 □

Step 3 プレビュー画面で1件ずつ確認し印刷する

最後に、リストが正しく表示されるか［結果のプレビュー］から確認しましょう。宛名がリスト通りに次々と表示されることが確認できたら、印刷をして完成です。

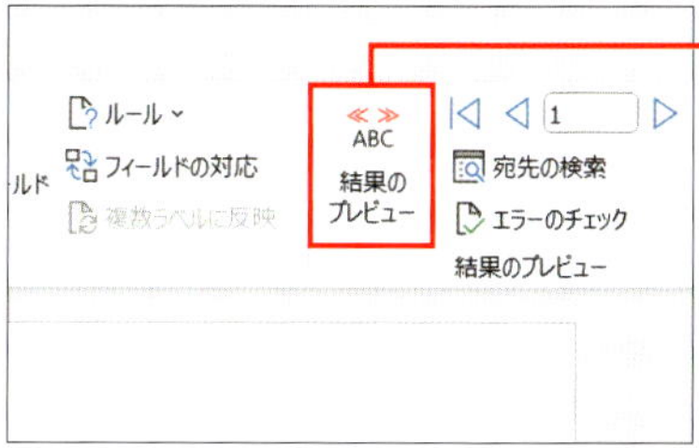

❶［差し込み文書］タブの［結果のプレビュー］をクリック

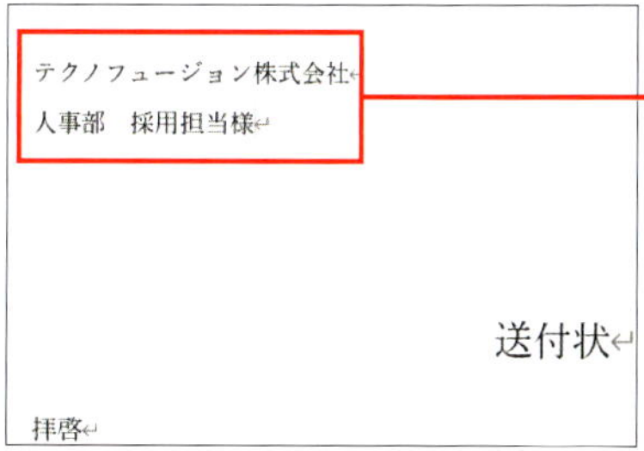

❷ Exelのリスト1行目（見出し行除く）の「会社名」「部署」「担当者」に対応する項目がそれぞれ表示された

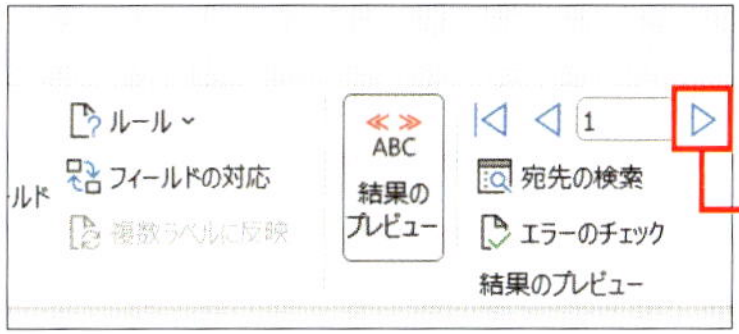

次のページをプレビューします。

❸ ▷ をクリック

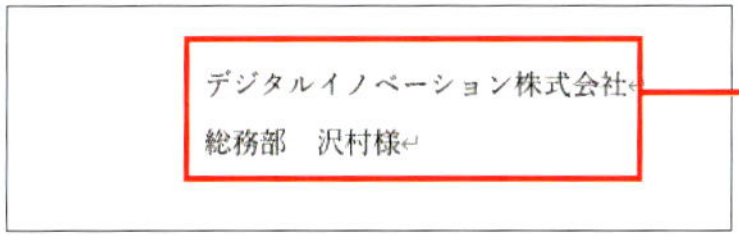

❹ Excelリストの2行目（見出し行除く）の項目が表示された

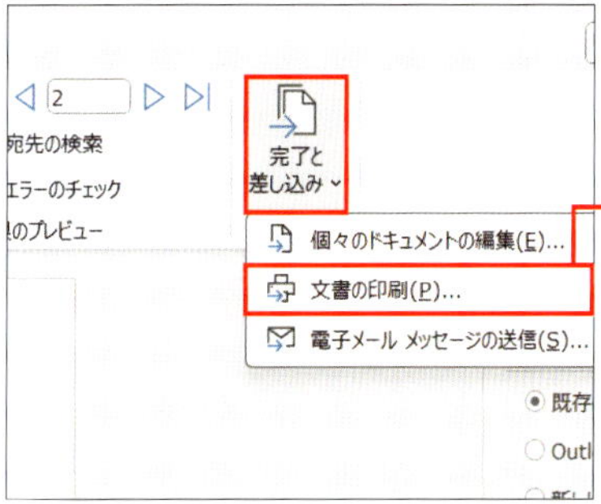

最後に、作成した送付状を1枚ずつ印刷します。

❺［差し込み文書］タブの［完了と差し込み］→［文書の印刷］をクリック

❻［プリンターに差し込み］ダイアログが表示されたら、印刷する対象（レコード）を選択して印刷する

Memo

差し込み印刷を設定したファイルを保存して、再度開くと確認のダイアログが表示されます。［はい］をクリックしてファイルを開きましょう。

Point

特定の文書のみ編集を加えたいこともあるかもしれません。そのような場合は、［差し込み文書］タブの［完了と差し込み］→［個々のドキュメントの編集］をクリックし、表示されたダイアログから編集したいページを指定しましょう。すると、そのページが新規文書として作成されます。

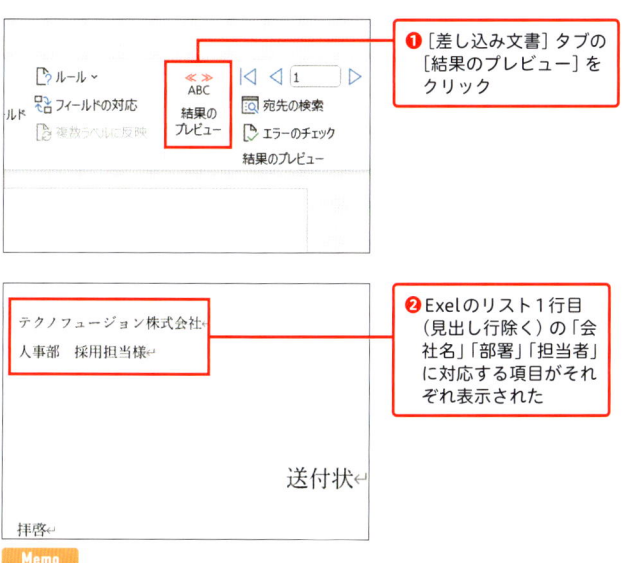

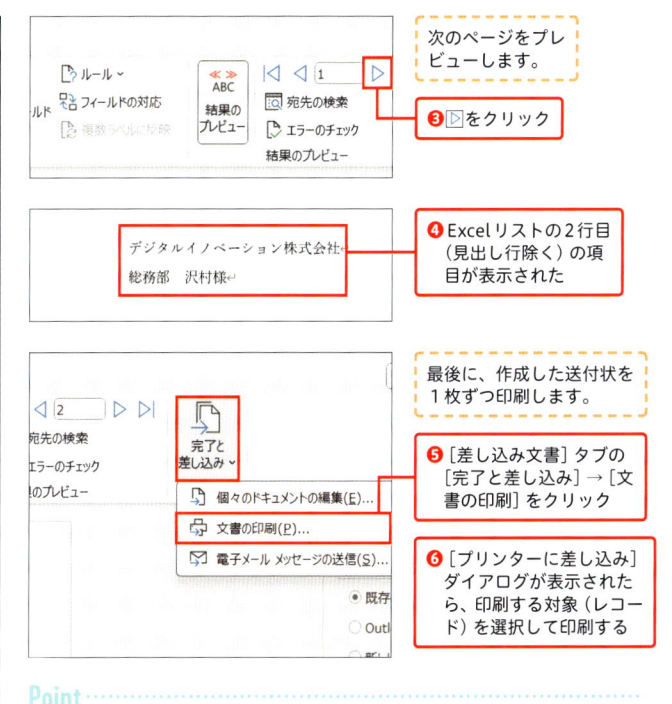

Drill **37**

ch5-37.docx
ch5-37list.xlsx

月　日

差し込み印刷で宛名ラベルを作成する

取引先に文書を郵送するときは、宛名ラベルを活用すると手書きの手間が省け、スムーズに発送業務を行えます。宛名ラベルは、Drill36と同様の差し込み印刷ウィザードを利用して作成しましょう。ここでも、一連の操作をStep1からStep3まで続けて行います。

Let's Try!

Step 1 宛名ラベルの枠組みを設定する

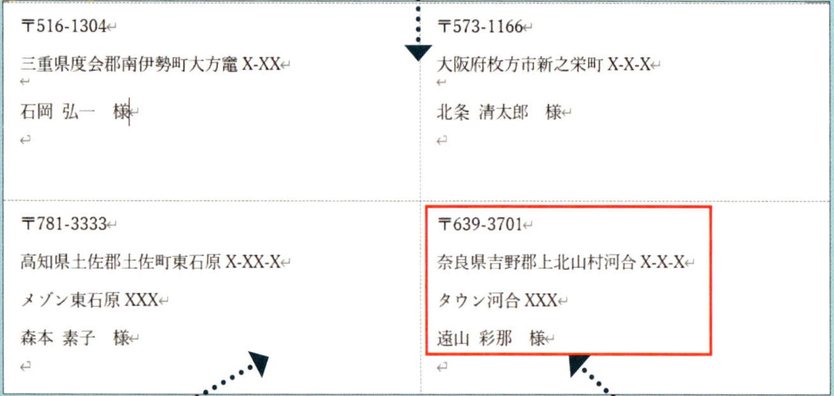

Step 2 宛先のExcelファイルを指定する

Step 3 ラベルに「郵便番号」「住所1,2」「氏名」を設定して印刷する

Hint ［ラベルオプション］から指定のラベルを設定する

まずは、差し込み印刷ウィザードで［ラベル］を選択しましょう。次に、そのあと表示される［ラベルオプション］から使用するラベルシールの製品番号を設定します。なお、ラベルシールの製品によって、品番が記載されている場所は異なりますが、主にパッケージ表面の下部や裏面などに記載されています。

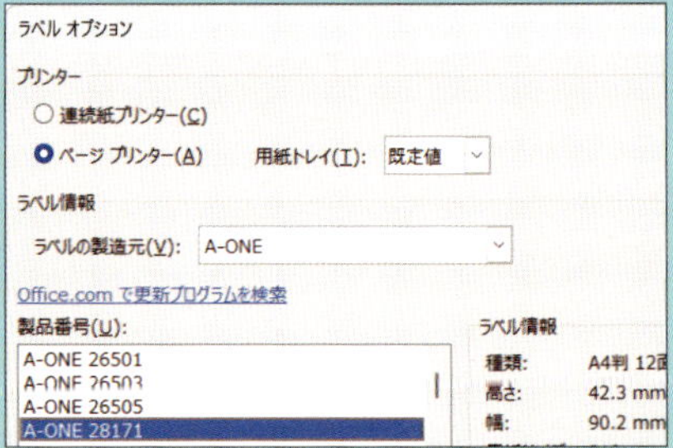

1回目 □　2回目 □

Step 1 宛名ラベルの枠組みを設定する

まずは、Wordの文書にラベルの枠組みを設定しましょう。使用するラベルの製品番号を指定すると、そのサイズの枠組みが文書内に表示されます。

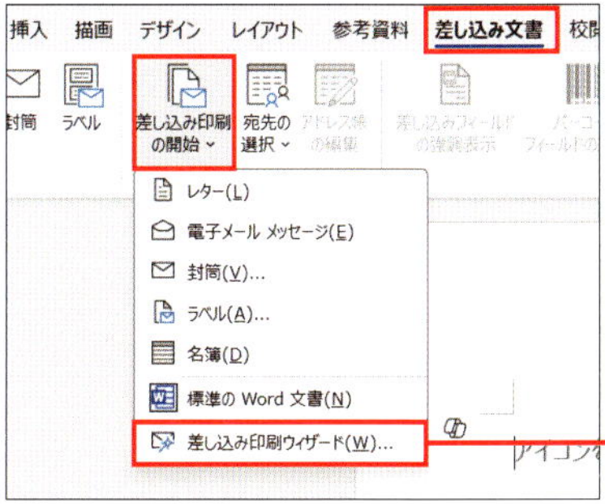

❶［差し込み文書］タブの［差し込み印刷の開始］→［差し込み印刷ウィザード］をクリック

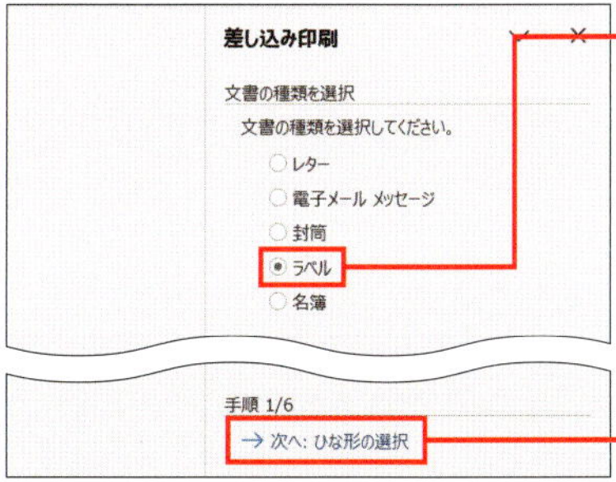

❷［ラベル］をクリック

❸［次へ：ひな形の選択］をクリック

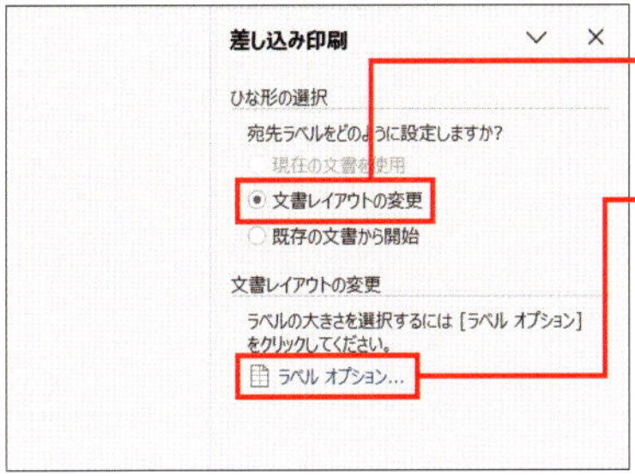

❹［文書レイアウトの変更］をクリック

❺［ラベルオプション］をクリック

ここでは［A-ONE 28171］を指定しますが、実際には所持しているラベルの番号を確認して設定してください。

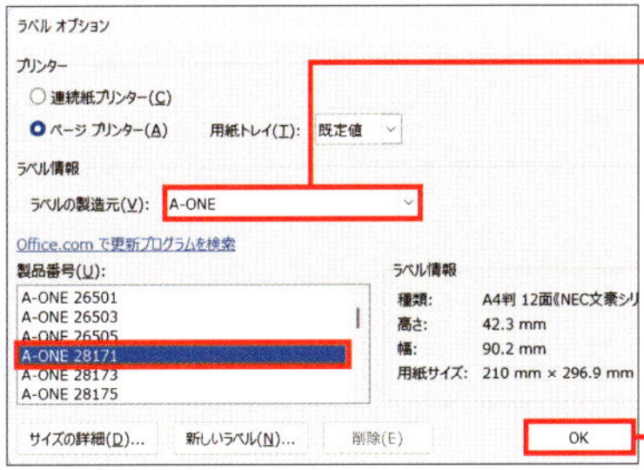

❻［ラベルの製造元］のプルダウンから［A-ONE］を選択

❼［製品番号］の一覧から［A-ONE 28171］を選択し、［OK］をクリック

❽ラベルの枠組みが設定された

Step2に続きます。

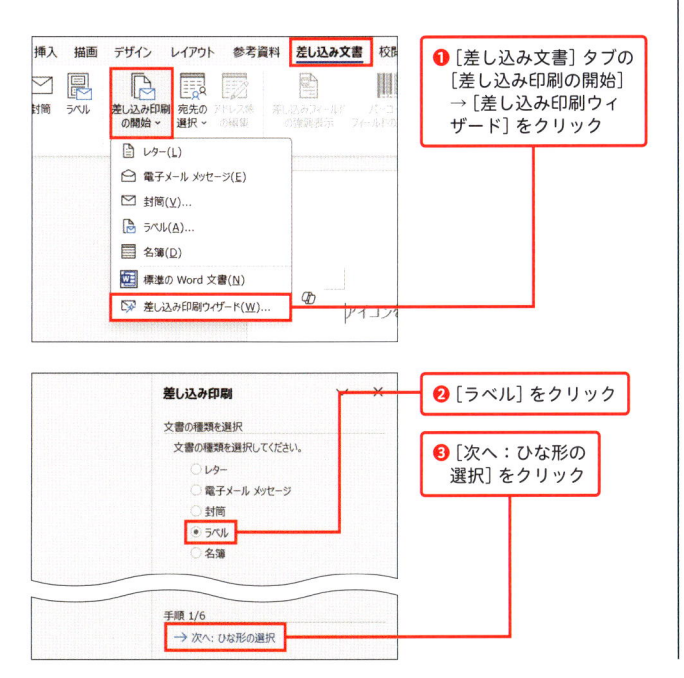

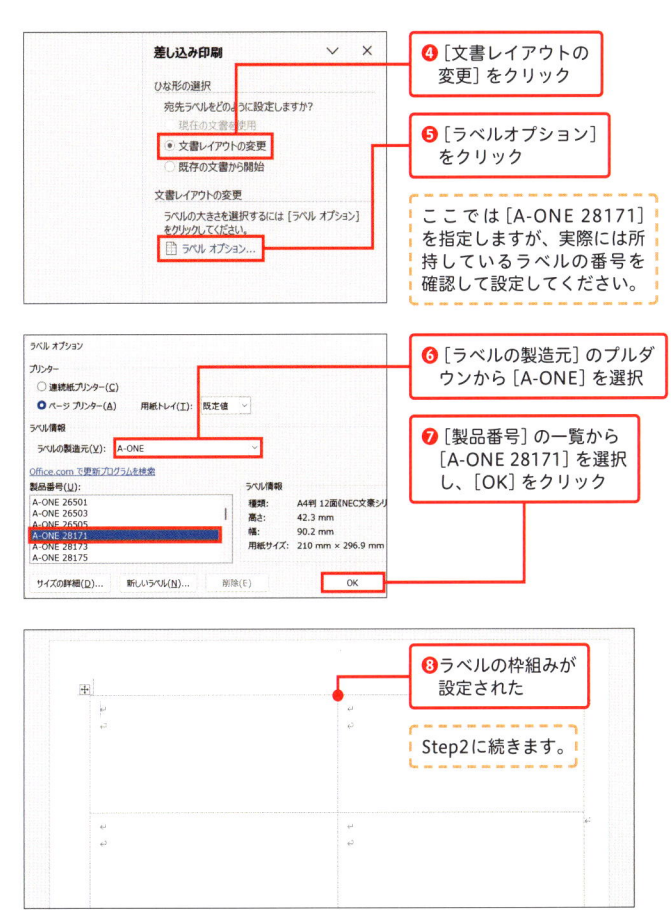

1回目 □ 2回目 □

Step 2 宛先のExcelファイルを指定する

続いて、別途用意した住所録などのExcelリストをWordに読み込ませましょう。すると、左上以外のすべての枠に«Next Record»と表示されます。

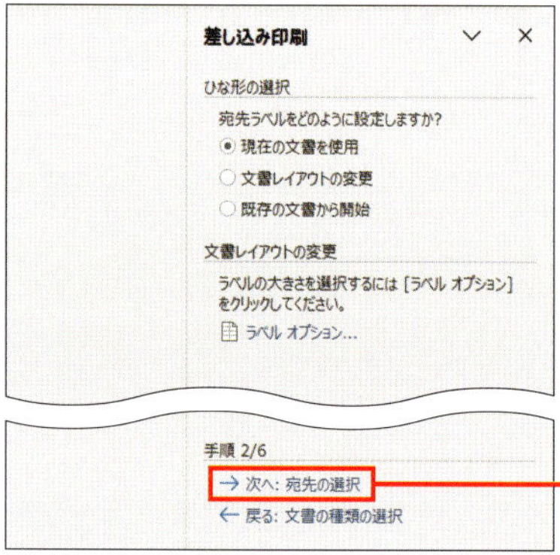

❶差し込み印刷ウィザードの［次へ：宛先の選択］

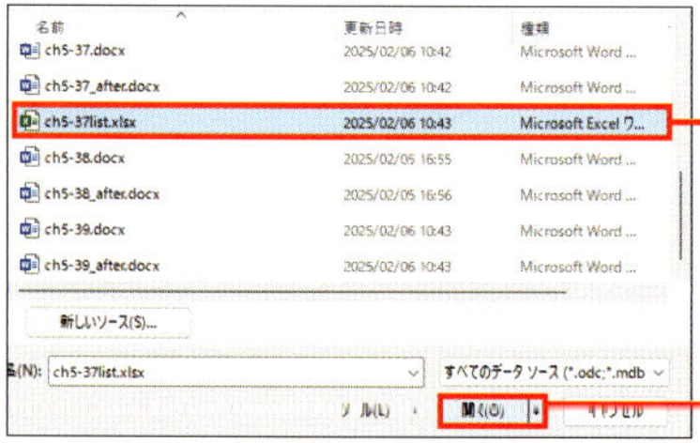

❷［参照］をクリックし、「ch5−37list.xlsx」を選択して［開く］をクリック

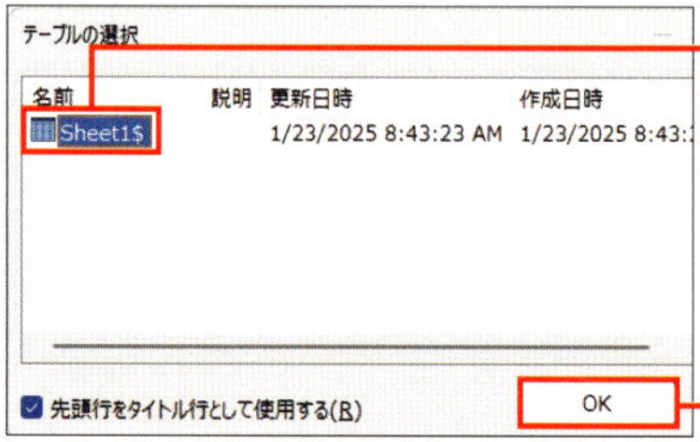

❸読み込むシートが選択されているか確認し、［OK］をクリック

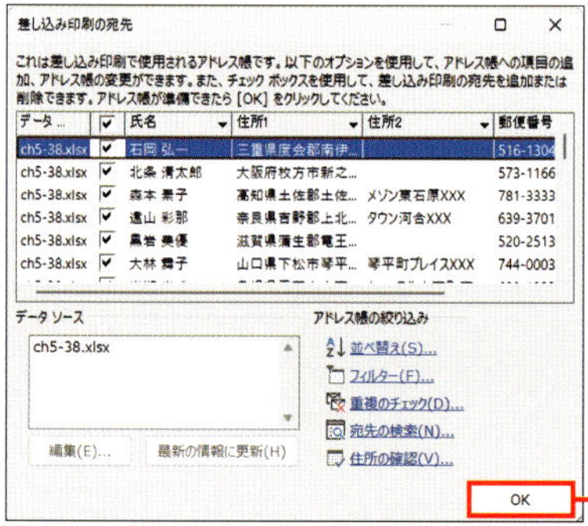

❹［OK］をクリック

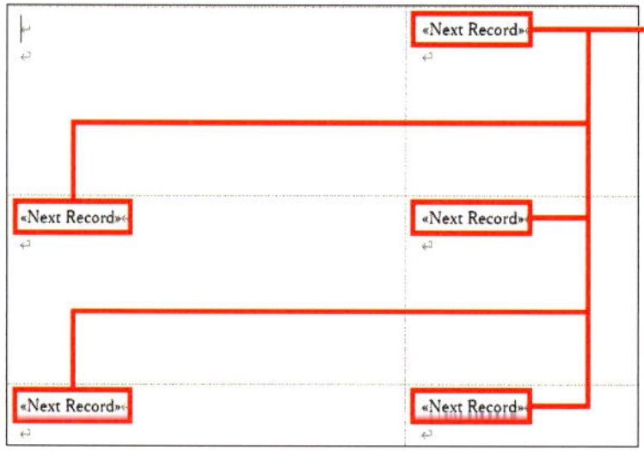

❺ラベルの枠に«Next Record»と表示された

Step3に続きます。

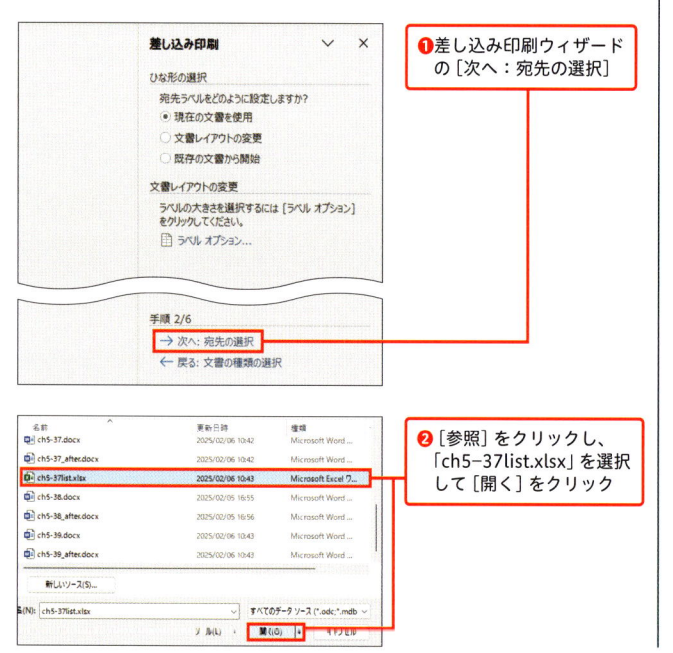

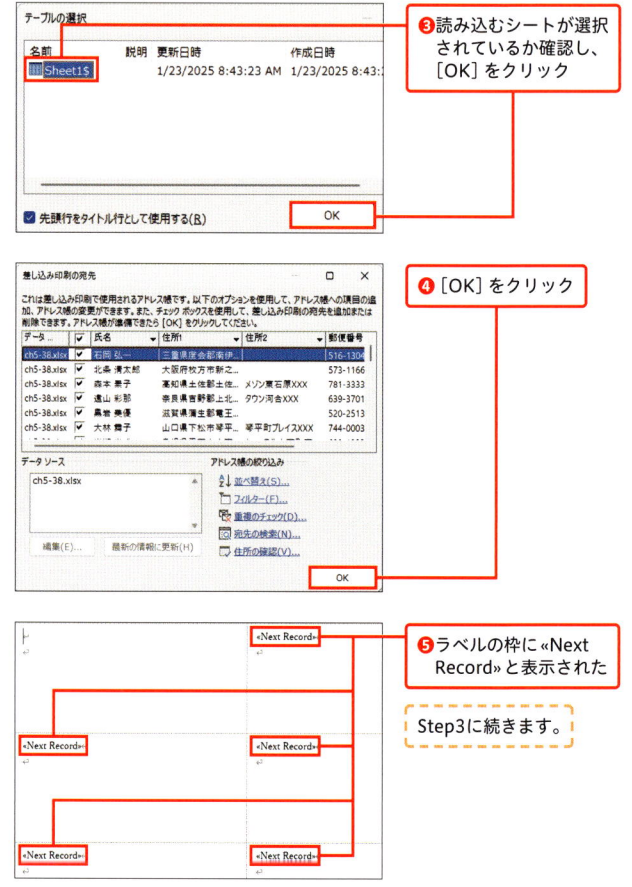

1回目 □　2回目 □

Step 3 ラベルに「郵便番号」「住所1,2」「氏名」を設定して印刷する

最後に、ラベルに表示させる項目を設定し、ほかのラベルにも反映させましょう。[結果のプレビュー] で反映を確認できたら、印刷して宛名ラベルの完成です。

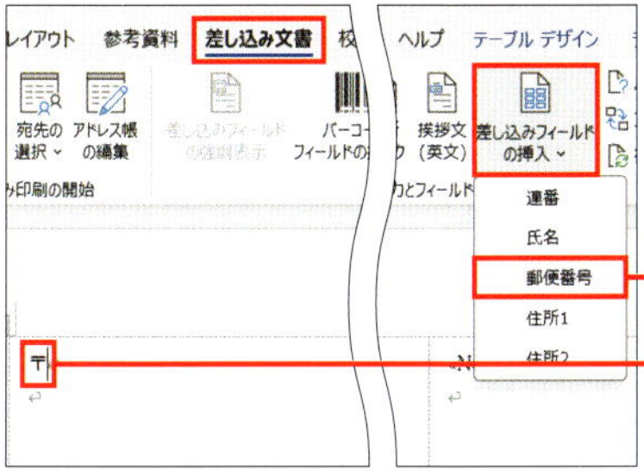

❶左上のラベルに「〒」を入力

❷ [差し込み文書] タブの [差し込みフィールドの挿入] → [郵便番号] をクリック

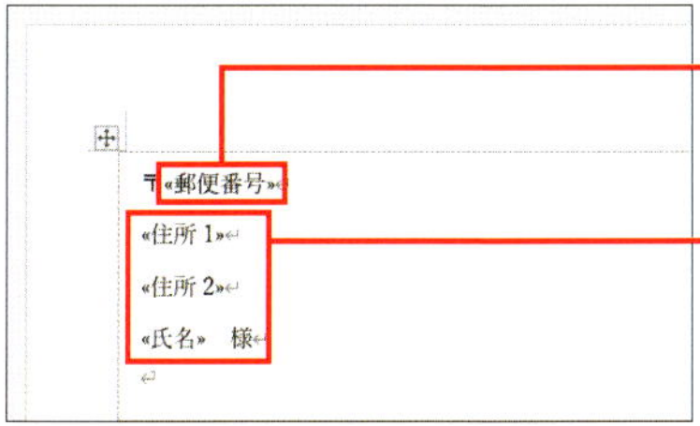

❸ [《郵便番号》] と表示された

❹同様に [《住所1》] [《住所2》] [《氏名》]「様」も図のように入力

Memo

宛名ラベルのため、「〒」マークや、氏名のあとの「様」といった要素も忘れずに入力しましょう。

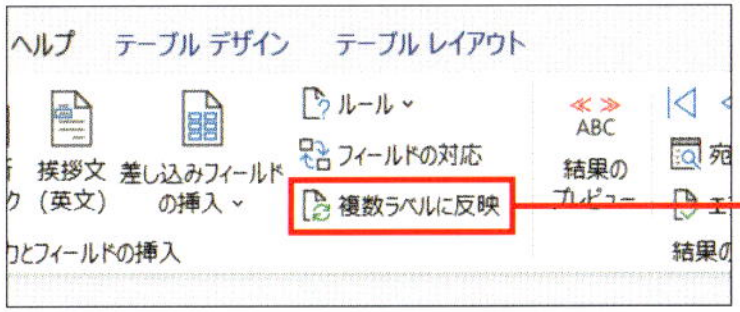

❺ [複数ラベルに反映] をクリック

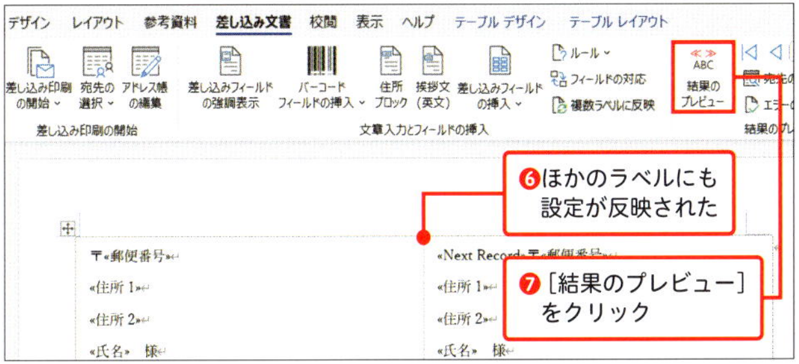

❻ほかのラベルにも設定が反映された

❼ [結果のプレビュー] をクリック

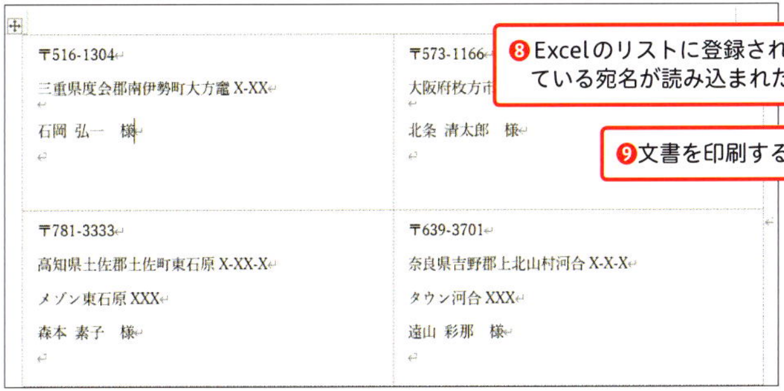

❽Excelのリストに登録されている宛名が読み込まれた

❾文書を印刷する

Memo

プリンタにラベルシールを設置するのを忘れないようにしましょう。

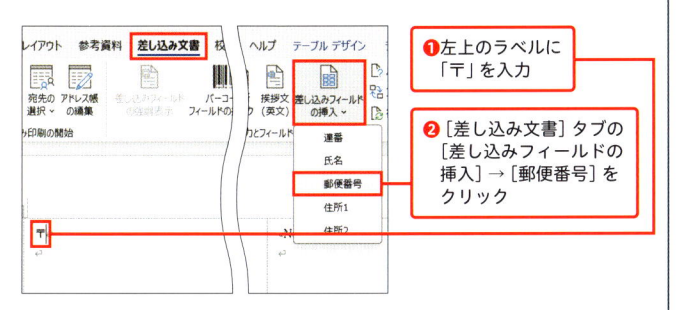

Drill
38

ch5-38.docx

月　日

PDF化　# パスワード設定　# 個人情報の削除

PDF化とセキュリティ保護のテクニック

ここでは、文書をPDF形式で保存する方法、文書をパスワードで保護する方法、文書内の個人情報を削除する方法を解説します。社内の人しか見ないファイルならあまり気にしないケースが多いですが、社外の人とファイル共有する場合は、押さえておきたいテクニックです。

Let's Try!

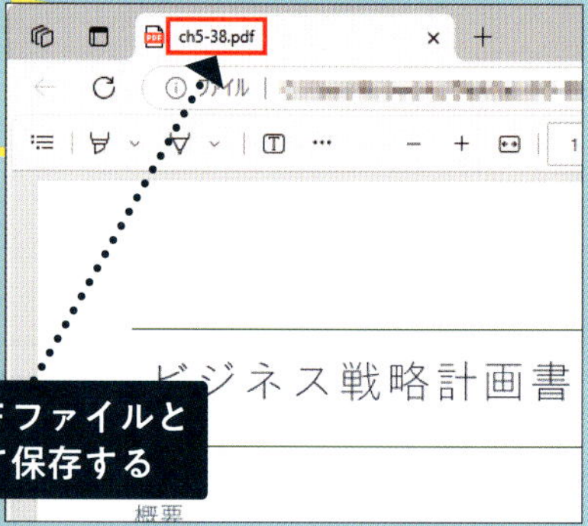

Step 1 PDFファイルとして保存する

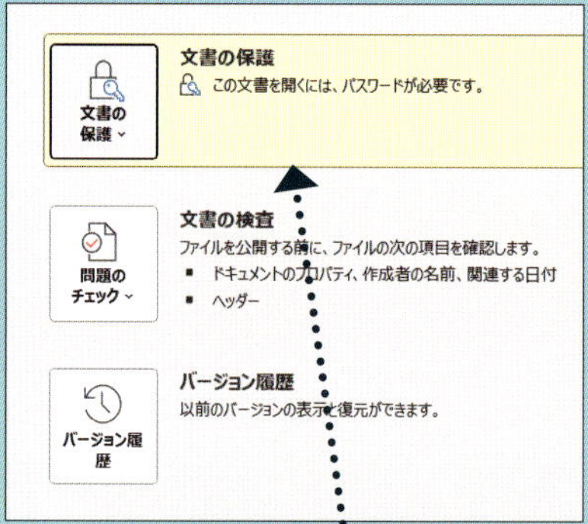

Step 2 ファイルにパスワードを設定する

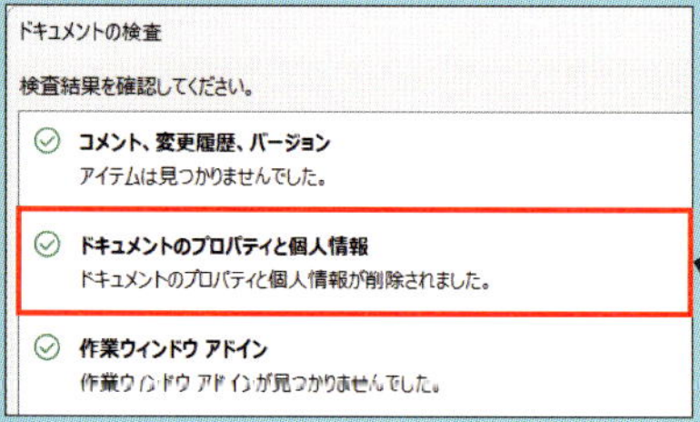

Step 3 ファイルの個人情報を削除する

Hint ［ファイル］タブから設定する

［ファイル］タブの画面では、主にファイルの管理に関する操作を行えます。PDFとして保存するのは［エクスポート］から、パスワードの設定と、個人情報の削除は［情報］から設定可能です。

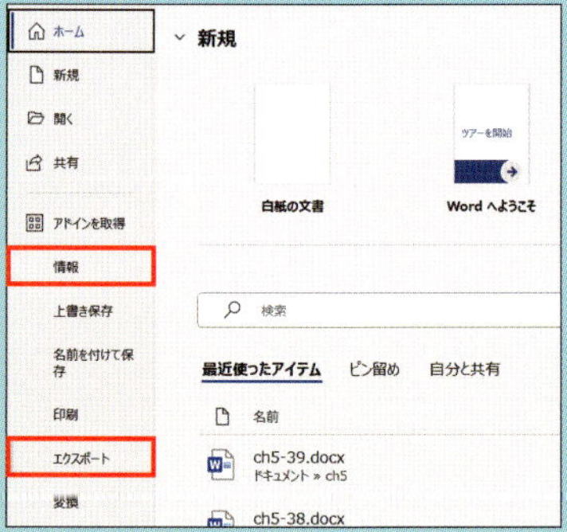

1回目 □　2回目 □

Step 1 PDFファイルとして保存する

相手が変更を加える必要がないファイルは、PDFファイルに変換してから送るほうが安全でしょう。また、PDFにすると、異なるOSやWordのバージョンであっても表示が崩れないメリットもあります。

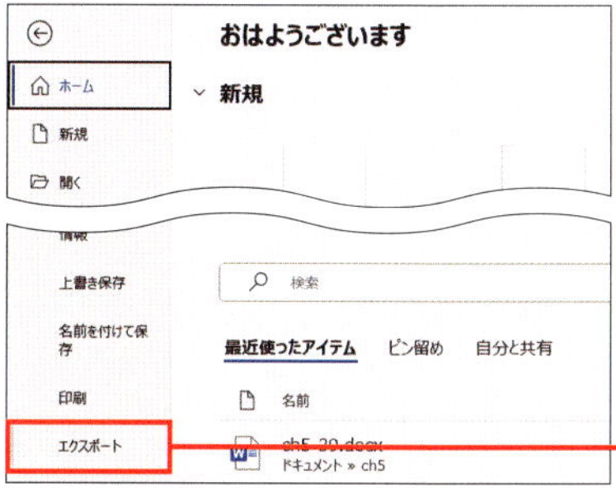

❶［ファイル］タブの［エクスポート］をクリック

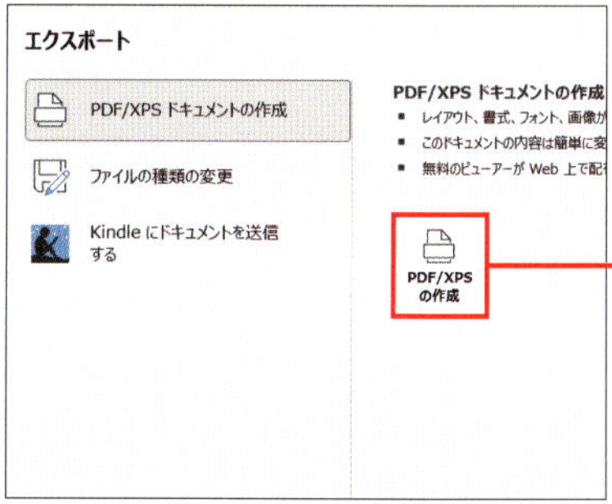

❷［PDF/XPSの作成］をクリック

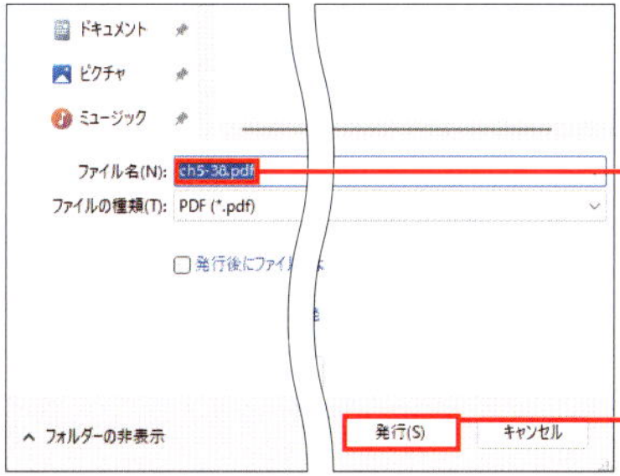

❸ファイル名を入力し、［発行］をクリック

❹PDFとして保存された

Point

上記の方法以外にも、ファイルを［名前を付けて保存］する際に、ファイルの種類で［PDF］を指定するだけでも、PDFファイルとして保存可能です。

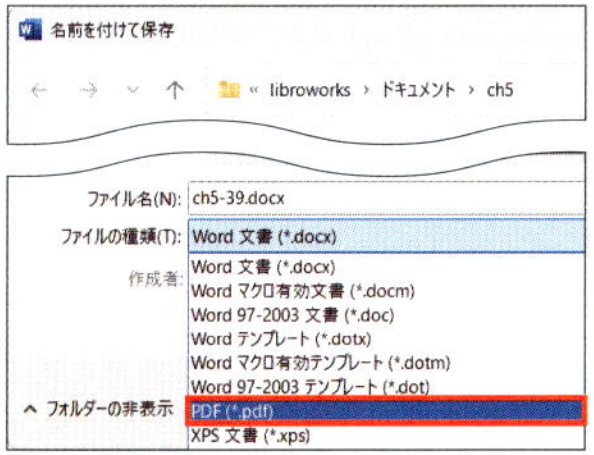

1回目 □ 2回目 □

Step 2 ファイルにパスワードを設定する

社外秘などの重要なファイルを保護したい場合は、パスワードを設定するとよいでしょう。なお、パスワードには推測されにくい文字列を使用してください。

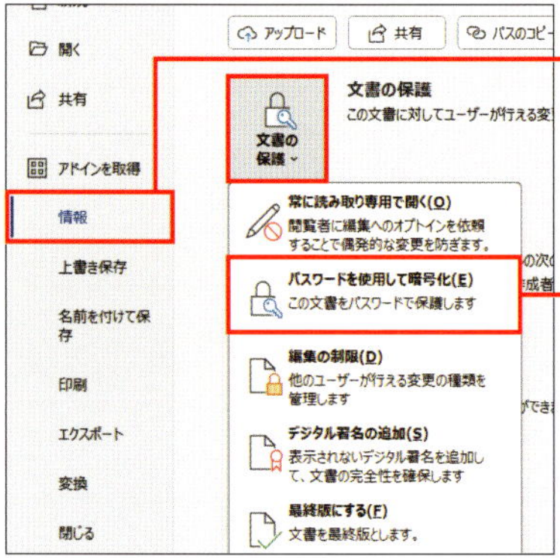

❶［ファイル］タブの［情報］をクリック

❷［文書の保護］→［パスワードを使用して暗号化］をクリック

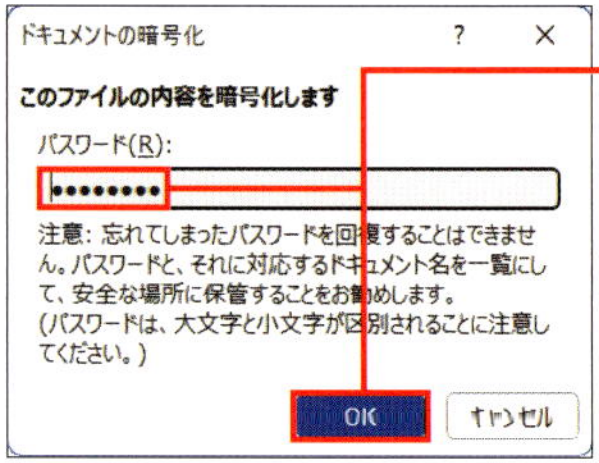

❸パスワードを入力し、［OK］をクリック

ここでは、パスワードを「GihyoW02」としました。

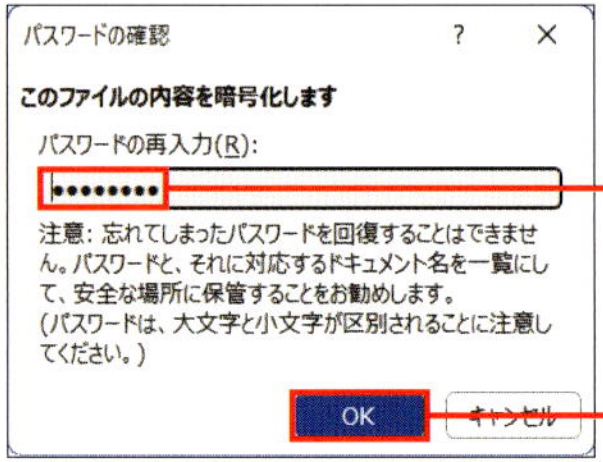

❹パスワードを再度入力し、［OK］をクリック

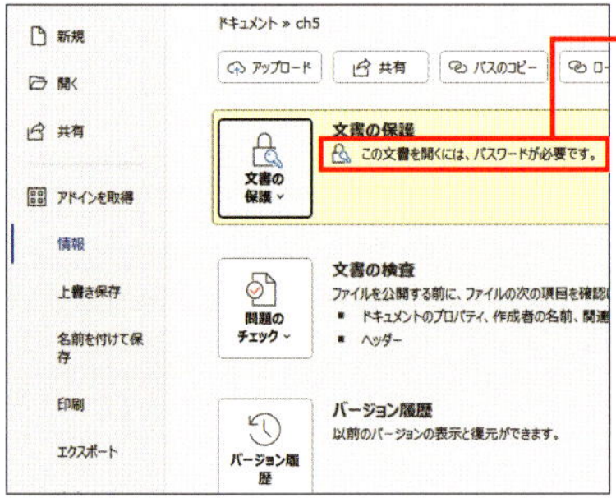

❺文書が保護された

次回以降ファイルを開く際には、手順❸で設定したパスワードを入力しましょう。

Point

パスワードの設定を解除したい場合は、再度［情報］→［文書の保護］→［パスワードを使用して暗号化］をクリックし、入力したパスワードを消去して［OK］をクリックします。

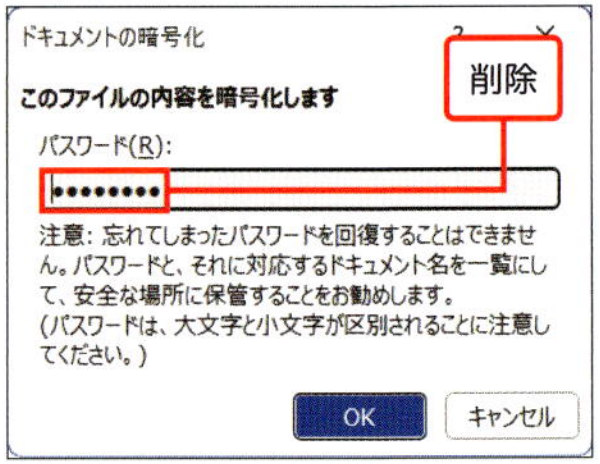

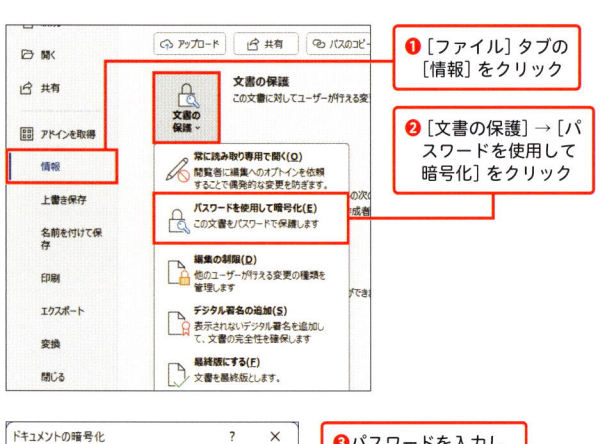

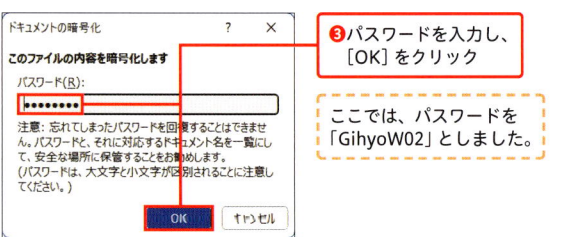

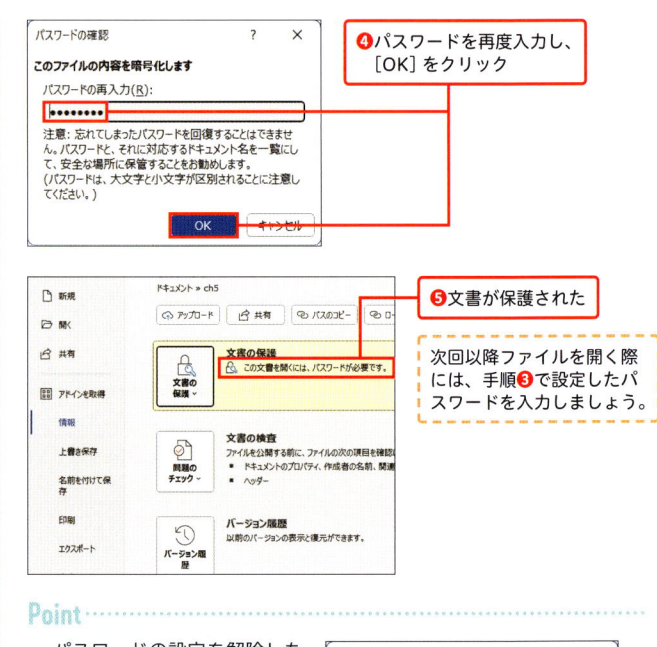

1回目 □ 2回目 □

Step 3 ファイルの個人情報を削除する

ファイルを作成したり変更したりすると、Wordの情報に個人名などが自動で登録されます。社外に送ったり、文書を一般公開したりするときは、事前に個人情報を削除しておくとよいでしょう。

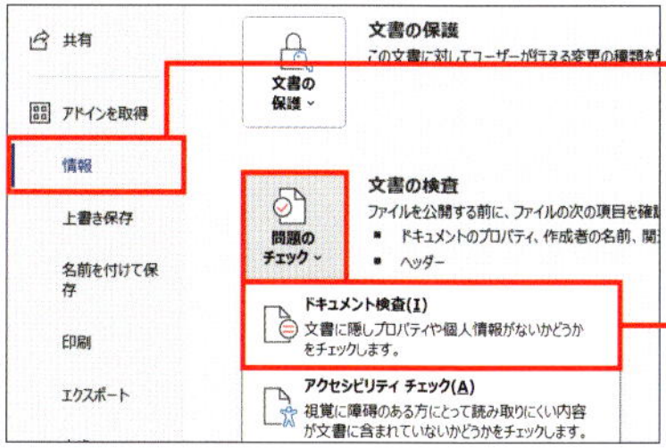

❶［ファイル］タブの［情報］をクリック

❷［問題のチェック］→［ドキュメント検査］をクリック

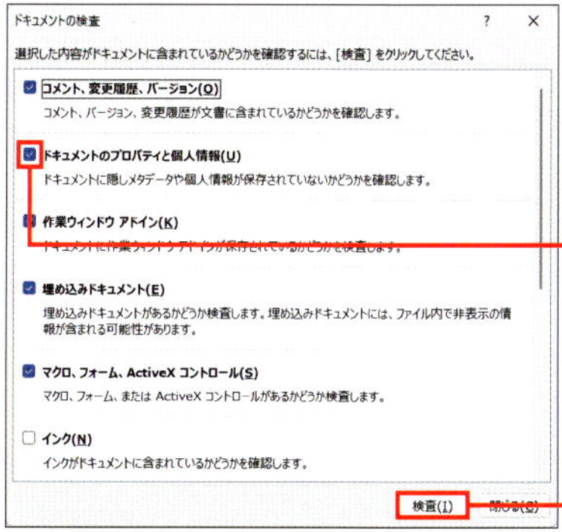

❸保存を促す確認のダイアログが表示された場合は、［はい］をクリック

❹［ドキュメントのプロパティと個人情報］にチェックが入っていることを確認

❺［検査］をクリック

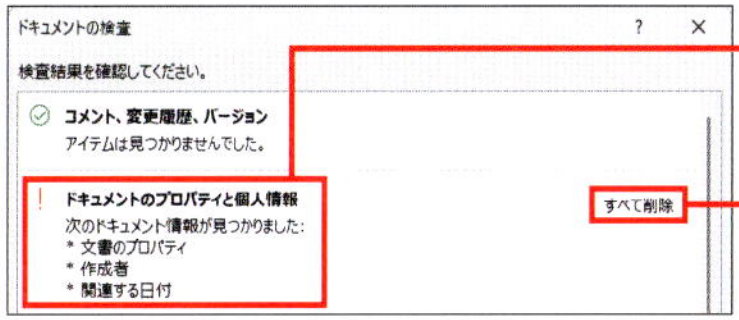

❻検査結果が表示された

❼［すべて削除］をクリック

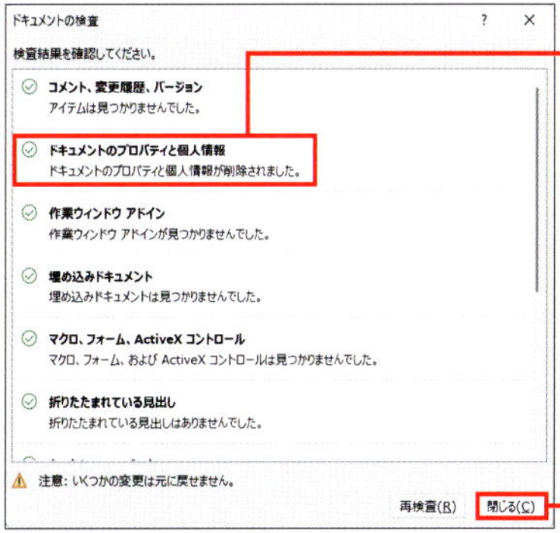

❽プロパティと個人情報がすべて削除された

❾［閉じる］をクリック

Point

上記の設定をすると、セキュリティの警告バーが表示されます。ここで［設定の変更］をすると、それ以降は再度個人情報等が登録されることになります。
今後も、ファイルにそれらの情報が不要な場合は、バーの右端の［×］をクリックして警告を閉じます。

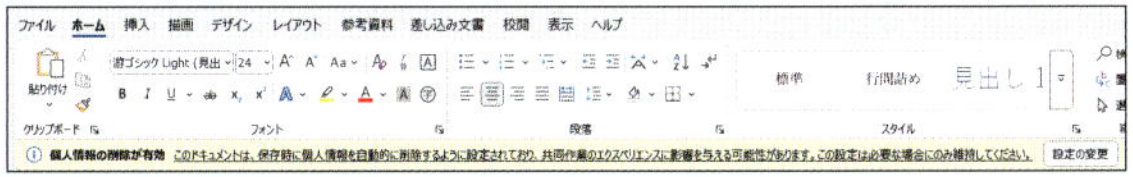

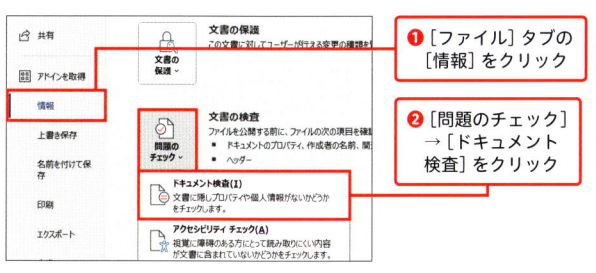

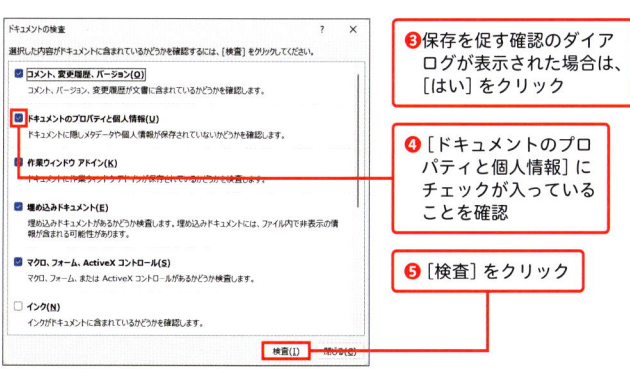

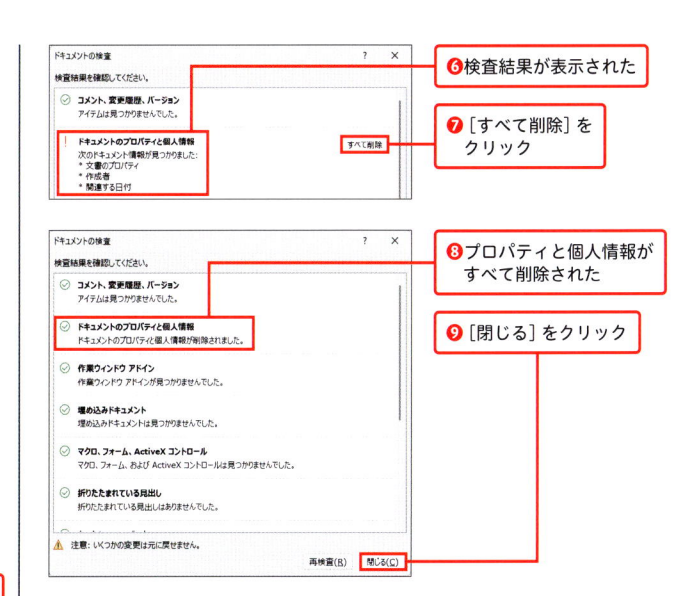

Drill 39

ch5-39.docx

月　日

グリッド線　# 表示モード　# クイックアクセスツールバー

作業効率を上げる画面レイアウト

本書の最後に、Wordでの作業を効率化するための画面表示テクニックを紹介します。これらの設定は、常に利用する必要はなく、状況に応じて切り替えることで作業効率を向上できます。本書を通じて、「この場面ではこの表示が適している」といった使い分けを学び、ぜひ実務に生かしていってください。

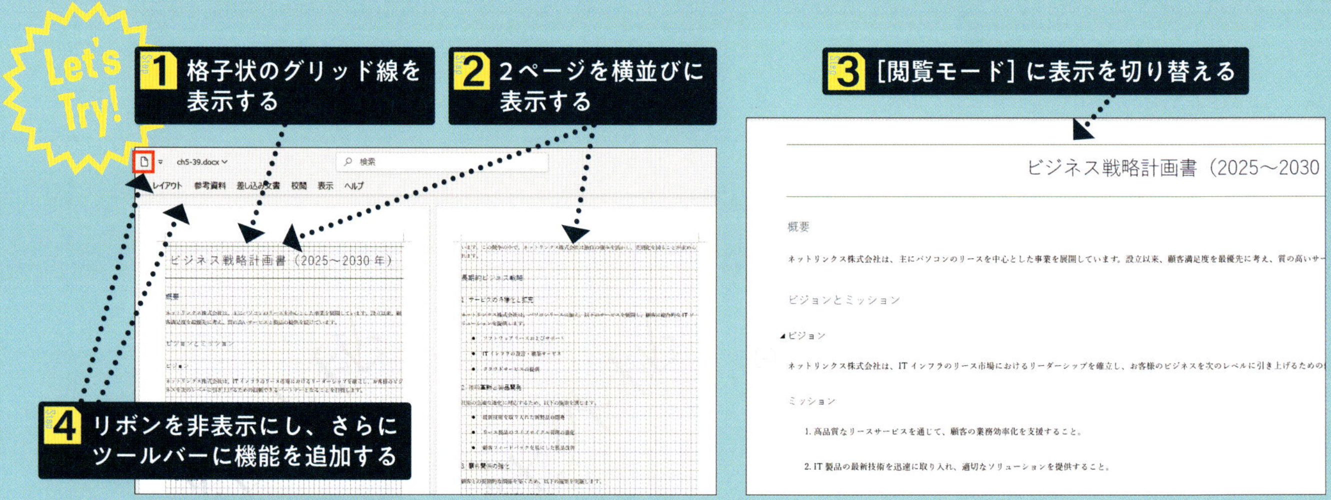

Hint　状況に応じた画面設定にしよう

グリッド線は［レイアウト］タブから（Step1）、表示モードの切り替えは［表示］タブから（Step2、3）、リボンやクイックアクセスツールバーは、その対象箇所から設定できます。

1回目 □ 2回目 □

Step 1

格子状のグリッド線を表示する

文書内に画像や図形を挿入する場合は、グリッド線を表示するとよいでしょう。図形を整列するためのガイドラインとして活用でき、非常に便利です。

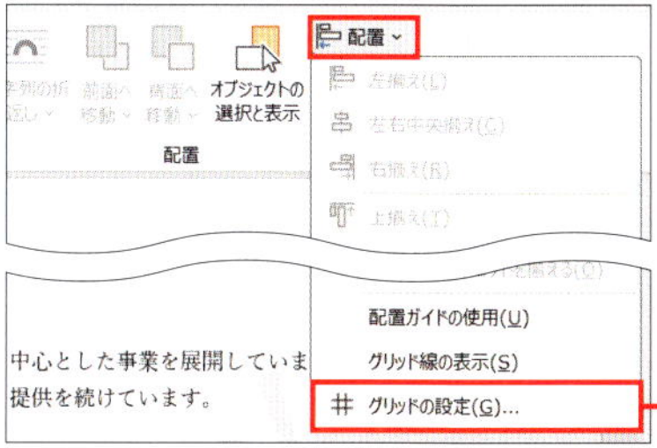

❶［レイアウト］タブの［配置］→［グリッドの設定］をクリック

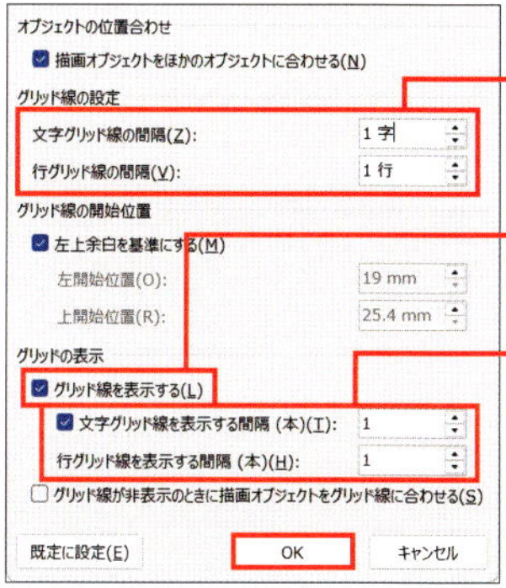

❷［文字グリッド線の間隔］を「1字」、［行グリッド線の間隔］を「1行」に設定

❸［グリッド線を表示する］にチェックを付ける

❹［文字グリッド線を表示する間隔］、［行グリッド線を表示する間隔］を「1」に設定し、［OK］をクリック

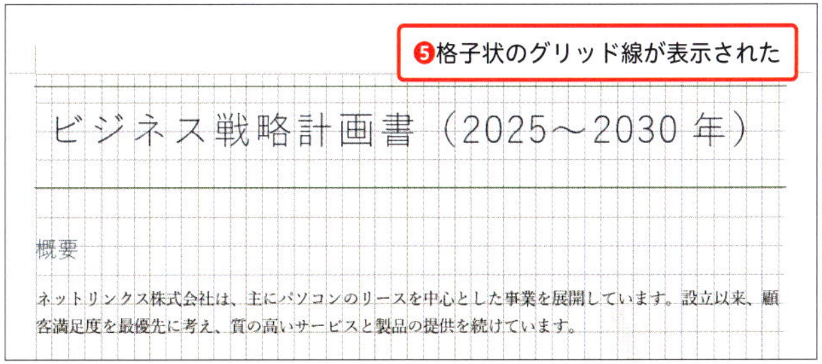

❺格子状のグリッド線が表示された

Memo

グリッド線の設定は、ファイルごとに記録されます。また、グリッド線は画面に表示されますが、印刷時には反映されません。グリッド線を非表示にするときは、［表示］タブの［グリッド線］のチェックを外します。

行グリッド線のみ表示する場合

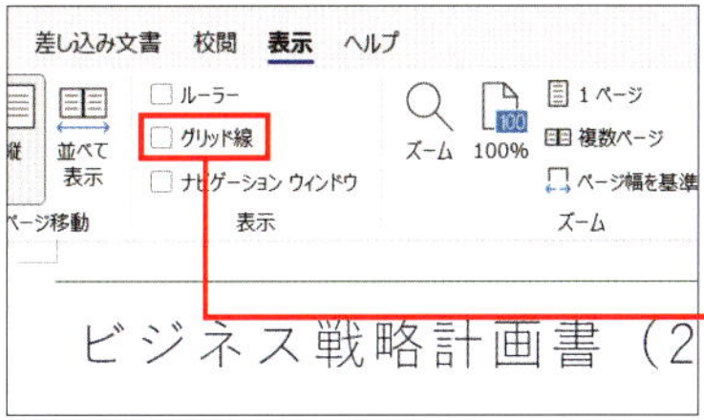

行グリッドのみの表示でも、行間や行数の確認に役立ちます（左の設定を行わない場合の表示）。

❶［表示］タブの［グリッド線］にチェックを付ける

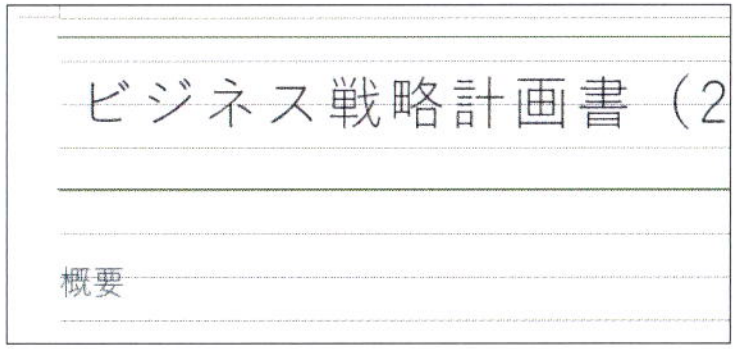

❷行グリッド線が表示された

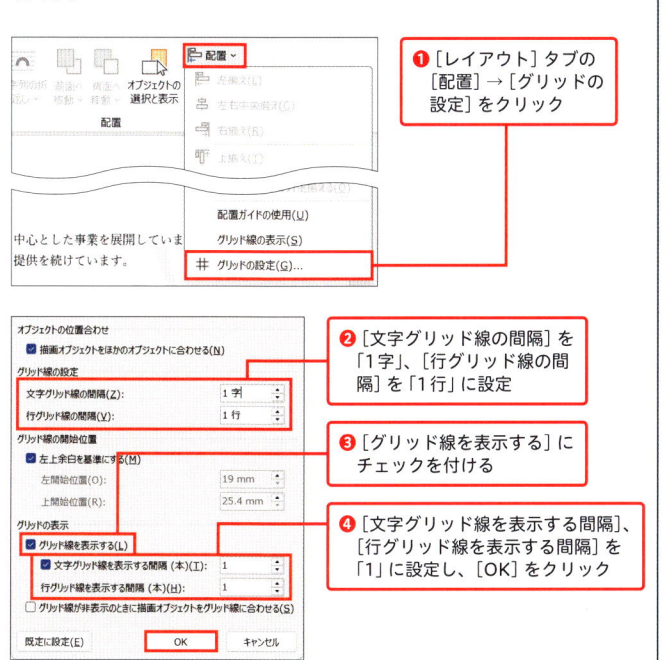

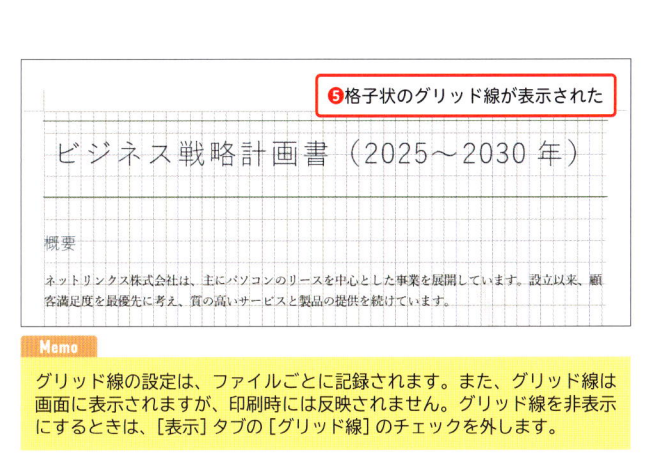

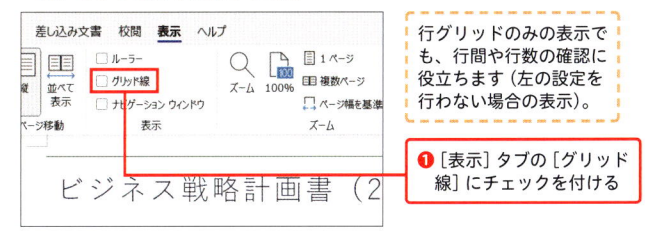

1回目 ☐ 2回目 ☐

Step 2 2ページを横並びに表示する

ページ数が多い文書の場合、[表示] タブの [並べて表示] 設定がおすすめです。1画面に2ページ分、横並びに表示されるので、全体の構成や流れを確認しやすくなります。

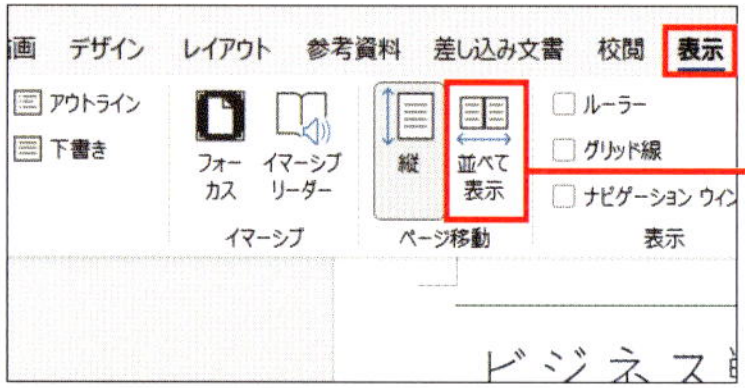

❶ [表示] タブの [並べて表示] をクリック

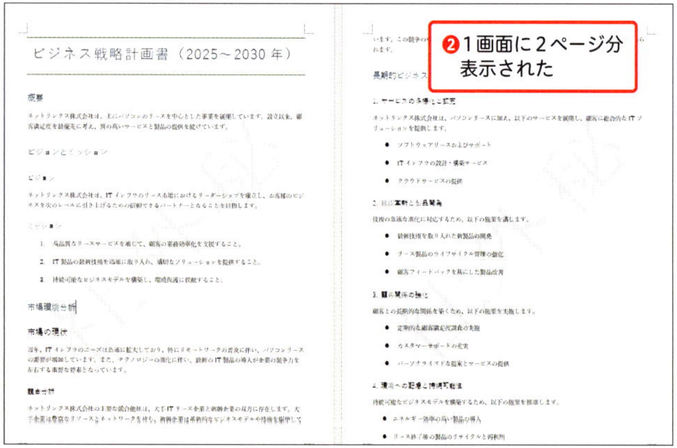

❷ 1画面に2ページ分表示された

1回目 ☐ 2回目 ☐

Step 3 [閲覧モード] に表示を切り替える

Wordの閲覧モードでは、文書が電子書籍のように横開きで表示され、ワンクリックで次のページに移動します。スクロールの手間が省けるので、長い文書を読み直したいときなどに適しています。

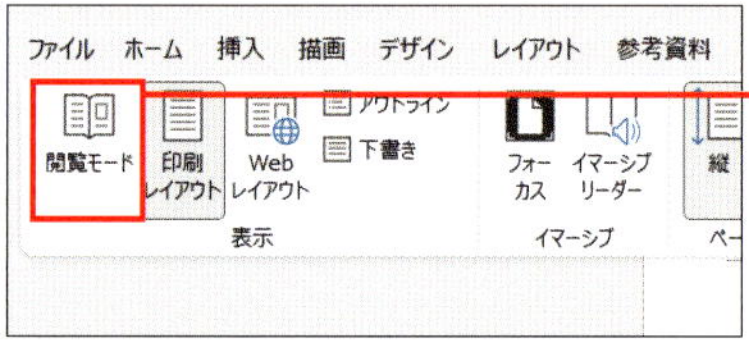

❶ [表示] タブの [閲覧モード] をクリック

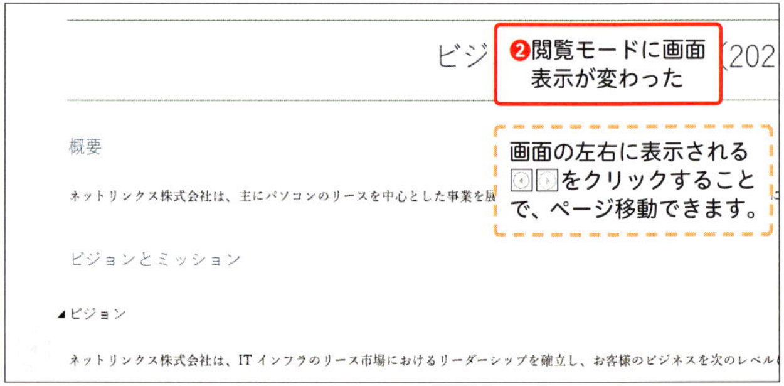

❷ 閲覧モードに画面表示が変わった

画面の左右に表示される ◀ ▶ をクリックすることで、ページ移動できます。

Memo

閲覧モードから、普段の表示である「印刷レイアウト」モードに戻すときは、画面左上の [表示] → [文書の編集] をクリック、もしくは Esc キーを押します。

1回目 □　2回目 □

Step 4 リボンを非表示にし、さらにツールバーに機能を追加する

リボンを非表示にすることで、画面を広く使えます。さらに、クイックアクセスツールバーによく利用する機能を登録しておくと、頻繁に使う機能をすぐに使えるのでおすすめです。

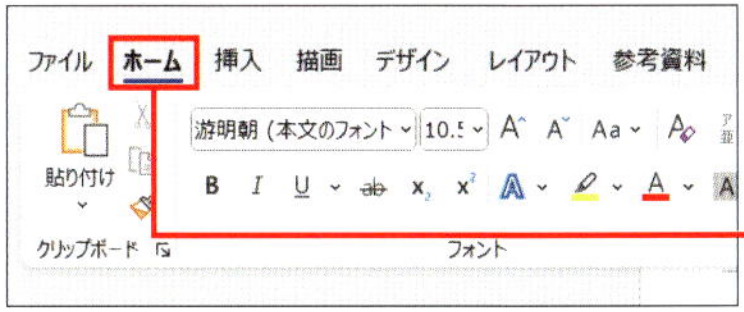

まずは、リボンを非表示にします。

❶［ホーム］タブ（どのタブでも可）をダブルクリック

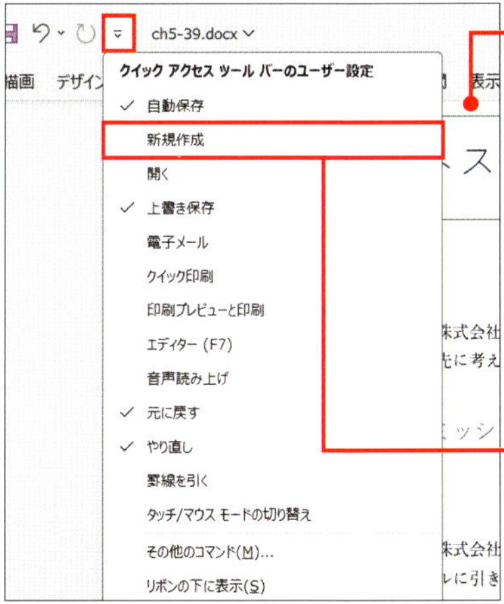

❷リボンが非表示になった

Memo

リボンを再表示したいときは、再度タブをダブルクリックします。

続いて、クイックアクセスツールバーの設定を行います。

❸ をクリックし、表示された一覧から［新規作成］をクリック

❹アイコンが追加された

Memo

クイックアクセスツールバーに表示されるアイコンは、そのコマンドのショートカットです。なお、アイコンの削除は右クリックから行えます。

Point

Office製品の種類やプランによっては、Microsoft社の生成AI「Copilot」が、Word上で利用できます。対象の環境であれば、新規文書を開いたときなど、画面上に が表示されます。これをクリックし、依頼事項などを入力すると（上図）、Copilotは利用者の希望や依頼に応じた結果をWord上に表示します。

Copilotは、Wordでのテンプレートを一瞬で提供してくれるなど非常に実用的です（下図）。しかし、Copilotは完璧ではありません。必ず提供された結果をそのまま利用していいのか確認してください。さらに、Copilotに個人情報など重要な情報を入力するのは厳禁です。仕事で活用する場合は特に、社内の利用ルールなどを確認してから使うようにしましょう。

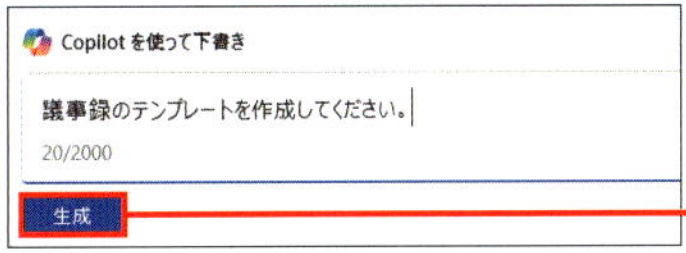

❶ をクリック

❷依頼事項を入力して、［生成］をクリック

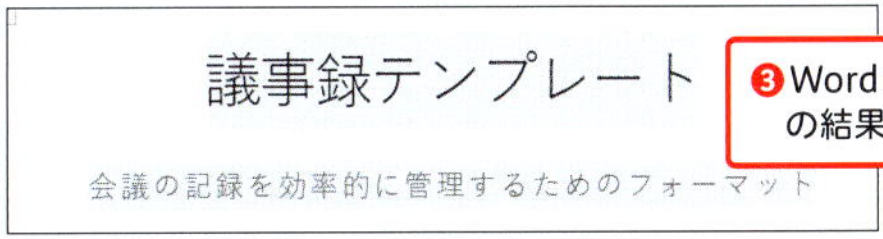

❸Word文書に依頼事項の結果が表示された

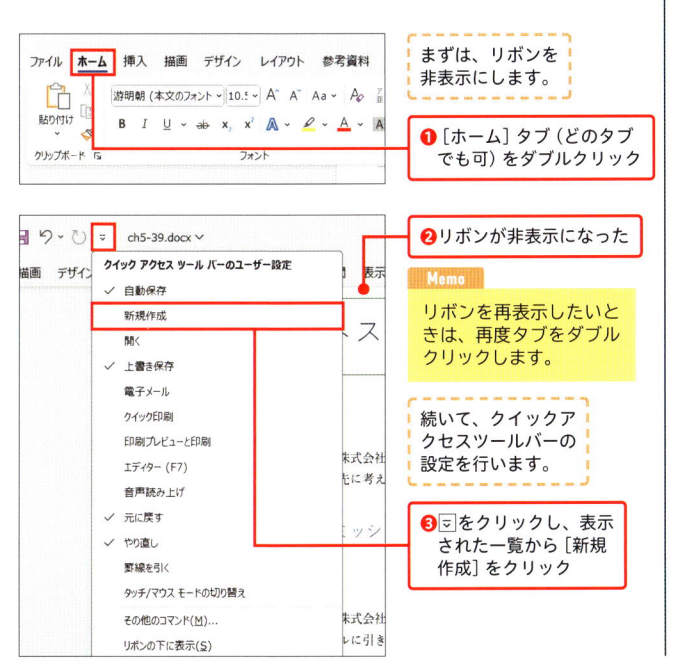

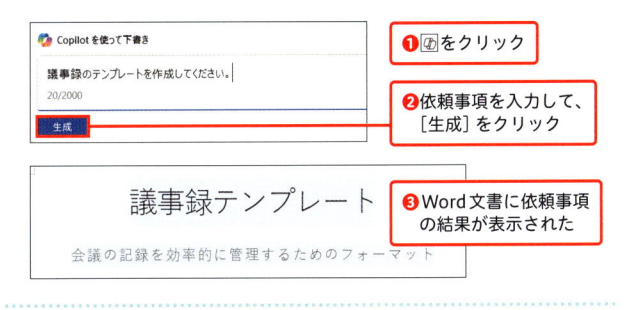

Index 索引

数字

アルファベット

あ行

か行

さ行

た行

な行

は行

ま行

ら行、わ行

Word《ワード》シゴトのドリル
本格《ほんかく》スキルが自然《しぜん》と身《み》に付《つ》く

2025年4月29日　初版　第1刷発行

著　　　者●リブロワークス
発　行　者●片岡巌
発　行　所●株式会社 技術評論社
東京都新宿区市谷左内町21-13
電話　03-3513-6150　販売促進部
　　　03-3513-6185　書籍編集部
装　　　丁●田村梓（ten-bin）
本文デザイン●風間篤士（リブロワークス）
編　　　集●山田瑠梨花（リブロワークス）
D　T　P●松澤維恋（リブロワークス）
担　　　当●石井亮輔（技術評論社）
製本／印刷●日経印刷株式会社

定価はカバーに表示してあります。

ISBN978-4-297-14806-5 C3055

Printed in Japan

お問い合わせについて

本書の内容に関するご質問は、Webか書面、FAXにて受け付けております。電話によるご質問、および本書に記載されている内容以外の事柄に関するご質問にはお答えできかねます。あらかじめご了承ください。
ご質問の際に記載いただいた個人情報は、ご質問の返答以外の目的には使用いたしません。また、ご質問の返答後は速やかに破棄させていただきます。

問い合わせ先

〒162-0846
東京都新宿区市谷左内町21-13
株式会社技術評論社　書籍編集部
「Word シゴトのドリル」
質問係

Web：https://book.gihyo.jp/116
FAX：03-3513-6181